高等职业教育智能制造领域人才培养系列教材
高等职业教育机电类专业立体化系列教材

Digital Twin

Electromechanical Conceptual Design and Simulation

数字孪生

——机电概念设计与仿真

◎主　编　廖强华　鲍清岩
◎副主编　夏建辉　于　鹏
◎参　编　夏雨晴　赵佳峰　周　立

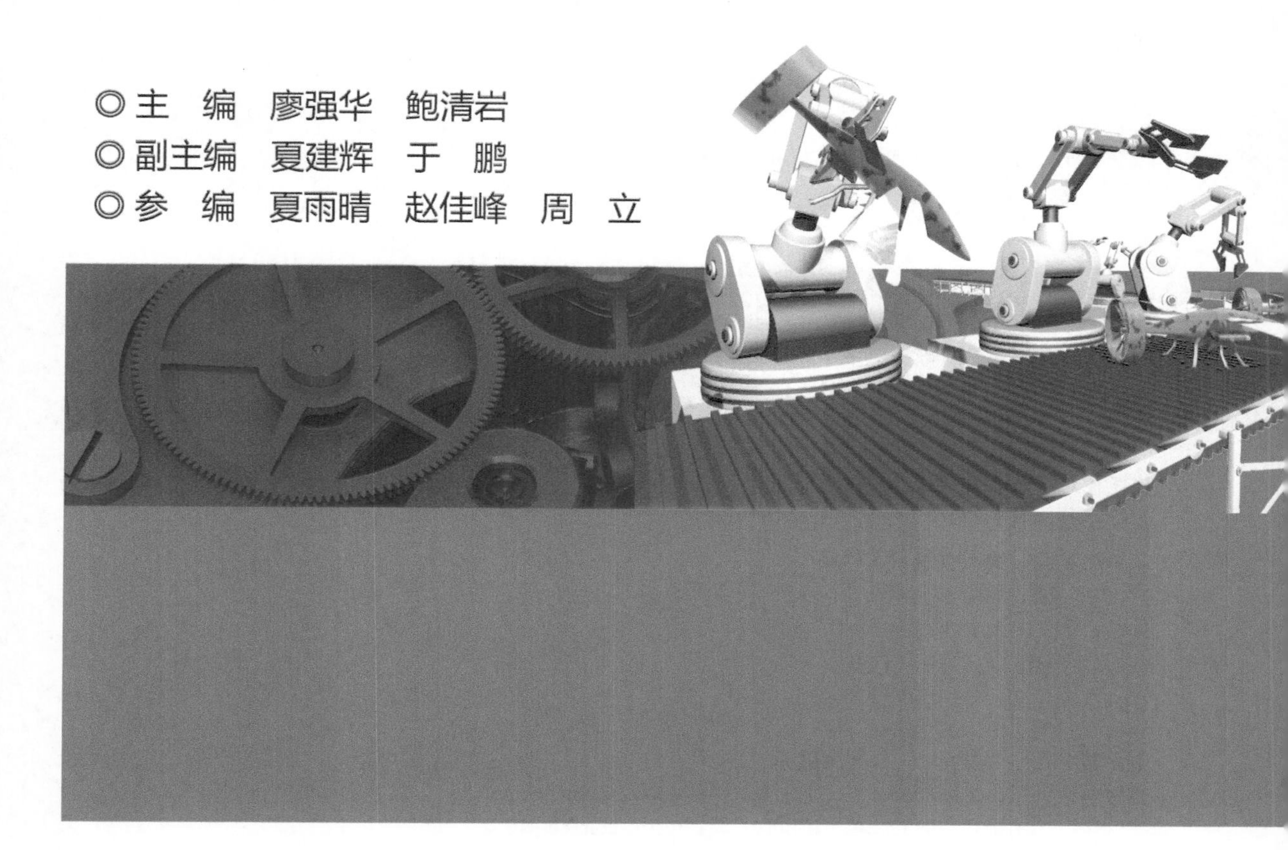

机械工业出版社
CHINA MACHINE PRESS

本书共分4个项目，每个项目又包含多个任务。项目1介绍了NX软件的界面功能、文件的创建方法，读者可了解刚体、碰撞体、传输面、对象源、碰撞传感器、显示更改器、对象变换器、发送器入口与发送器出口的概念、使用方法及参数含义；项目2介绍了运动副与耦合副的应用，包括滑动副、固定副、铰链副、平面副、球副、齿轮副、齿轮齿条与机械凸轮的使用方法以及运动曲线的概念、使用方法和参数含义；项目3介绍了传感器与执行器的应用，包括速度控制、力/扭矩控制、位置控制、距离传感器、位置传感器、通用传感器、限位开关、信号适配器与仿真序列的概念、使用方法及参数含义；项目4介绍了两个全自动生产线系统的MCD实战应用。读者可通过完成渐次复杂的工作任务，逐步提升工程实践能力，对数字孪生技术进行系统应用。本书的主导思想是突出操作技能，提高动手能力。本书采用了大量的实例，知识结构由浅到深；项目训练由易到难，循序渐进；理论与实践紧密结合，将企业岗位所需的技能融入工作任务。

本书可作为高等职业院校工业机器人技术、电气自动化技术、智能控制技术和机电一体化技术等相关专业的教材，也可作为从事数字化设计、数字化仿真及虚拟调试等相关岗位的技术人员，特别是刚接触数字孪生技术的工程技术人员的参考用书。

本书配备的教学资源丰富，通过扫描二维码即可观看微课教学视频，随扫随学；本书配有电子课件，凡使用本书作为教材的教师可登录机械工业出版社教育服务网www.cmpedu.com注册后下载。咨询电话：010-88379375。

图书在版编目（CIP）数据

数字孪生：机电概念设计与仿真 / 廖强华，鲍清岩主编 . — 北京：机械工业出版社，2023.1（2025.1 重印）

高等职业教育智能制造领域人才培养系列教材　高等职业教育机电类专业立体化系列教材

ISBN 978-7-111-72252-6

Ⅰ. ①数…　Ⅱ. ①廖…　②鲍…　Ⅲ. ①数字技术—应用—机电设备—设计—高等职业教育—教材　Ⅳ. ① TH122-39

中国版本图书馆 CIP 数据核字（2022）第 252735 号

机械工业出版社（北京市百万庄大街 22 号　邮政编码 100037）

策划编辑：薛　礼　　　　责任编辑：薛　礼

责任校对：贾海霞　梁　静　封面设计：张　静

责任印制：单爱军

北京虎彩文化传播有限公司印刷

2025 年 1 月第 1 版第 3 次印刷

184mm × 260mm · 17.5 印张 · 429 千字

标准书号：ISBN 978-7-111-72252-6

定价：59.00 元

电话服务　　　　　　　　网络服务

客服电话：010-88361066　机　工　官　网：www.cmpbook.com

010-88379833　机　工　官　博：weibo.com/cmp1952

010-68326294　金　　书　　网：www.golden-book.com

封底无防伪标均为盗版　　机工教育服务网：www.cmpedu.com

前言

当前智能制造正在引领制造方式变革和制造业产业升级，并成为全球新一轮制造业竞争的制高点。云计算、大数据、物联网等新兴技术逐渐兴起，给各国制造业带来了新的转型思路。

数字孪生技术能实现智能工厂的虚实互联，从产品的构想、设计、制造、规划、测试、仿真、生产线、厂房规划等环节可以虚拟和判断出生产或规划中的工艺流程，以及可能出现的设备干涉、产线缺陷等问题。生产过程中的所有情况都可以用这种方式进行事先的仿真，解决可能会出现的问题，大量缩短方案设计及安装调试时间，加快交付周期。数字孪生技术将带有三维数字模型的信息通过影像技术拓展到整个产品生命周期中去，最终实现虚拟世界与物理世界数据同步和一致，不是让虚拟世界做我们已经做到的事情，而是要发现潜在问题、激发创新思维、不断优化进步，这才是数字孪生的目标所在。

为了深入贯彻落实全国高校思想政治工作会议精神，根据教育部相关职业教育文件要求，本书融入了素质教育内容，更符合职业教育培养新时代高素质技术技能型人才的目标要求。本书坚持“立德树人”，从理念走向实践，深入探索思想教育与专业教学的共同发展。

本书以西门子软件NX-MCD(NX- Mechatronics Concept Designer)为载体，以案例的形式描述数字孪生技术在智能制造领域的发展和应用。NX-MCD是一款特别用于加速产品设计及运动仿真、涉及多学科的应用软件。它集成上游和下游工程领域，基于系统级产品需求、性能需求等，提供了针对由机械部件、电气部件和软件自动化组成的产品概念模型进行功能设计的途径。机电一体化概念设计允许运用机械原理、电气原理和自动化原理实现早期概念设计，加快机械、电气和软件设计学科产品的开发速度，并使这些学科能够协同工作。

NX-MCD是工业4.0在产品设计阶段的一个实现平台，采用NX-MCD可以缩短产品调试时间，减少设计成本，降低创新设计的风险，管理产品设计全过程的信息。

本书根据《广东省职业技能培训“十四五”规划》支撑建设机电一体化概念设计实验室，实现机电一体化教学真正融合，可更好地服务于制造业工业自动化应用型人才的培养。

本书由深圳职业技术学院廖强华、深圳市华兴鼎盛科技有限公司鲍清岩担任主编，广州市技师学院夏建辉、深圳市华兴鼎盛科技有限公司于鹏担任副主编。参与编写的还有夏雨晴、赵佳峰、周立。编者在编写过程中参阅了许多同行、专家的文献和资料，得到了不少的灵感和启发，在此致以深深的谢意！

由于编者水平有限，书中难免有错误之处，恳请读者及专业人士提出宝贵的意见和建议，以便今后不断加以完善。

编　者

二维码索引

（续）

名　称	二维码	页码	名称	二维码	页码
MCD 传感器的应用：距离传感器		120	综合练习：背板翻转机构		167
MCD 传感器的应用：位置传感器		129	物料搬运系统 MCD 应用		200
MCD 传感器的应用：限位与通用传感器		131	双工位螺钉机系统		229
MCD 内部控制逻辑编写：双工位夹爪		141	NX MCD 软件的安装		265

目录

项目1

基本机电对象的应用

本项目使用 NX 1984 软件对案例基本机电对象进行定义，设定对象源和对象收集器，还原真实的物理仿真。

【案例分享】

罗尔斯 - 罗伊斯公司是一家航空航天和国防领域的跨国公司，已部署了数字孪生技术来监控其生产的发动机。该公司可监控每台发动机的飞行情况、飞行环境以及飞行员是如何使用发动机的。

罗尔斯 - 罗伊斯公司首席信息和数字官斯图尔特 · 休斯 (Stuart Hughes) 表示："我们正在调整保养制度，以确保发动机的使用寿命得到优化，而不是手册上所述的使用寿命，并将每台发动机视为单独的个体，对其保养进行差异化的工作。"

多年来，罗尔斯 - 罗伊斯公司一直为客户提供发动机监控服务，通过数字孪生技术可为特定的发动机提供量身定制的服务。该功能已帮助罗尔斯 - 罗伊斯公司将某些发动机的维修间隔时间延长了 50%，大幅减少了零部件的库存。数字孪生技术还帮助罗尔斯 - 罗伊斯公司提高了发动机的效率，迄今为止已减少了 2.2 万 t 的碳排放。

休斯指出：了解您的客户，了解如何以及为何使用数字孪生技术与了解该技术本身同样重要。休斯表示，维护工作一直非常成功，因为它可以为罗尔斯 - 罗伊斯公司及其客户带来明显的好处。

任务 1　MCD 自由落体运动的实现

一、任务描述

本任务通过学习 NX 1984 软件中基本机电对象的刚体与碰撞体命令，赋予小球与盒子机械属性，使小球能够进行自由落体运动，如图 1-1 所示。

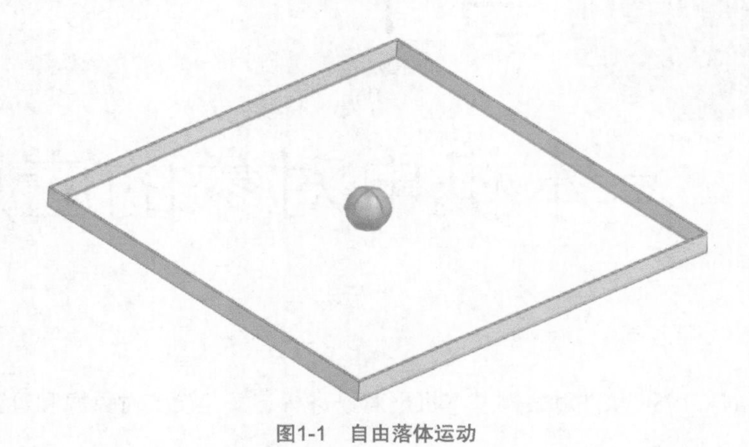

图1-1　自由落体运动

二、任务目标

技能目标：

1. 熟悉 NX 软件界面功能。
2. 掌握文件的创建方法。
3. 了解刚体、碰撞体的概念。
4. 理解刚体、碰撞体各参数的含义。
5. 掌握运用刚体、碰撞体的方法。

素养目标：

1. 树立正确的“三观”，塑造良好的人格。
2. 培养学生民族自豪感和自信心。

三、知识储备

（一）软件界面

1. 软件界面

启动 NX 软件后，系统弹出启动界面（图 1-2），然后 NX 软件界面如图 1-3 所示。

图1-2 NX启动界面

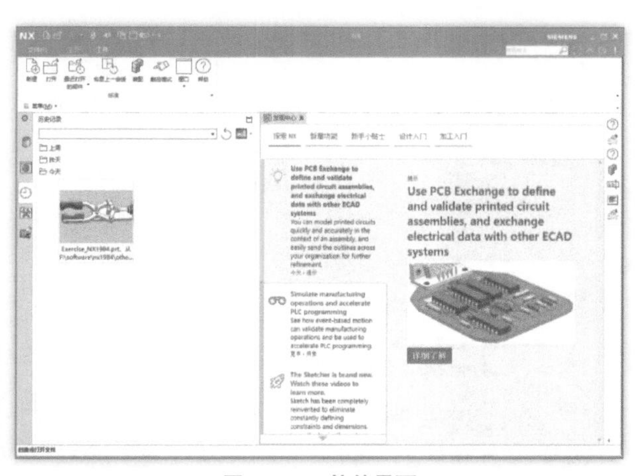

图1-3 NX软件界面

在“主页功能选项卡”中，单击“新建”，弹出“新建”对话框，如图 1-4 所示。选择“机电概念设计”选项卡。单击“空白”创建一个空白项目。单击“常规设置”，系统会自动生成一个基本机电对象——碰撞体（Floor）项目。

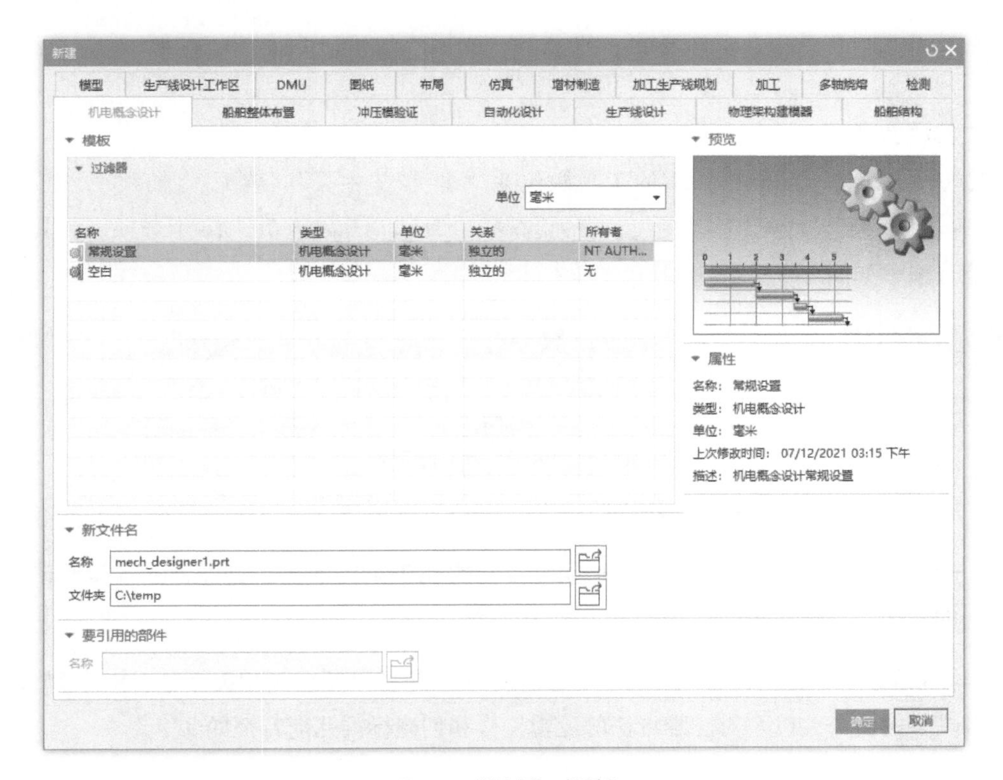

图1-4 “新建”对话框

当然，也可以在“主页功能选项卡”中，单击“打开”按钮，在弹出的对话框中选择一个已经创建的 NX 工程文件，如图 1-5 所示。

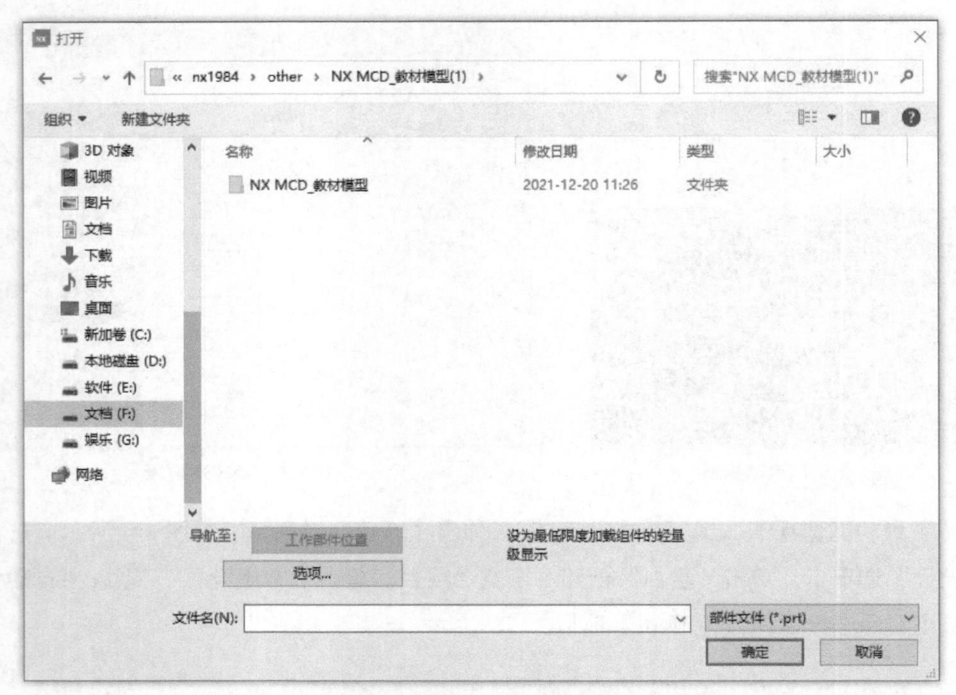

图1-5　“打开”对话框

2. 工具栏命令

“机电概念设计”功能模块下的工具栏包括“建模”“主页”“装配”“曲线”“视图”“分析”“选择”“渲染”“应用模块”“工具”“可视报告”和“开发人员”12个选项卡，其中“主页”功能选项卡如图1-6所示。

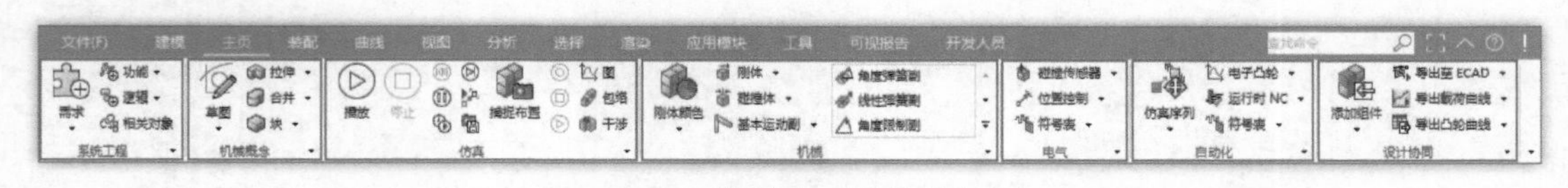

图1-6　“主页”功能选项卡

“主页”功能选项卡中的各功能组如下：

1）系统工程组：需求、功能和逻辑模型等需要在 Teamcenter 里创建，并且需要建立它们相互之间的链接 (Link) 关系。

2）机械概念组：主要用于机械部件的三维建模，包括草图绘制相关命令、拉伸 / 旋转草图生成三维模型的命令，以及对三维特征的逻辑操作和创建标准几何特征的命令。

3）仿真组：主要包括仿真播放和停止等命令。

4）机械组：用于建立机电一体化概念设计的操作指令，包括基本机电对象、运动副、耦合副等的创建命令，标记表、标记表单、读写设备等过程标识命令，以及材料的转换、对象转换等转换命令。

5）电气组：用于创建电气信号传输与连接特性，以及对象的运动控制。其下还包括传感器组、控制组和符号与信号组。

6）自动化组：用于设置自动运行的时间序列控制、运动外部信号的连接与控制，以及运动负载的导入与导出、数控机床的运动仿真等。其下还包括仿真序列、电子凸轮、运行时 NC 和符号表等。

7）设计协同组：包括凸轮曲线和载荷曲线的导出，ECAD 的导入与导出，以及组件的移动、替换、添加、新建等。

3.“带条”工具栏命令

机电一体化概念设计“带条”工具（Mechatronics Ribbon Bar）位于 NX 界面工具栏的最左侧，各组功能如下：

1）系统导航器，包括“需求”“功能”和“逻辑”，这部分命令与“系统工程”命令含义相同，如图 1-7 所示。

2）机电导航器，用于创建 NX 模型，添加组件特征，设置运动副、耦合副、添加运动控制、传感器和执行器等，这部分命令与“机械”“电气”“自动化”和“设计协同”命令含义相同，如图 1-8 所示。

3）运行时察看器，用于查看仿真运行过程中 NX 系统的某些参数或者某些特征对象的数值变化，如图 1-9 所示。

4）运行时表达式，可添加、设置或查看运行时表达式，如图 1-10 所示。

图1-7 系统导航器

图1-8 机电导航器

图1-9 运行时察看器

图1-10 运行时表达式

5）装配导航器，用于建立装配体的显示，如图 1-11 所示。

6）部件导航器，包括模型视图、摄像机、测量和模型历史记录等，如图 1-12 所示。

7）重用库，可以访问重用对象和组件，如图 1-13 所示。

8）序列编辑器，可以创建基于时间或者基于事件的操作，如图 1-14 所示。

图1-11 装配导航器

图1-12 部件导航器

图1-13 重用库

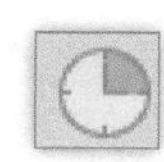

图1-14 序列编辑器

（二）刚体

1. 概念

刚体（Rigid Body）通常是指在运动中或受力的作用后，形状和大小不变，而且内部各点的相对位置不变的物体。图 1-15 所示为刚体对话框。

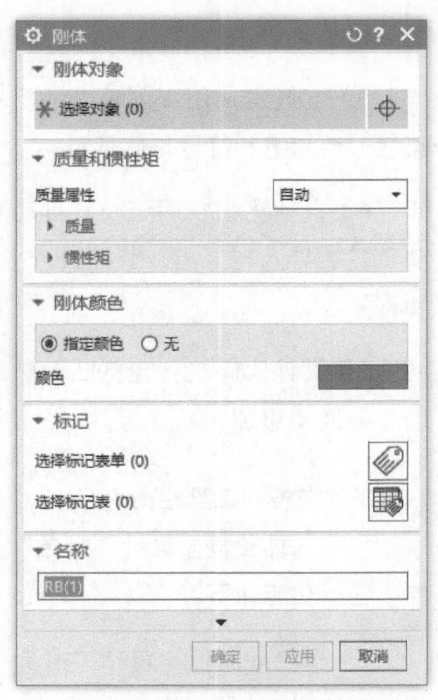

图1-15 刚体对话框

刚体组件可使几何对象在物理系统的控制下运动。刚体具备质量属性，可接受外力与扭矩，并能受到重力及其他作用力的影响。如果几何体未定义刚体对象，那么这个几何体将完全静止。

一般而言，刚体具有的物理属性，包括质量、惯性、平动和转动速度、质心位置以及方位（由所选的几何对象决定）等。

注意：一个或多个几何体上只能添加一个刚体，刚体之间不可产生交集。

2. 参数

（1）刚体对象　选择对象：选择一个或多个对象生成一个刚体，如图 1-16 所示。

（2）质量属性

1）自动：NX 根据几何信息与用户设定的值自动计算质量，如图 1-17 所示。

2）用户定义：需要用户手动输入指定质心、指定对象的坐标系、质量与惯性矩。

图1-16 选择对象

图1-17 质量属性

（3）名称　定义刚体的名称，如图 1-18 所示。

3. 创建刚体

（1）方法 1　选择“机电导航器”→右击“基本机电对象”→“新建”→“刚体”命令，如图 1-19 所示。

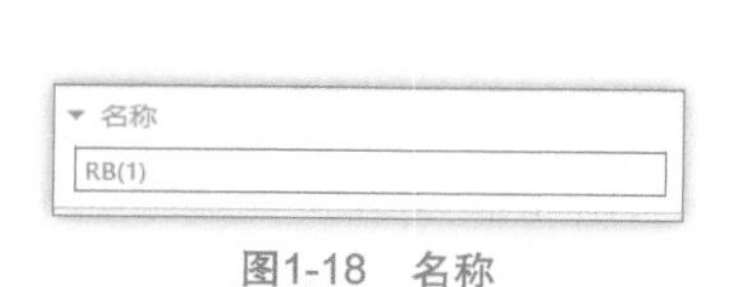

图1-18　名称

图1-19　方法1

（2）方法 2　选择“菜单”→“插入”→“基本机电对象”→“刚体”，如图 1-20 所示。

（3）方法 3　选择“主页”选项卡→“机械”栏→“刚体”→“刚体”命令，如图 1-21 所示。

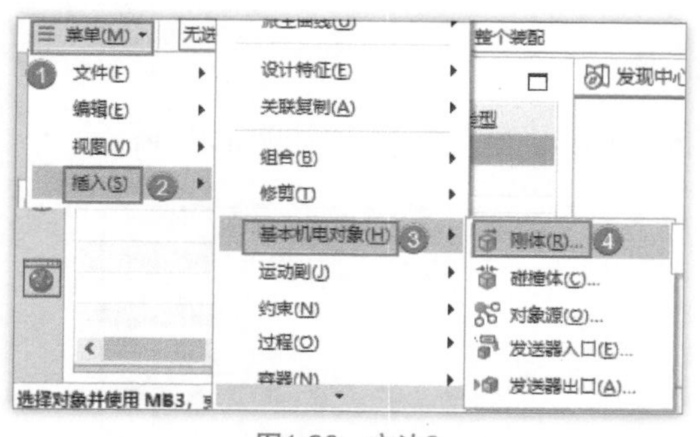

图1-20　方法2

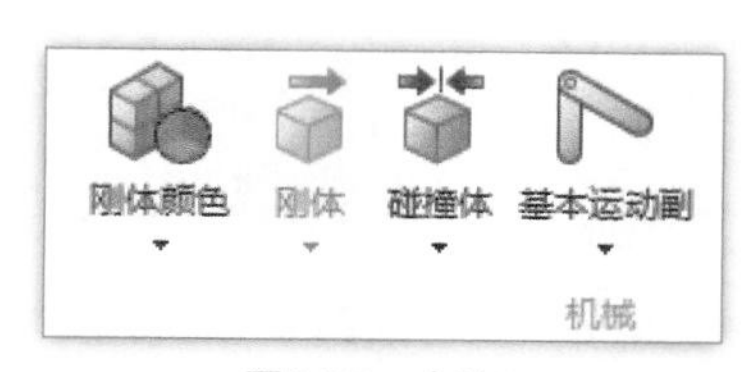

图1-21　方法3

（三）碰撞体

1. 概念

碰撞体是物理组件的一类，它要与刚体一起添加到几何对象上才能触发碰撞。两个刚体都定义有碰撞体时，物理引擎才会计算碰撞，没有碰撞体的刚体会相互穿过，如图 1-22 所示。

2. 参数

（1）碰撞体对象　选择对象：选择一个或多个对象，根据所选对象计算碰撞范围的形状，如图 1-23 所示。

（2）碰撞形状　碰撞形状包括方块、球、圆柱、胶囊体、凸多面体、多个凸多面体和网格面，如图 1-24 所示。

图1-22 碰撞体对话框

图1-23 对象

（3）形状属性

1）自动：默认形状属性，自动计算碰撞形状。

2）用户定义：需要输入自定义参数（碰撞体的长度、宽度和高度），如图 1-25 所示。

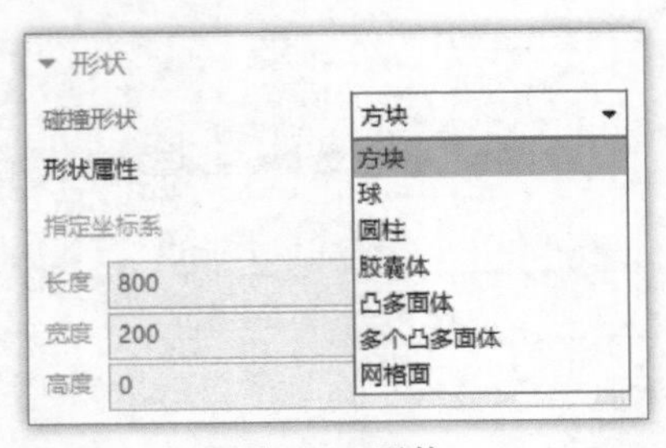

图1-24 形状

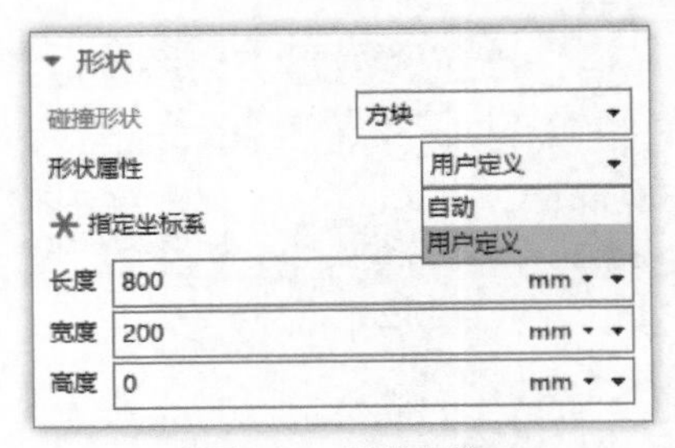

图1-25 形状属性

（4）名称属性 定义碰撞体的名称，如图 1-26 所示。

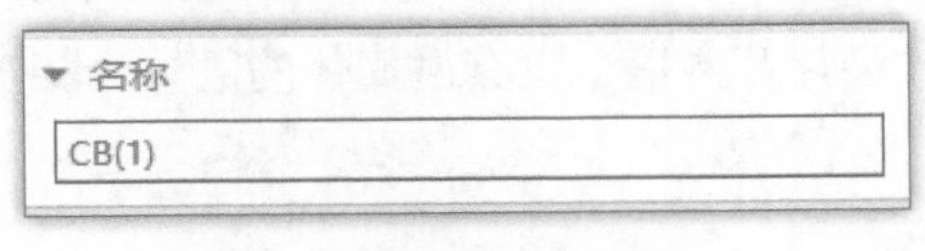

图1-26 名称

3. 创建碰撞体

（1）方法 1 选择“机电导航器”→右击“基本机电对象”→“新建”→“碰撞体”命令，如图 1-27 所示。

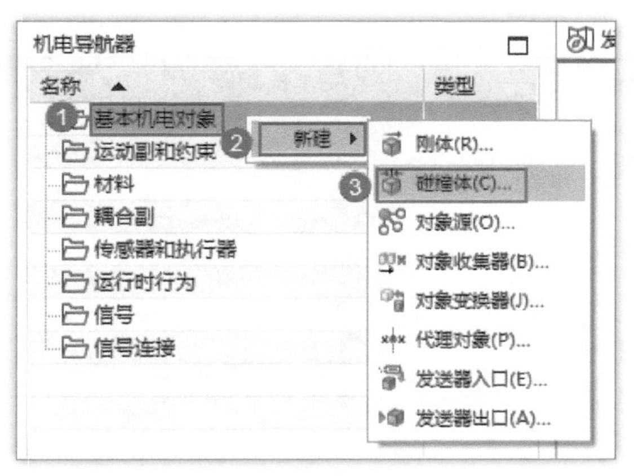

图1-27 方法1

（2）方法 2 选择“菜单”→“插入”→“基本机电对象”→“碰撞体”命令，如图 1-28 所示。

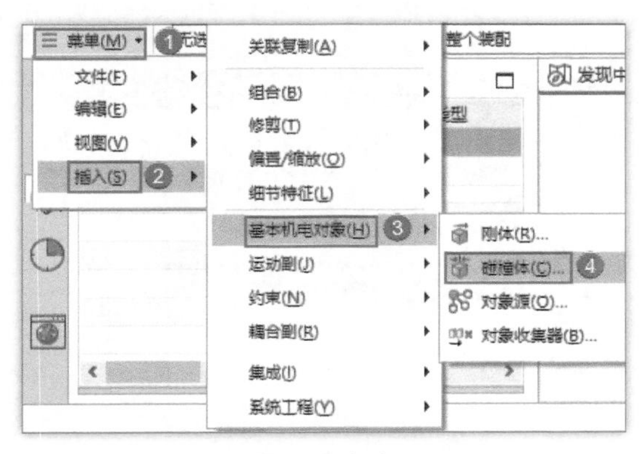

图1-28 方法2

（3）方法 3 选择“主页”选项卡→“机械”栏→“碰撞体”命令，如图 1-29 所示。

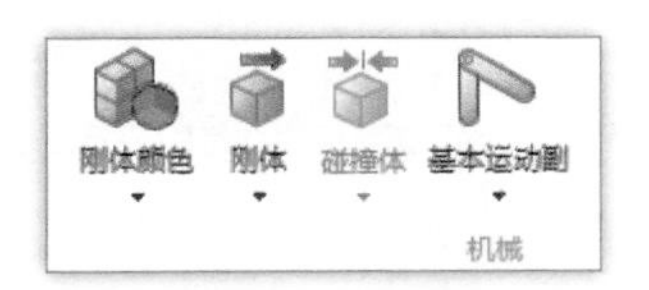

图1-29 方法3

四、任务实施

（一）打开组件模型

打开组件模型的操作步骤见表 1-1。

表 1-1　打开组件模型的操作步骤

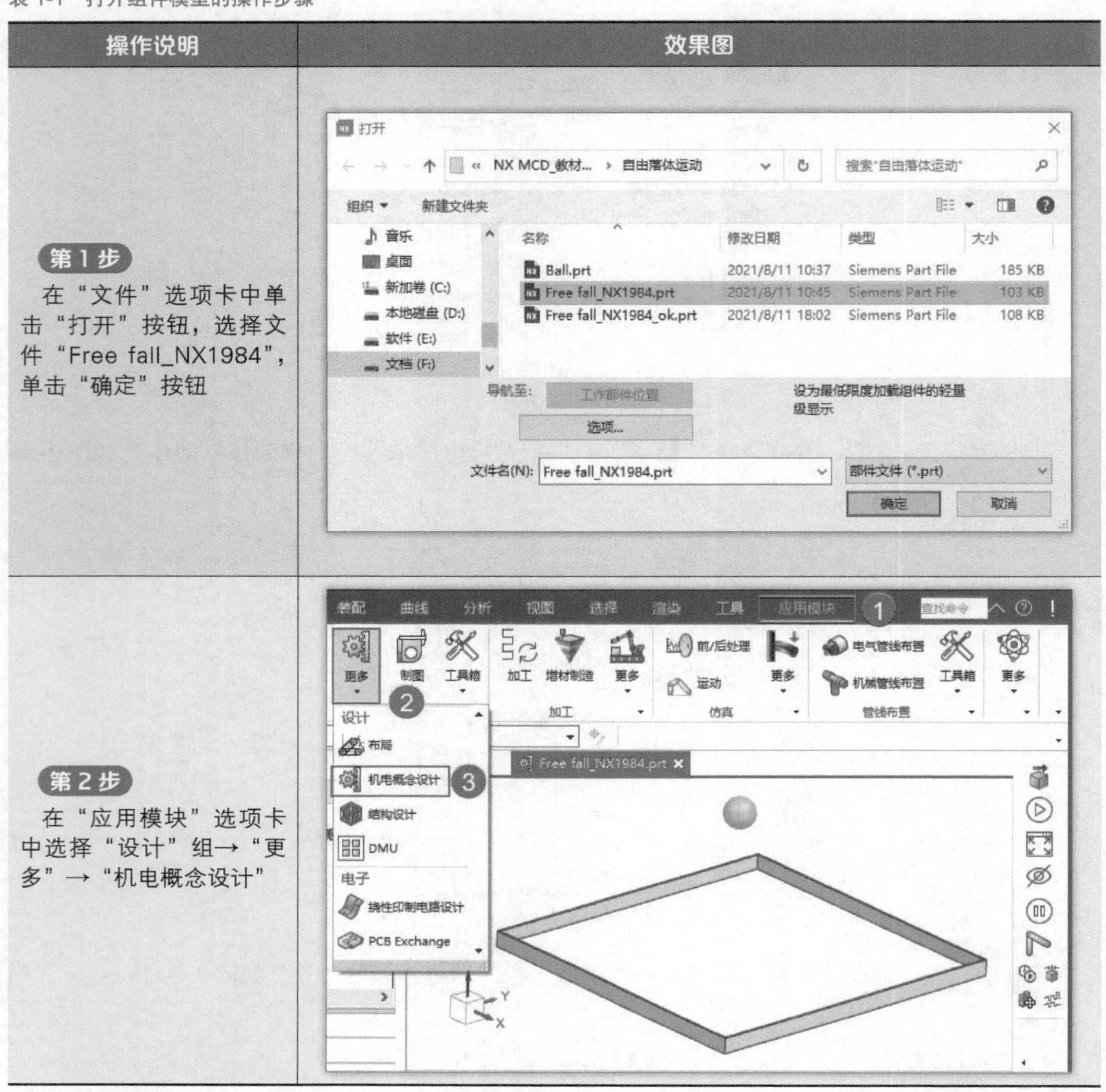

操作说明	效果图
第 1 步 在“文件”选项卡中单击“打开”按钮，选择文件“Free fall_NX1984”，单击“确定”按钮	
第 2 步 在“应用模块”选项卡中选择“设计”组→“更多”→“机电概念设计”	

（二）创建机电仿真的机械关系

创建机电仿真的机械关系操作步骤见表 1-2。

表 1-2　创建机电仿真的机械关系操作步骤

操作说明	效果图
第 1 步 选择“主页”选项卡→“机械”组→“刚体”命令	刚体颜色　刚体　碰撞体　基本运动副

（续）

操作说明	效果图
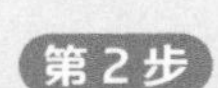 **第2步** 在弹出的“刚体”对话框中，单击“选择对象”，选择小球 刚体名称更改为“小球”，单击“确定”按钮 如果刚体对话框未显示完全，则单击对话框左上角的对话框选项，单击“刚体(更多)”	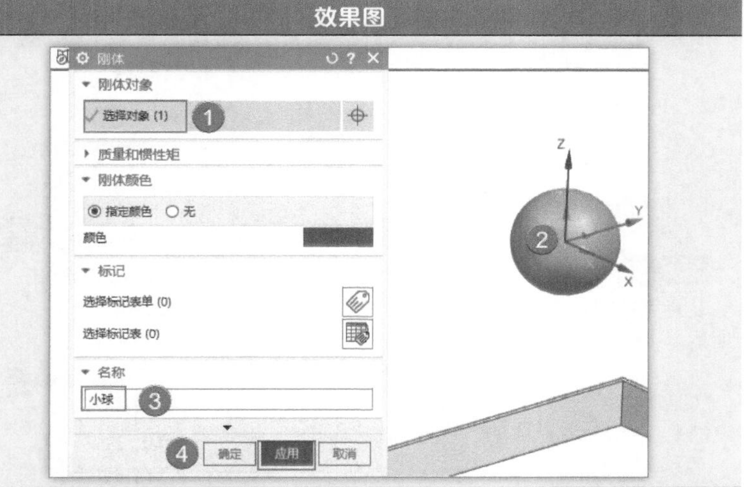
第3步 选择“主页”选项卡→“机械”组→“碰撞体”命令	
第4步 单击“选择对象”，选择小球表面 “碰撞形状”与“形状属性”分别设置为“球”与“自动” 名称更改为“小球_表面”，单击“应用”按钮	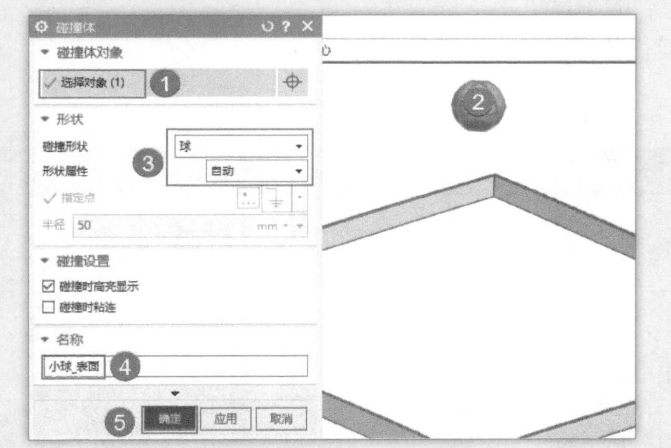
第5步 单击“选择对象”，选择盒子底面 “碰撞形状”与“形状属性”默认为“方块”与“自动” 名称更改为“盒子_底面”，单击“确定”按钮	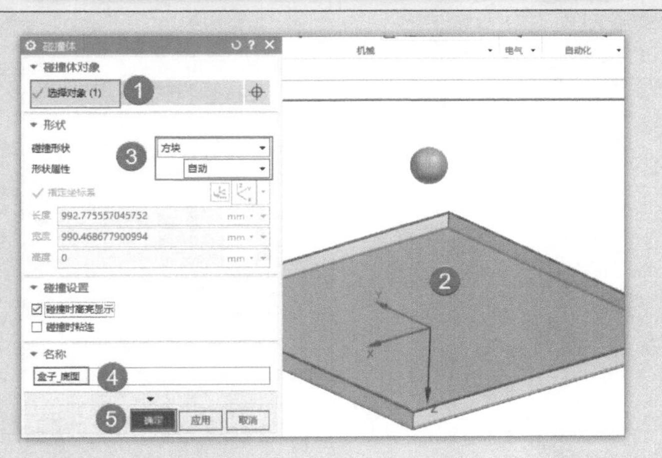

（续）

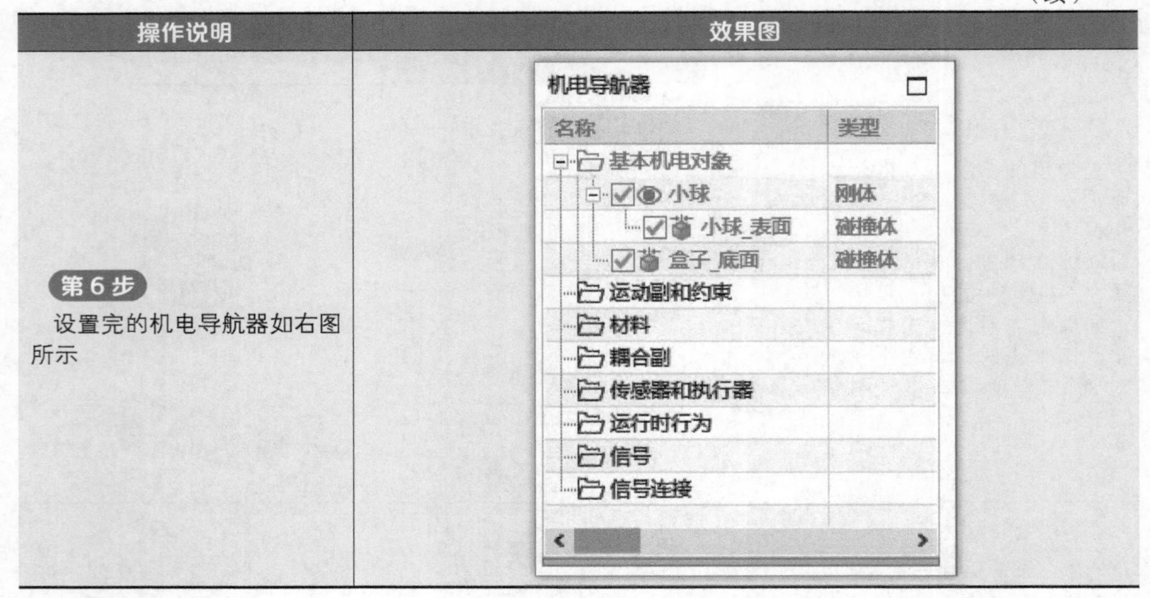

操作说明	效果图
第 6 步 设置完的机电导航器如右图所示	

（三）运行仿真

运行仿真的操作步骤见表 1-3。

表 1-3　运行仿真的操作步骤

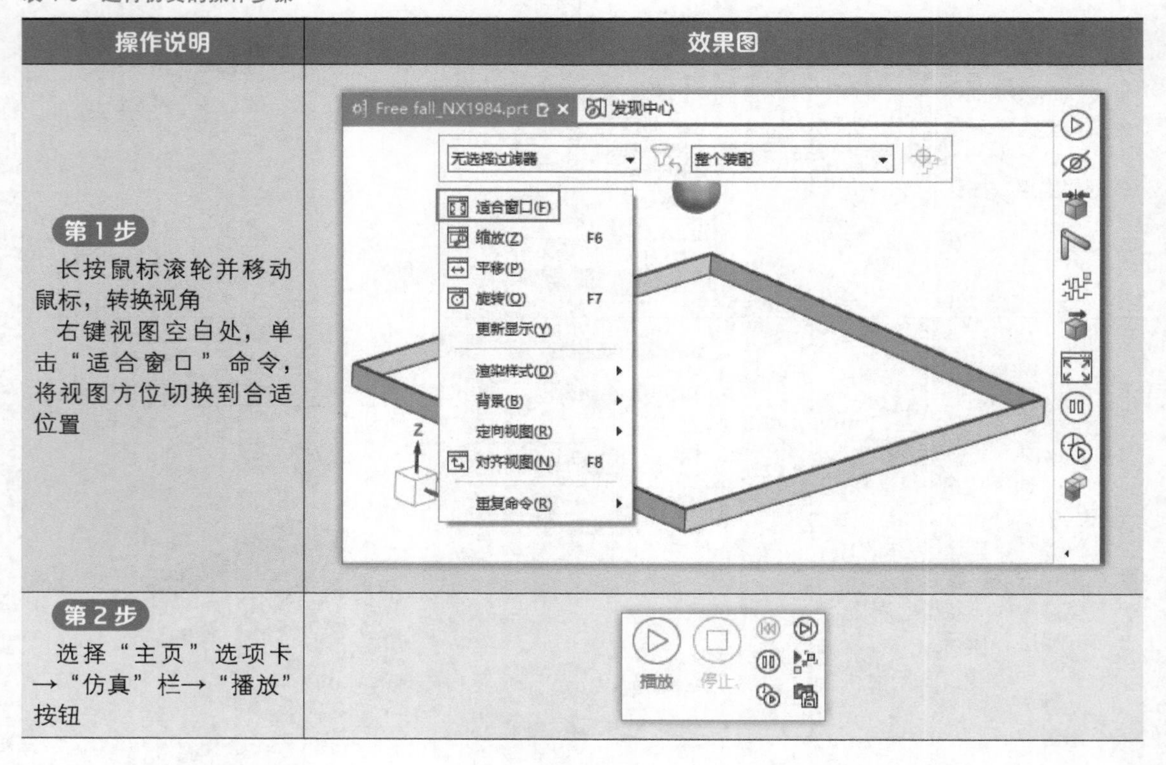

操作说明	效果图
第 1 步 长按鼠标滚轮并移动鼠标，转换视角 右键视图空白处，单击“适合窗口”命令，将视图方位切换到合适位置	
第 2 步 选择“主页”选项卡→“仿真”栏→“播放”按钮	

（续）

操作说明	效果图
第 3 步 小球进行自由落体运动，与“盒子_底面”发生碰撞，并停留在上面	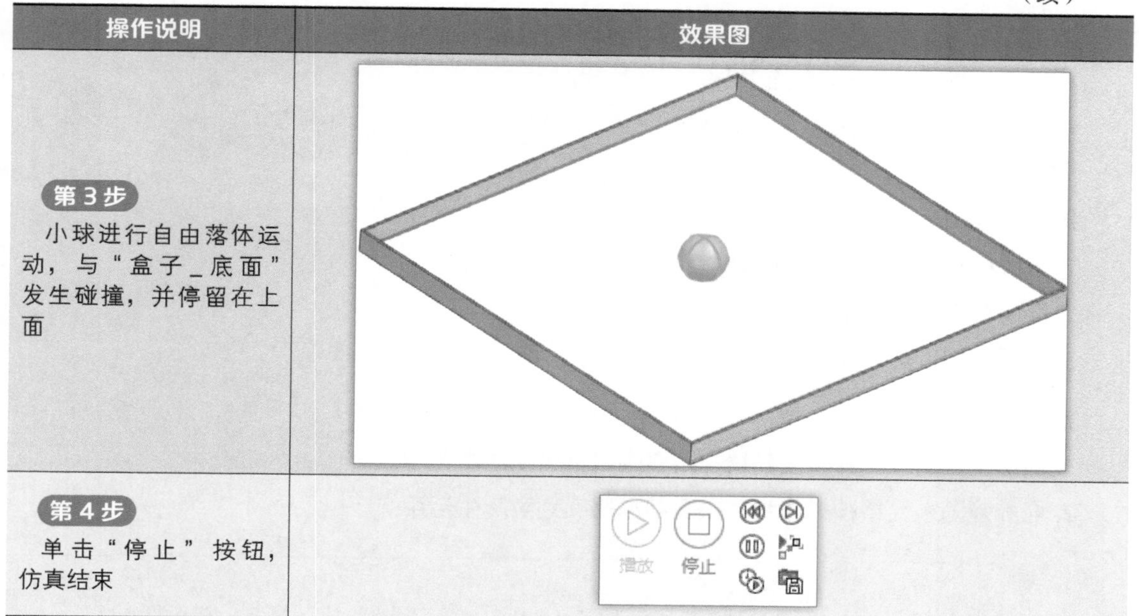
第 4 步 单击“停止”按钮，仿真结束	播放 停止

任务 2　MCD 传送带与产品源设置

一、任务描述

本任务介绍通过“传输面”与“对象源”命令，赋予目标对象机械属性，使工件不断生成新的产品，通过传送带的一侧传输到另一侧，完成传送带传输的任务，如图 1-30 所示。

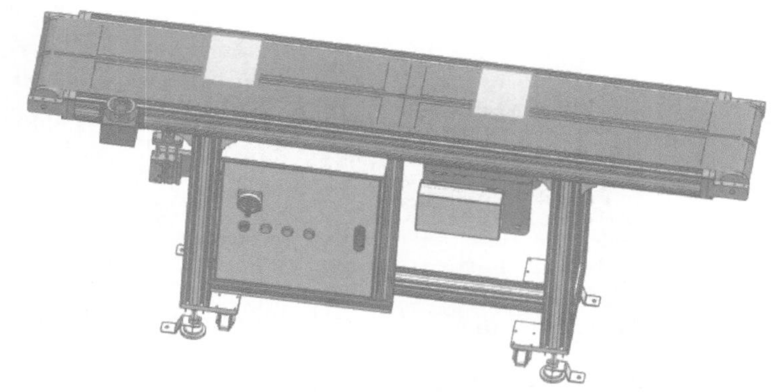

图1-30　传送带与产品生成

二、任务目标

技能目标：

1. 了解传输面与对象源的概念。
2. 理解传输面与对象源各参数的含义。
3. 掌握运用传输面与对象源的方法。

素养目标：

1. 理解工匠精神，并将工匠精神落实到日常的生活学习中。
2. 培养爱国主义精神，将爱国主义精神落实到实际生活中。

三、知识储备

（一）传输面（直线）

1. 概念

传输面是具有将所选的平面转化为“传送带”的一种机电“执行器”特征。一旦有其他物体放置在传输面上，此物体将会按照传输面指定的速度和方向运输到其他位置。

注意：传输面必须是一个平面和碰撞体，即它与碰撞体配合使用，且一一对应。

2. 参数

（1）选择面　选择传输面的运动类型，可以是直线运动，也可以是圆弧运动，如图 1-31 所示。

图1-31　选择面

（2）运动类型　允许将传输面运动指定为直线运动或圆形运动，如图 1-32 所示。

1）仅当“运动类型”设置为“直线”时，以下选项才可用：

① 指定矢量：用于指定传输方向的矢量。

② 速度："平行"设置所选矢量方向上的速度，"垂直"设置垂直于所选矢量的方向上的速度。

2）仅当"运动类型"设置为"圆"时，以下选项才可用：

① 中心点：用于为圆周运动选取中心点。

② 中间半径：设置传输曲面的中心点和中点之间的距离，这决定了运动路径。

③ 中间速度：设置半径中位数处的旋转速度。

④ 起始位置：设置传输图面的初始位置。用户可以使用它来设置使用位置控制器应用运动范围的初始位置。

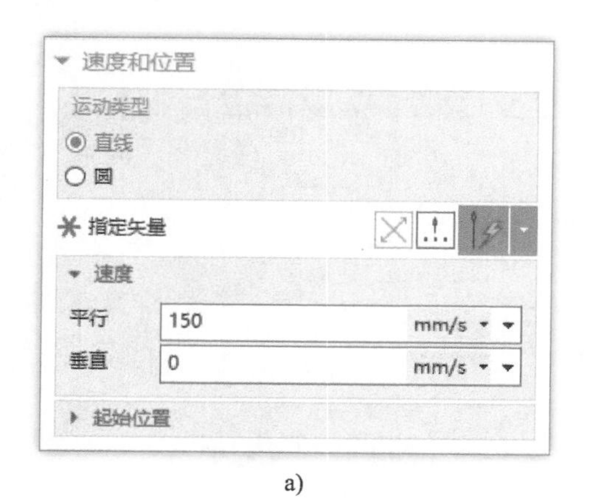

a)

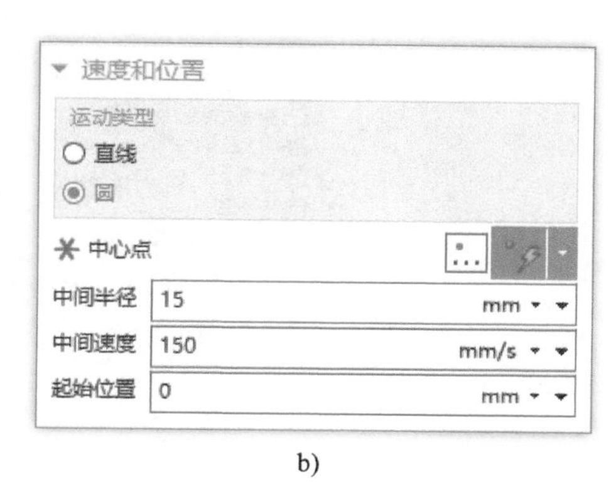

b)

图1-32　运动类型

（3）指定矢量　指定传输面的传输方向，如图 1-33 所示。

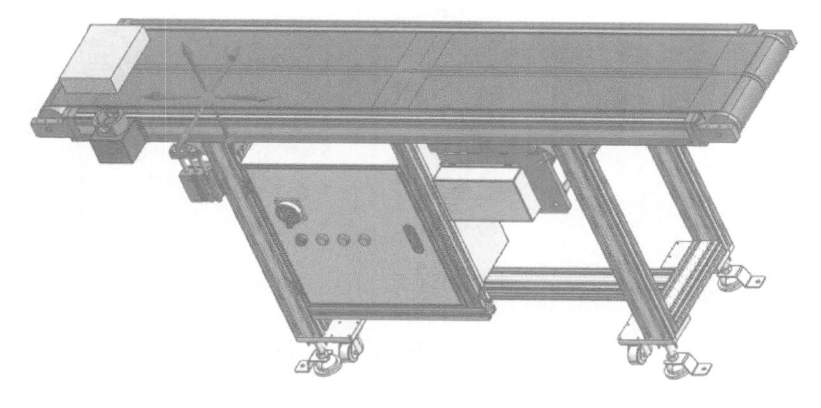

图1-33　指定矢量

（4）反向　改变向量的方向，如图 1-34 所示。

（5）平行　指定在传输方向上的速度大小，如图 1-35 所示。

图1-34　反向

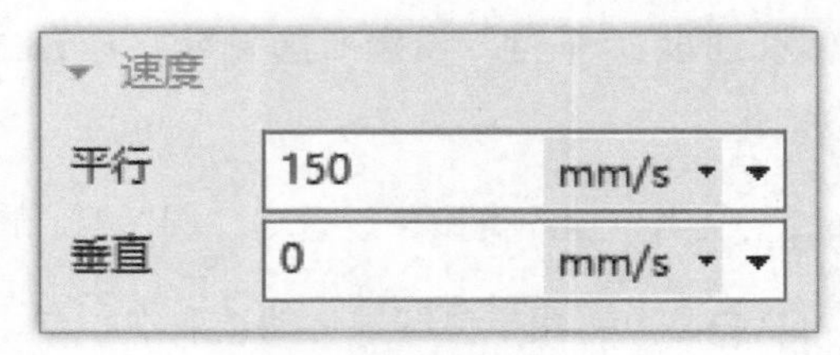

图1-35　平行

（6）垂直　指定在垂直传输方向上的速度大小。

3. 创建

（1）方法 1　选择“机电导航器”→“传感器和执行器”→“新建”→“传输面”命令，如图 1-36 所示。

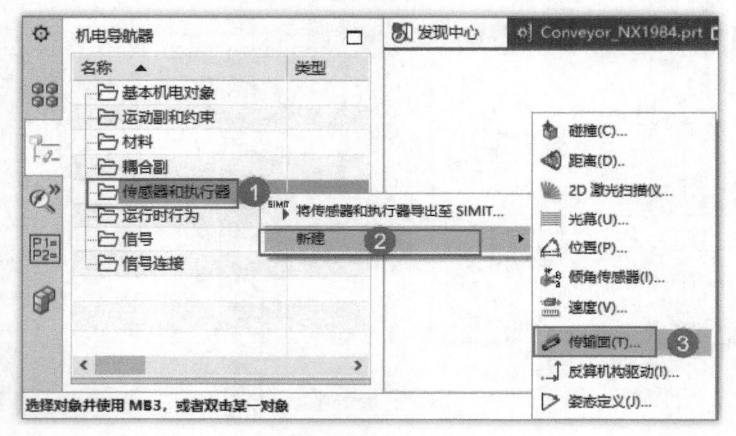

图1-36　方法1

（2）方法 2　选择“菜单”→“插入”→“执行器”→“传输面”命令，如图 1-37 所示。

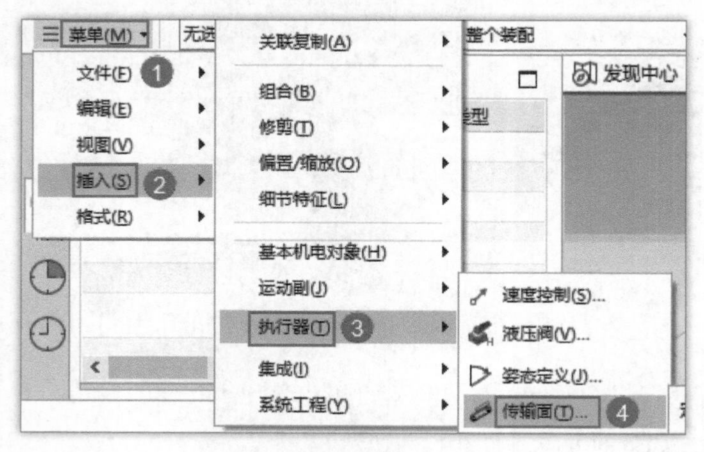

图1-37　方法2

（3）方法3　选择“主页”选项卡→“电气”栏→“位置控制”→“传输面”命令，如图1-38所示。

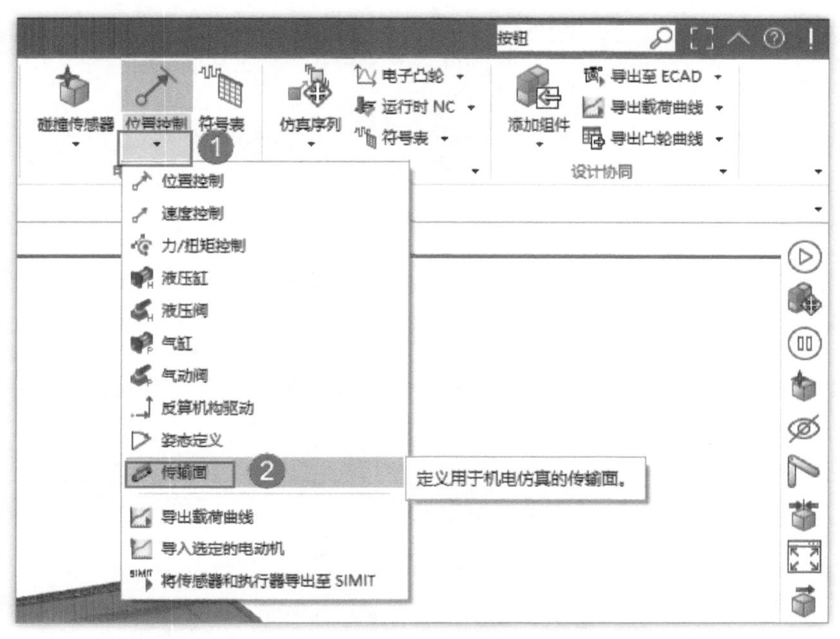

图1-38　方法3

（二）对象源

1. 概念

对象源（Object Source）是指在特定时间间隔创建的多个外表、属性相同的对象。

2. 参数

（1）选择对象　选择要复制的对象，如图1-39所示。

（2）触发形式

1）基于时间：根据指定的时间间隔复制一次源对象。

2）每次激活时一次：每次激活时复制一次，如图1-40所示。

图1-39　选择对象

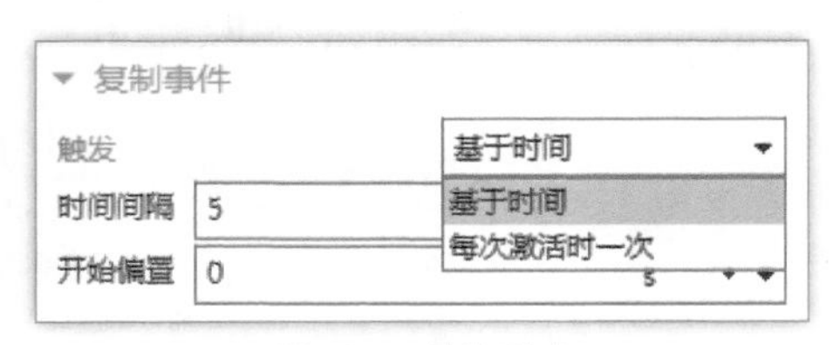

图1-40　触发形式

（3）起始偏置　设置一定时间后开始复制对象。

（4）名称　定义对象源的名称，如图 1-41 所示。

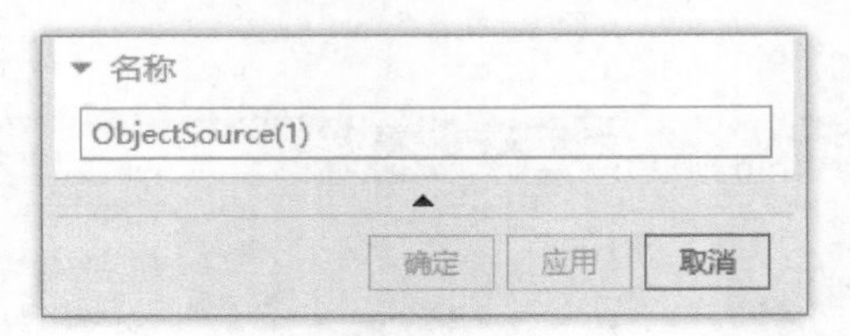

图1-41　名称

3. 创建

（1）方法 1　选择“机电导航器”→右击“基本机电对象”→“新建”→“对象源”命令，如图 1-42 所示。

（2）方法 2　选择“菜单”→“插入”→“基本机电对象”→“对象源”命令，如图 1-43 所示。

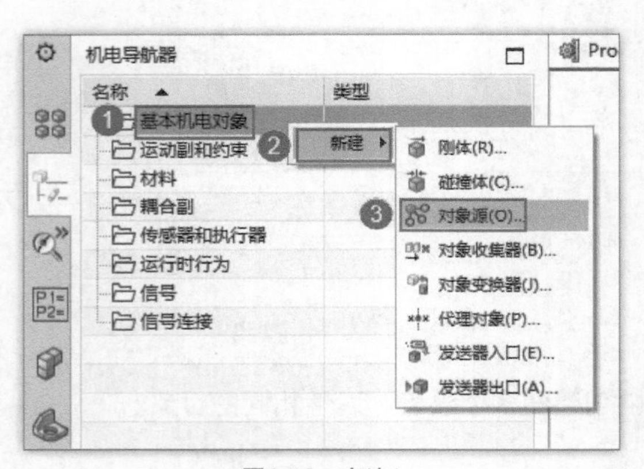

图1-42　方法1

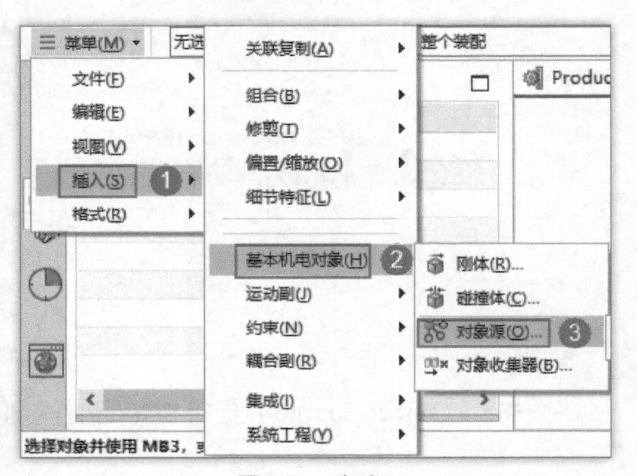

图1-43　方法2

（3）方法 3　选择“主页”选项卡→“机械”栏→“刚体”→“对象源”命令，如图 1-44 所示。

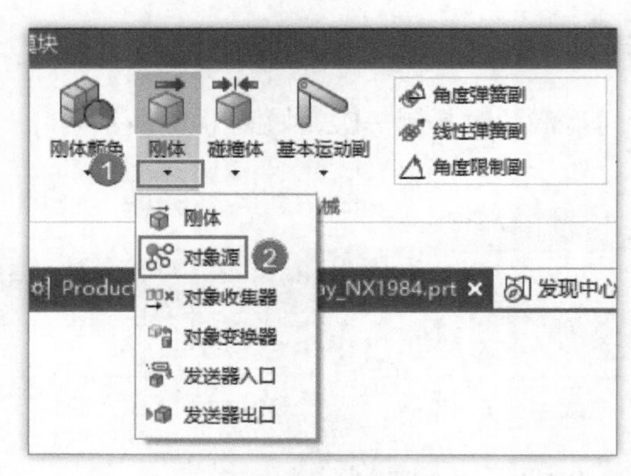

图1-44　方法3

四、任务实施

（一）刚体与碰撞体的定义

刚体与碰撞体的定义步骤见表 1-4。

表 1-4　刚体与碰撞体的定义步骤

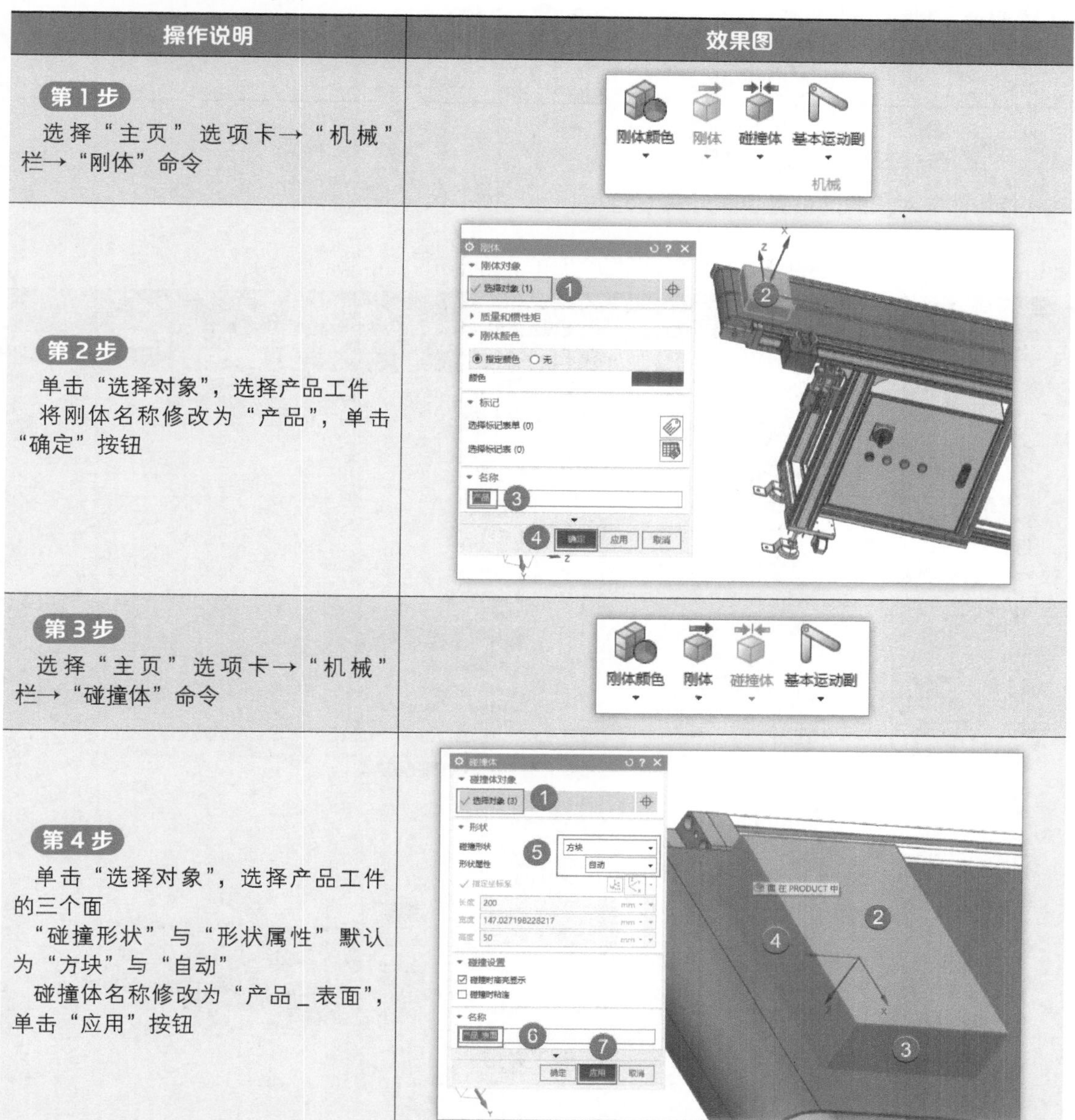

操作说明	效果图
第 1 步 选择“主页”选项卡→“机械”栏→“刚体”命令	刚体颜色　刚体　碰撞体　基本运动副　机械
第 2 步 单击“选择对象”，选择产品工件 将刚体名称修改为“产品”，单击“确定”按钮	刚体　刚体对象　选择对象 (1)　质量和惯性矩　刚体颜色　指定颜色　无　颜色　标记　选择标记表单 (0)　选择标记表 (0)　名称　产品　确定　应用　取消
第 3 步 选择“主页”选项卡→“机械”栏→“碰撞体”命令	刚体颜色　刚体　碰撞体　基本运动副
第 4 步 单击“选择对象”，选择产品工件的三个面 “碰撞形状”与“形状属性”默认为“方块”与“自动” 碰撞体名称修改为“产品_表面”，单击“应用”按钮	碰撞体　碰撞体对象　选择对象 (3)　形状　碰撞形状　方块　形状属性　自动　指定坐标系　长度 200　宽度 147.027198228217　高度 50　碰撞设置　碰撞时高亮显示　碰撞时粘连　名称　产品_表面　确定　应用　取消

（续）

操作说明	效果图
第 5 步 单击“选择对象”，选择传送带的平面 “碰撞形状”与“形状属性”默认为“方块”与“自动” 碰撞体名称修改为“传送带_表面”，单击“确定”按钮	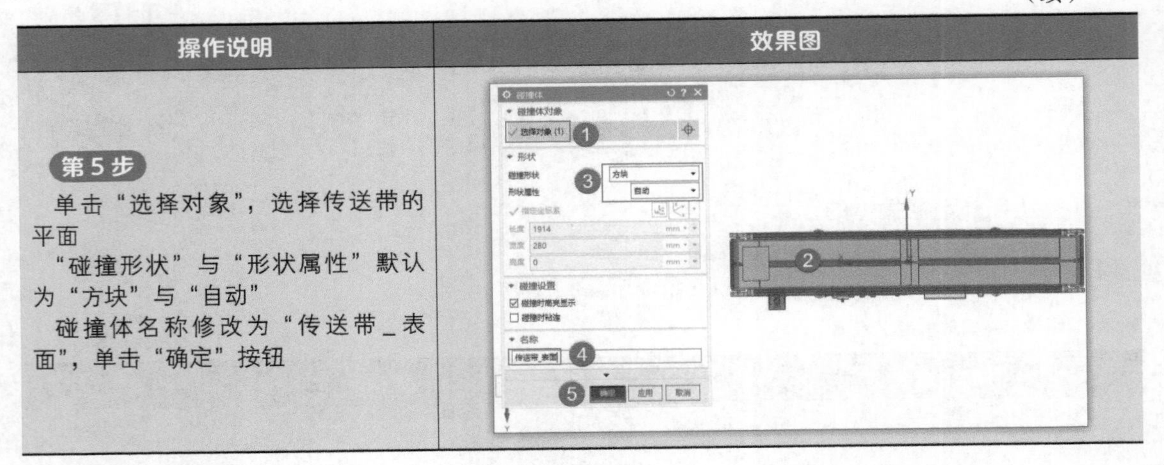

（二）传输面与对象源的设置

传输面与对象源的设置步骤见表 1-5。

表 1-5　传输面与对象源的设置步骤

操作说明	效果图
第 1 步 选择“主页”选项卡→“电气”栏→“位置控制”→“传输面”命令	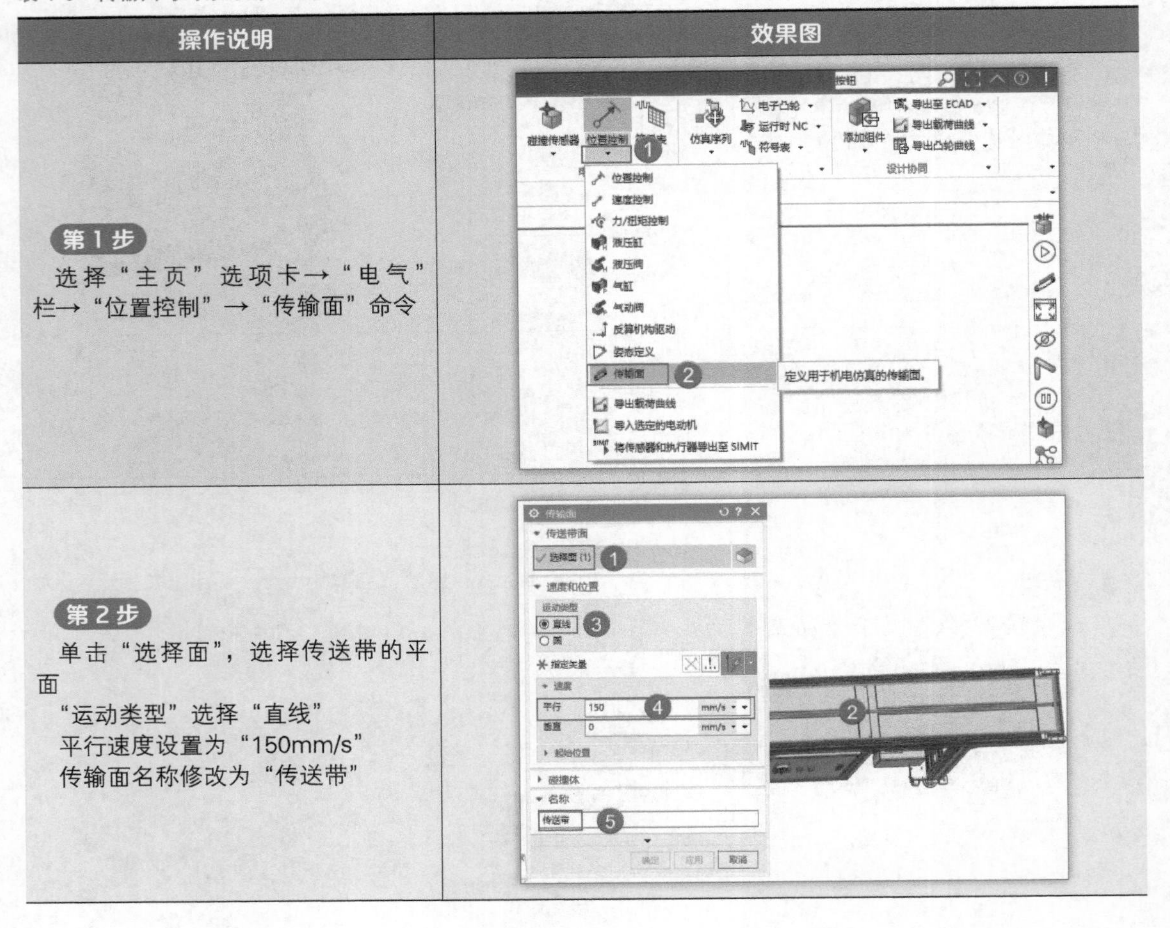
第 2 步 单击“选择面”，选择传送带的平面 “运动类型”选择“直线” 平行速度设置为“150mm/s” 传输面名称修改为“传送带”	

（续）

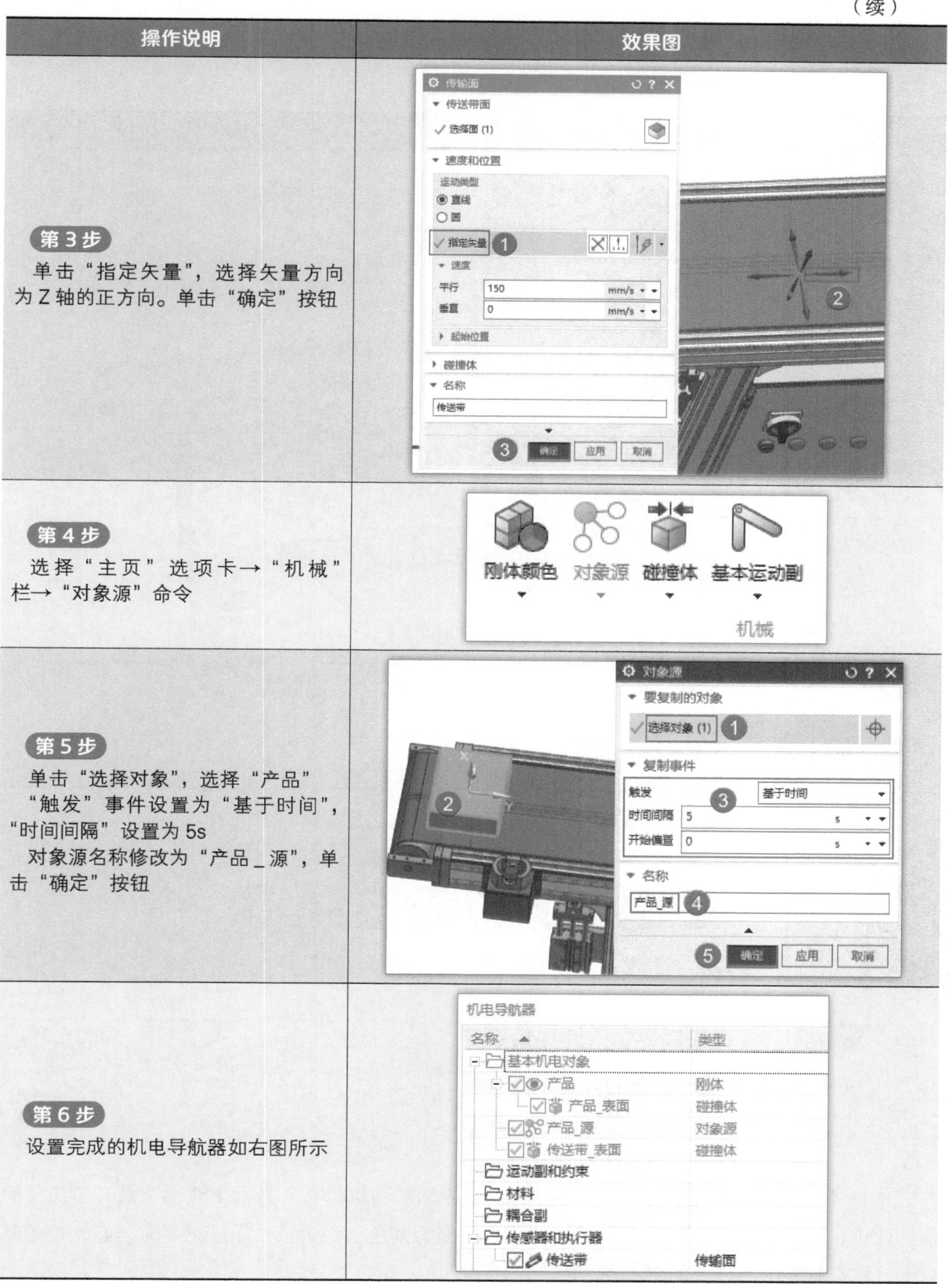

操作说明	效果图
第 3 步 单击“指定矢量”，选择矢量方向为 Z 轴的正方向。单击“确定”按钮	
第 4 步 选择“主页”选项卡→“机械”栏→“对象源”命令	
第 5 步 单击“选择对象”，选择“产品” “触发”事件设置为“基于时间”，“时间间隔”设置为 5s 对象源名称修改为“产品_源”，单击“确定”按钮	
第 6 步 设置完成的机电导航器如右图所示	

（三）仿真运行

仿真运行的操作步骤见表 1-6。

表 1-6 仿真运行的操作步骤

操作说明	效果图
第 1 步 选择“主页”选项卡→“仿真”栏→“播放”按钮	播放 停止
第 2 步 查看仿真运行过程：产品从传送带的一侧传输到传送带的另一侧，每隔 5s 传送带上就生成一个新的产品	
第 3 步 选择“主页”选项卡→“仿真”栏→“停止”按钮，结束仿真运行	播放 停止

任务 3 MCD 产品的更改与显示

一、任务描述

本任务介绍基本机电对象“对象变换器”、传感器和执行器“显示更改器”及“碰撞传感器”命令，使产品经过传送带的第一个传感器时变为紫色，经过第二个传感器时，在变色的基础上，实现打孔的功能，如图 1-45 所示。

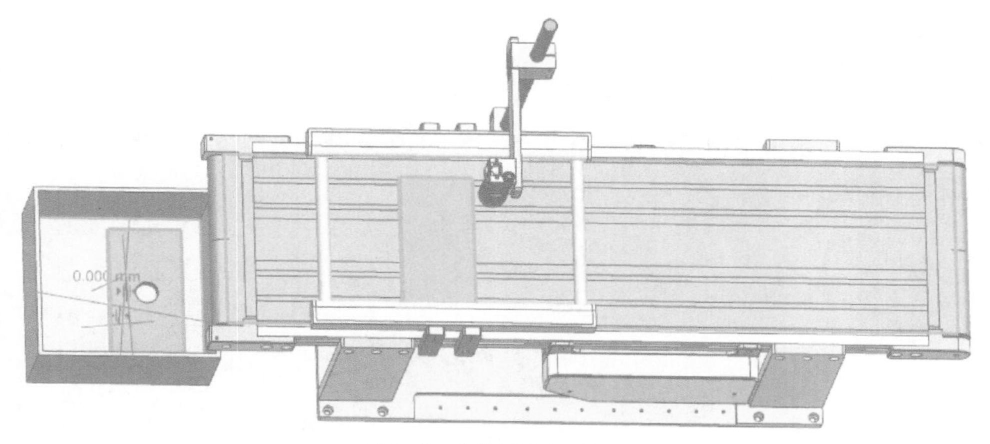

图1-45　产品的更改与显示

二、任务目标

技能目标：

1. 了解碰撞传感器、显示更改器与对象变换器的概念。
2. 理解碰撞传感器、显示更改器与对象变换器各参数的含义。
3. 掌握碰撞传感器、显示更改器与对象变换器的使用方法。

素养目标：

1. 具备机电概念设计思维并在实践中结合“工匠精神”。
2. 养成精益求精的设计习惯，提升工作效率。
3. 具备善于与他人交流合作的素养。

三、知识储备

（一）碰撞传感器

1. 定义

碰撞传感器是指当碰撞发生的时候可以被激活输出信号的机电特征对象，可以利用碰撞传感器来收集碰撞事件。

碰撞事件可以被用来停止或者触发（执行机构的）某些操作。

2. 参数

（1）选择对象　选择碰撞传感器的几何对象，如图 1-46 所示。

（2）碰撞形状　碰撞范围的形状包括方块、球、直线、圆柱、网格、凸多面体或多个凸多面体，如图 1-47 所示。

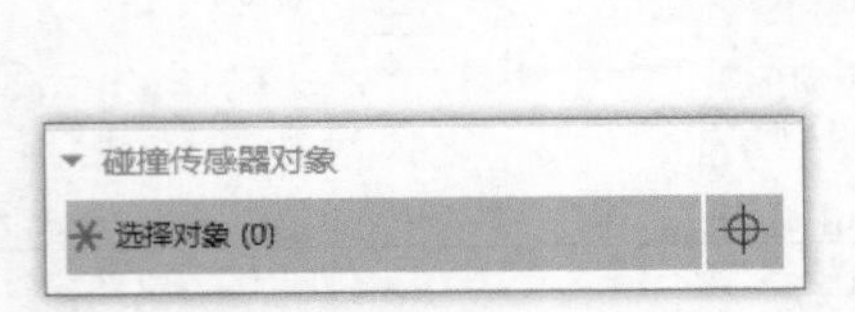

图1-46　选择对象

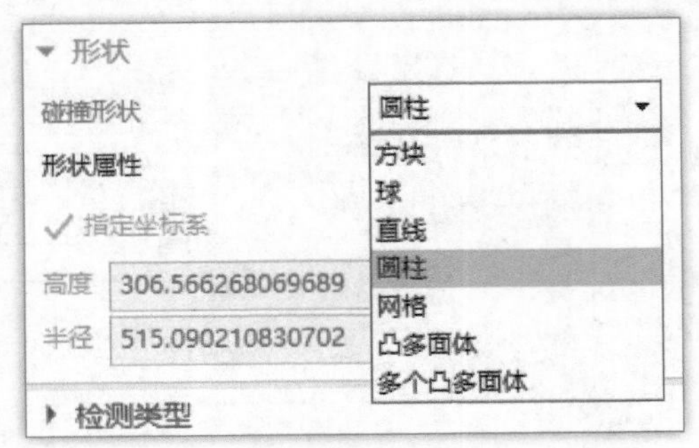

图1-47　碰撞形状

（3）名称　定义碰撞传感器的名称，如图 1-48 所示。

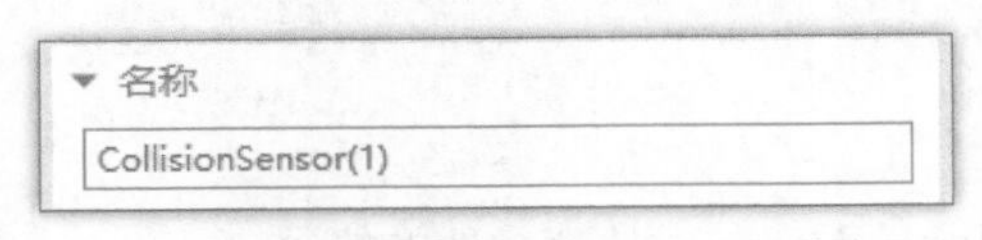

图1-48　名称

3. 创建

（1）方法 1　选择“机电导航器”→右击“传感器和执行器”→“新建”→“碰撞传感器”命令，如图 1-49 所示。

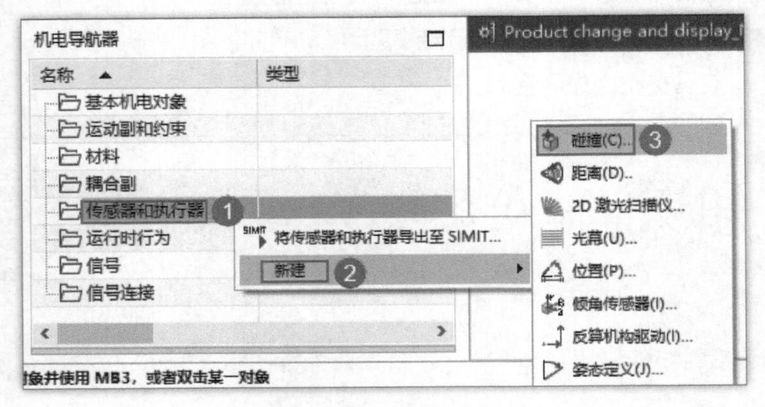

图1-49　方法1

（2）方法 2　选择“菜单”→“插入”→“传感器”→“碰撞传感器”命令，如图 1-50 所示。

（3）方法 3　选择“主页”选项卡→“电气”栏→“碰撞传感器”命令，如图 1-51 所示。

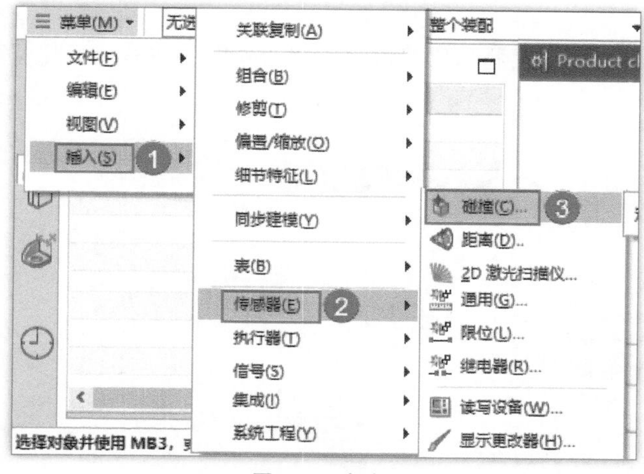

图1-50　方法2

图1-51　方法3

（二）显示更改器

1. 定义

显示更改器用于改变对象的颜色。

2. 参数

（1）选择对象　选择需要更改颜色的对象，如图 1-52 所示。

（2）设置

1）执行模式：包括“无”“始终”和“一次”。

2）颜色：选择对象需要更改的颜色，如图 1-53 所示。

图1-52　选择对象

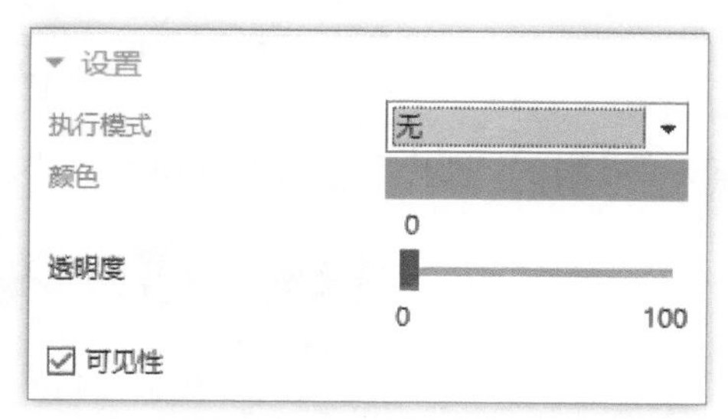

图1-53　设置

（3）名称　定义显示更改器的名称，如图 1-54 所示。

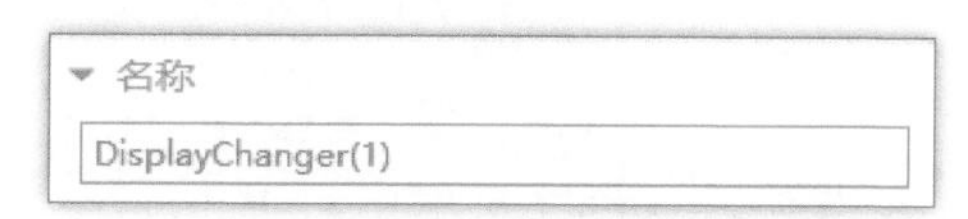

图1-54　名称

3. 创建

（1）方法 1　选择“机电导航器”→右击“传感器和执行器”→“新建”→“显示更改器”命令，如图 1-55 所示。

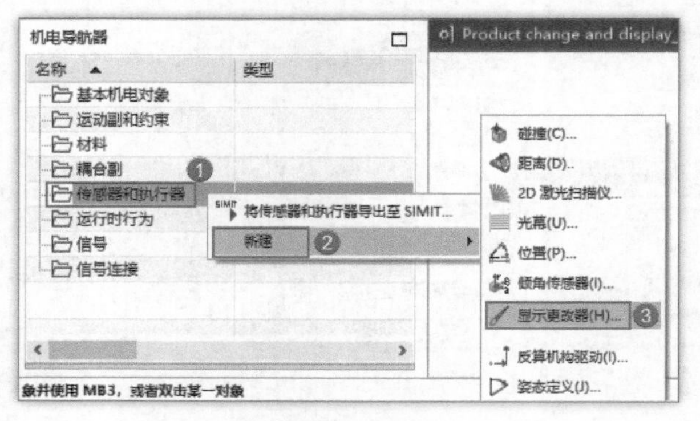

图1-55　方法1

（2）方法 2　选择“菜单”→“插入”→“传感器”→“显示更改器”命令，如图 1-56 所示。

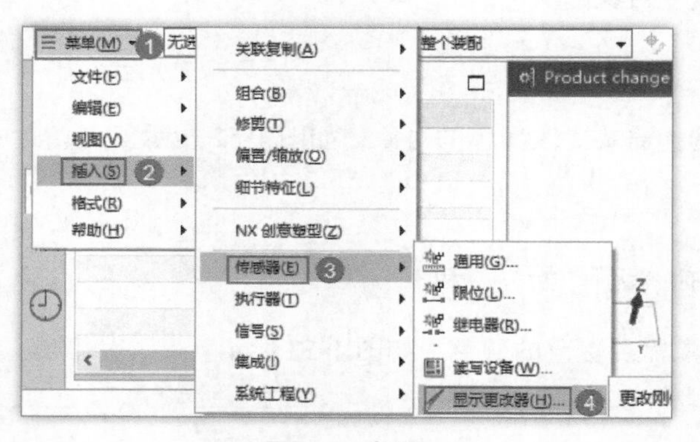

图1-56　方法2

（3）方法 3　选择“主页”选项卡→“机械”栏→“显示更改器”命令，如图 1-57 所示。

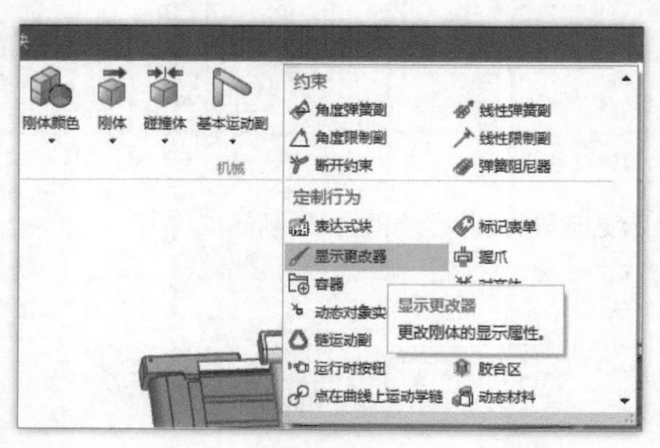

图1-57　方法3

（三）对象变换器

1. 概念

对象变换器的作用是模拟 NX MCD 中运动对象外观的改变过程，如模拟待加工物料与加工成品之间的外形变化。

在使用对象变换器的过程中，需要建立两个分别用于表示触发前和变换后的物料模型；另外，还需要设置一个碰撞传感器，作为对象变换的触发条件。

2. 参数

（1）选择碰撞传感器　选择一个检测变换的碰撞传感器，如图 1-58 所示。

（2）变换源

1）任意：变换任何对象源生成的对象。

2）仅选定的：只变换选定的对象源生成的对象，如图 1-59 所示。

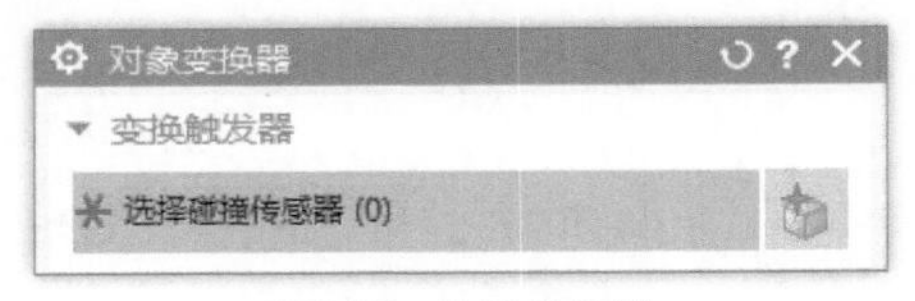

图1-58　变换触发器

图1-59　变换源

（3）选择刚体　设置一定时间后开始复制对象，如图 1-60 所示。

（4）名称　定义对象源的名称，如图 1-61 所示。

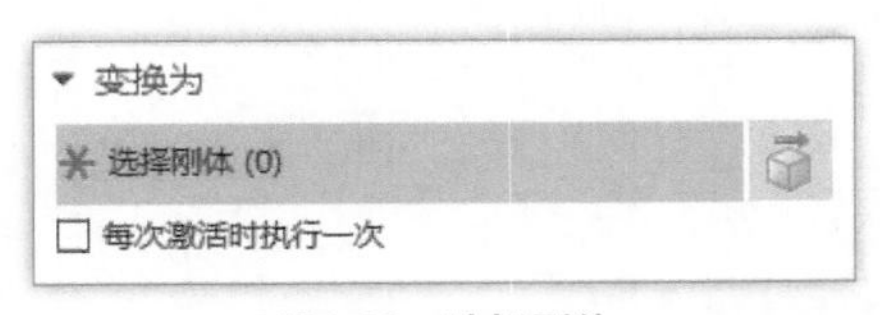

图1-60　选择刚体

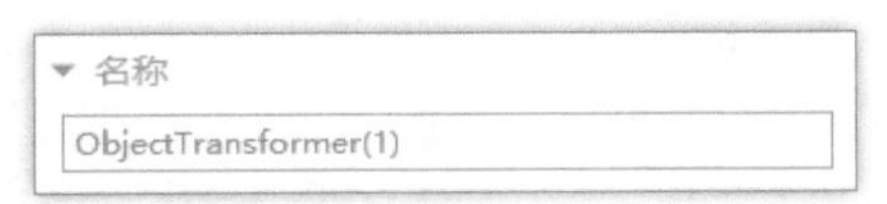

图1-61　名称

3. 创建

（1）方法 1　选择“机电导航器”→右击“基本机电对象”→“新建”→“对象变换器”命令，如图 1-62 所示。

（2）方法 2　选择“菜单”→“插入”→“基本机电对象”→“对象变换器”命令，如图 1-63 所示。

（3）方法 3　选择“主页”选项卡→“机械”栏→“刚体”→“对象变换器”命令，如图 1-64 所示。

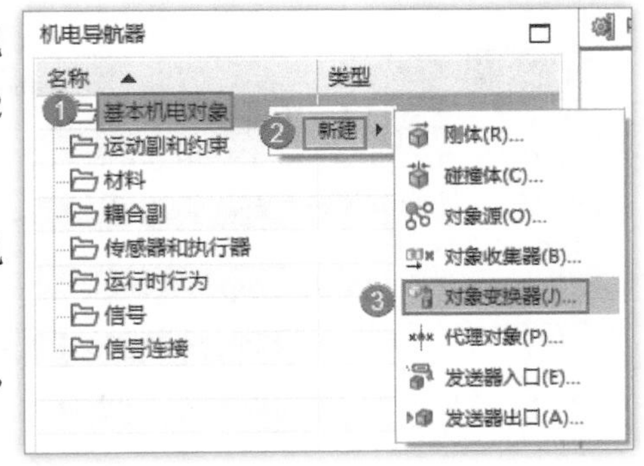

图1-62　方法1

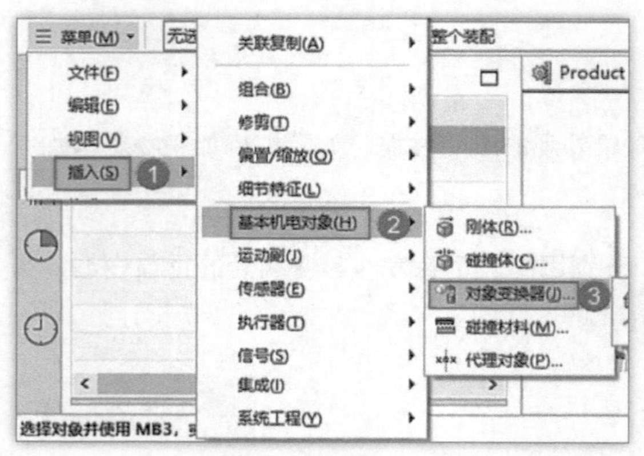

图1-63　方法2

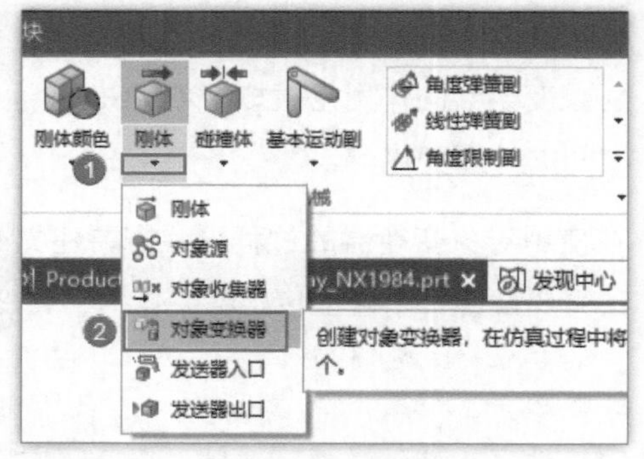

图1-64　方法3

四、任务实施

（一）刚体、碰撞体与对象源的定义

刚体、碰撞体与对象源的定义步骤见表 1-7。

表 1-7　刚体、碰撞体与对象源的定义步骤

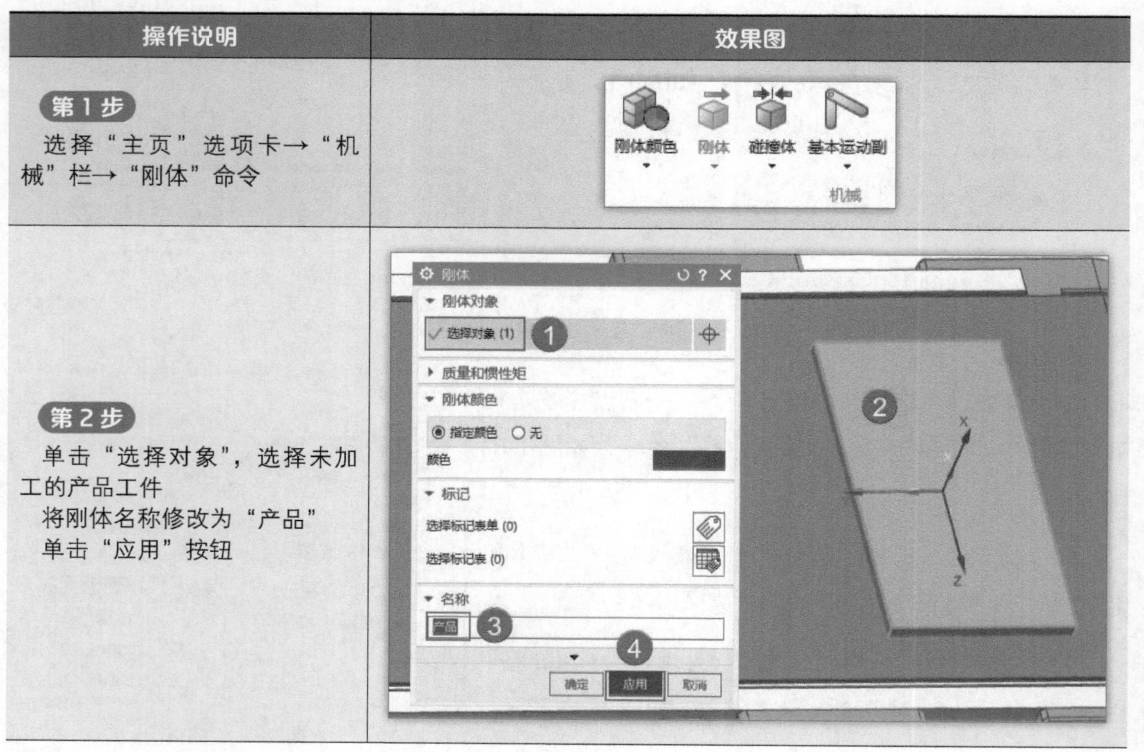

操作说明	效果图
第 1 步 选择“主页”选项卡→“机械”栏→“刚体”命令	
第 2 步 单击“选择对象”，选择未加工的产品工件 将刚体名称修改为“产品” 单击“应用”按钮	

（续）

操作说明	效果图
第 3 步 单击“选择对象”，选择加工完的产品工件 将刚体名称修改为“产品_打孔” 单击“确定”按钮	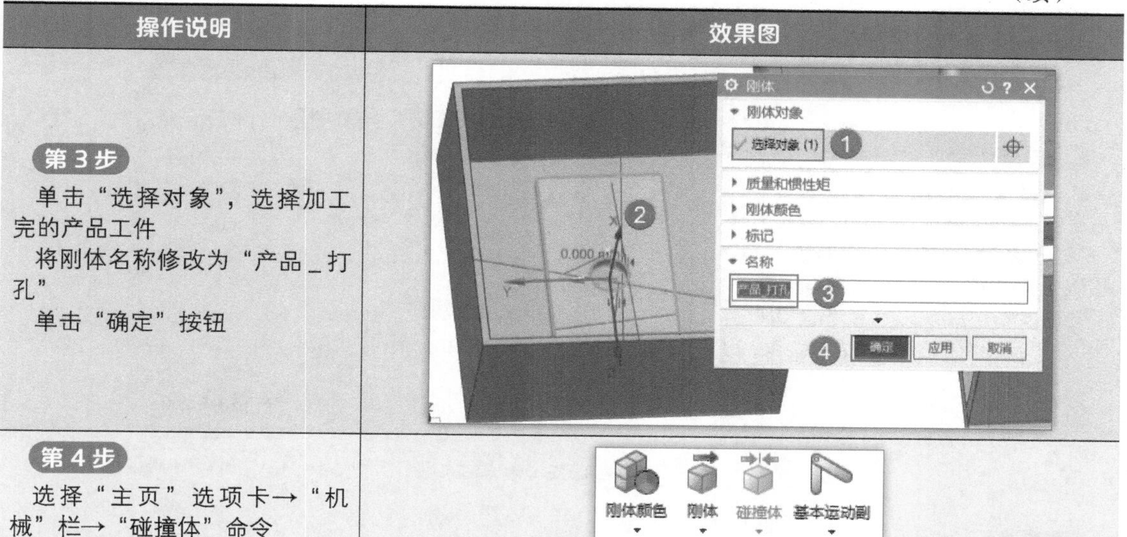
第 4 步 选择“主页”选项卡→“机械”栏→“碰撞体”命令	刚体颜色 刚体 碰撞体 基本运动副
第 5 步 单击“选择对象”，选择未加工产品工件的三个面 “碰撞形状”与“形状属性”默认为“方块”与“自动” 碰撞体名称修改为“产品_表面” 单击“应用”按钮	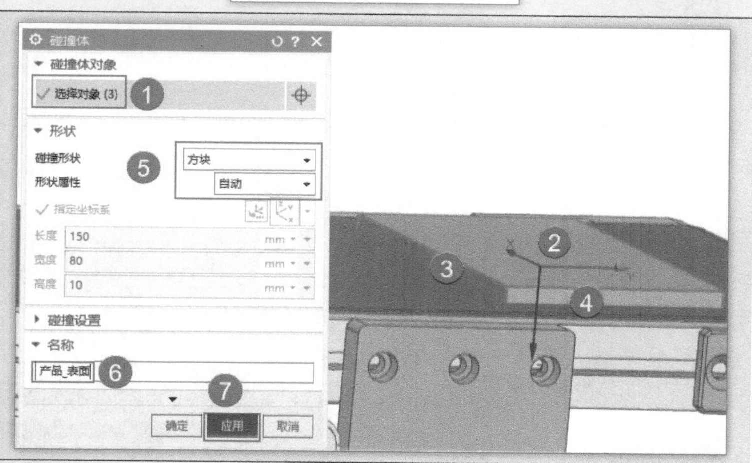
第 6 步 单击“选择对象”，选择传送带表面 “碰撞形状”与“形状属性”默认为“方块”与“自动” 碰撞体名称修改为“传送带_表面” 单击“应用”按钮	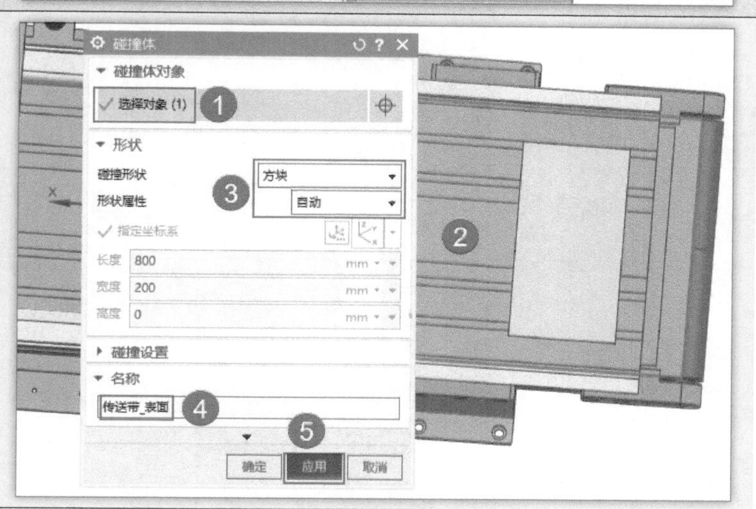

（续）

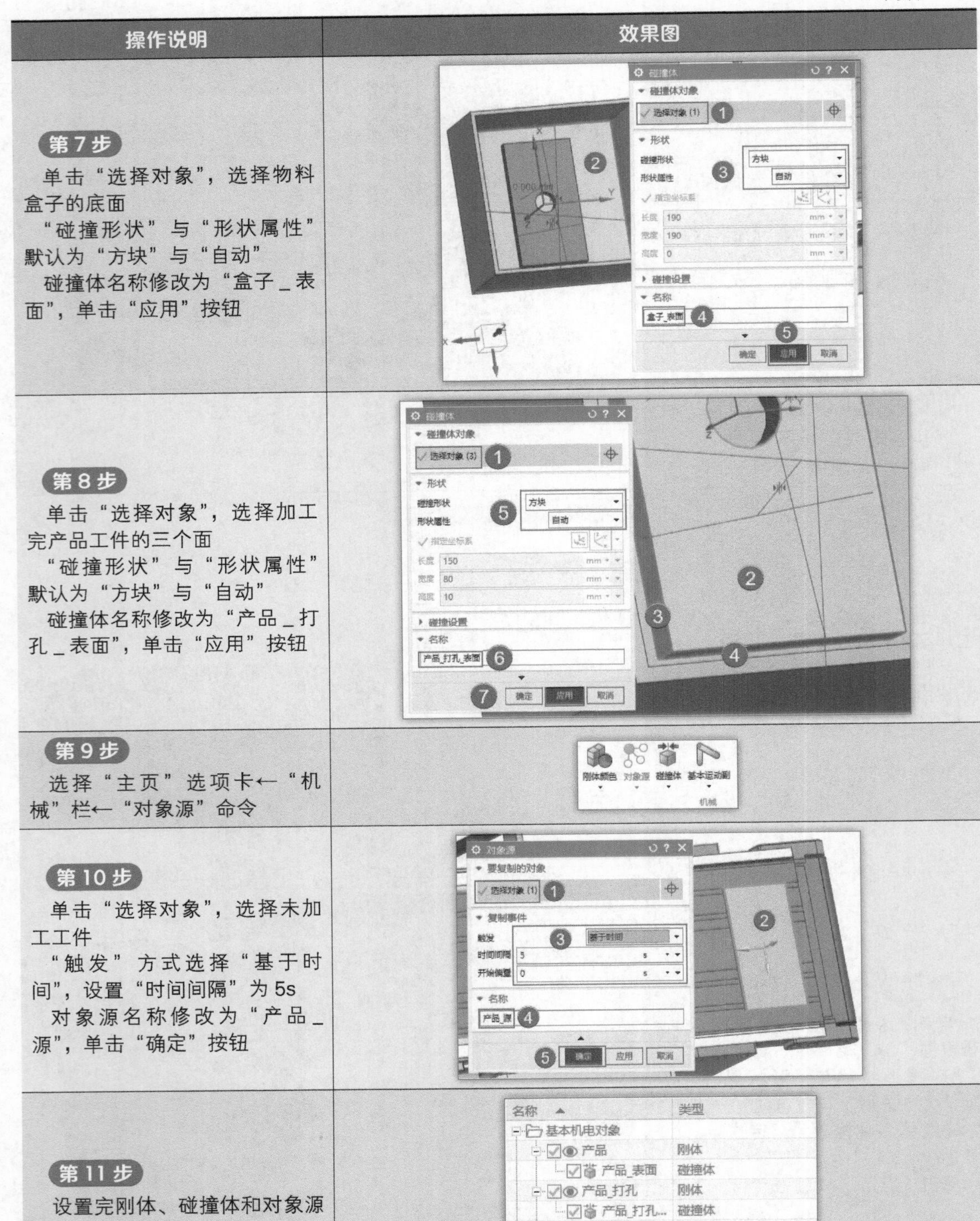

操作说明	效果图
第 7 步 单击“选择对象”，选择物料盒子的底面 “碰撞形状”与“形状属性”默认为“方块”与“自动” 碰撞体名称修改为“盒子_表面”，单击“应用”按钮	
第 8 步 单击“选择对象”，选择加工完产品工件的三个面 “碰撞形状”与“形状属性”默认为“方块”与“自动” 碰撞体名称修改为“产品_打孔_表面”，单击“应用”按钮	
第 9 步 选择“主页”选项卡←“机械”栏←“对象源”命令	
第 10 步 单击“选择对象”，选择未加工工件 “触发”方式选择“基于时间”，设置“时间间隔”为 5s 对象源名称修改为“产品_源”，单击“确定”按钮	
第 11 步 设置完刚体、碰撞体和对象源后，结果如右图所示	

（二）传输面与碰撞传感器的创建

传输面与碰撞传感器的创建步骤见表 1-8。

表 1-8 传输面与碰撞传感器的创建步骤

操作说明	效果图
第 1 步 选择“主页”选项卡→电气”栏→传输面”命令	
第 2 步 单击“选择面”，选择传送带的平面 “运动类型”选择“直线”运动，“平行”速度设置为“150mm/s” 单击“指定矢量”，选择矢量方向为 X 轴的负方向 传输面名称修改为“传送带” 单击“确定”按钮	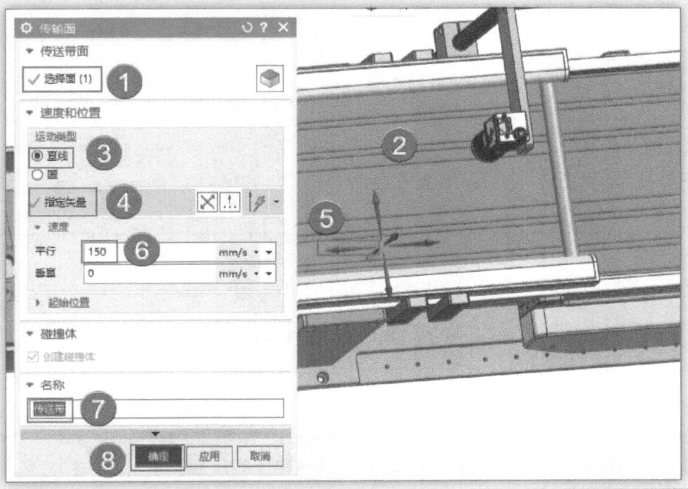
第 3 步 选择“主页”选项卡→“电气”栏→“碰撞传感器”命令	
第 4 步 碰撞传感器的类型选择“触发” 单击“选择对象”，选择靠近未加工工件的圆柱体 “碰撞形状”选择“圆柱”，“形状属性”设置为“自动” 碰撞传感器名称修改为“传感器 _1” 单击“应用”按钮	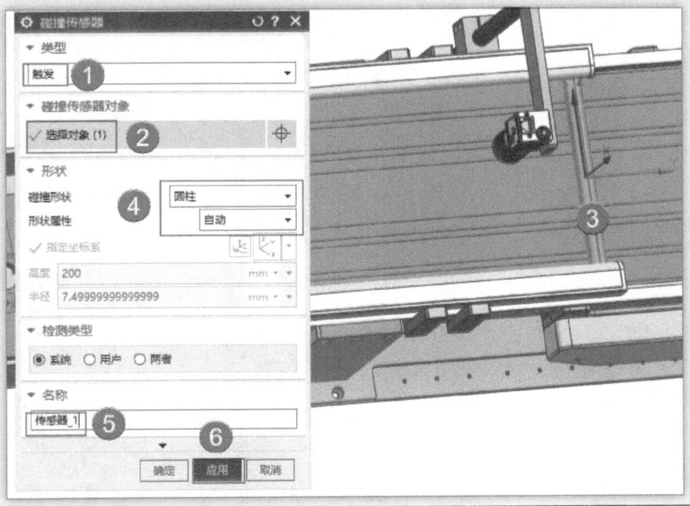

（续）

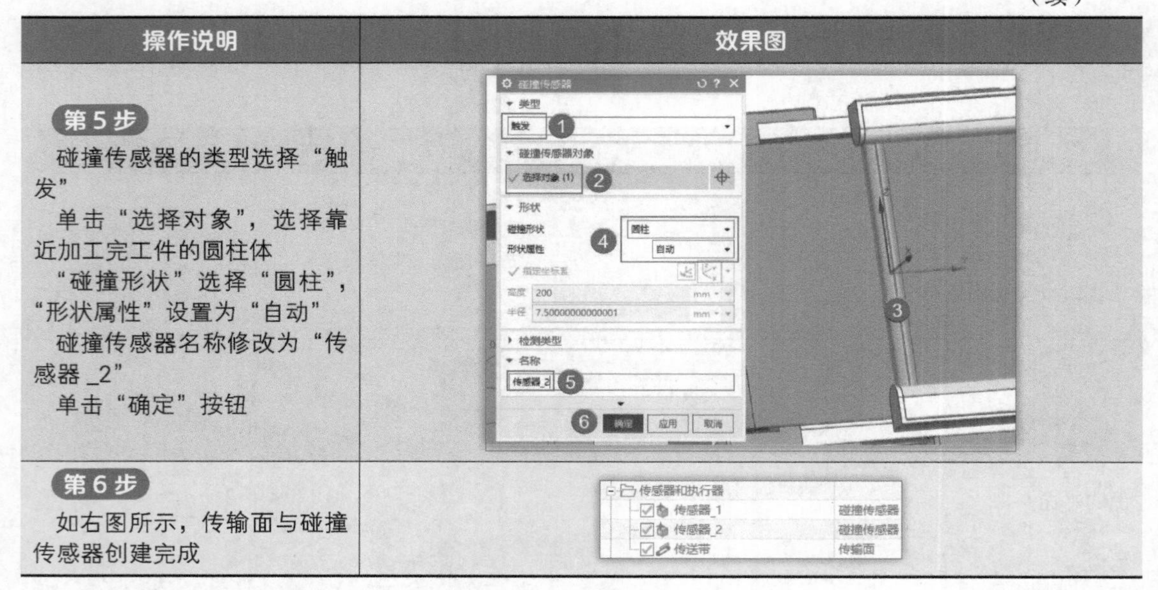

操作说明	效果图
第 5 步 碰撞传感器的类型选择“触发” 单击“选择对象”，选择靠近加工完工件的圆柱体 “碰撞形状”选择“圆柱”，“形状属性”设置为“自动” 碰撞传感器名称修改为“传感器 _2” 单击“确定”按钮	
第 6 步 如右图所示，传输面与碰撞传感器创建完成	

（三）显示更改器与对象变换器的设置

显示更改器与对象变换器的设置步骤见表 1-9。

表 1-9　显示更改器与对象变换器的设置步骤

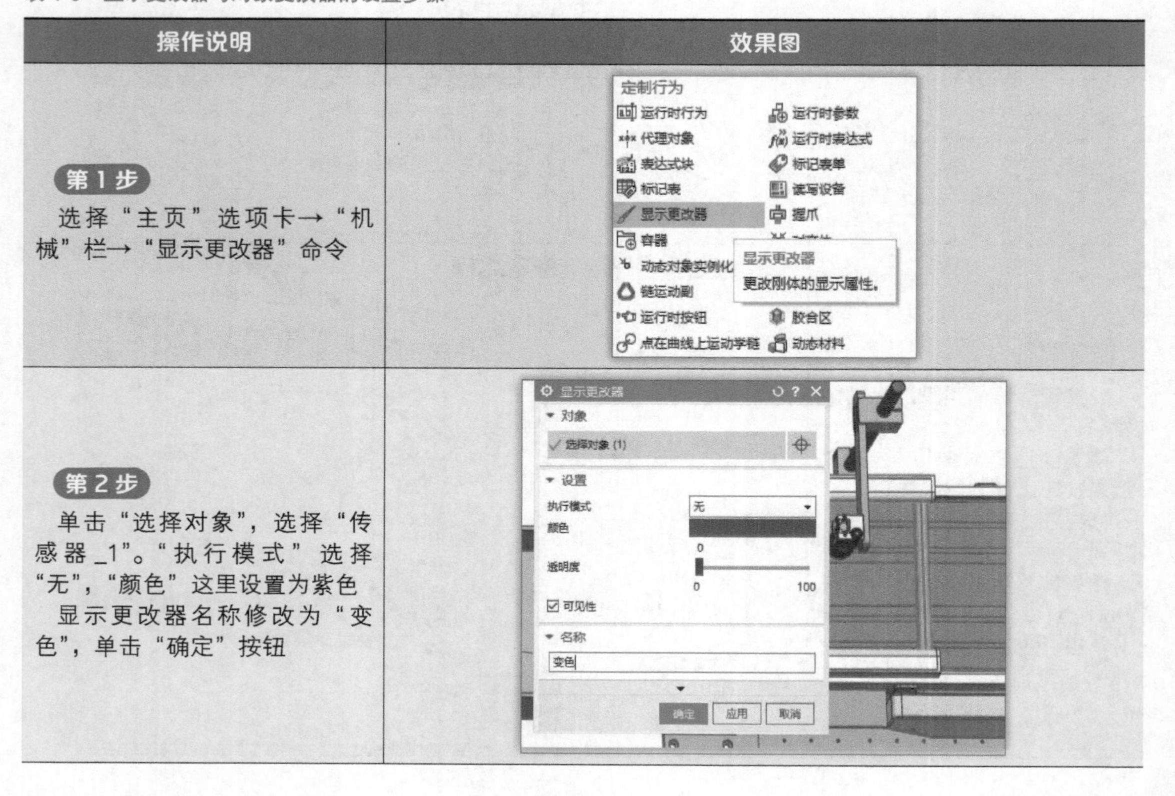

操作说明	效果图
第 1 步 选择“主页”选项卡→“机械”栏→“显示更改器”命令	
第 2 步 单击“选择对象”，选择“传感器 _1”。“执行模式”选择“无”，“颜色”这里设置为紫色 显示更改器名称修改为“变色”，单击“确定”按钮	

（续）

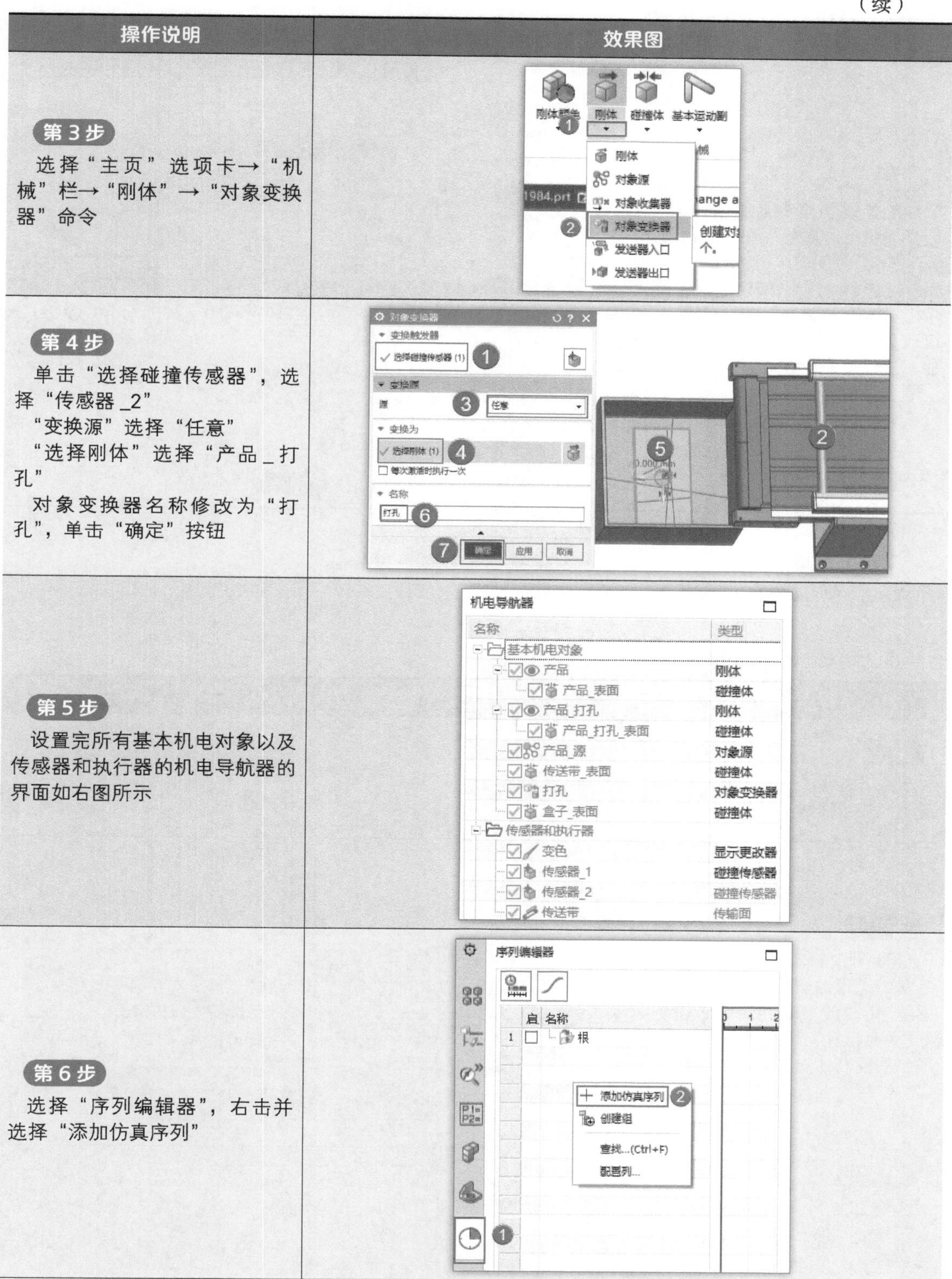

操作说明	效果图
第 3 步 选择“主页”选项卡→“机械”栏→“刚体”→“对象变换器”命令	
第 4 步 单击“选择碰撞传感器”，选择“传感器 _2” “变换源”选择“任意” “选择刚体”选择“产品 _ 打孔” 对象变换器名称修改为“打孔”，单击“确定”按钮	
第 5 步 设置完所有基本机电对象以及传感器和执行器的机电导航器的界面如右图所示	
第 6 步 选择“序列编辑器”，右击并选择“添加仿真序列”	

（续）

操作说明	效果图
第 7 步 系统弹出仿真序列编辑器后，选择“机电导航器”→“选择对象”→左侧机电导航器的“变色” 将“运行时参数”的执行模式值改为“Always”，颜色默认为显示更改器中设置的值“127” 单击“确定”按钮	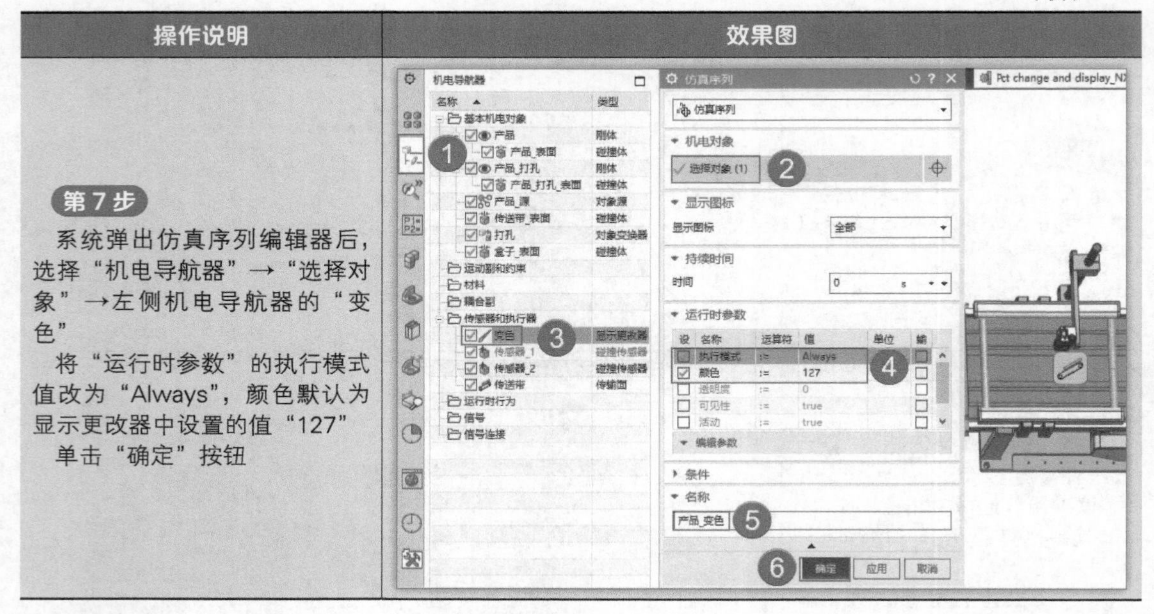

（四）仿真运行

仿真运行的操作步骤见表 1-10。

表 1-10　仿真运行的操作步骤

操作说明	效果图
第 1 步 选择“主页”选项卡→“仿真”栏→“播放”按钮	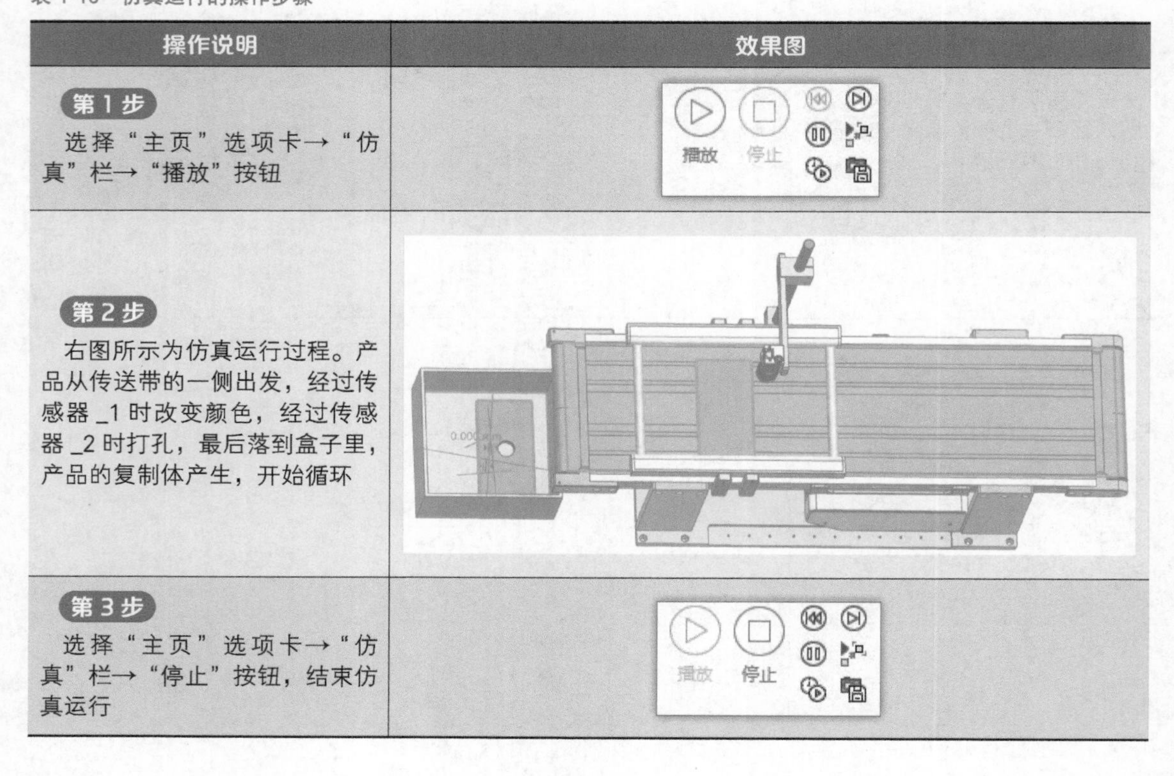
第 2 步 右图所示为仿真运行过程。产品从传送带的一侧出发，经过传感器 _1 时改变颜色，经过传感器 _2 时打孔，最后落到盒子里，产品的复制体产生，开始循环	
第 3 步 选择“主页”选项卡→“仿真”栏→“停止”按钮，结束仿真运行	

任务 4 MCD 产品发送功能

一、任务描述

本任务介绍基本机电对象的“发送器入口”与“发送器出口”命令。产品通过左侧传送带传输，由碰撞传感器触发发送器入口并将产品发送至端口，再由相同端口号的发送器出口接收产品到对应点，右侧传送带在产品传送到对应点后开始工作，如图 1-65 所示。

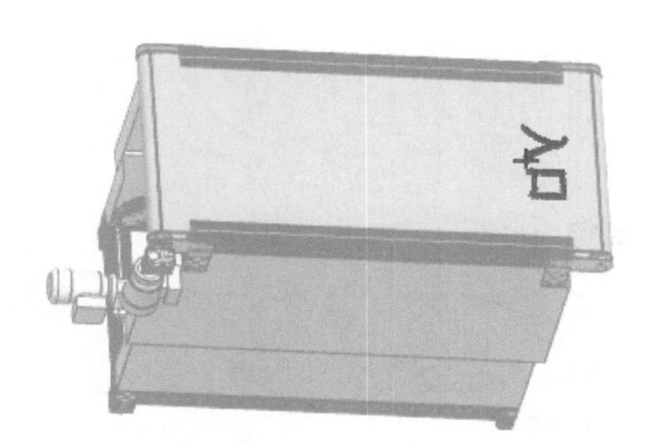

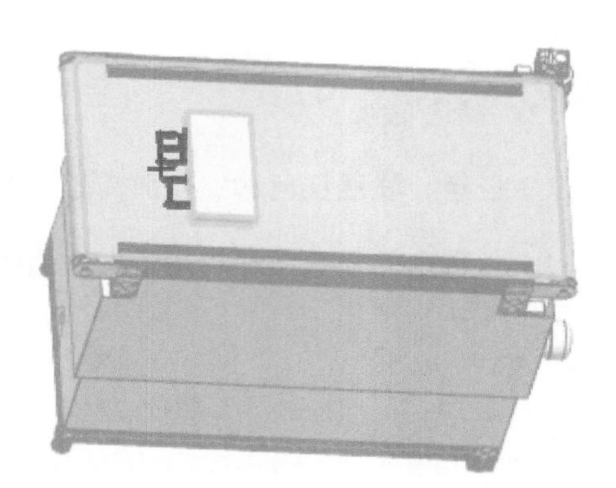

图1-65 产品的发送与接收

二、任务目标

技能目标：

1. 了解发送器入口、发送器出口的概念。
2. 理解发送器入口、发送器出口各参数的含义。
3. 掌握运用发送器入口、发送器出口的方法。

素养目标：

1. 多方面激发学生的学习积极性，培养学生的职业精神，建立学生对专业的自信心。
2. 鼓励学生将自身发展和社会发展紧密相连，培养学生的社会责任心。

三、知识储备

（一）发送器入口

1. 概念

发送器入口可将检测到的物体发送至端口。

2. 参数

（1）选择对象　选择一个或多个碰撞传感器作为发送器检测和传输碰撞体的触发器，如图 1-66 所示。

（2）候选对象

1）任意：发送任何触发碰撞传感器的对象。

2）仅选定的：只发送指定触发碰撞传感器的对象，如图 1-67 所示。

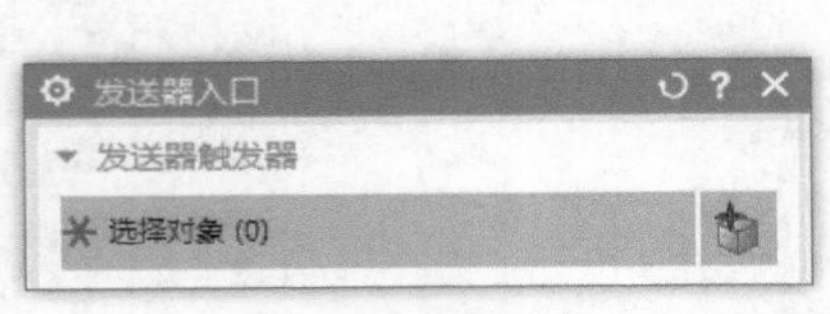

图1-66　选择对象

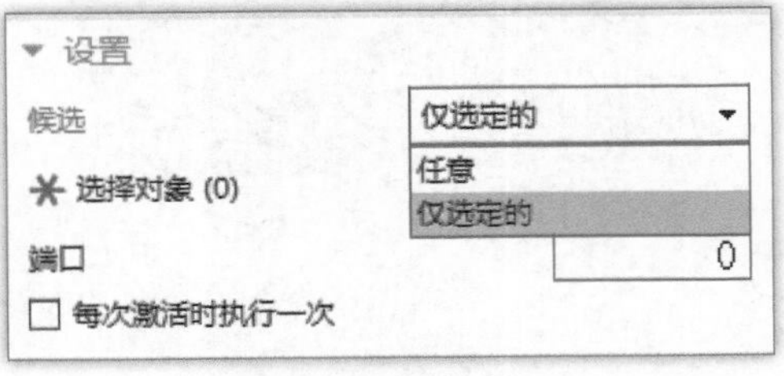

图1-67　候选对象

（3）端口　将碰撞体传输到指定端口号的发送器，如图 1-68 所示。

注意：发送器入口的端口号必须与对应的发送器出口的端口号相匹配。

（4）名称　定义发送器入口的名称，如图 1-69 所示。

图1-68　端口

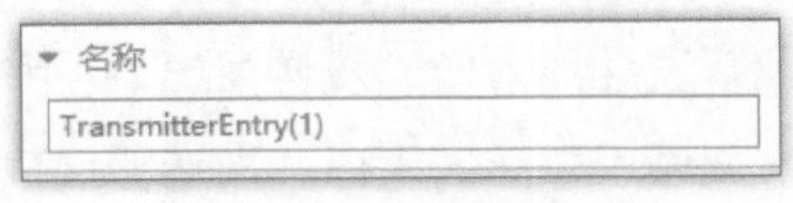

图1-69　名称

3. 创建

（1）方法 1　选择“机电导航器”→右击“基本机电对象”→“新建”→“发送器入口”

命令，如图 1-70 所示。

（2）方法 2　选择“菜单”→“插入”→“基本机电对象”→“发送器入口”命令，如图 1-71 所示。

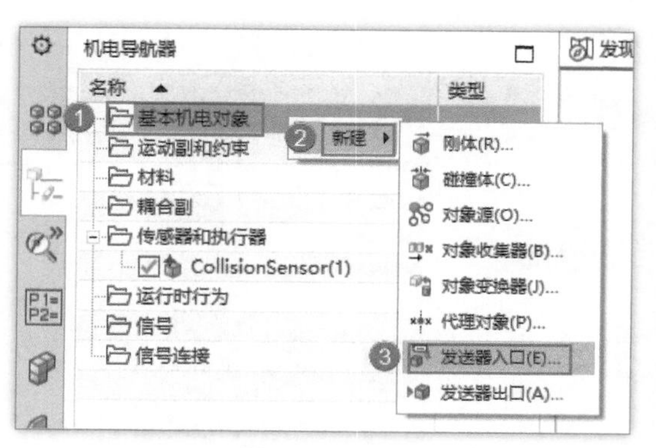

图1-70　方法1

图1-71　方法2

（3）方法 3　选择“主页”选项卡→“机械”栏→“发送器入口”命令，如图 1-72 所示。

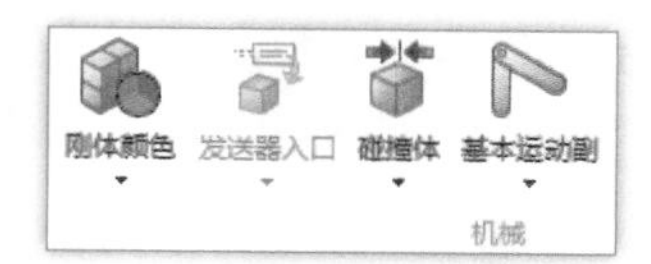

图1-72　方法3

（二）发送器出口

1. 概念

发送器出口通过端口接收检测到的物体。

2. 参数

（1）姿势

1）指定点：选择点作为发送器出口。

2）指定坐标系：指定传输对象的坐标。如果未设置指定坐标，NX 将从选择对象的刚体中推断坐标系。

3）选择参考：选择一个刚体作为传输对象的坐标系参考，如图 1-73 所示。

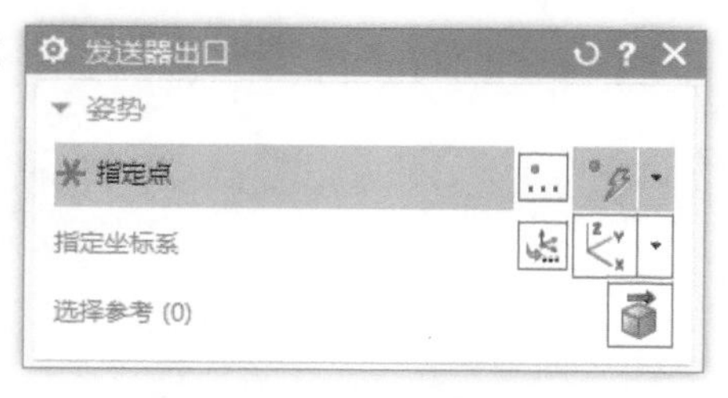

图1-73　选择参考

（2）端口　设置与发送器入口对应的端口号，如图 1-74 所示。

（3）名称　定义发送器出口的名称，如图 1-75 所示。

图1-74　端口

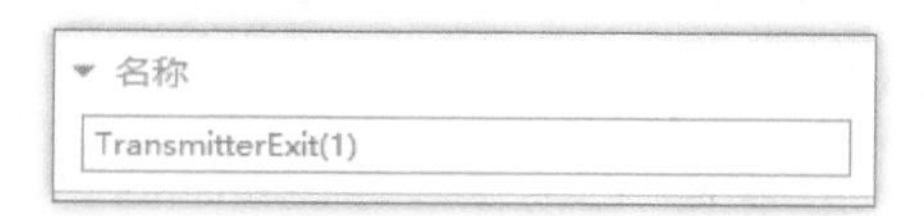

图1-75　名称

3. 创建

（1）方法 1　选择“机电导航器”→右击“基本机电对象”→“新建”→“发送器出口”命令，如图 1-76 所示。

（2）方法 2　选择“菜单”→“插入”→“基本机电对象”→“发送器出口”，如图 1-77 所示。

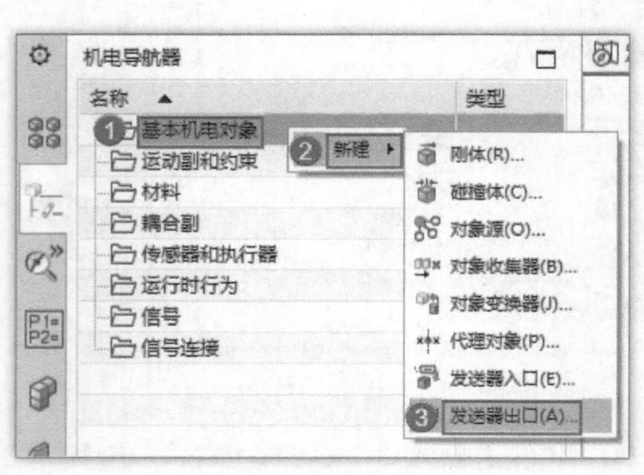

图1-76　方法1

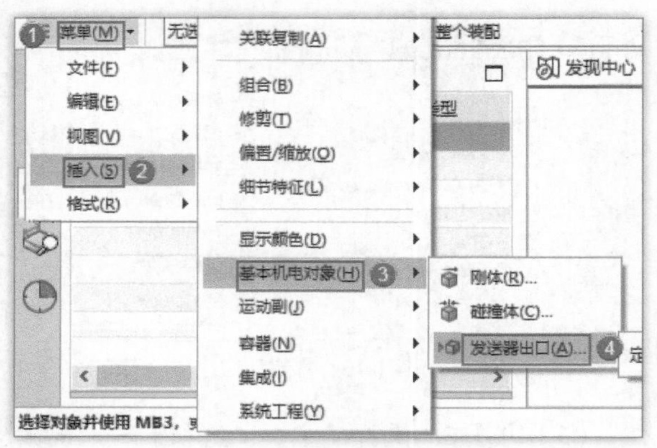

图1-77　方法2

（3）方法 3　选择“主页”选项卡→“机械”栏→“发送器出口”命令，如图 1-78 所示。

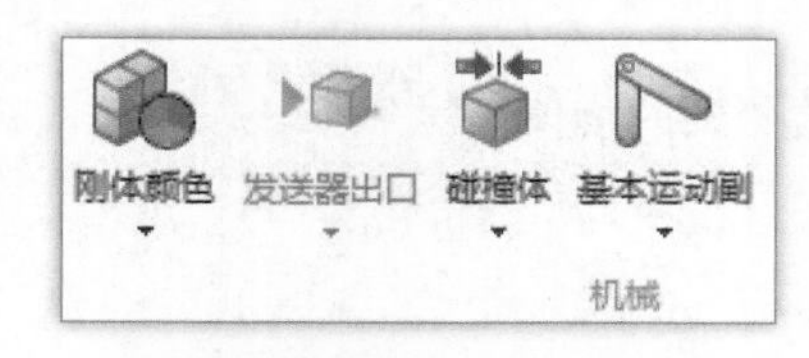

图1-78　方法3

四、任务实施

（一）刚体与碰撞体的定义

刚体与碰撞体的定义步骤见表 1-11。

表 1-11　刚体与碰撞体的定义步骤

操作说明	效果图
第 1 步 选择“主页”选项卡→“机械”栏→“刚体”命令	刚体颜色　刚体　碰撞体　基本运动副 机械

（续）

操作说明	效果图
第 2 步 单击“选择对象”，选择长方体产品 选择“用户定义”，单击“指定对象的坐标系”，使对象坐标的各轴方向与大地坐标保持一致 将刚体名称修改为“产品” 单击“确定”按钮	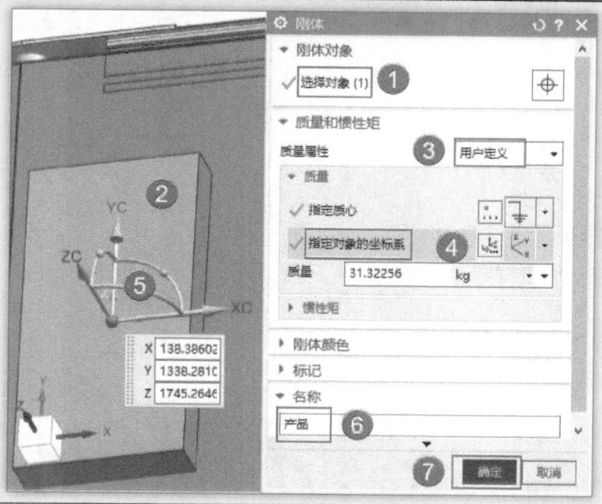
第 3 步 选择“主页”选项卡→“机械”栏→“碰撞体”命令	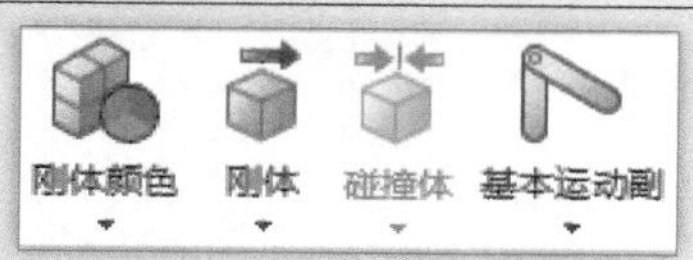
第 4 步 单击“选择对象”，选择未加工产品工件的三个面 “碰撞形状”与“形状属性”默认为“方块”与“自动” 碰撞体名称修改为“产品_表面” 单击“应用”按钮	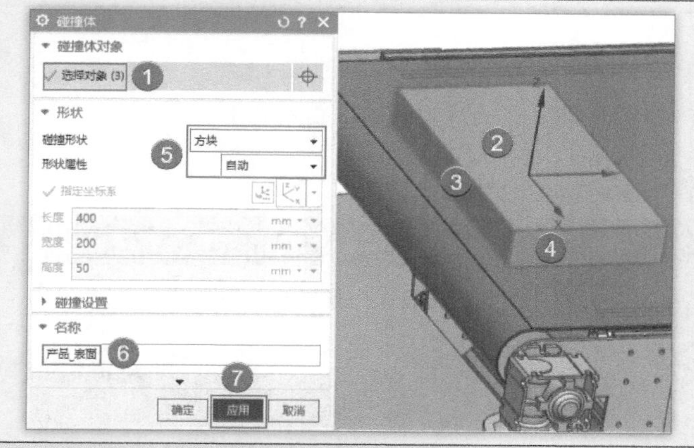
第 5 步 单击“选择对象”，选择传送带表面 “碰撞形状”与“碰撞属性”默认为“方块”与“自动” 碰撞体名称修改为“传送带_1” 单击“应用”按钮	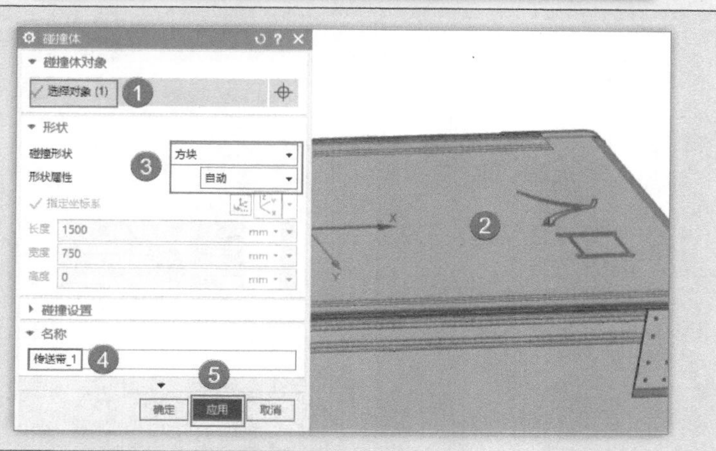

（续）

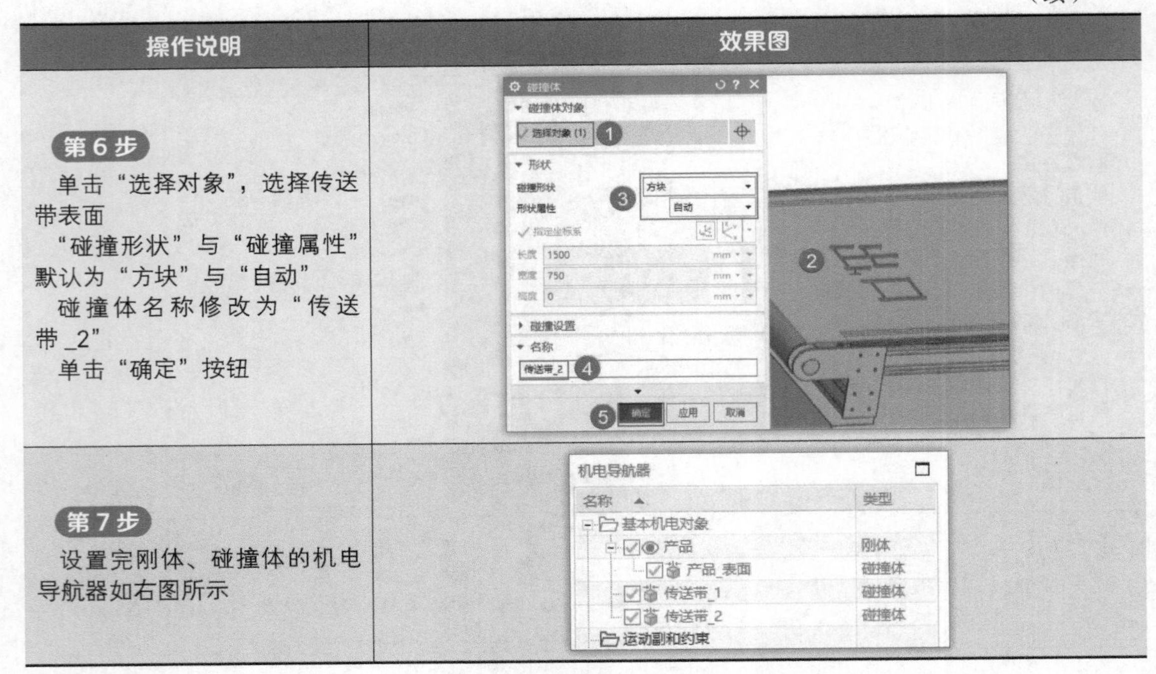

操作说明	效果图
第 6 步 单击“选择对象”，选择传送带表面 “碰撞形状”与“碰撞属性”默认为“方块”与“自动” 碰撞体名称修改为“传送带_2” 单击“确定”按钮	
第 7 步 设置完刚体、碰撞体的机电导航器如右图所示	

（二）传输面与碰撞传感器的创建

传输面与碰撞传感器的创建步骤见表 1-12。

表 1-12　传输面与碰撞传感器的创建步骤

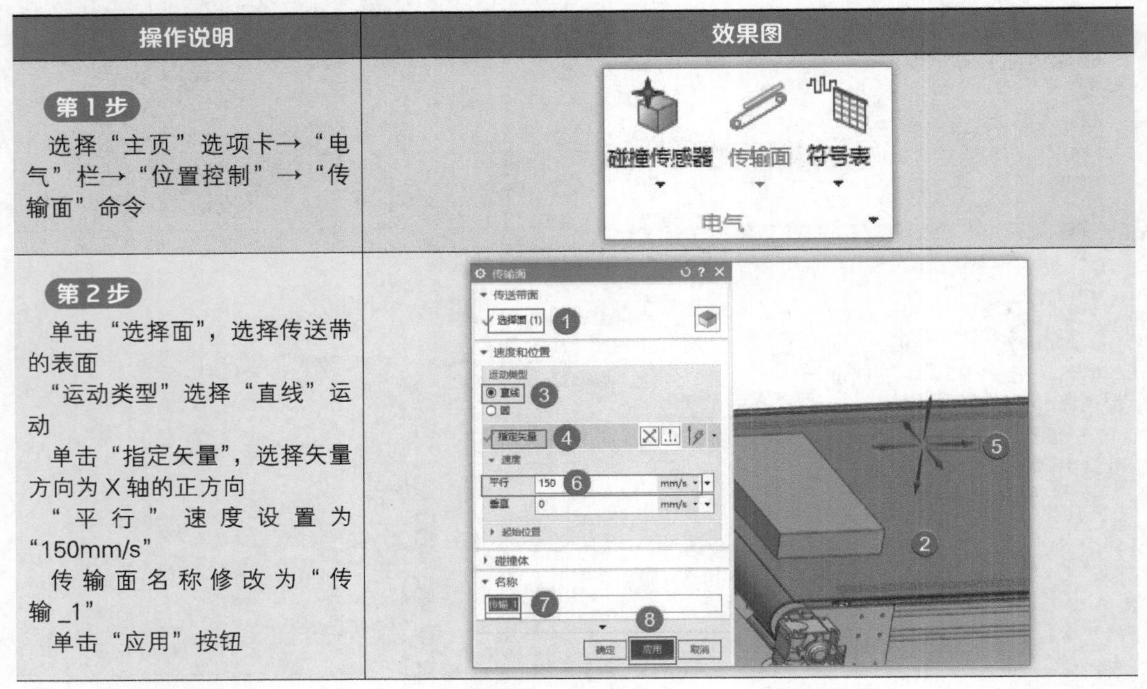

操作说明	效果图
第 1 步 选择“主页”选项卡→“电气”栏→“位置控制”→“传输面”命令	
第 2 步 单击“选择面”，选择传送带的表面 “运动类型”选择“直线”运动 单击“指定矢量”，选择矢量方向为 X 轴的正方向 “平行”速度设置为“150mm/s” 传输面名称修改为“传输_1” 单击“应用”按钮	

（续）

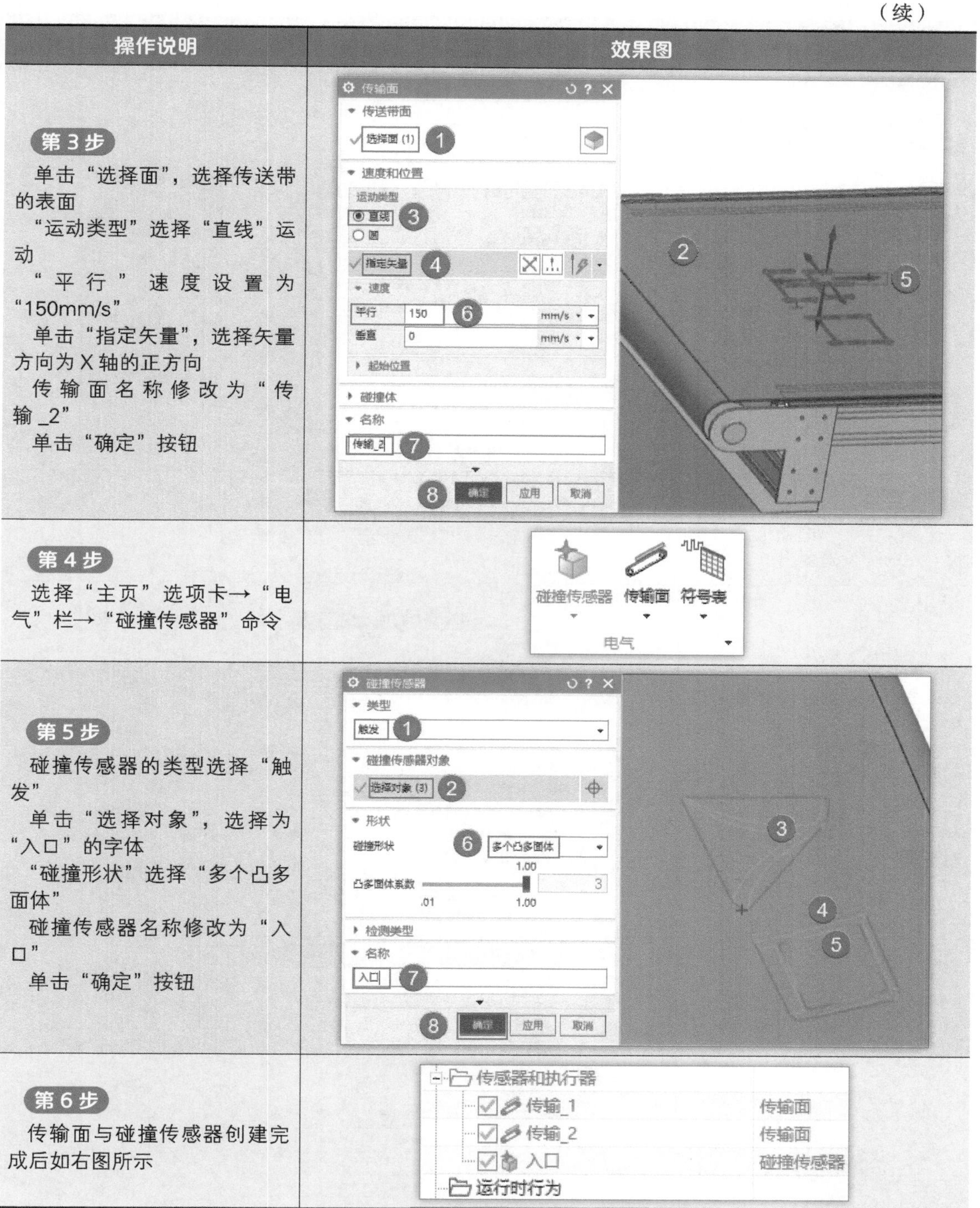

操作说明	效果图
第3步 单击“选择面”，选择传送带的表面 “运动类型”选择“直线”运动 “平行”速度设置为“150mm/s” 单击“指定矢量”，选择矢量方向为X轴的正方向 传输面名称修改为“传输_2” 单击“确定”按钮	
第4步 选择“主页”选项卡→“电气”栏→“碰撞传感器”命令	
第5步 碰撞传感器的类型选择“触发” 单击“选择对象”，选择为“入口”的字体 “碰撞形状”选择“多个凸多面体” 碰撞传感器名称修改为“入口” 单击“确定”按钮	
第6步 传输面与碰撞传感器创建完成后如右图所示	

（三）发送器入口与发送器出口的设置

发送器入口与发送器出口的设置步骤见表1-13。

表 1-13　发送器入口与发送器出口的设置步骤

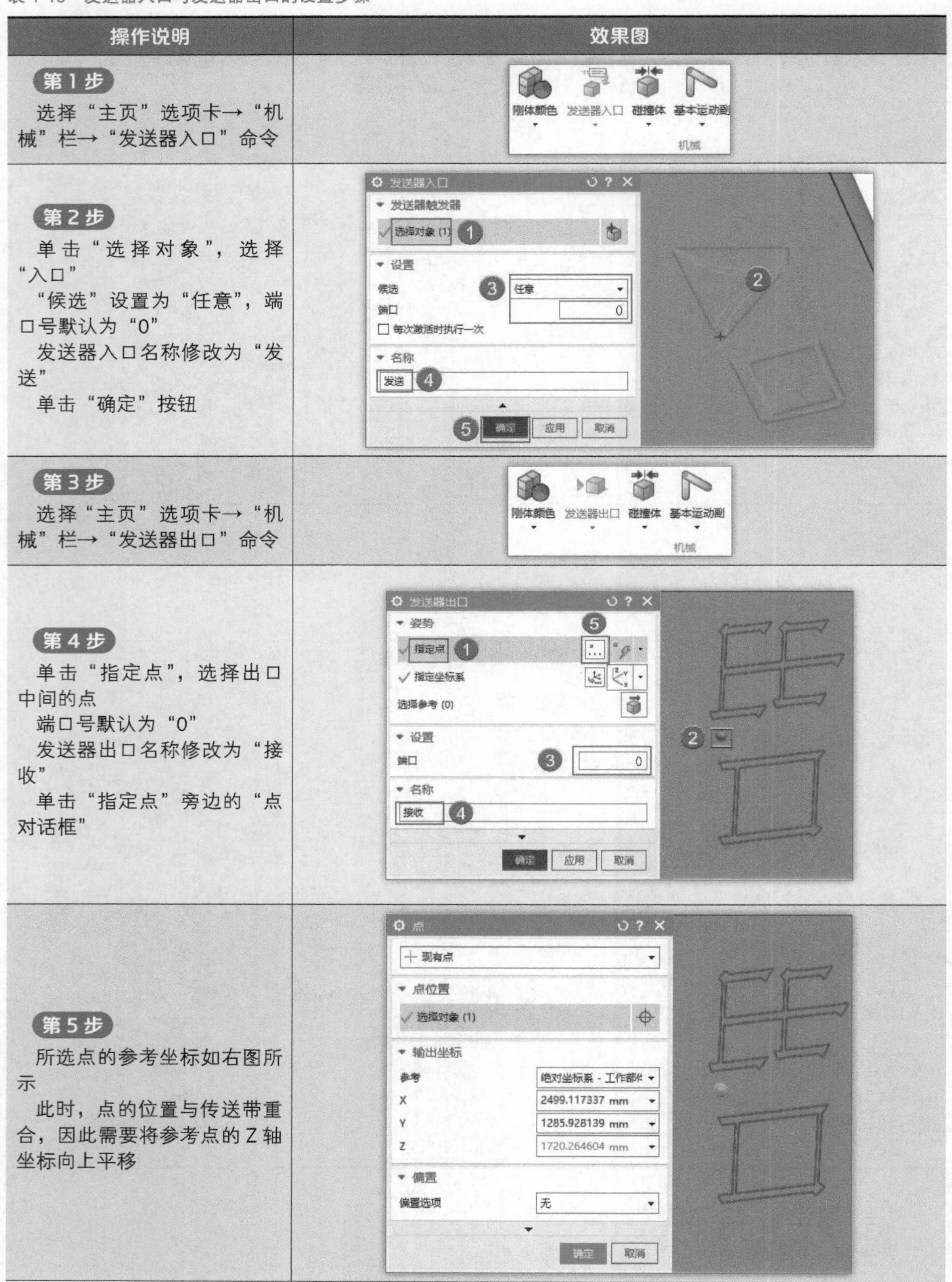

操作说明	效果图
第 1 步 选择“主页”选项卡→“机械”栏→“发送器入口”命令	
第 2 步 单击“选择对象”，选择“入口” “候选”设置为“任意”，端口号默认为“0” 发送器入口名称修改为“发送” 单击“确定”按钮	
第 3 步 选择“主页”选项卡→“机械”栏→“发送器出口”命令	
第 4 步 单击“指定点”，选择出口中间的点 端口号默认为“0” 发送器出口名称修改为“接收” 单击“指定点”旁边的“点对话框”	
第 5 步 所选点的参考坐标如右图所示 此时，点的位置与传送带重合，因此需要将参考点的 Z 轴坐标向上平移	

（续）

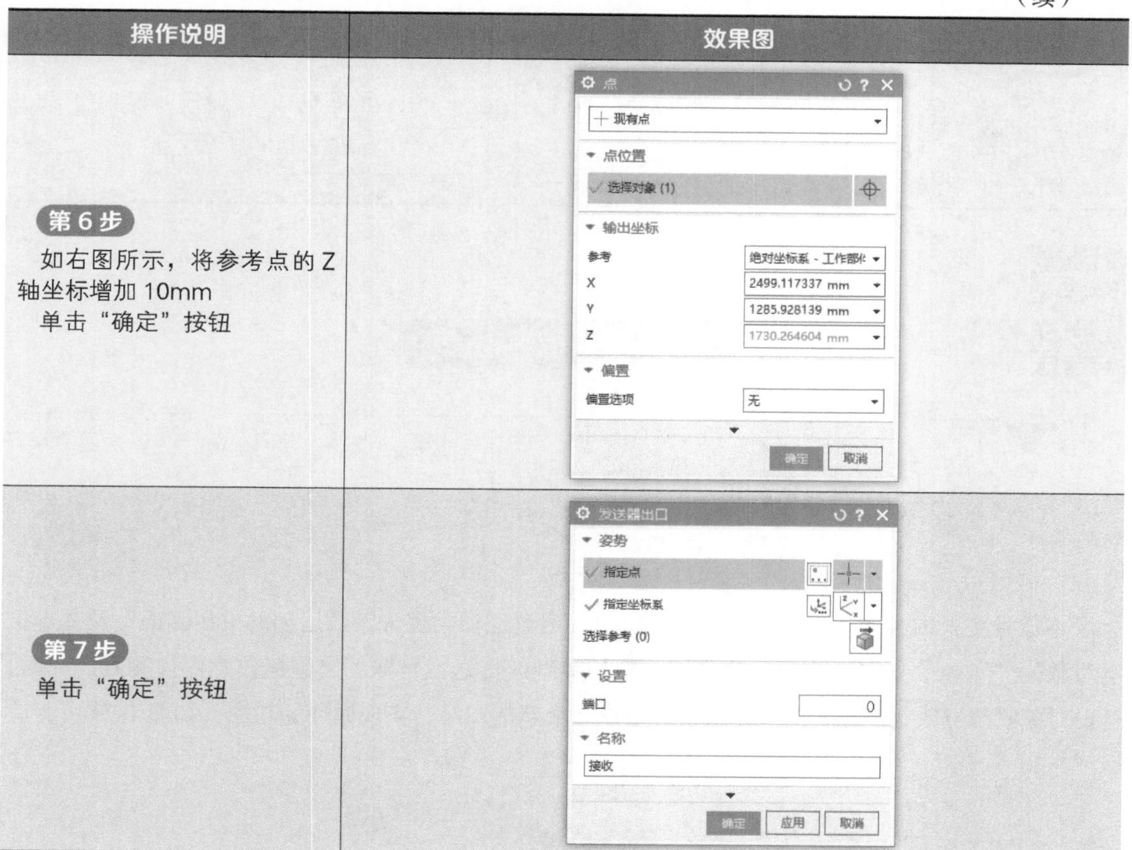

操作说明	效果图
第 6 步 如右图所示，将参考点的 Z 轴坐标增加 10mm 单击“确定”按钮	
第 7 步 单击“确定”按钮	

（四）仿真运行

仿真运行的操作步骤见表 1-14。

表 1-14　仿真运行的操作步骤

操作说明	效果图
第 1 步 选择“主页”选项卡→“仿真”栏→“播放”按钮	播放　停止
第 2 步 仿真运行过程如右图所示。产品通过左侧传送带的传输，由碰撞传感器触发发送器入口将产品发送至端口，再由相同端口号的发送器出口接收产品到对应点，右侧传送带工作	

（续）

操作说明	效果图
第3步 选择“主页”选项卡→“仿真”栏→“停止”按钮，结束仿真运行	

任务5 综合练习

一、任务描述

本任务主要内容为环形输送带的综合练习，通过运动类型为圆弧运动的“传输面”及基本机电对象的“对象收集器”命令，产品将由两种类型的传送带传输。当碰撞传感器检测到产品时，触发对象收集器收集产品，此时，对象源生成一个新的产品，实现循环的功能，如图1-79所示。

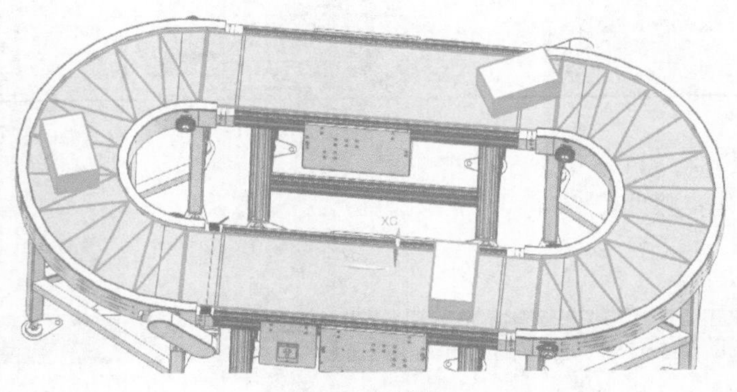

图1-79 选择面

二、任务目标

技能目标：

1. 了解对象收集器的概念。
2. 理解传输面（圆弧运动）、对象收集器各参数的含义。

3. 掌握运用传输面（圆弧运动）、对象收集器的使用方法。

素养目标：

1. 结合项目内容，小组成员提取出需要解决的问题，并分析问题、解决问题，提高解决问题的能力和团队协作能力。

2. 通过本任务的学习，学生应了解数字孪生技术在生活、生产中的应用场合，体会“科技改变生活”的内涵，树立科技促进个人职业发展及科技强国的意识。

三、知识储备

（一）传输面（圆弧运动）

1. 概念

将所选的平面转化为“传送带”。

2. 参数

（1）选择面　选择一个平面作为传输面，如图 1-80 所示。

（2）速度和位置

1）中心点：选择一个点作为圆弧运动的圆心。

2）中间半径：设置传输面的中心点和中点之间的距离，该参数将决定运动路径。

3）中间速度：设置半径中值处的旋转速度。

4）起始位置：设置传输表面的初始位置。 当使用位置控制执行器应用运动范围时，使用该参数来设置初始位置，如图 1-81 所示。

图1-80　选择面

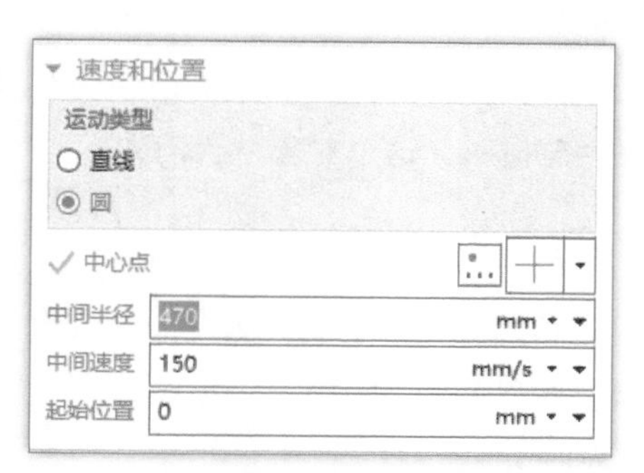

图1-81　速度和位置

（3）名称　定义传输面的名称，如图 1-82 所示。

3. 创建

（1）方法 1　选择“机电导航器”→右击“传感器和执行器”→“新建”→“传输面”命令，如图 1-83 所示。

图1-82　名称

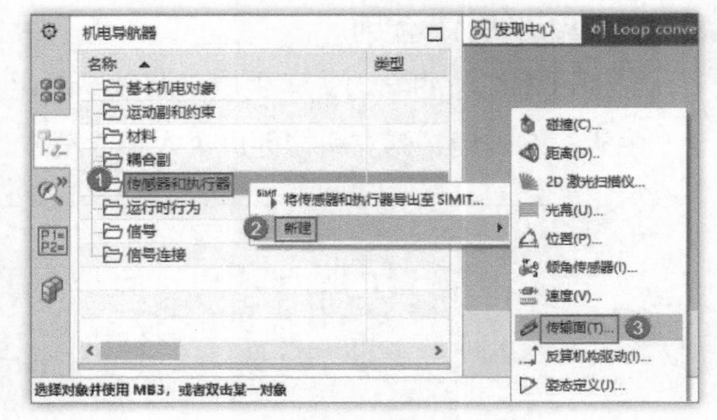

图1-83　方法1

（2）方法 2　选择“菜单”→“插入”→“执行器”→“传输面”命令，如图 1-84 所示。

（3）方法 3　选择“主页”选项卡→“电气”栏→“传输面”命令，如图 1-85 所示。

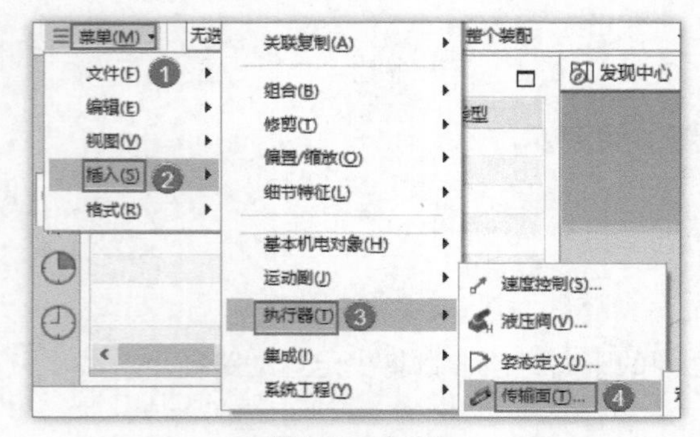

图1-84　方法2

图1-85　方法3

（二）对象收集器

1. 概念

与对象源相反，对象收集器能够使对象源生成的对象消失。当对象源生成的对象与对象收集器发生碰撞时，这个对象就会消失。

2. 参数

（1）选择碰撞传感器　选择一个碰撞传感器，当检测到碰撞发生时，开始收集对象源，使它消失，如图 1-86 所示。

（2）收集源

1）任意：收集任何对象源生成的对象。

2）仅选定的：只收集指定的对象源生成的对象，如图 1-87 所示。

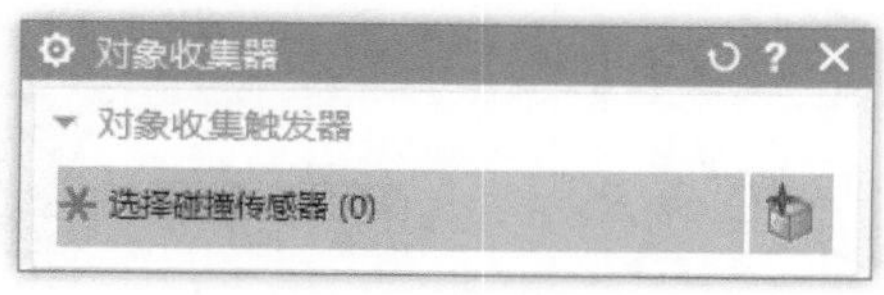

图1-86 对象收集器

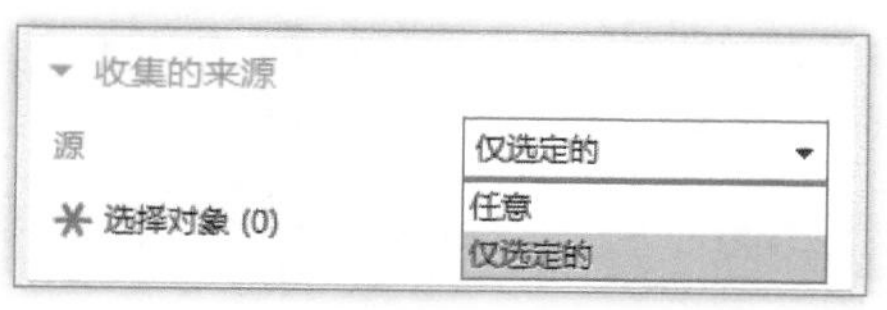

图1-87 收集的来源

（3）名称 定义对象收集器的名称，如图 1-88 所示。

3. 创建

（1）方法 1 选择“机电导航器”→右击“基本机电对象”→“新建”→“对象收集器”命令，如图 1-89 所示。

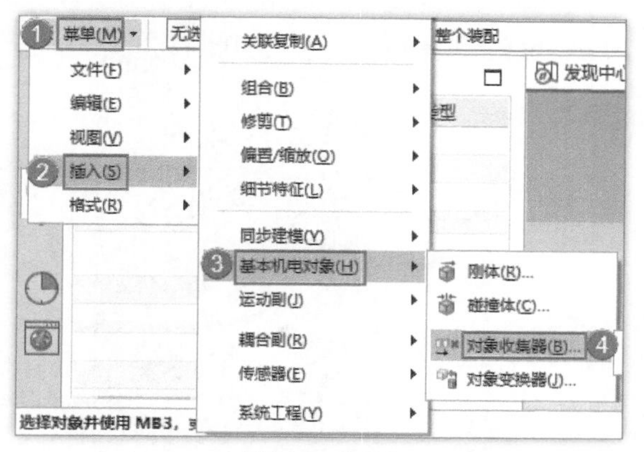

图1-88 名称

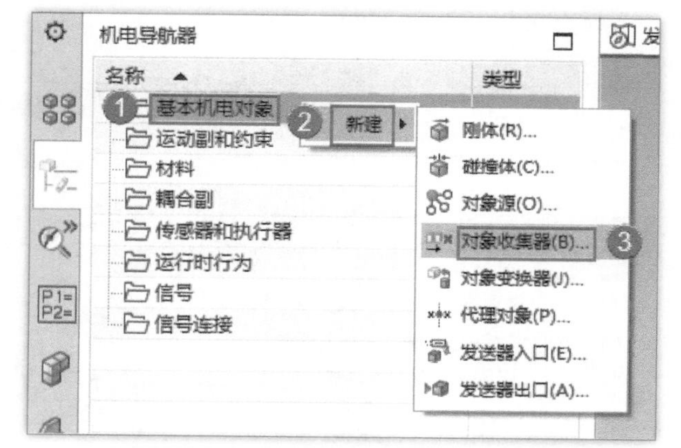

图1-89 方法1

（2）方法 2 选择“菜单”→“插入”→“基本机电对象”→“对象收集器”命令，如图 1-90 所示。

（3）方法 3 选择“主页”选项卡→“机械”栏→“对象收集器”命令，如图 1-91 所示。

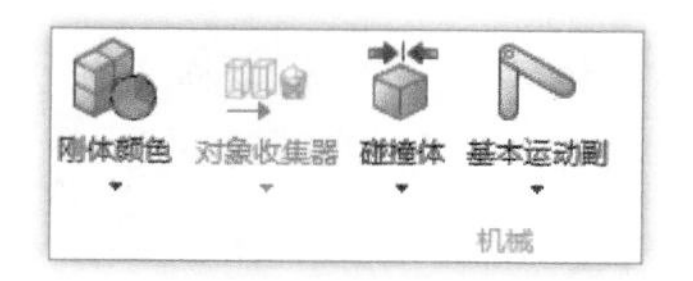

图1-90 方法2

图1-91 方法3

四、任务实施

（一）刚体与碰撞体的定义

刚体与碰撞体的定义步骤见表 1-15。

表 1-15　刚体与碰撞体的定义步骤

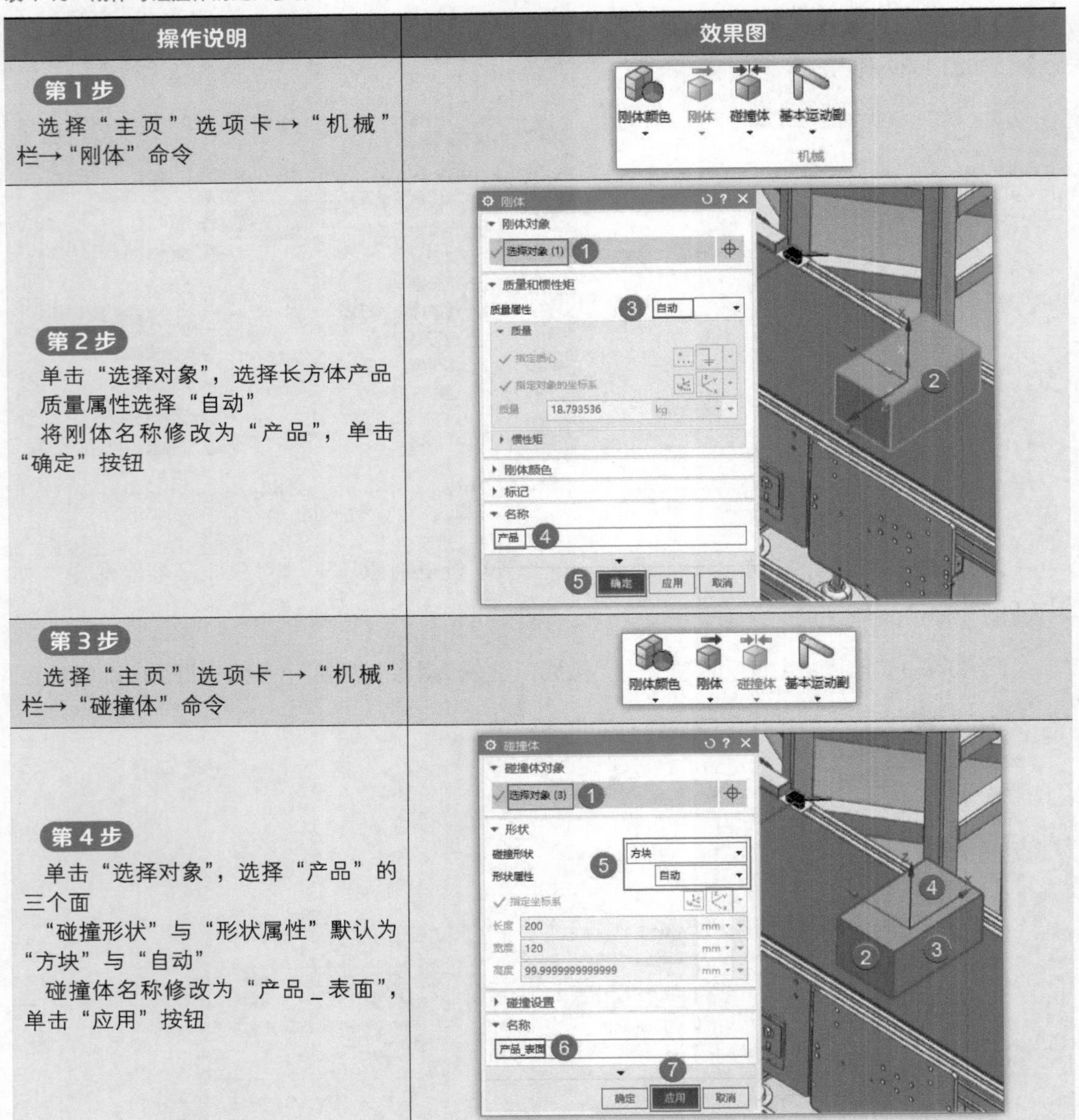

操作说明	效果图
第 1 步 选择“主页”选项卡→“机械”栏→“刚体”命令	
第 2 步 单击“选择对象”，选择长方体产品 质量属性选择“自动” 将刚体名称修改为“产品”，单击“确定”按钮	
第 3 步 选择“主页”选项卡→“机械”栏→“碰撞体”命令	
第 4 步 单击“选择对象”，选择“产品”的三个面 “碰撞形状”与“形状属性”默认为“方块”与“自动” 碰撞体名称修改为“产品_表面”，单击“应用”按钮	

（续）

操作说明	效果图
第 5 步 单击“选择对象”，选择传送带表面（平面 + 曲面） “碰撞形状”设置为“凸多面体” 碰撞体名称修改为“传送带 _1”，单击“应用”按钮	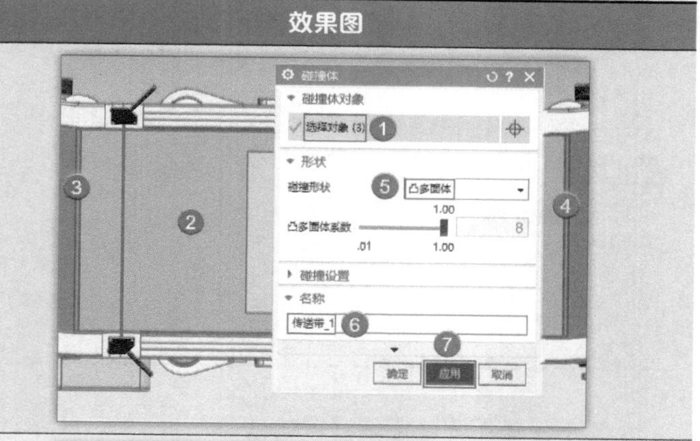
第 6 步 单击“选择对象”，选择传送带表面 “碰撞形状”设置为“网格面” 碰撞体名称修改为“传送带 _2”，单击“应用”按钮	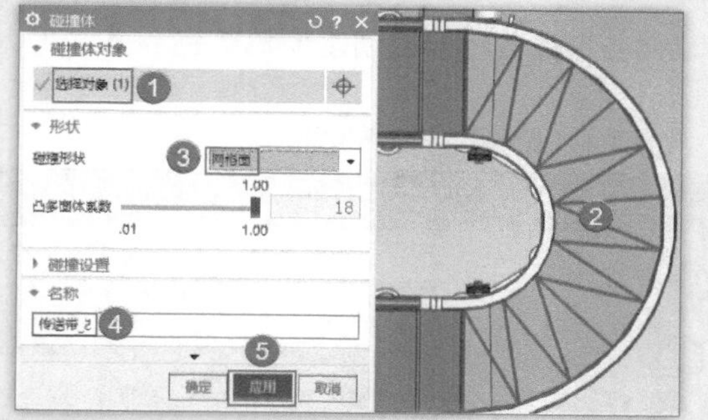
第 7 步 单击“选择对象”，选择传送带表面（平面 + 曲面） “碰撞形状”设置为“凸多面体” 碰撞体名称修改为“传送带 _3”，单击“应用”按钮	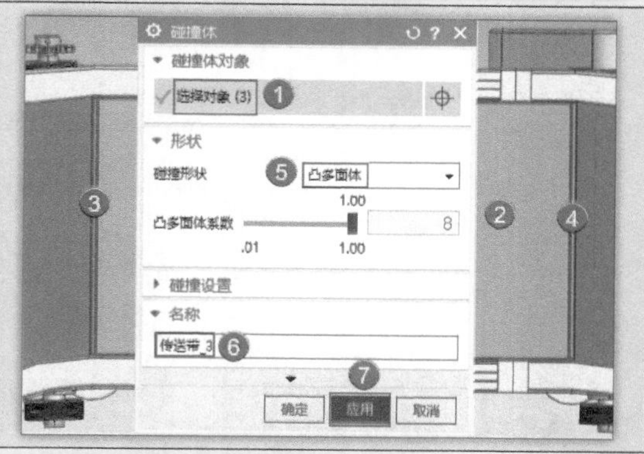
第 8 步 单击“选择对象”，选择传送带表面 “碰撞形状”设置为“网格面” 碰撞体名称修改为“传送带 _4”，单击“确定”按钮	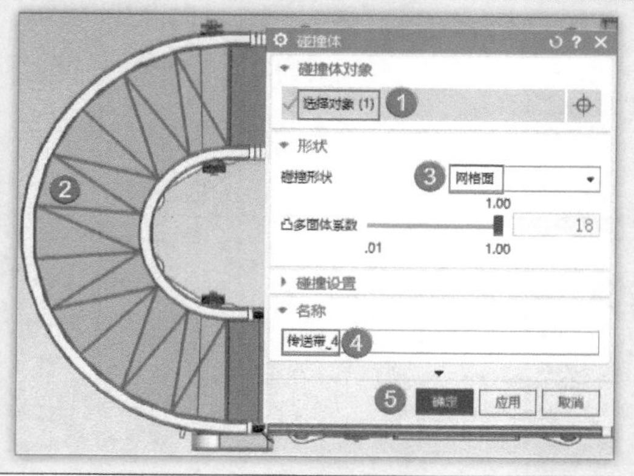

（续）

操作说明	效果图
第 9 步 设置完刚体、碰撞体的机电导航器如右图所示	名称 / 类型 基本机电对象 产品 — 刚体 产品_表面 — 碰撞体 传送带_1 — 碰撞体 传送带_2 — 碰撞体 传送带_3 — 碰撞体 传送带_4 — 碰撞体

（二）传输面与碰撞传感器的创建

传输面与碰撞传感器的创建步骤见表 1-16。

表 1-16　传输面与碰撞传感器的创建步骤

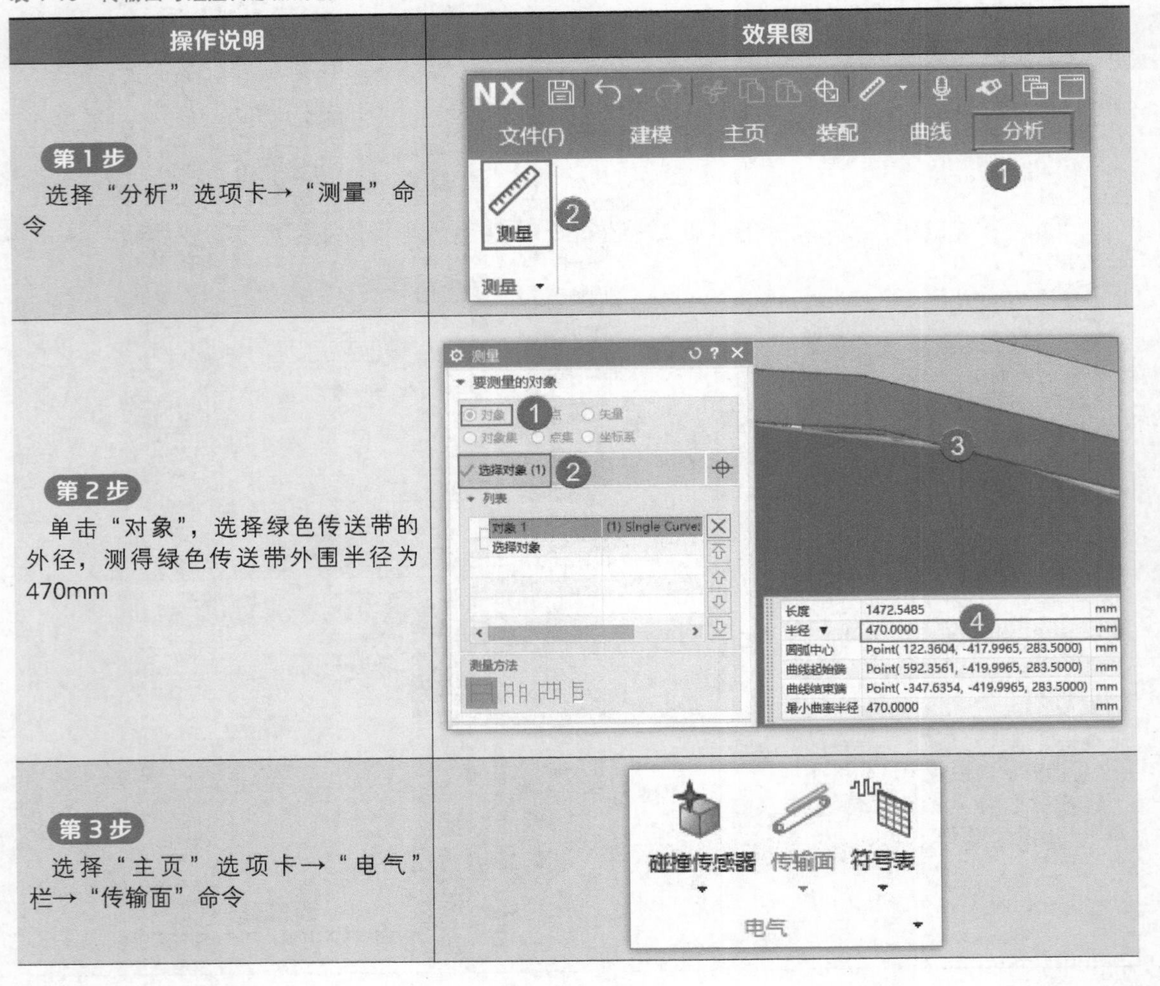

操作说明	效果图
第 1 步 选择“分析”选项卡→“测量”命令	
第 2 步 单击“对象”，选择绿色传送带的外径，测得绿色传送带外围半径为 470mm	
第 3 步 选择“主页”选项卡→“电气”栏→“传输面”命令	

（续）

<table>
<tr><th>操作说明</th><th>效果图</th></tr>
<tr><td>第 4 步
单击“选择面”，选择“传送带_1”
“运动类型”选择“直线”运动。“平行”速度设置为“150mm/s”
单击“指定矢量”，选择矢量方向为 Y 轴的负方向
传输面名称修改为“传输_1”。单击“应用”按钮</td><td>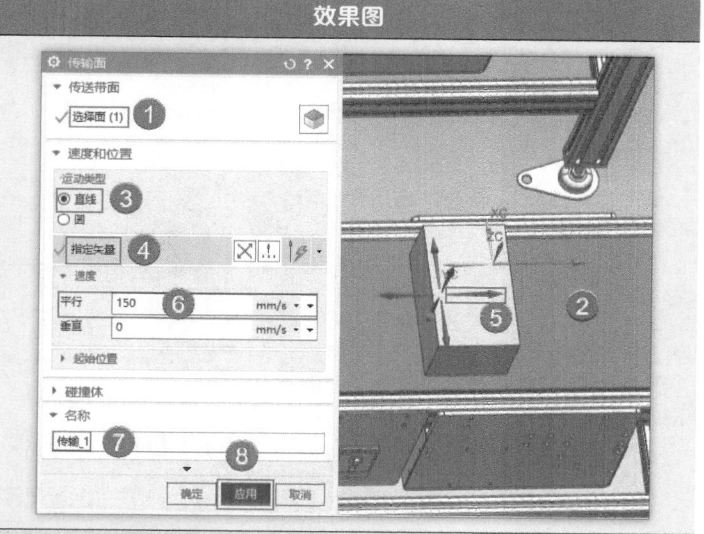
</td></tr>
<tr><td>第 5 步
单击“选择面”，选择“传送带_2”
“运动类型”选择“圆”运动
“中间半径”设置为“470mm”
“中间速度”设置为“150mm/s”
单击“中心点”，根据传送带的外圆选择中心点
传输面名称修改为“传输_2”。单击“应用”按钮</td><td>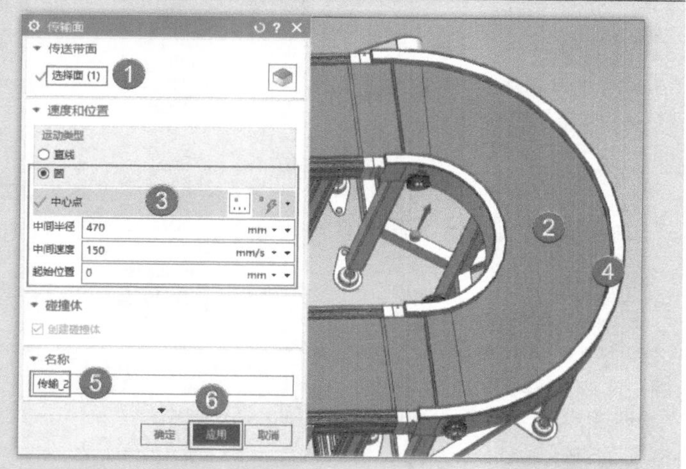
</td></tr>
<tr><td>第 6 步
单击“选择面”，选择“传送带_3”
“运动类型”选择“直线”运动
“平行”速度设置为“150mm/s”
单击“指定矢量”，选择矢量方向为 Y 轴的正方向
传输面名称修改为“传输_3”。单击“应用”按钮</td><td>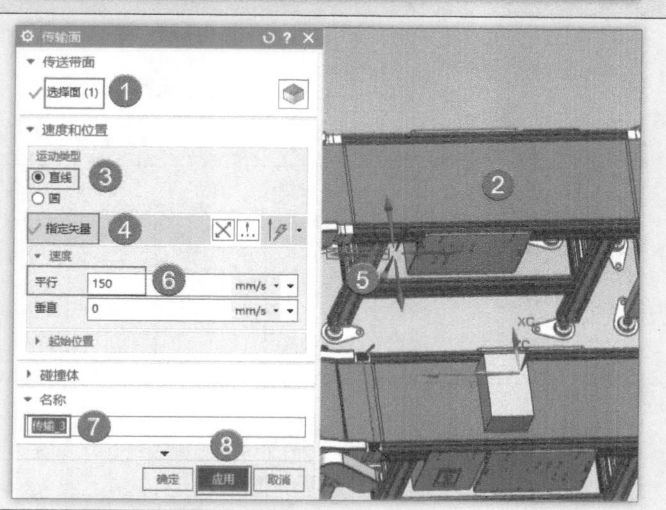
</td></tr>
</table>

（续）

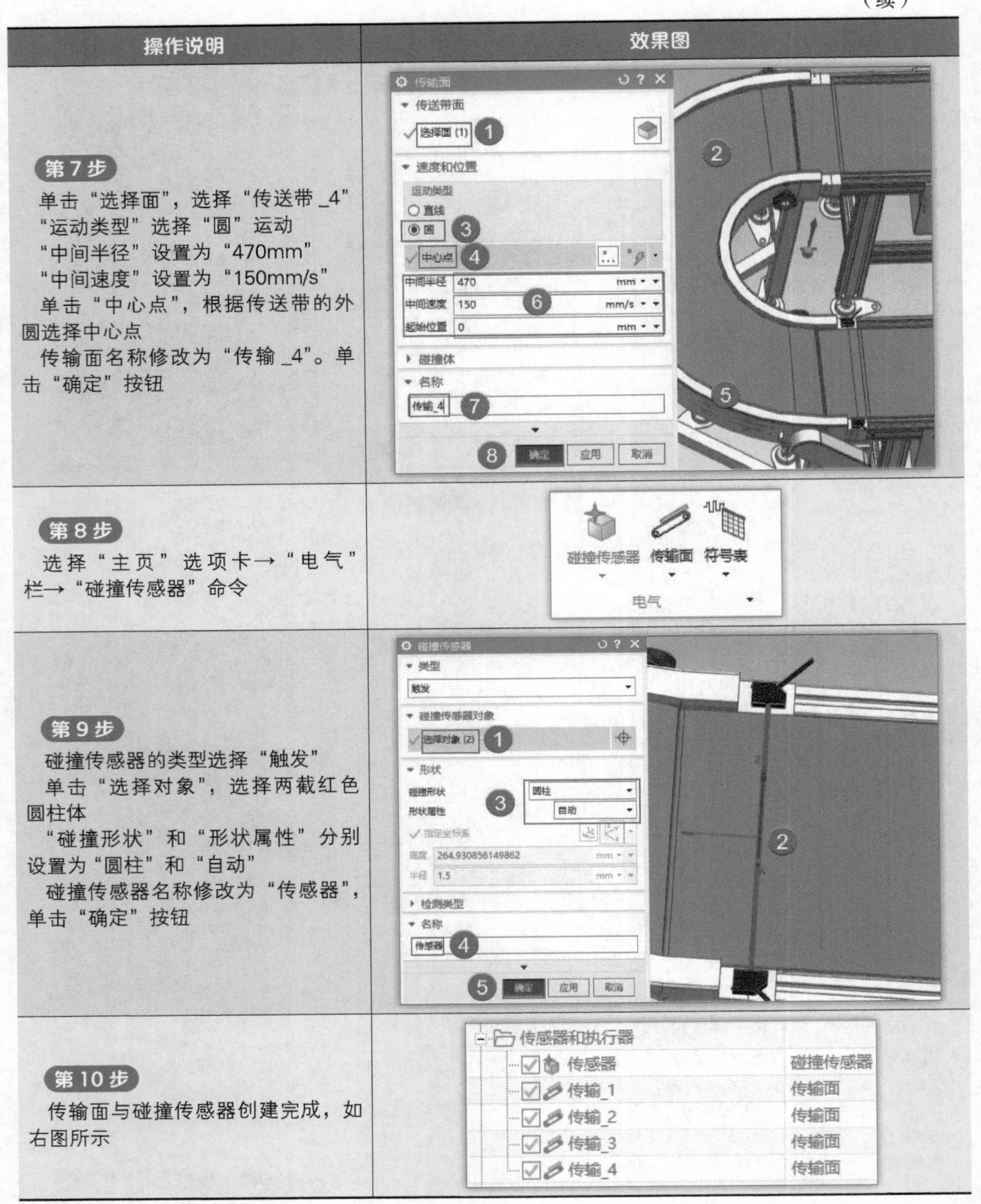

操作说明	效果图
第 7 步 单击“选择面”，选择“传送带 _4” “运动类型”选择“圆”运动 “中间半径”设置为“470mm” “中间速度”设置为“150mm/s” 单击“中心点”，根据传送带的外圆选择中心点 传输面名称修改为“传输 _4”。单击“确定”按钮	
第 8 步 选择“主页”选项卡→“电气”栏→“碰撞传感器”命令	
第 9 步 碰撞传感器的类型选择“触发” 单击“选择对象”，选择两截红色圆柱体 “碰撞形状”和“形状属性”分别设置为“圆柱”和“自动” 碰撞传感器名称修改为“传感器”，单击“确定”按钮	
第 10 步 传输面与碰撞传感器创建完成，如右图所示	

（三）对象源与对象收集器的设置

对象源与对象收集器的设置步骤见表 1-17。

表 1-17 对象源与对象收集器的设置步骤

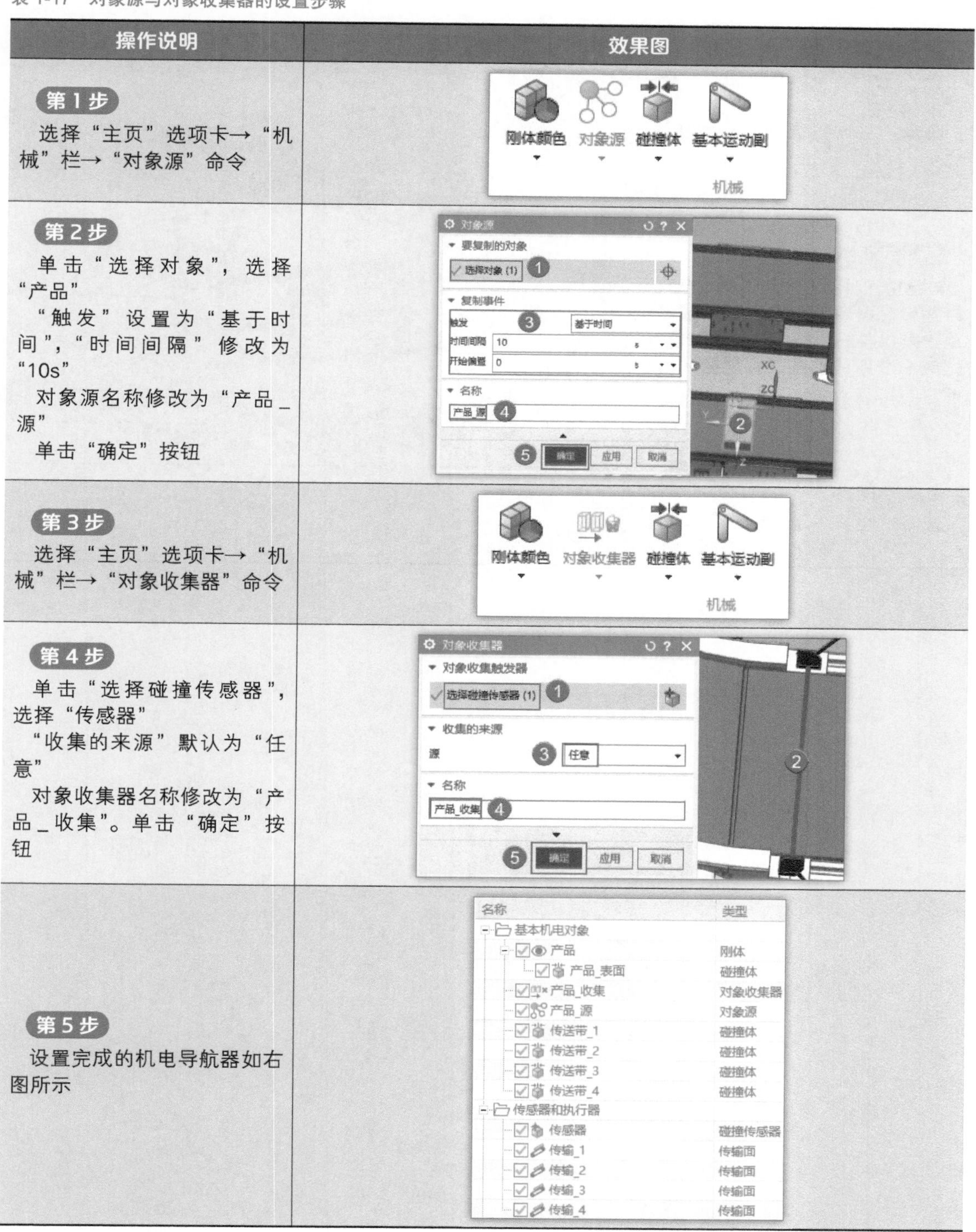

操作说明	效果图
第 1 步 选择“主页”选项卡→“机械”栏→“对象源”命令	
第 2 步 单击“选择对象”，选择“产品” “触发”设置为“基于时间”，“时间间隔”修改为“10s” 对象源名称修改为“产品_源” 单击“确定”按钮	
第 3 步 选择“主页”选项卡→“机械”栏→“对象收集器”命令	
第 4 步 单击“选择碰撞传感器”，选择“传感器” “收集的来源”默认为“任意” 对象收集器名称修改为“产品_收集”。单击“确定”按钮	
第 5 步 设置完成的机电导航器如右图所示	

（四）仿真运行

仿真运行的操作步骤见表 1-18。

表 1-18 仿真运行的操作步骤

操作说明	效果图
第 1 步 选择“主页”选项卡→“仿真”栏→“播放”按钮	 播放 停止
第 2 步 产品由两种类型的传送带传输，当碰撞传感器检测到产品时，触发对象收集器收集产品，此时“对象源”生成一个新的产品，实现循环的功能	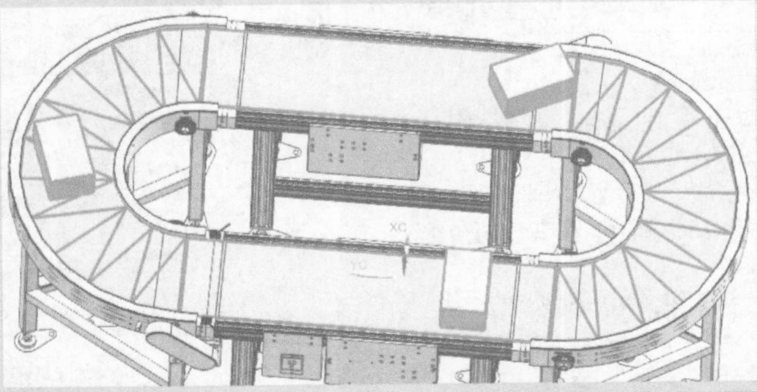
第 3 步 选择“主页”选项卡→“仿真”栏→“停止”按钮，结束仿真运行	 播放 停止

项目2 运动副与耦合副的应用

【案例分享】

玛氏是一家糖果、宠物护理和食品公司，已创建了其生产供应链的数字孪生系统，以支持其业务工作。该公司正在使用微软 Azure 云和 AI 技术来处理和分析由其制造基地生产设备所生成的数据。

“我们将数字化视为一个巨大的业务加速器，”玛氏公司首席数字官桑迪普·达德拉尼说，“我们不是为了数字化而进行数字化。”

在埃森哲咨询公司数字化制造和运营顾问的帮助下，玛氏公司正在使用微软的“Azure 数字孪生物联网服务”来增强其 160 个制造基地的运营工作。该公司正在创建软件模拟，以提高产能和更好地对流程进行控制，包括通过预测性维护来增加设备的正常运行时间，以及减少与设备产生不一致包装产品数量相关的浪费。通过使用数字孪生系统，玛氏公司还可以生成一个虚拟的“用例应用商店”，该应用商店可以在其各业务部门中重复使用。

展望未来，该公司计划使用数字孪生数据来分析影响其产品的气候及其他因素，从而更好地了解从产品源头到消费者这一供应链。

达德拉尼提出过这样的建议：进行尝试，接受失败。玛氏公司鼓励其员工思考并合理使用人工智能和其他新兴技术来解决问题。这是公司努力进行文化转型的一部分，即转变为一种接受尝试并期望员工从失败中吸取教训的企业文化，从而可将经验应用于未来的业务。该公司曾举办了一场虚拟“人工智能节”，以庆祝其在各个业务部门中部署了 200 个 AI 用例。

“如果您能很好地定义一个问题，那么您就会觉得自己有能力利用人工智能解决该问题，”达德拉尼说。

任务1　MCD机构运动属性构建一

一、任务描述

本任务主要介绍NX 1984软件的基本运动副，要求读者掌握滑动副、固定副和铰链副的使用方法及定义气缸与风扇的运动方式，完成手动控制气缸的伸缩及风扇扇叶转动的任务，如图2-1、图2-2所示。

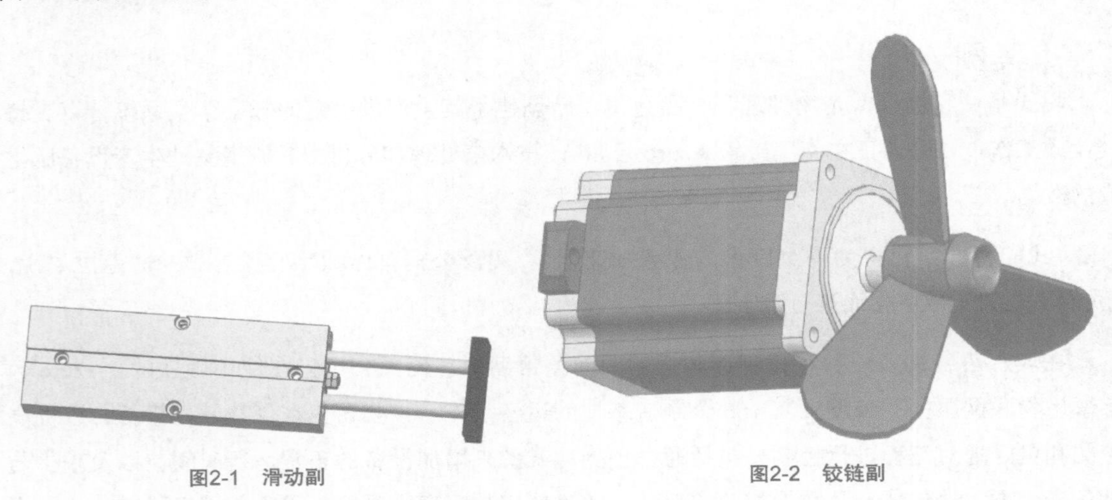

图2-1　滑动副

图2-2　铰链副

二、任务目标

技能目标：

1. 了解滑动副、固定副和铰链副的概念。
2. 理解滑动副、固定副和铰链副各参数的含义。
3. 掌握运用滑动副、固定副和铰链副的使用方法。

素养目标：

1. 在机电概念设计时，应该全面考虑，谨慎思维，必须兼顾逻辑性与可靠性。

2. 通过 NX 软件进行课内仿真实践，观察运行效果，改进设计方案，从而巩固所学知识。

三、知识储备

（一）滑动副

1. 概念

滑动副（Sliding Joint）是指组成运动副的两个构件之间只能按照某一方面做相对移动，并且只具有一个平移自由度。

2. 参数

（1）刚体

1）选择连接件：选择需要添加滑动约束的刚体。

2）选择基本件：选择与连接件连接的另一刚体。如果此参数为空，则附件链接到背景，如图 2-3 所示。

（2）轴和偏置

1）指定轴矢量：指定滑动的轴方向。

2）偏置：在模拟仿真开始之前，连接件相对于基本件的位置，如图 2-4 所示。

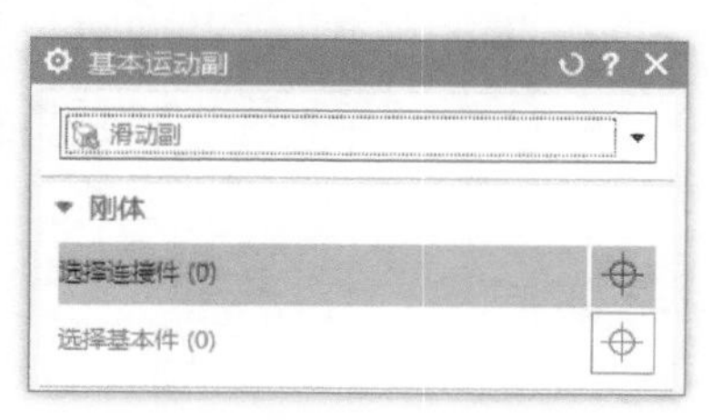

图2-3　刚体

图2-4　轴和偏置

（3）限制　“上限”指滑动副滑动位置的上限，“下限”指滑动副滑动位置的下限，如图 2-5 所示。

（4）名称　定义滑动副的名称，如图 2-6 所示。

图2-5　限制

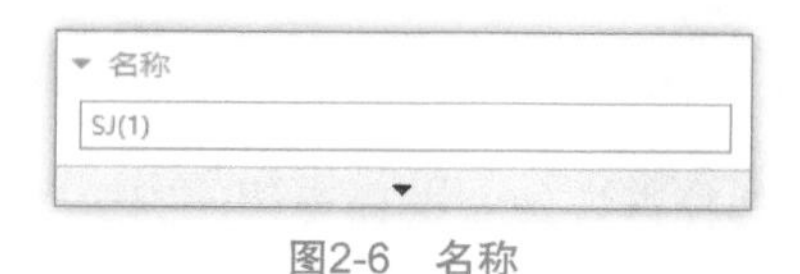

图2-6　名称

3. 创建

（1）方法 1　选择“机电导航器”→右击“运动副和约束”→“新建”→“滑动副”命令，如图 2-7 所示。

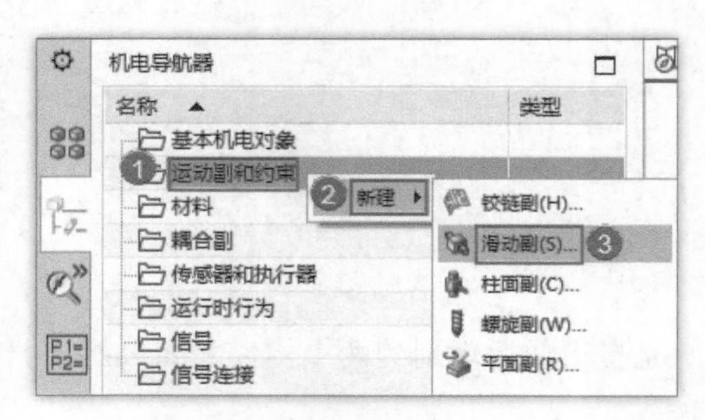

图2-7　方法1

（2）方法 2　选择“菜单”→“插入”→“运动副”→“基本运动副”→“滑动副”命令，如图 2-8 所示。

（3）方法 3　选择“主页”选项卡→“机械”栏→“基本运动副”→“滑动副”命令，如图 2-9 所示。

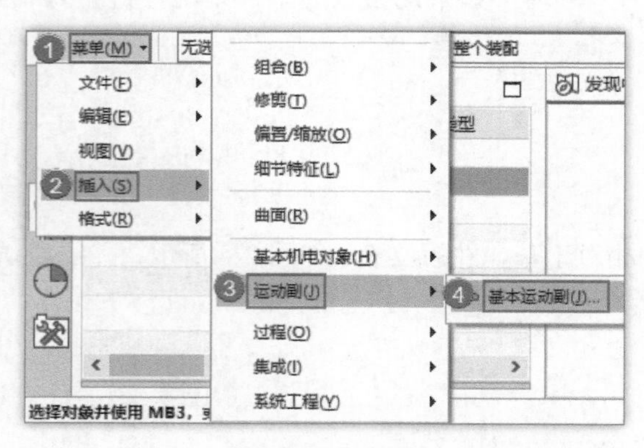

图2-8　方法2

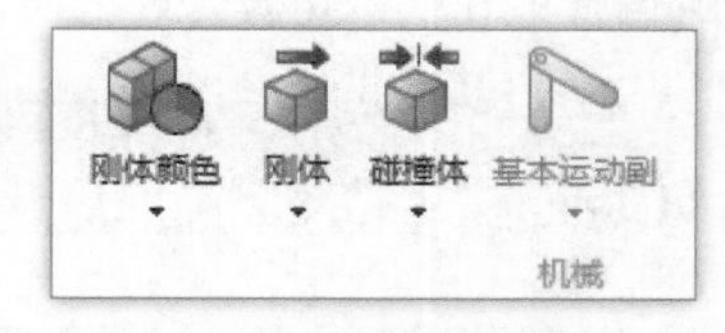

图2-9　方法3

（二）固定副

1. 概念

固定副（Fixed Joint）是将一个构件固定到另一个构件上的运动副，固定副中的所有自由度均被约束。

2. 参数

（1）刚体

1）选择连接件：选择要使用固定约束的刚体。

2）选择基本件：选择要将附件固定到的刚体，如图 2-10 所示。

（2）名称　定义固定副的名称，如图 2-11 所示。

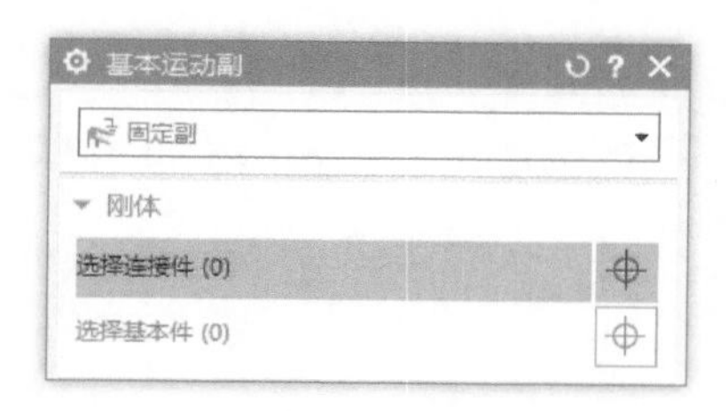

图2-10　刚体

图2-11　名称

3. 创建

（1）方法 1　选择“机电导航器”→右击“运动副和约束”→“新建”→“固定副”命令，如图 2-12 所示。

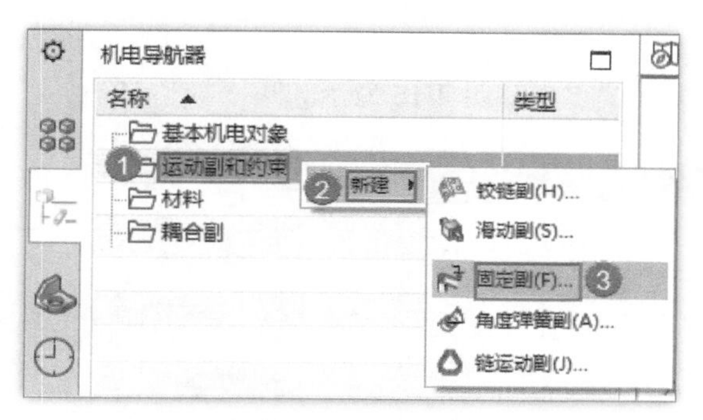

图2-12　方法1

（2）方法 2　选择“菜单”→“插入”→“运动副”→“基本运动副”→“固定副”命令，如图 2-13 所示。

（3）方法 3　选择“主页”选项卡→“机械”栏→“基本运动副”→“固定副”命令，如图 2-14 所示。

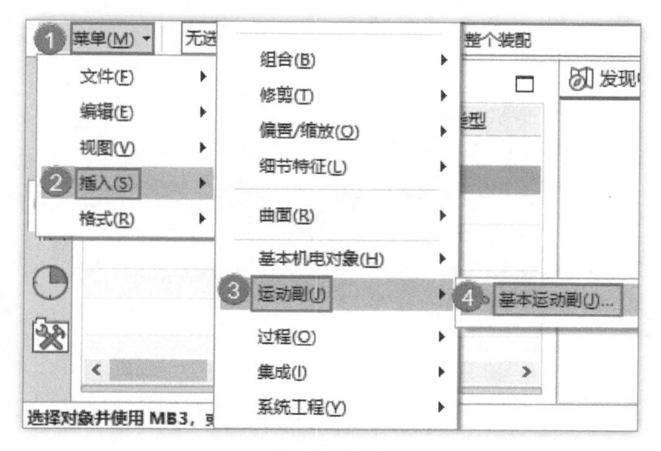

图2-13　方法2

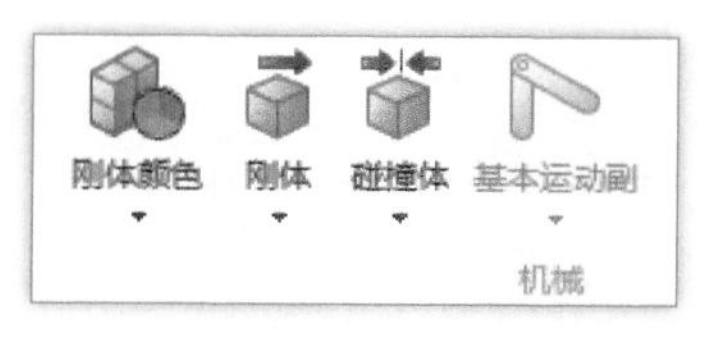

图2-14　方法3

（三）铰链副

1. 概念

铰链副（Hinge Joint）是用来连接两个固件并允许两者之间做相对转动的运动副。

2. 参数

（1）刚体

1）选择连接件：选择要受铰链约束的刚体。

2）选择基本件：选择与连接件连接的另一刚体，如图 2-15 所示。

（2）轴和角度

1）指定轴矢量：指定旋转轴。

2）指定锚点：指定旋转锚点，如图 2-16 所示。

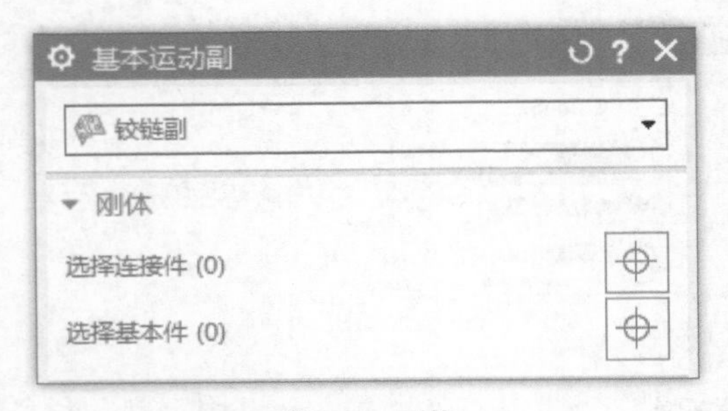

图2-15　刚体

图2-16　轴和角度

（3）名称　定义铰链副的名称，如图 2-17 所示。

3. 创建

（1）方法 1　选择“机电导航器”→右击“运动副和约束”→“新建”→“铰链副”命令，如图 2-18 所示。

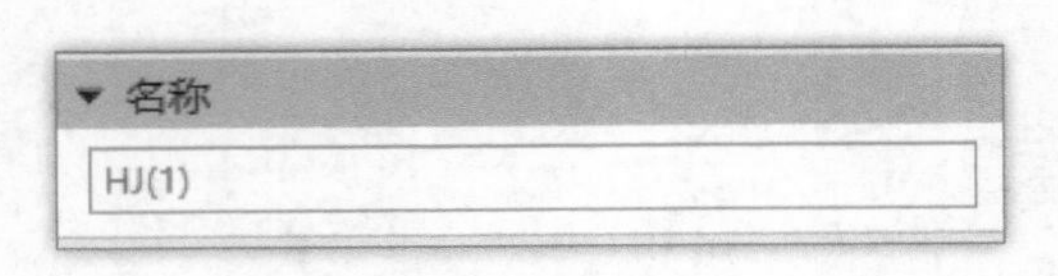

图2-17　名称

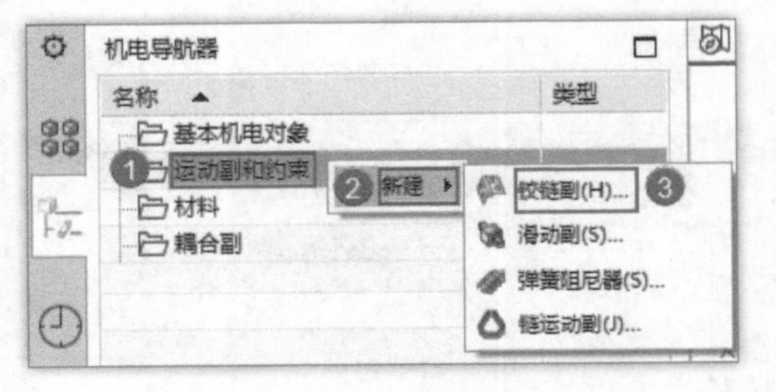

图2-18　方法1

（2）方法 2　选择“菜单”→“插入”→“运动副”→“基本运动副”→“铰链副”命令，如图 2-19 所示。

（3）方法 3　选择“主页”选项卡→“机械”栏→“基本运动副”→“铰链副”命令，如图 2-20 所示。

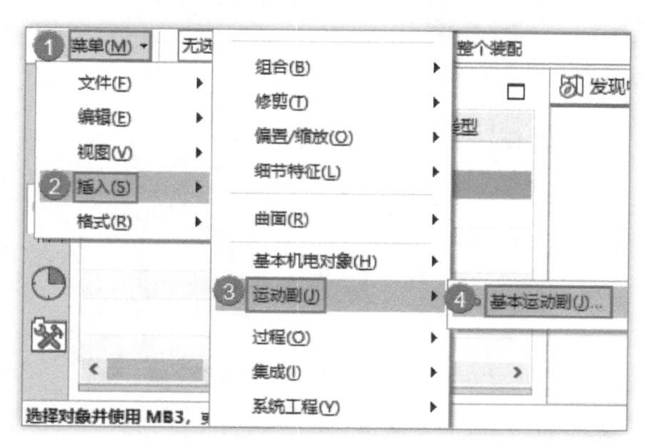

图2-19　方法2

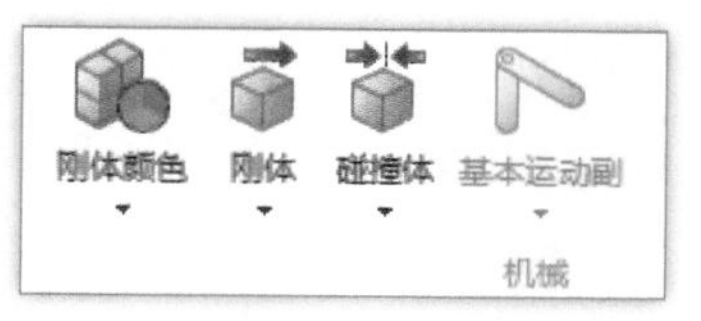

图2-20　方法3

四、任务实施

（一）滑动副与固定副的应用

滑动副与固定副的应用步骤见表 2-1。

表 2-1　滑动副与固定副的应用步骤

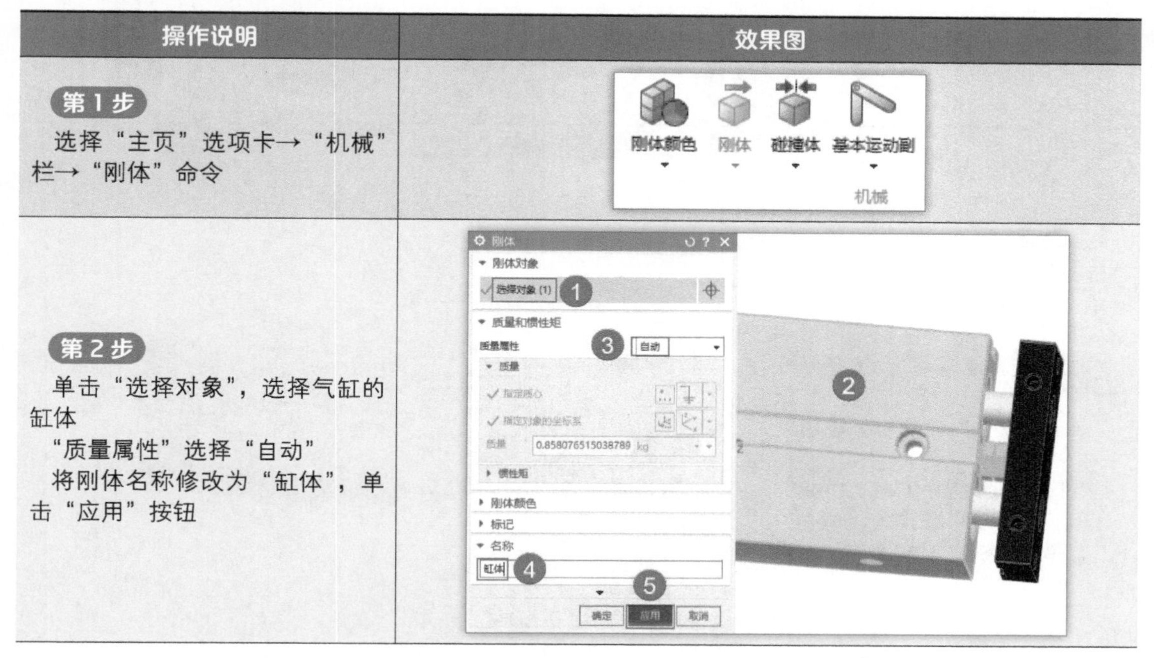

操作说明	效果图
第 1 步 选择“主页”选项卡→“机械”栏→“刚体”命令	刚体颜色　刚体　碰撞体　基本运动副 机械
第 2 步 单击“选择对象”，选择气缸的缸体 “质量属性”选择“自动” 将刚体名称修改为“缸体”，单击“应用”按钮	刚体 刚体对象 选择对象 (1) 质量和惯性矩 质量属性　自动 质量 指定质心 指定对象的坐标系 质量　0.858076515038789 kg 惯性矩 刚体颜色 标记 名称 缸体 确定　应用　取消

（续）

操作说明	效果图
第 3 步 单击“选择对象”，选择气缸的连接杆 “质量属性”选择“自动” 将刚体名称修改为“活塞杆”，单击“确定”按钮	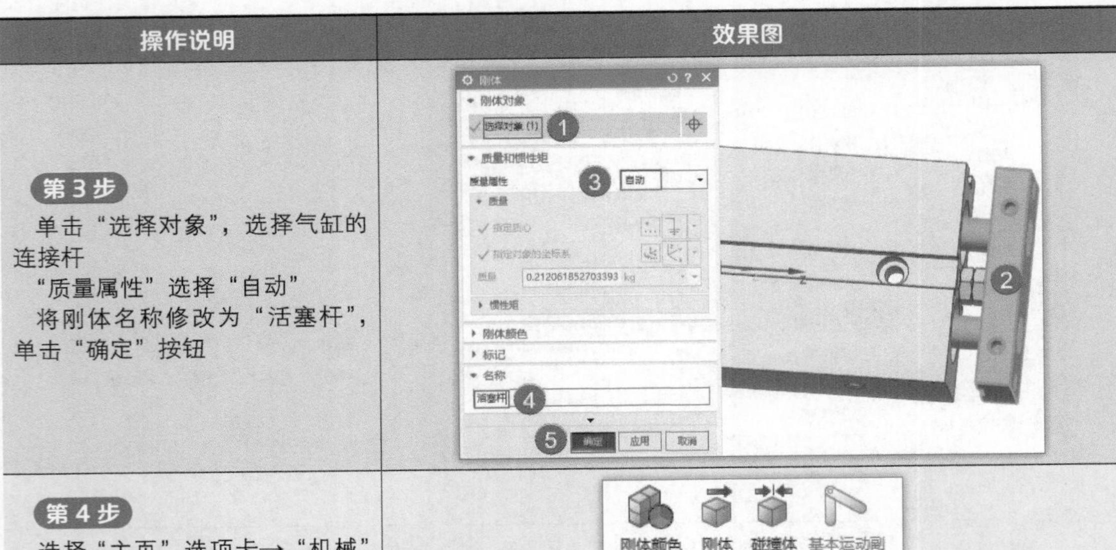
第 4 步 选择“主页”选项卡→“机械”栏→“基本运动副”命令	刚体颜色 刚体 碰撞体 基本运动副 机械
第 5 步 选择运动副为“固定副” 单击“选择连接件”，选择“缸体” 将固定副名称修改为“缸体_FJ”，单击“应用”按钮	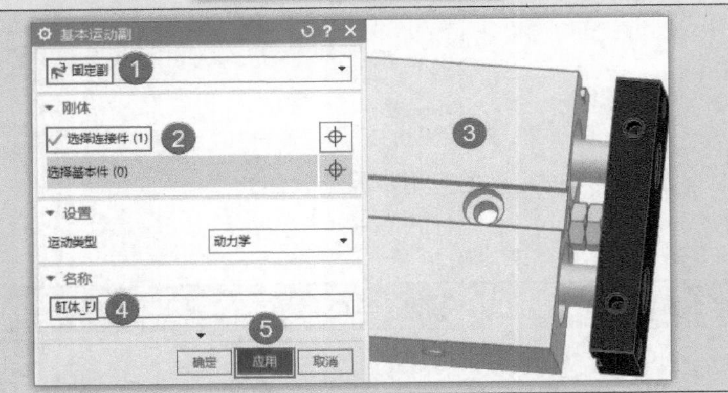
第 6 步 选择运动副为“滑动副” 单击“选择连接件”，选择“活塞杆” 单击“选择基本件”，选择“缸体” “指定轴矢量”设置为 X 轴的负方向 “限制”范围设为 0 ~ 100mm 将滑动副名称修改为“气缸_SJ”，单击“确定”按钮	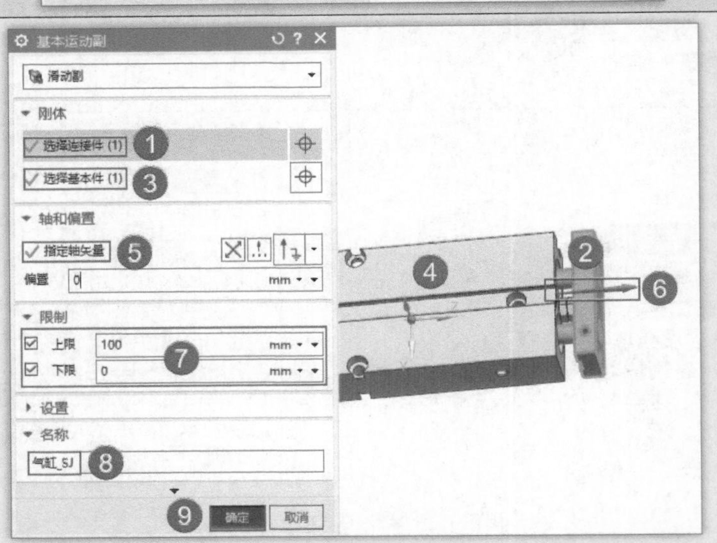

（续）

操作说明	效果图
第 7 步 基本机电对象与运动副创建完成后如右图所示	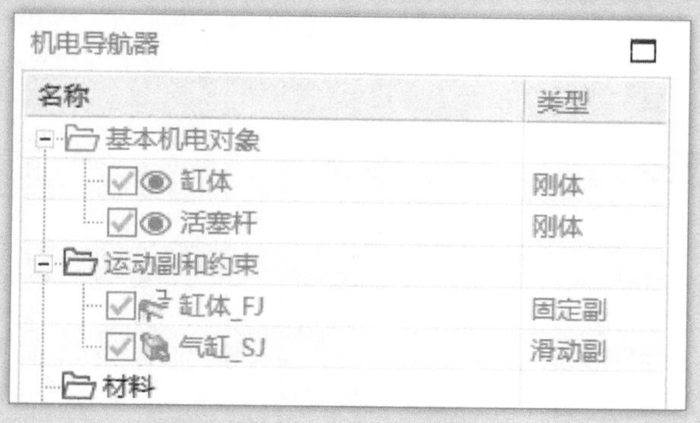 机电导航器 名称 类型 基本机电对象 缸体 刚体 活塞杆 刚体 运动副和约束 缸体_FJ 固定副 气缸_SJ 滑动副 材料
第 8 步 选择“主页”选项卡→“仿真”栏→“播放”按钮	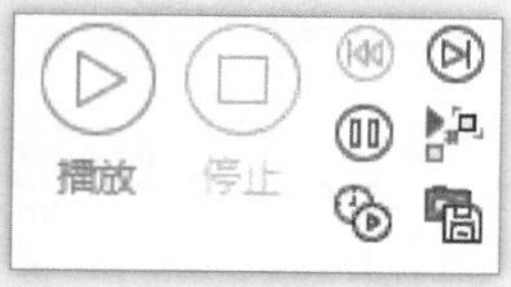 播放 停止
第 9 步 长按气缸的连接杆，沿着 X 轴的方向来回拖动 当沿 X 轴的负方向拖动时，气缸伸出 当沿 X 轴的正方向拖动时，气缸缩回 气缸伸出的范围为 0 ~ 100mm	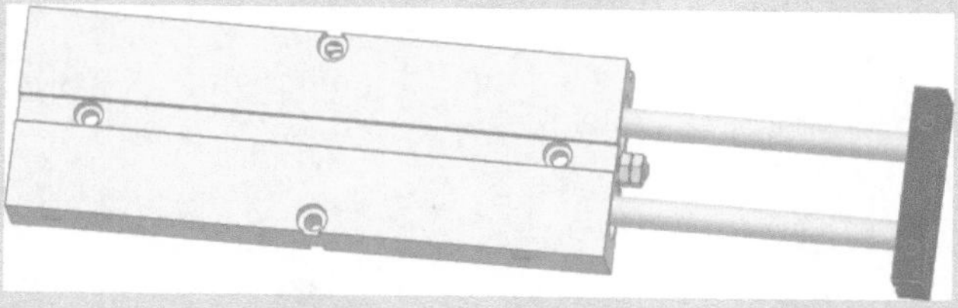
第 10 步 选择“主页”选项卡→“仿真”栏→“停止”按钮，结束仿真运行	 播放 停止

（二）铰链副与固定副的应用

铰链副与固定副的应用步骤见表 2-2。

表 2-2　铰链副与固定副的应用步骤

操作说明	效果图
第 1 步 选择“主页”选项卡→“机械”栏→“刚体”命令	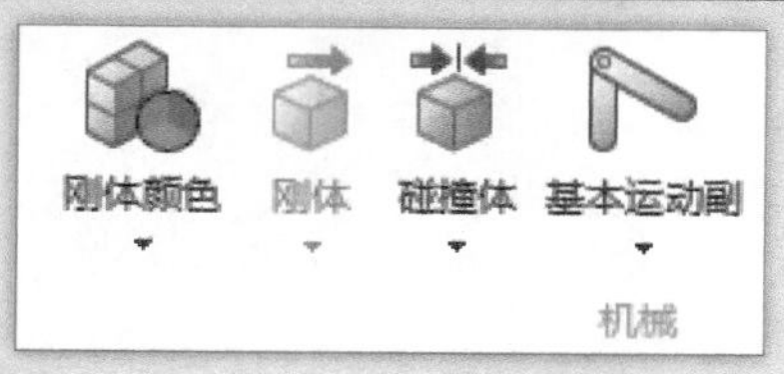 刚体颜色 刚体 碰撞体 基本运动副 机械

（续）

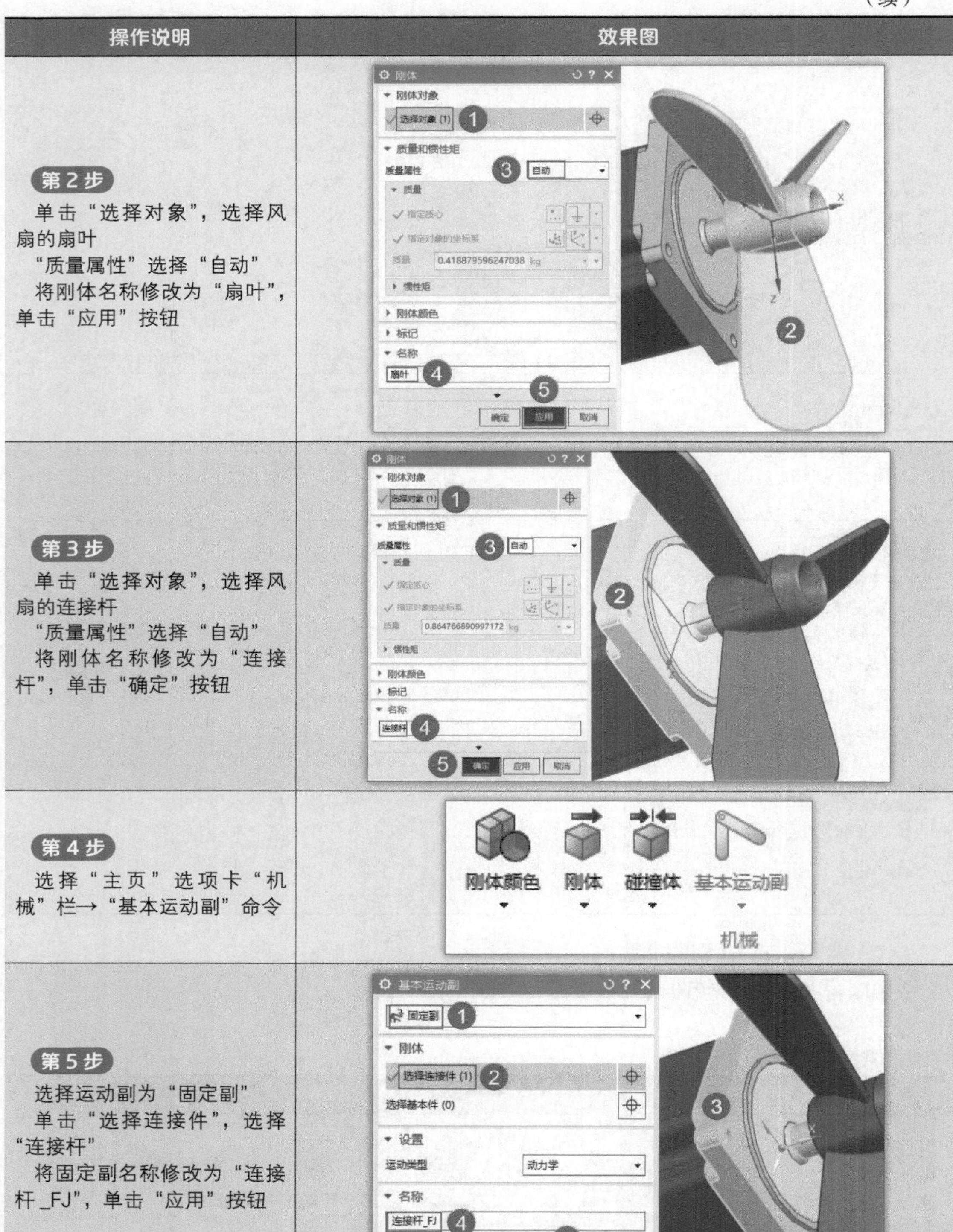

操作说明	效果图
第 2 步 单击“选择对象”，选择风扇的扇叶 “质量属性”选择“自动” 将刚体名称修改为“扇叶”，单击“应用”按钮	
第 3 步 单击“选择对象”，选择风扇的连接杆 “质量属性”选择“自动” 将刚体名称修改为“连接杆”，单击“确定”按钮	
第 4 步 选择“主页”选项卡“机械”栏→“基本运动副”命令	
第 5 步 选择运动副为“固定副” 单击“选择连接件”，选择“连接杆” 将固定副名称修改为“连接杆_FJ”，单击“应用”按钮	

（续）

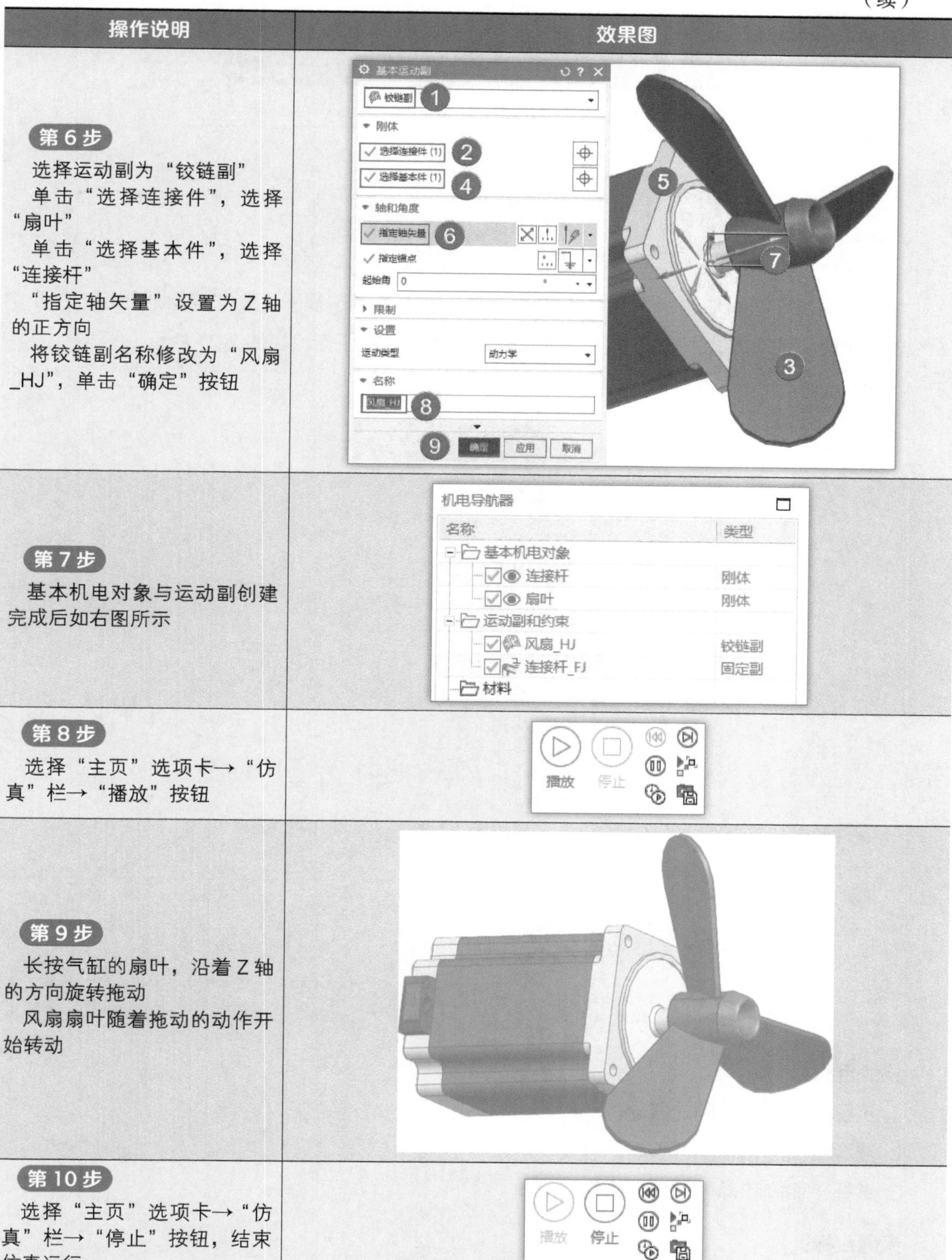

操作说明	效果图
第 6 步 选择运动副为“铰链副” 单击“选择连接件”，选择“扇叶” 单击“选择基本件”，选择“连接杆” “指定轴矢量”设置为 Z 轴的正方向 将铰链副名称修改为“风扇_HJ”，单击“确定”按钮	
第 7 步 基本机电对象与运动副创建完成后如右图所示	
第 8 步 选择“主页”选项卡→“仿真”栏→“播放”按钮	
第 9 步 长按气缸的扇叶，沿着 Z 轴的方向旋转拖动 风扇扇叶随着拖动的动作开始转动	
第 10 步 选择“主页”选项卡→“仿真”栏→“停止”按钮，结束仿真运行	

任务 2 MCD 机构运动属性构建二

一、任务描述

本任务主要介绍 NX 1984 软件的基本运动副，要求读者掌握平面副与球副的使用方法及定义气缸与球铰的运动方式，完成手动控制球铰转动及伸缩的任务，如图 2-21 所示。

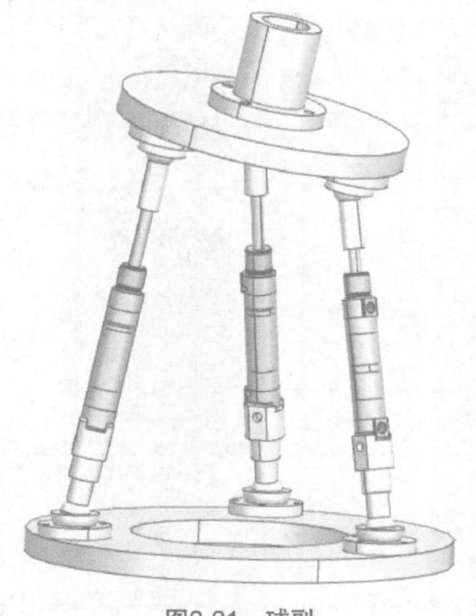

图2-21 球副

二、任务目标

技能目标：

1. 了解平面副和球副的概念。

2. 理解平面副和球副各参数的含义。

3. 掌握平面副和球副的使用方法。

素养目标：

1. 看待问题的思维不应该是非黑即白的，要用辩证的思维看待问题，否则容易走入认知的误区。

2. 对于创新且具有复杂性的工作，要尝试建立模式，形成流程和规范，不要轻言放弃。

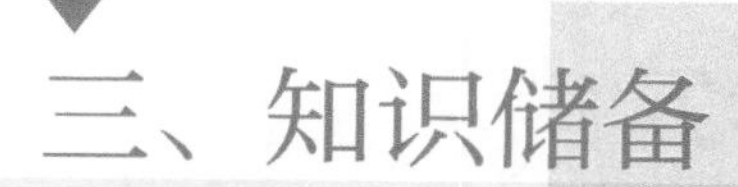

三、知识储备

（一）平面副

1. 概念

平面副（Planar Joint）提供了两个平移自由度和一个旋转自由度。平面副连接的物体可以在相互接触的平面上自由滑动，也可以绕垂直于该平面的轴旋转。平面副不能作为运动驱动。创建平面副时，定义的原点和矢量方向共同确定了接触平面。

2. 参数

（1）刚体

1）选择连接件：选择由平面关节约束的刚体。

2）选择基本件：选择与连接件连接的另一刚体，如图 2-22 所示。

（2）法向轴　指定轴矢量：指定垂直于连接两个刚体的平面的向量，如图 2-23 所示。

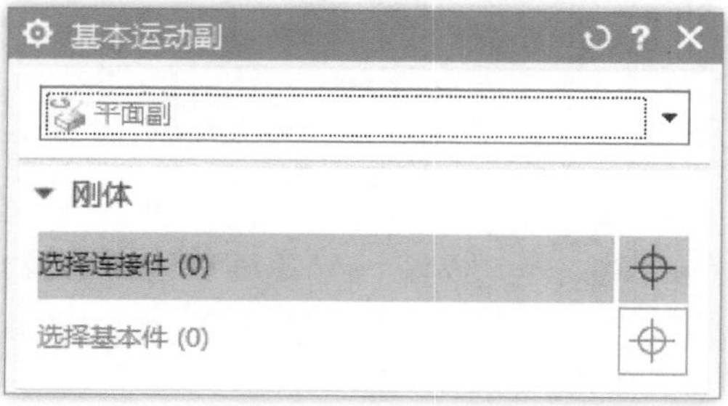

基本运动副

平面副

刚体

选择连接件 (0)

选择基本件 (0)

图2-22　刚体

图2-23　法向轴

（3）名称　定义平面副的名称，如图 2-24 所示。

名称

PJ(1)

图2-24　名称

3. 创建

（1）方法 1　选择“机电导航器”→右击“运动副和约束”→“新建”→“平面副”命令，

如图 2-25 所示。

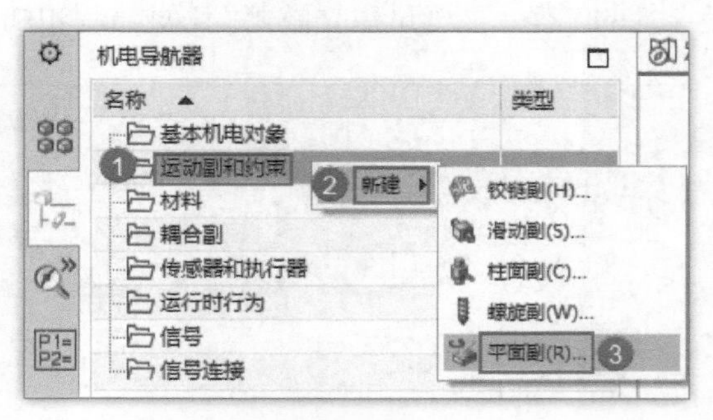

图2-25 方法1

（2）方法 2

选择“菜单”→“插入”→“运动副”→“基本运动副”→“平面副”命令，如图 2-26 所示。

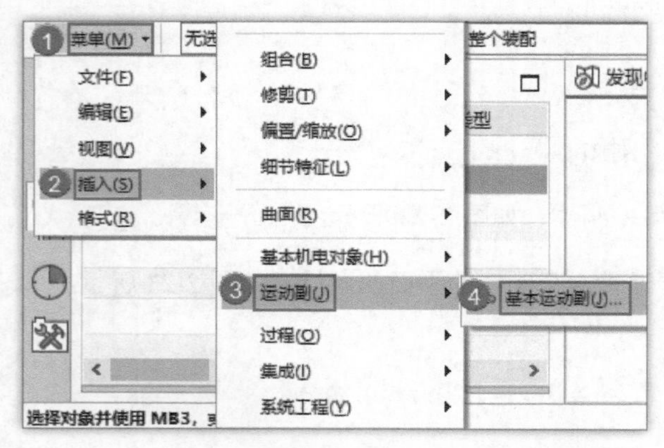

图2-26 方法2

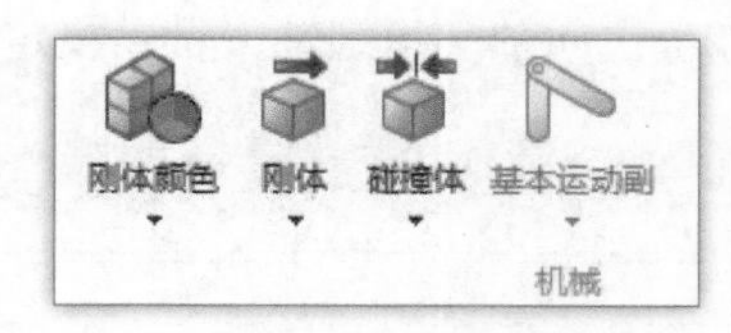

图2-27 方法3

（3）方法 3 选择“主页”选项卡→“机械”栏→“基本运动副”→“平面副”命令，如图 2-27 所示。

（二）球副

1. 概念

球副（Ball Joint）具有三个旋转自由度，分别是两个杆件的自由度以及杆件连接球状关节的一个自由度。组成球副的两个杆件能绕球心做 3 个独立的相对转动。

2. 参数

（1）刚体

选择连接件：选择受球关节约束的刚体。

选择基本件：选择与连接件连接的另一刚体，如图 2-28 所示。

（2）锚点　指定锚点：指定旋转轴的锚点，如图 2-29 所示。

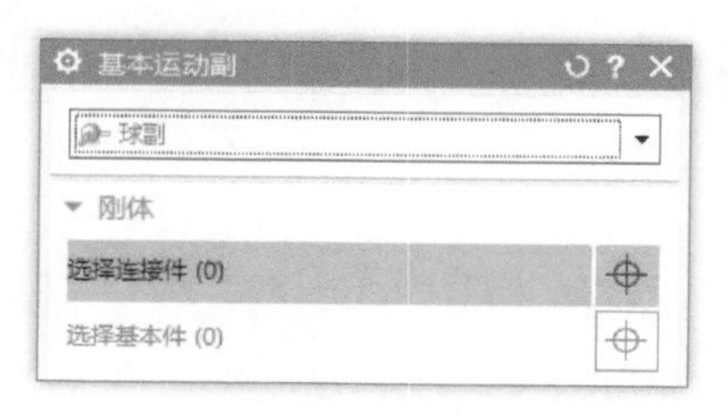

图2-28　刚体

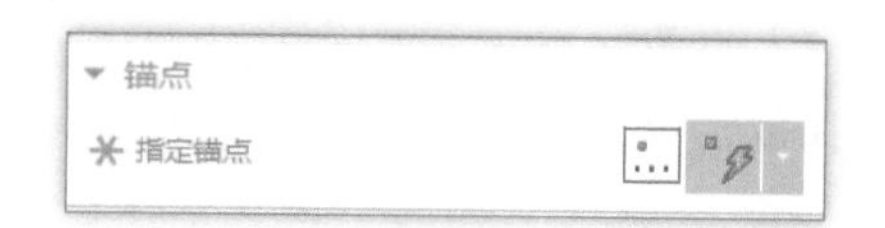

图2-29　锚点

（3）名称　定义球副的名称，如图 2-30 所示。

3. 创建

（1）方法 1　选择“机电导航器”→右击“运动副和约束”→“新建”→“球副”命令，如图 2-31 所示。

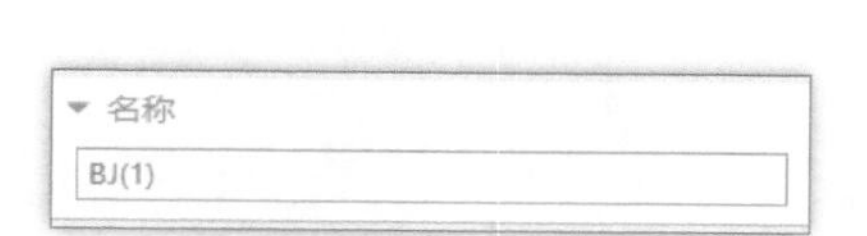

图2-30　名称

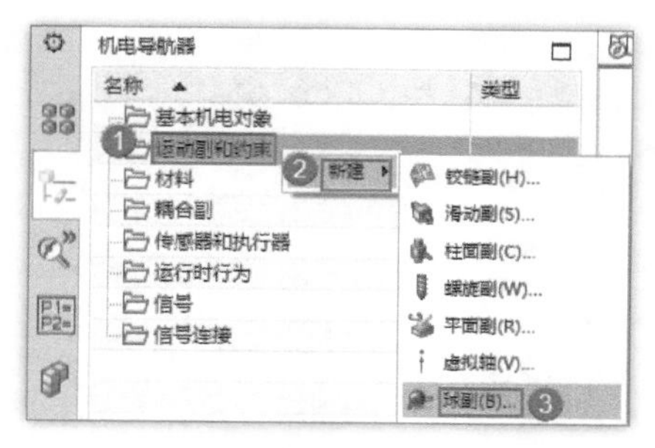

图2-31　方法1

（2）方法 2　选择“菜单”→“插入”→“运动副”→“基本运动副”→“球副”命令，如图 2-32 所示。

（3）方法 3　选择“主页”选项卡→“机械”栏→“基本运动副”→“球副”命令，如图 2-33 所示。

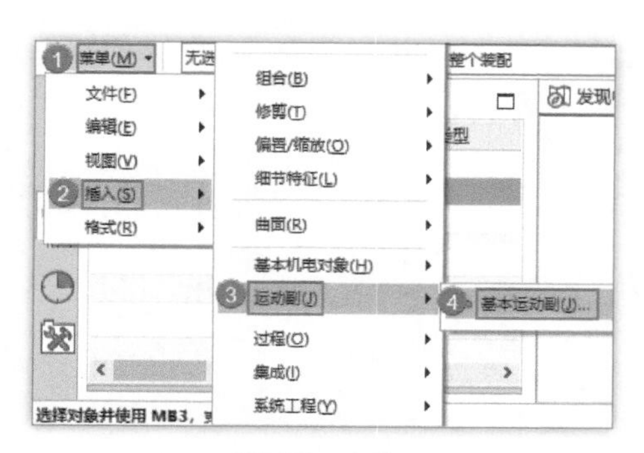

图2-32　方法2

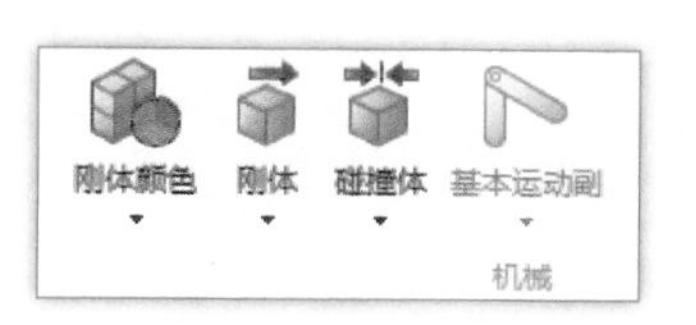

图2-33　方法3

四、任务实施

（一）刚体的定义

刚体的定义步骤见表 2-3。

表 2-3 刚体的定义步骤

操作说明	效果图
第 1 步 选中三个缸体，按住 <Ctrl+B> 键隐藏	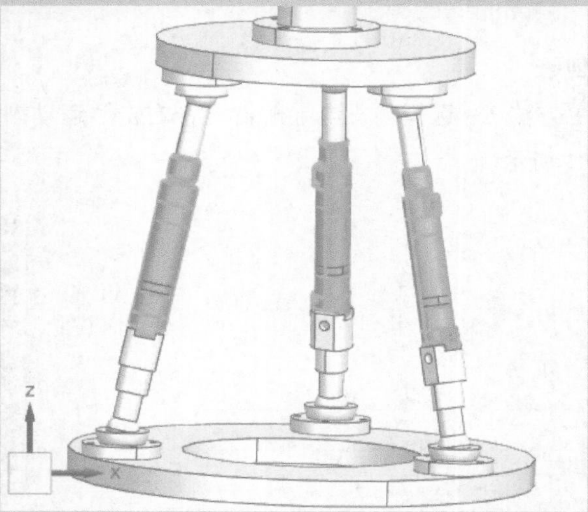
第 2 步 如右图所示，缸体已隐藏，可看到里面的伸缩杆	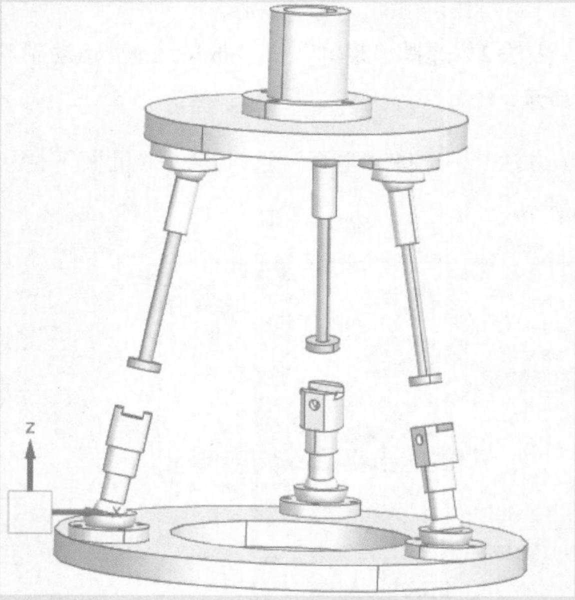

（续）

操作说明	效果图
第 3 步 选择“主页”选项卡→“机械”栏→“刚体”命令	刚体颜色 刚体 碰撞体 基本运动副 机械
第 4 步 单击“选择对象”，选择球 + 伸缩杆 “质量属性”选择“自动” 将刚体名称修改为“气缸 _1”，单击“应用”按钮	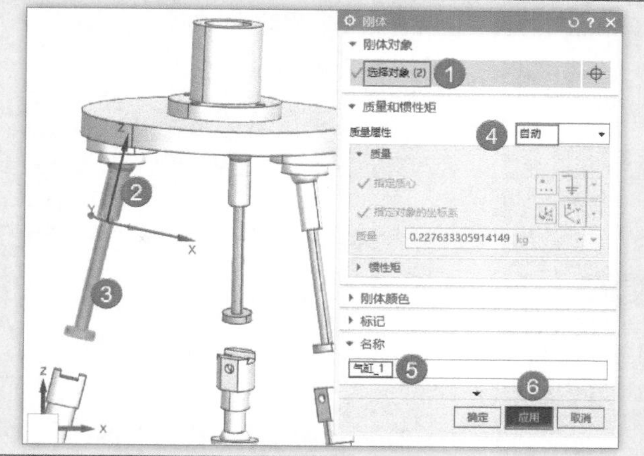
第 5 步 单击“选择对象”，选择球 + 伸缩杆 “质量属性”选择“自动” 将刚体名称修改为“气缸 _2”，单击“应用”按钮	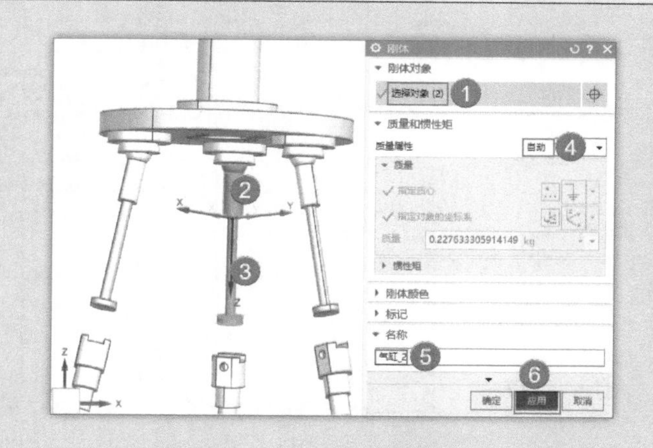
第 6 步 单击“选择对象”，选择球 + 伸缩杆 “质量属性”选择“自动” 将刚体名称修改为“气缸 _3”，单击“应用”按钮	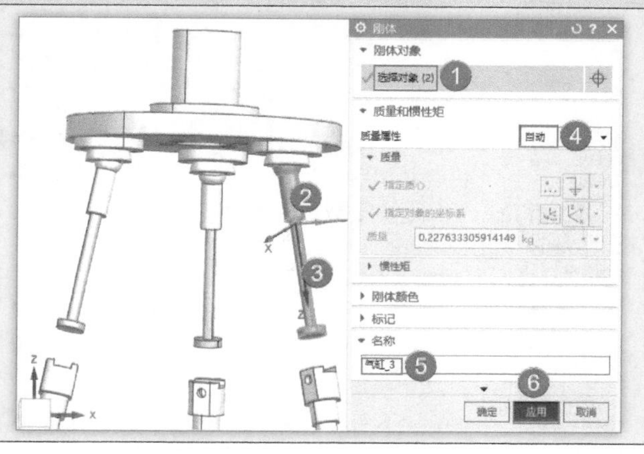

（续）

操作说明	效果图
第 7 步 取消勾选“Ball pair_NX1984”，隐藏全部。再勾选它，显示所有部件	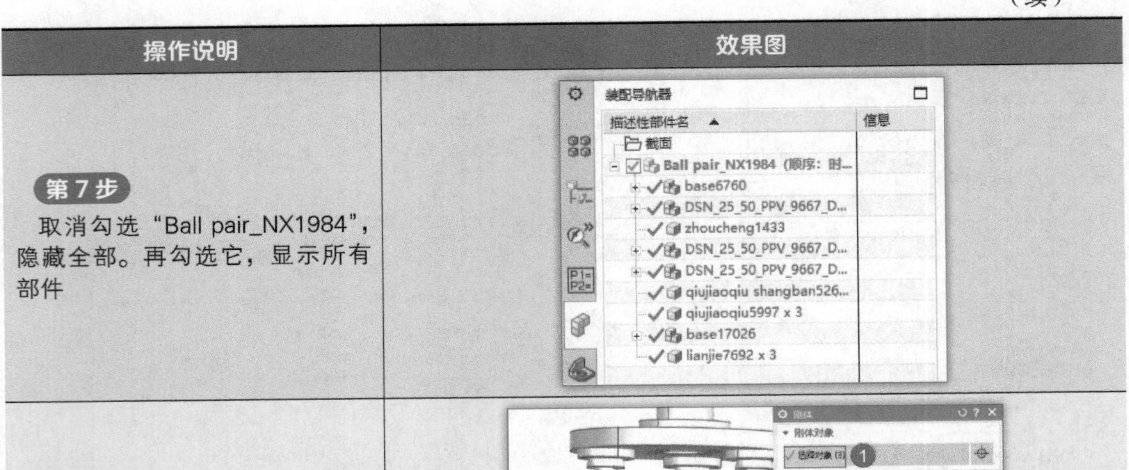
第 8 步 单击“选择对象”，选择如右图所示的三个部件 “质量属性”选择“自动” 将刚体名称修改为“球杆 _1”，单击“应用”按钮	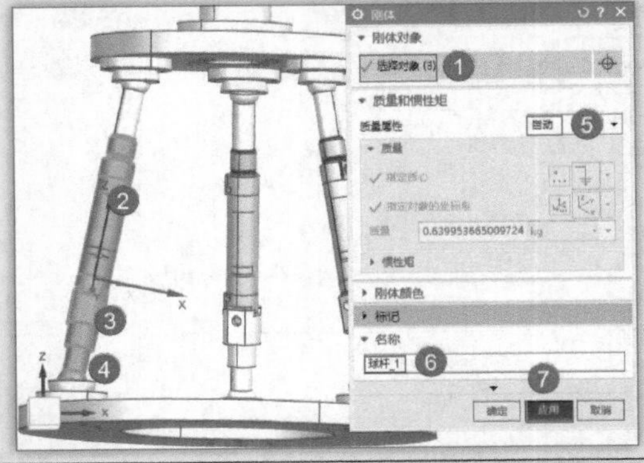
第 9 步 单击“选择对象”，选择如右图所示的三个部件 “质量属性”选择“自动” 将刚体名称修改为“球杆 _2”，单击“应用”按钮	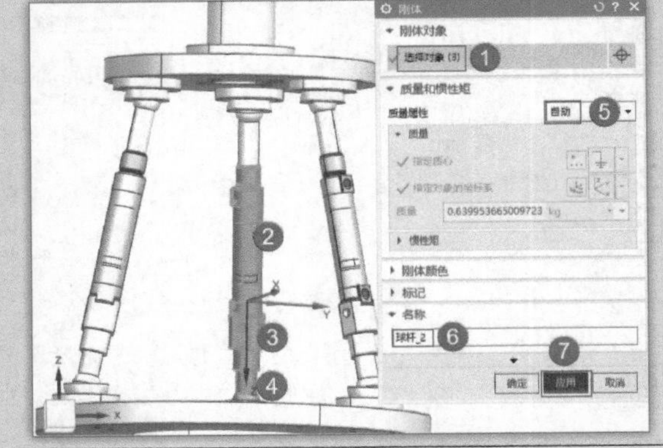
第 10 步 单击“选择对象”，选择如右图所示的三个部件 “质量属性”选择“自动” 将刚体名称修改为“球杆 _3”，单击“应用”按钮	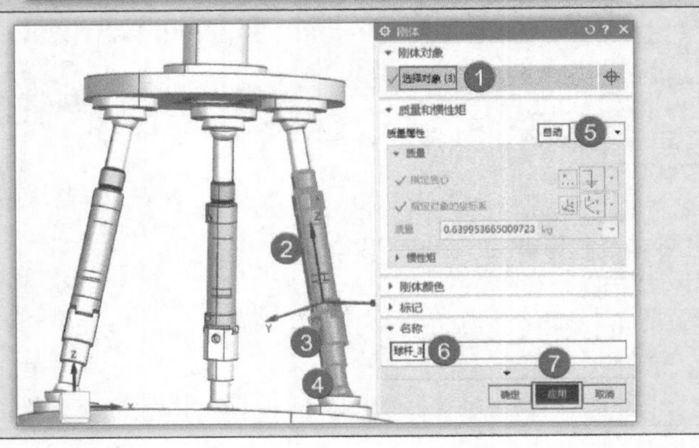

（续）

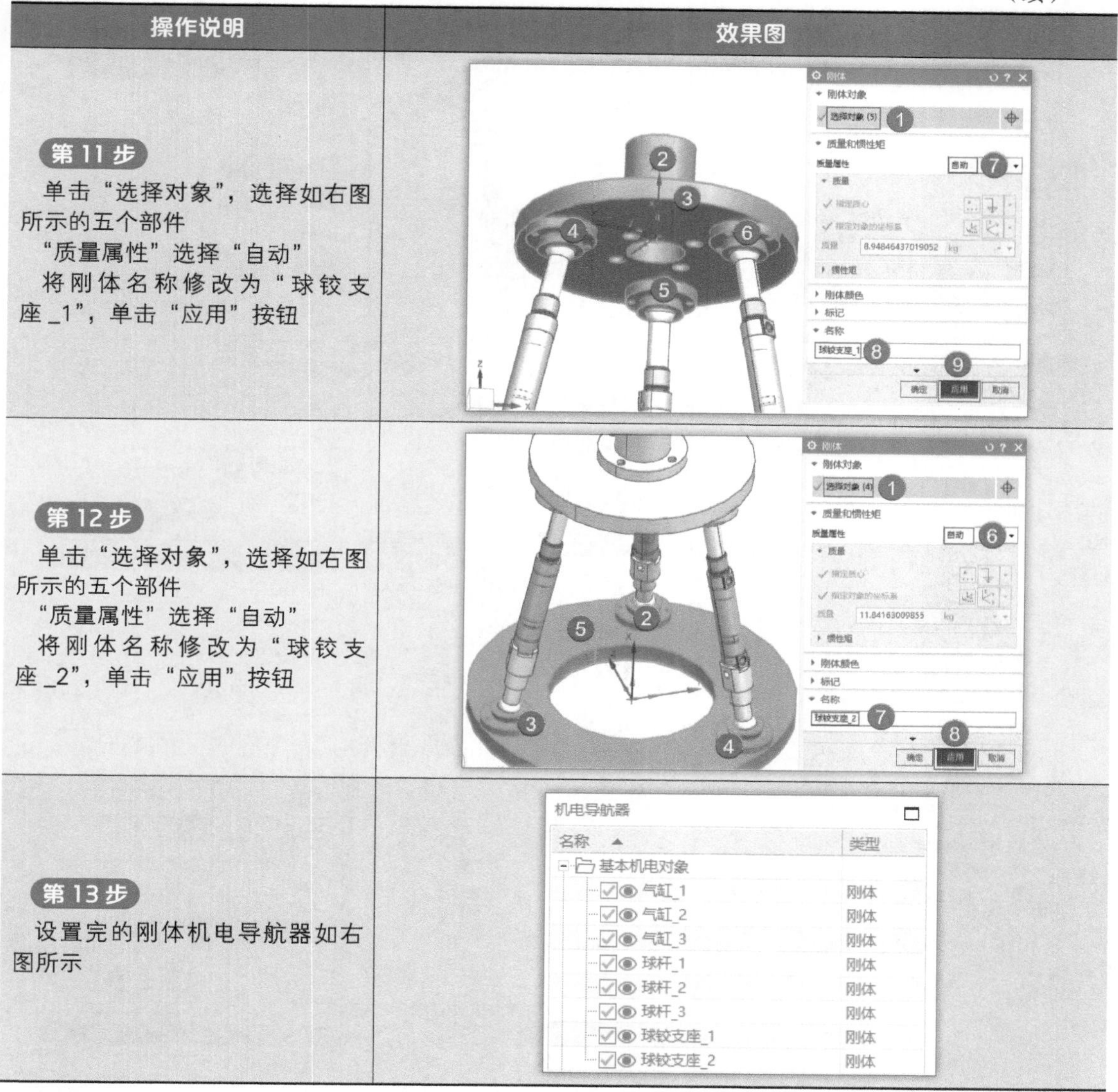

操作说明	效果图
第 11 步 单击“选择对象”，选择如右图所示的五个部件 “质量属性”选择“自动” 将刚体名称修改为“球铰支座_1”，单击“应用”按钮	
第 12 步 单击“选择对象”，选择如右图所示的五个部件 “质量属性”选择“自动” 将刚体名称修改为“球铰支座_2”，单击“应用”按钮	
第 13 步 设置完的刚体机电导航器如右图所示	

（二）基本运动副的创建

基本运动副的创建步骤见表 2-4。

表 2-4 基本运动副的创建步骤

操作说明	效果图
第 1 步 选择“主页”选项卡→“机械”栏→“基本运动副”命令	刚体颜色 刚体 碰撞体 基本运动副 机械

（续）

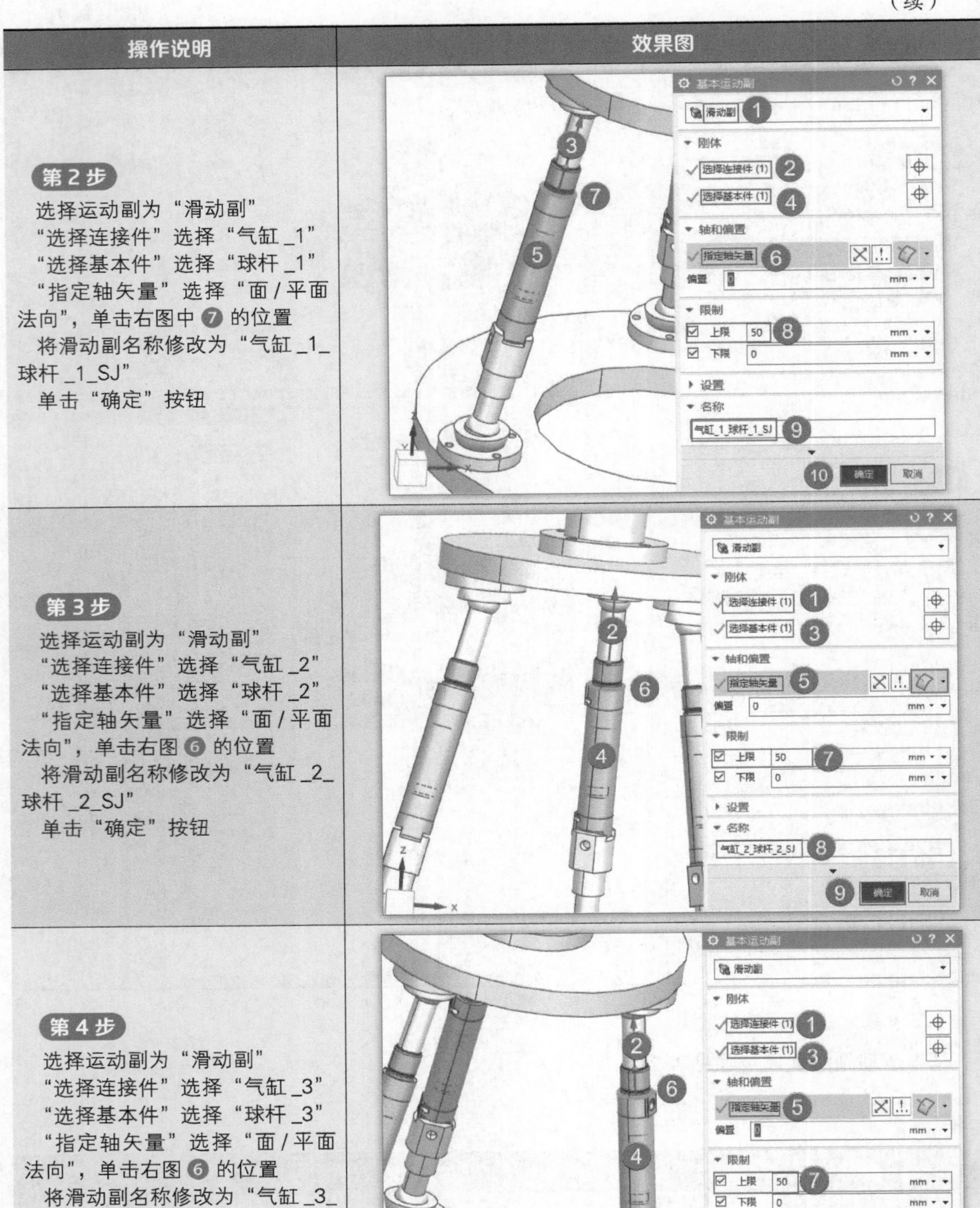

操作说明	效果图
第 2 步 选择运动副为“滑动副” “选择连接件”选择“气缸 _1” “选择基本件”选择“球杆 _1” “指定轴矢量”选择“面 / 平面法向”，单击右图中 ⑦ 的位置 将滑动副名称修改为“气缸 _1_ 球杆 _1_SJ” 单击“确定”按钮	
第 3 步 选择运动副为“滑动副” “选择连接件”选择“气缸 _2” “选择基本件”选择“球杆 _2” “指定轴矢量”选择“面 / 平面法向”，单击右图 ⑥ 的位置 将滑动副名称修改为“气缸 _2_ 球杆 _2_SJ” 单击“确定”按钮	
第 4 步 选择运动副为“滑动副” “选择连接件”选择“气缸 _3” “选择基本件”选择“球杆 _3” “指定轴矢量”选择“面 / 平面法向”，单击右图 ⑥ 的位置 将滑动副名称修改为“气缸 _3_ 球杆 _3_SJ” 单击“确定”按钮	

（续）

操作说明	效果图
第5步 选择运动副为“固定副” 单击“选择连接件”，选择“球铰支座_2” 将固定副名称修改为“球铰支座_2_FJ” 单击“应用”按钮	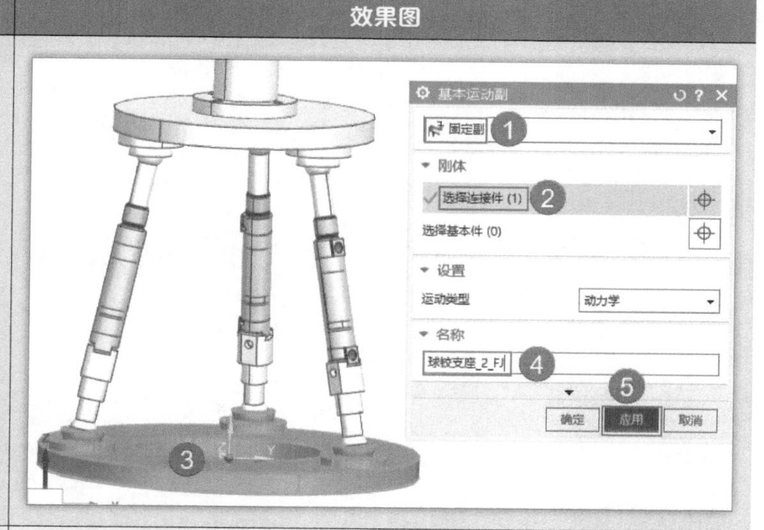
第6步 选择运动副为“球副” “选择连接件”选择“球杆_1” “选择基本件”选择“球铰支座_2” “指定锚点”选择右图⑦的位置 将球副名称修改为“球杆_1_球铰支座_2_BJ” 单击“应用”按钮	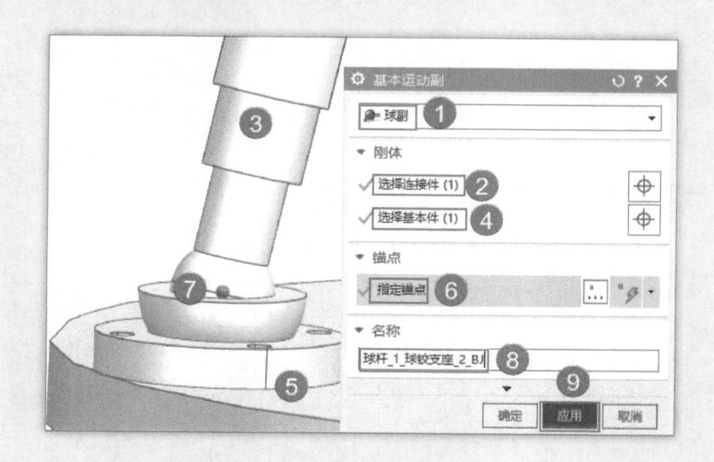
第7步 选择运动副为“球副” “选择连接件”选择“球杆_2” “选择基本件”选择“球铰支座_2” “指定锚点”选择右图⑥的位置 将球副名称修改为“球杆_2_球铰支座_2_BJ” 单击“应用”按钮	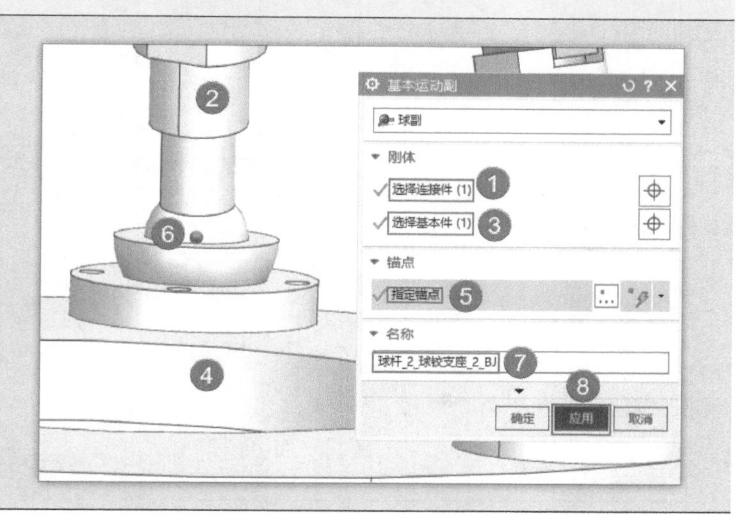

（续）

操作说明	效果图
第 8 步 选择运动副为“球副” “选择连接件”选择“球杆 _3” “选择基本件”选择“球铰支座 _2” “指定锚点”选择右图 ❻ 的位置 将球副名称修改为“球杆 _3_球铰支座 _2_BJ” 单击“应用”按钮	
第 9 步 选择运动副为“球副” “选择连接件”选择“球铰支座 _1” “选择基本件”选择“气缸 _1” “指定锚点”选择右图 ❻ 的位置 将球副名称修改为“球铰支座 _1_ 气缸 _1_BJ” 单击“应用”按钮	
第 10 步 选择运动副为“球副” “选择连接件”选择“球铰支座 _1” “选择基本件”选择“气缸 _2” “指定锚点”选择右图 ❻ 的位置 将球副名称修改为“球铰支座 _1_ 气缸 _2_BJ” 单击“应用”按钮	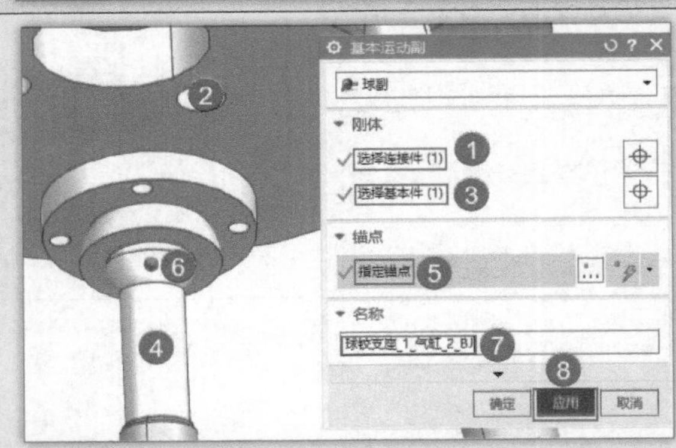
第 11 步 选择运动副为“球副” “选择连接件”选择“球铰支座 _1” “选择基本件”选择“气缸 _3” “指定锚点”选择中心点右图 ❻ 的位置 将球副名称修改为“球铰支座 _1_ 气缸 _3_BJ” 单击“应用”按钮	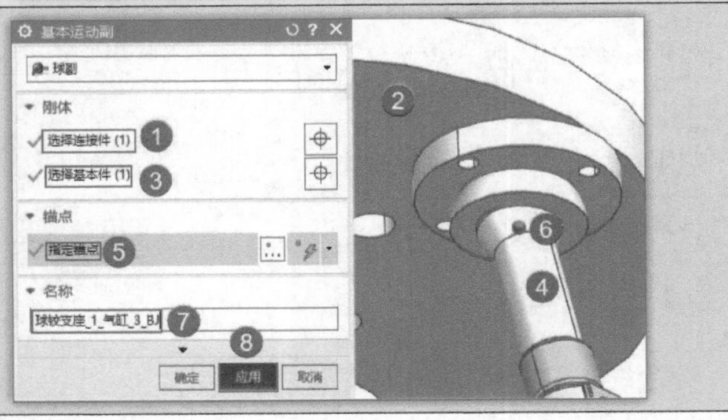

（续）

操作说明	效果图
第 12 步 选择运动副为“平面副” “选择连接件”选择“球杆_1” “指定轴矢量”选择 X 轴的负方向 将平面副名称修改为“球杆_1_PJ” 单击“确定”按钮	
第 13 步 选择运动副为“平面副” “选择连接件”选择“球杆_2” “指定轴矢量”选择 Y 轴的正方向 将平面副名称修改为“球杆_2_PJ” 单击“确定”按钮	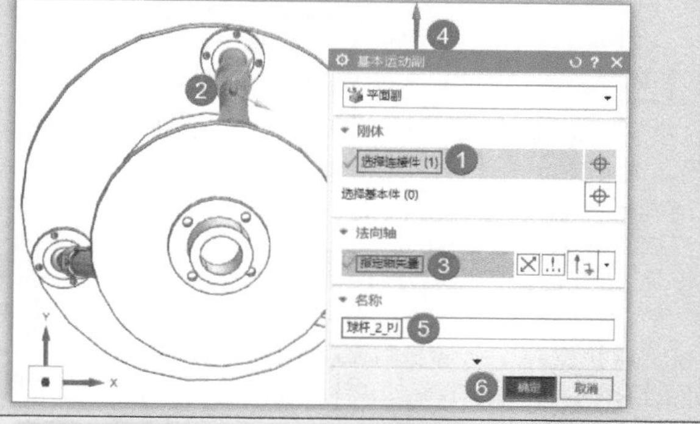
第 14 步 选择运动副为“平面副” “选择连接件”选择“球杆_3” “指定轴矢量”选择 Y 轴的负方向 将平面副名称修改为“球杆_3_PJ” 单击“确定”按钮	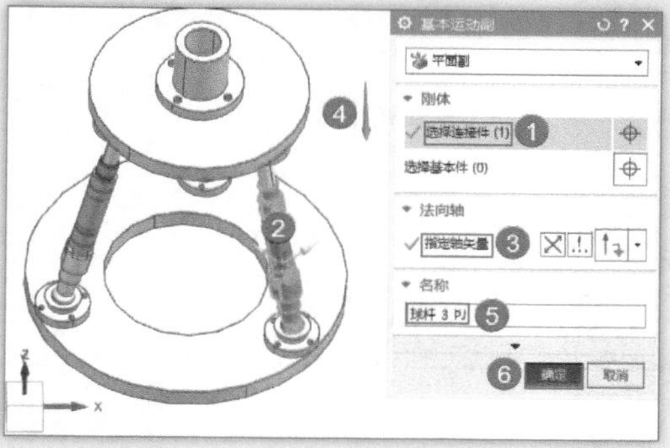
第 15 步 基本机电对象与运动副创建完成后如右图所示	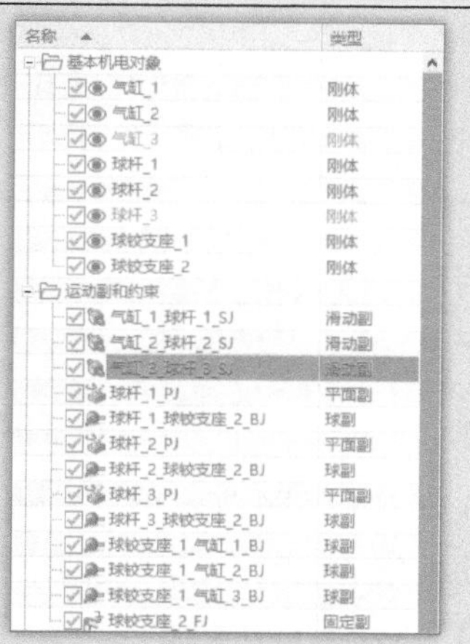

（三）仿真运行

仿真运行的操作步骤见表 2-5。

表 2-5 仿真运行的操作步骤

操作说明	效果图
第 1 步 选择“主页”选项卡→“仿真”栏→“播放”按钮	播放 停止
第 2 步 长按拖动“球铰支座 _1” 当沿 Z 轴正方向拖动时，气缸里的伸缩杆伸出，根据拖动角度的不同，球副转动的角度与伸缩杆伸出的长度不同，姿态也不相同 连接“球铰支座 _2”的球副被平面副固定，无法下落	
第 3 步 选择“主页”选项卡→“仿真”栏→“停止”按钮，结束仿真运行	播放 停止

任务 3　MCD 齿轮仿真

一、任务描述

本任务主要介绍 NX 1984 软件的耦合副，要求读者掌握齿轮副与齿轮齿条的创建方法，分别定义齿轮与齿轮齿条的运动方式，使两个相互啮合的齿轮转动；使齿轮与齿条相啮合，将转动变为移动。如图 2-34、图 2-35 所示。

图2-34　齿轮副

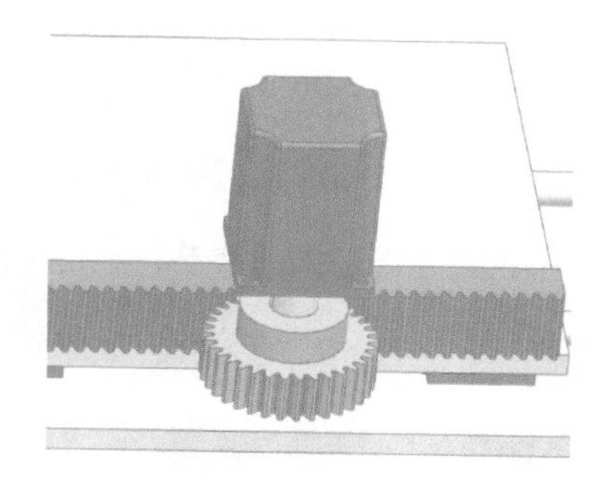
图2-35　齿轮齿条

二、任务目标

技能目标：

1. 了解齿轮副和齿轮齿条的概念。
2. 理解齿轮副和齿轮齿条各参数的含义。
3. 掌握运用齿轮副和齿轮齿条的方法。

素养目标：

1. 学生需加强沟通与交流，形成和谐的人际关系，有利于事物发展前行。
2. 学生要熟悉实际的电气设备，充分了解安全防护知识，以免在实操中发生误操作或者发生事故。

三、知识储备

（一）齿轮副

1. 概念

齿轮副（Gear）是指两个相啮合的齿轮组件组成的基本机构，它能够传递运动和动力。

2. 参数

（1）轴运动副

1）选择主对象：选择一个旋转关节（轴运动副）作为主关节。

2）选择从对象：选择一个旋转关节（轴运动副）作为从属关节。从对象的运动副类型必须与主对象一致，如图 2-36 所示。

（2）约束　定义主动齿轮与从动齿轮之间的传输比，包括主倍数和从倍数。

滑动：齿轮副允许轻微的滑动，如带传动，如图 2-37 所示。

（3）名称　定义齿轮副的名称，如图 2-38 所示。

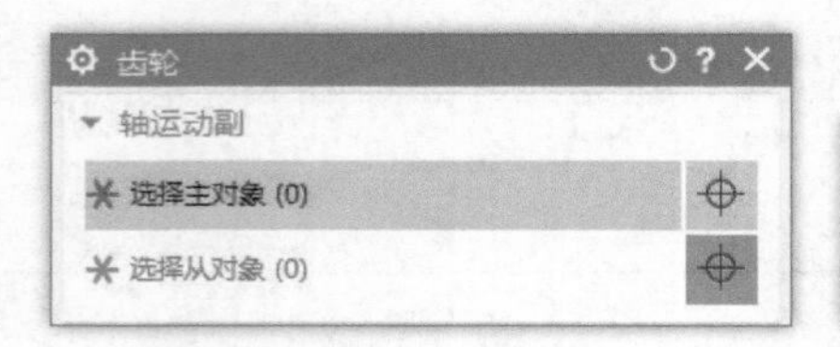

图2-36　轴运动副

图2-37　约束

图2-38　名称

3. 创建

（1）方法 1　选择“机电导航器”→右击“耦合副”→“新建”→“齿轮”命令，如图 2-39 所示。

（2）方法 2　选择“菜单”→“插入”→“耦合副”→“齿轮”命令，如图 2-40 所示。

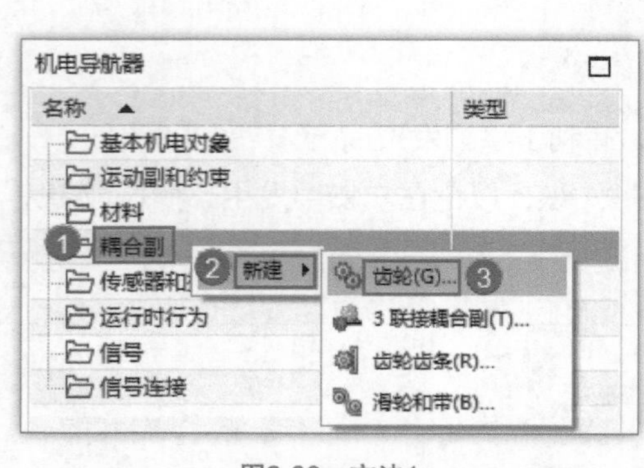

图2-39　方法1

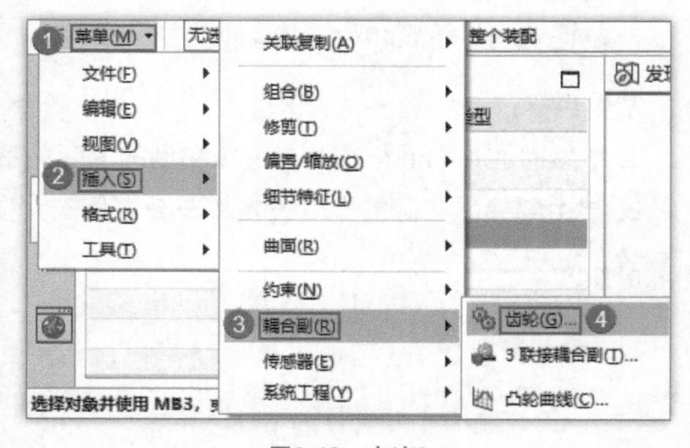

图2-40　方法2

（3）方法 3　选择“主页”选项卡→“机械”栏→“齿轮”命令，如图 2-41 所示。

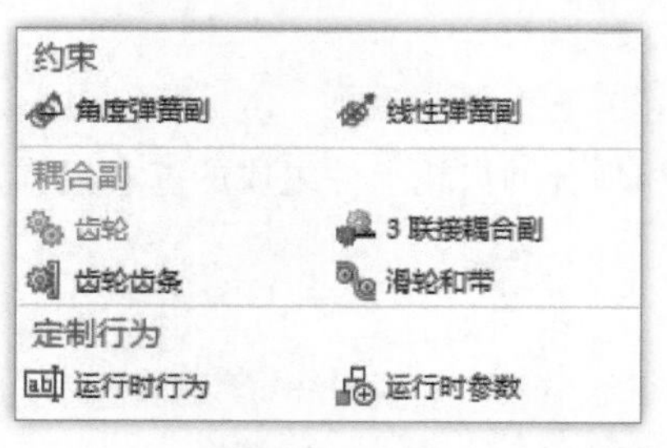

图2-41　方法3

（二）齿轮齿条

1. 概念

齿轮齿条传动通过拼接几乎可以得到任意长度的行程。

2. 参数

（1）运动副、传送带

1）选择主对象：选择轴或传输曲面作为主轴。

2）选择从对象：选择一个轴作为从轴，如图 2-42 所示。

（2）设置

1）接触点：指定齿条和齿轮之间的接触点。

2）半径：指定齿轮的半径。

3）滑动：添加松弛以补偿物理公差，如图 2-43 所示。

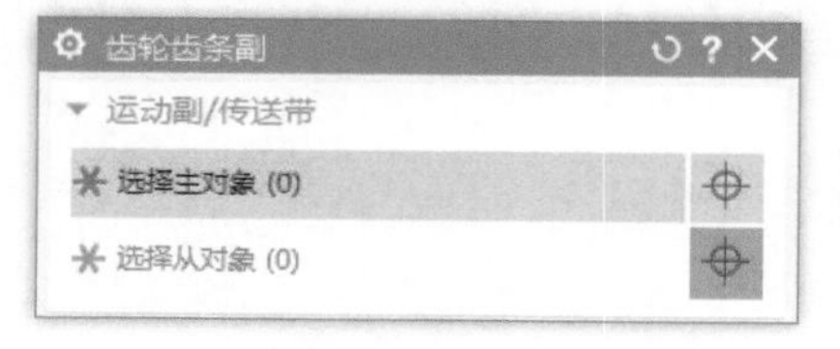

图2-42 刚体

图2-43 设置

图2-44 名称

（3）名称 定义齿轮齿条的名称，如图 2-44 所示。

3. 创建

（1）方法 1 选择“机电导航器”→右击“耦合副”→“新建”→“齿轮齿条”命令，如图 2-45 所示。

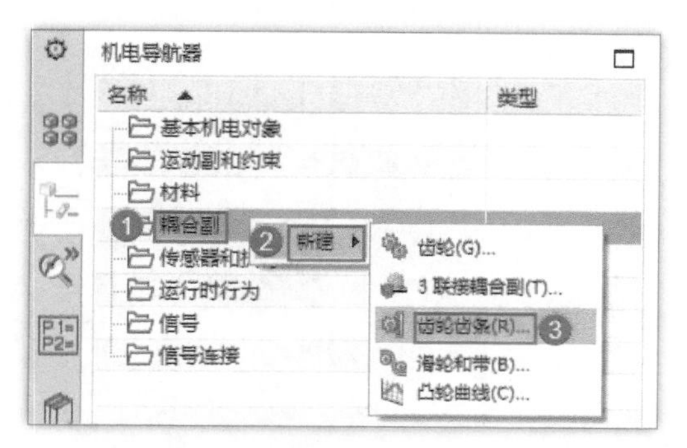

图2-45 方法1

（2）方法 2 选择“菜单”→“插入”→“耦合副”→“齿轮齿条”命令，如图 2-46 所示。

（3）方法 3　选择“主页”选项卡→“机械”栏→“齿轮齿条”命令，如图 2-47 所示。

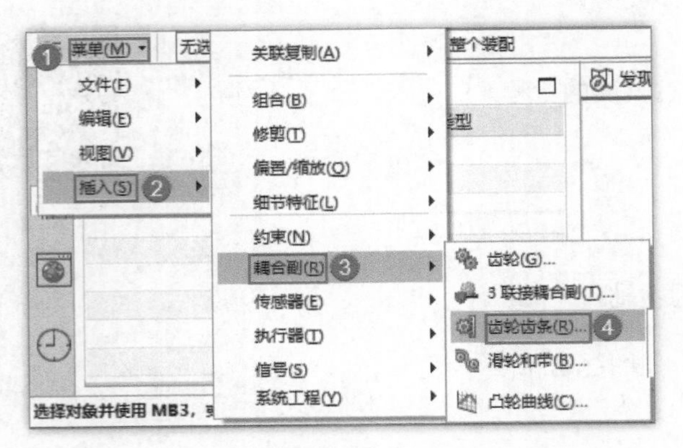

图2-46　方法2

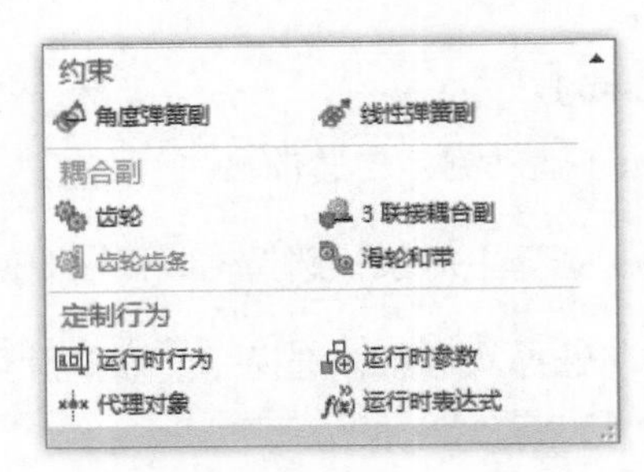

图2-47　方法3

四、任务实施

（一）齿轮副的定义方法

齿轮副的定义方法见表 2-6。

表 2-6　齿轮副的定义方法

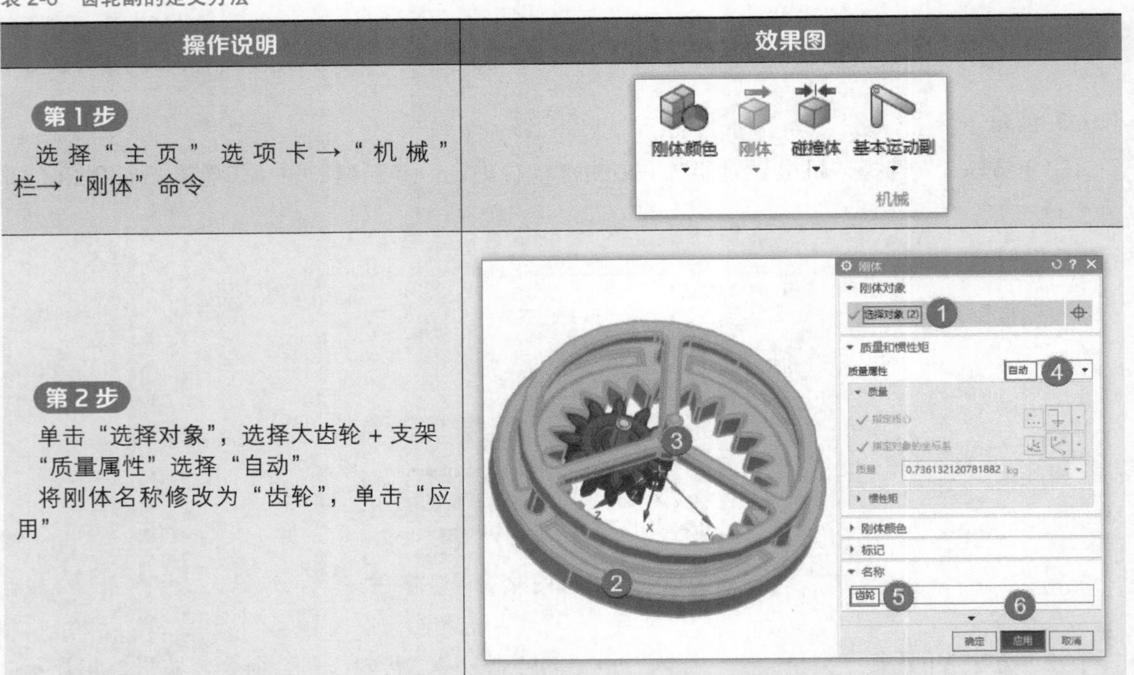

操作说明	效果图
第 1 步 选择“主页”选项卡→“机械”栏→“刚体”命令	刚体颜色　刚体　碰撞体　基本运动副 机械
第 2 步 单击“选择对象”，选择大齿轮 + 支架 “质量属性”选择“自动” 将刚体名称修改为“齿轮”，单击“应用”	刚体 刚体对象 选择对象 (2) 质量和惯性矩 质量属性　自动 质量　0.736132120781882 kg 惯性矩 刚体颜色 标记 名称 齿轮 确定　应用　取消

（续）

操作说明	效果图
第3步 单击“选择对象”，选择右图中的小齿轮 “质量属性”选择“自动” 将刚体名称修改为“主齿轮”，单击“确定”按钮	
第4步 基本机电对象刚体创建完成后如右图所示	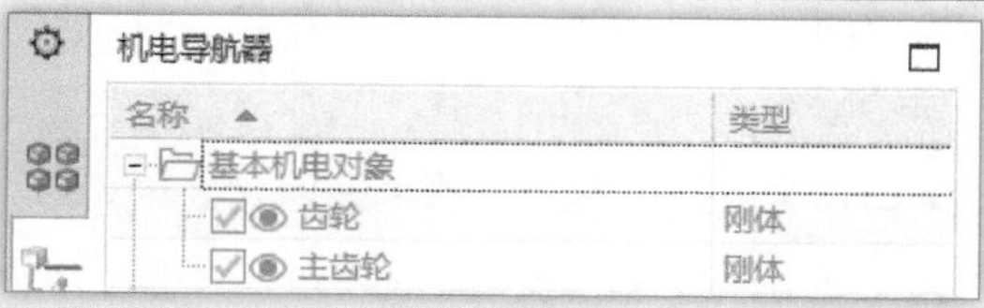
第5步 选择“主页”选项卡→“机械”栏”→“基本运动副”命令	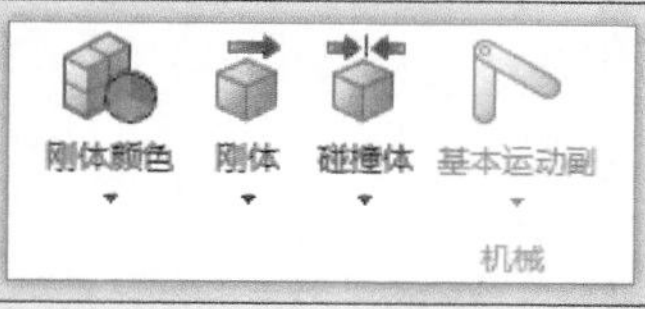
第6步 选择运动副为“铰链副” “选择连接件”选择“齿轮” “指定轴矢量”选择右图中齿轮的中心位置 将铰链副名称修改为“齿轮_HJ” 单击“应用”按钮	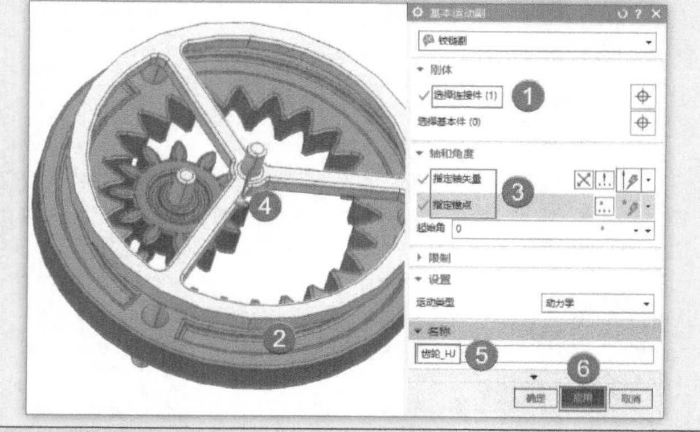
第7步 选择运动副为“铰链副” “选择连接件”选择“主齿轮” “指定轴矢量”选择右图中主齿轮的中心位置 将铰链副名称修改为“主齿轮_HJ” 单击“确定”按钮	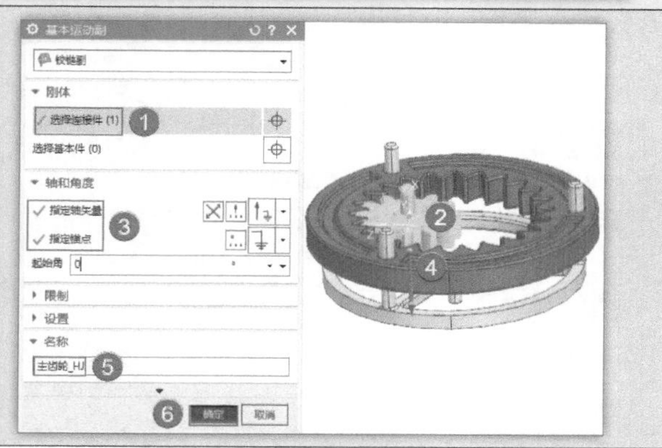

（续）

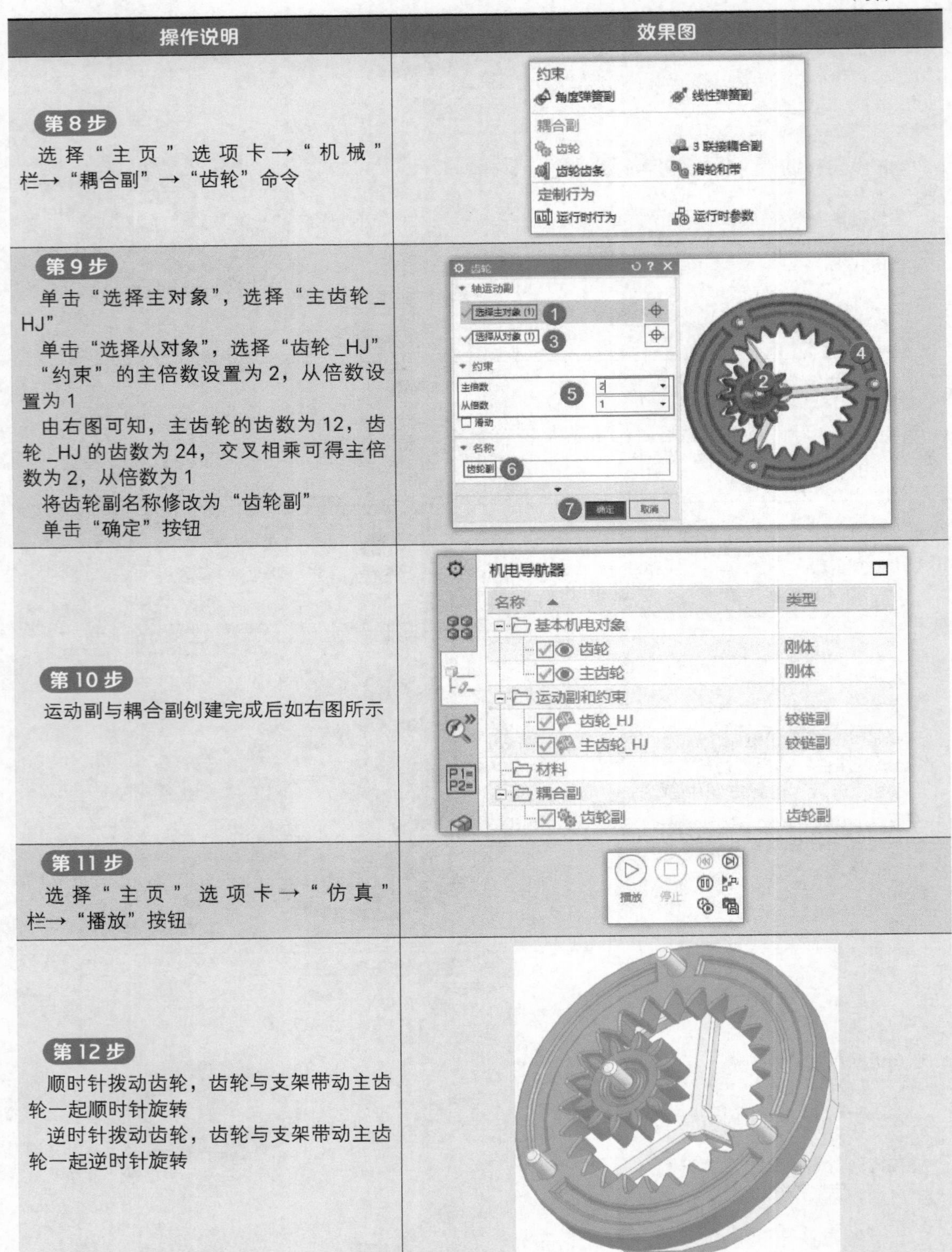

操作说明	效果图
第 8 步 选择“主页”选项卡→“机械”栏→“耦合副”→“齿轮”命令	
第 9 步 单击“选择主对象”，选择“主齿轮_HJ” 单击“选择从对象”，选择“齿轮_HJ” “约束”的主倍数设置为 2，从倍数设置为 1 由右图可知，主齿轮的齿数为 12，齿轮_HJ 的齿数为 24，交叉相乘可得主倍数为 2，从倍数为 1 将齿轮副名称修改为“齿轮副” 单击“确定”按钮	
第 10 步 运动副与耦合副创建完成后如右图所示	
第 11 步 选择“主页”选项卡→“仿真”栏→“播放”按钮	
第 12 步 顺时针拨动齿轮，齿轮与支架带动主齿轮一起顺时针旋转 逆时针拨动齿轮，齿轮与支架带动主齿轮一起逆时针旋转	

（续）

操作说明	效果图
第 13 步 选择“主页”选项卡→“仿真”栏→“停止”按钮，结束仿真运行	播放 停止

（二）齿轮齿条的定义方法

齿轮齿条的定义方法见表 2-7。

表 2-7　齿轮齿条的定义方法

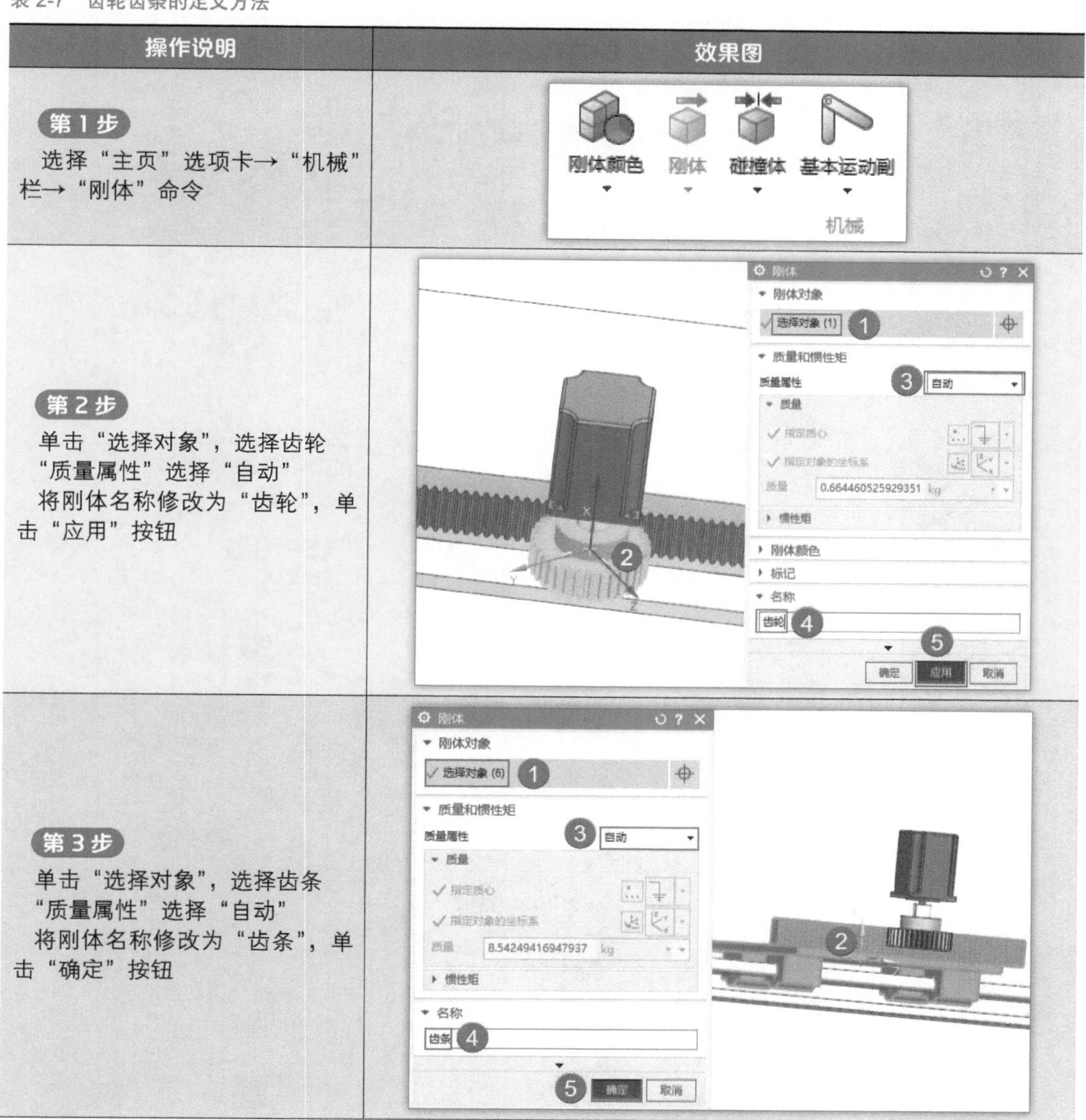

操作说明	效果图
第 1 步 选择“主页”选项卡→“机械”栏→“刚体”命令	刚体颜色 刚体 碰撞体 基本运动副 机械
第 2 步 单击“选择对象”，选择齿轮 “质量属性”选择“自动” 将刚体名称修改为“齿轮”，单击“应用”按钮	刚体 刚体对象 选择对象 (1) 质量和惯性矩 质量属性 自动 质量 指定质心 指定对象的坐标系 质量 0.664460525929351 kg 惯性矩 刚体颜色 标记 名称 齿轮 确定 应用 取消
第 3 步 单击“选择对象”，选择齿条 “质量属性”选择“自动” 将刚体名称修改为“齿条”，单击“确定”按钮	刚体 刚体对象 选择对象 (6) 质量和惯性矩 质量属性 自动 质量 指定质心 指定对象的坐标系 质量 8.54249416947937 kg 惯性矩 名称 齿条 确定 取消

（续）

操作说明	效果图
第 4 步 基本机电对象刚体创建完成后如右图所示	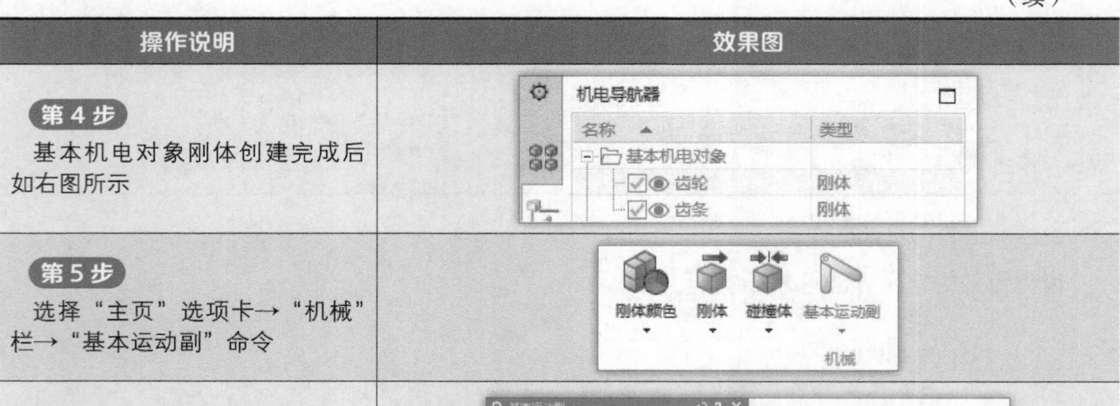
第 5 步 选择“主页”选项卡→“机械”栏→“基本运动副”命令	
第 6 步 选择运动副为“滑动副” “选择连接件”选择“齿条” “指定轴矢量”选择 X 轴的正方向 将滑动副名称修改为“齿条_SJ” 单击“确定”按钮	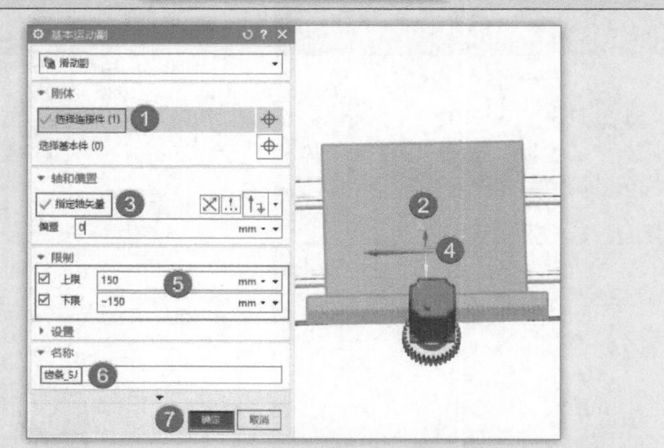
第 7 步 选择运动副为“铰链副” “选择连接件”选择“齿轮” “指定锚点”选择右图中主齿轮的中心位置 “指定轴矢量”选择 Z 轴正方向 将铰链副名称修改为“齿轮_HJ” 单击“确定”按钮	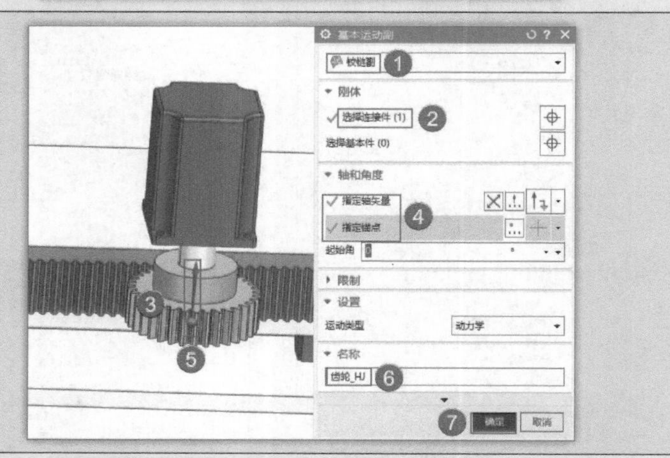
第 8 步 基本机电对象与运动副创建完成后如右图所示	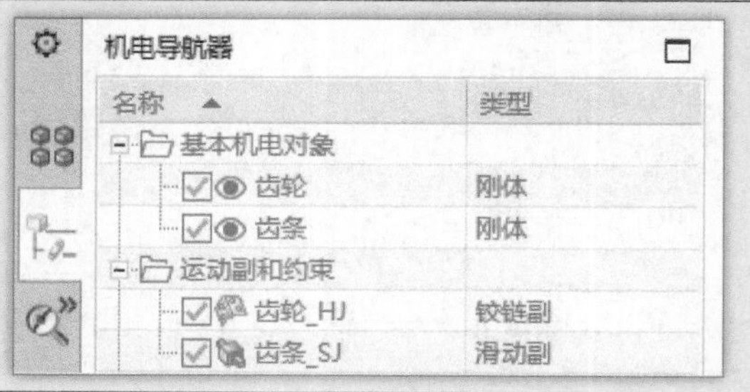

（续）

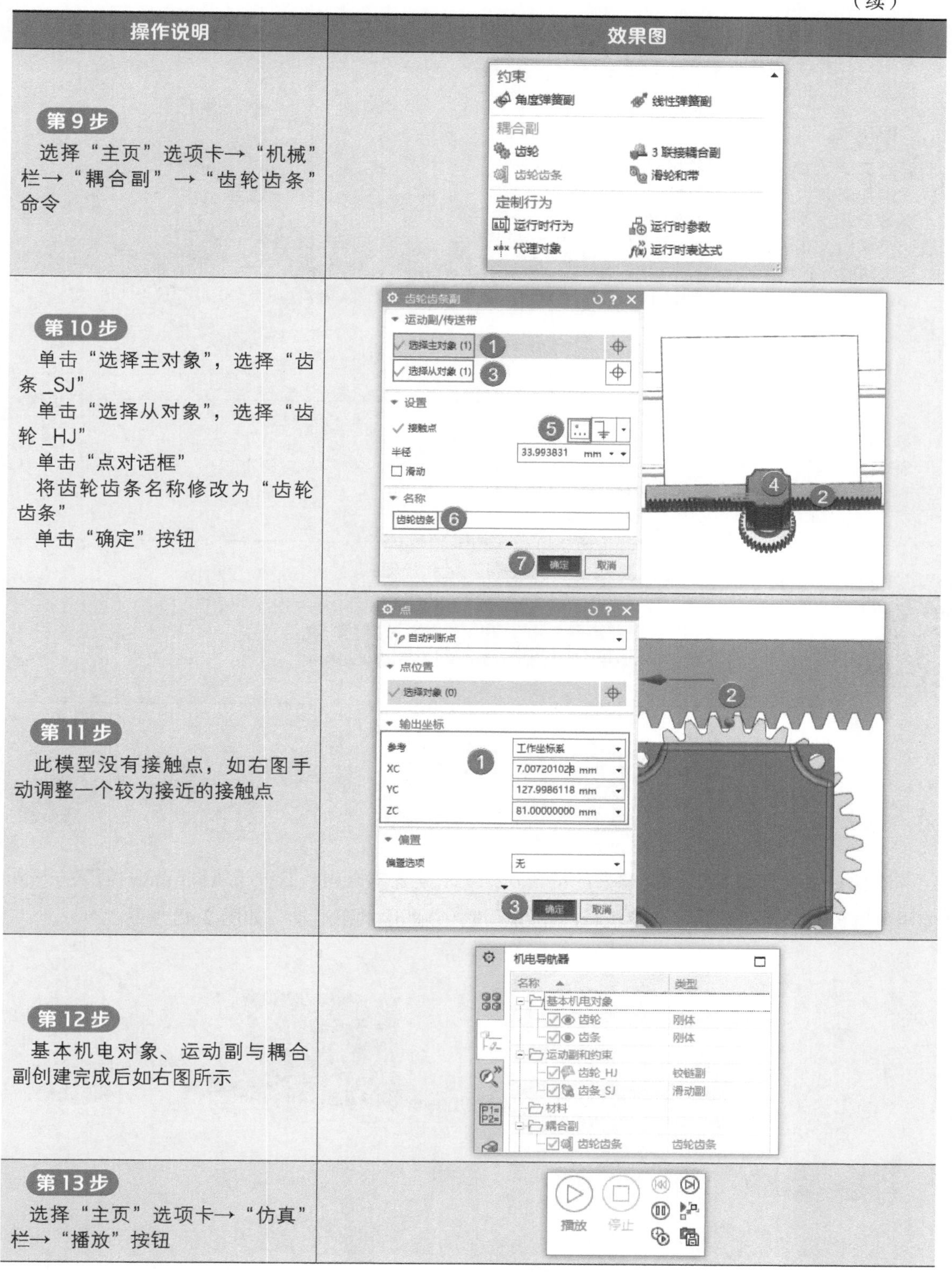

操作说明	效果图
第 9 步 选择“主页”选项卡→“机械”栏→“耦合副”→“齿轮齿条”命令	
第 10 步 单击“选择主对象”，选择“齿条_SJ” 单击“选择从对象”，选择“齿轮_HJ” 单击“点对话框” 将齿轮齿条名称修改为“齿轮齿条” 单击“确定”按钮	
第 11 步 此模型没有接触点，如右图手动调整一个较为接近的接触点	
第 12 步 基本机电对象、运动副与耦合副创建完成后如右图所示	
第 13 步 选择“主页”选项卡→“仿真”栏→“播放”按钮	

（续）

操作说明	效果图
第 14 步 绕着 Z 轴方向，顺时针拨动齿轮，齿条向 X 轴的负方向滑动 绕着 Z 轴方向，逆时针拨动齿轮，齿条向 X 轴的正方向滑动 当滑动的值到达 150mm（或 -150mm）时，齿条到达限位，向另一边滑动	
第 15 步 选择“主页”选项卡→“仿真”栏→“停止”按钮，结束仿真运行	

任务 4　MCD 凸轮仿真

一、任务描述

本任务主要介绍 NX 1984 软件的耦合副，要求读者掌握运动曲线与机械凸轮的创建方法及使用位置控制定义运动曲线，使机械凸轮在速度控制的限制下运动，如图 2-48 所示。

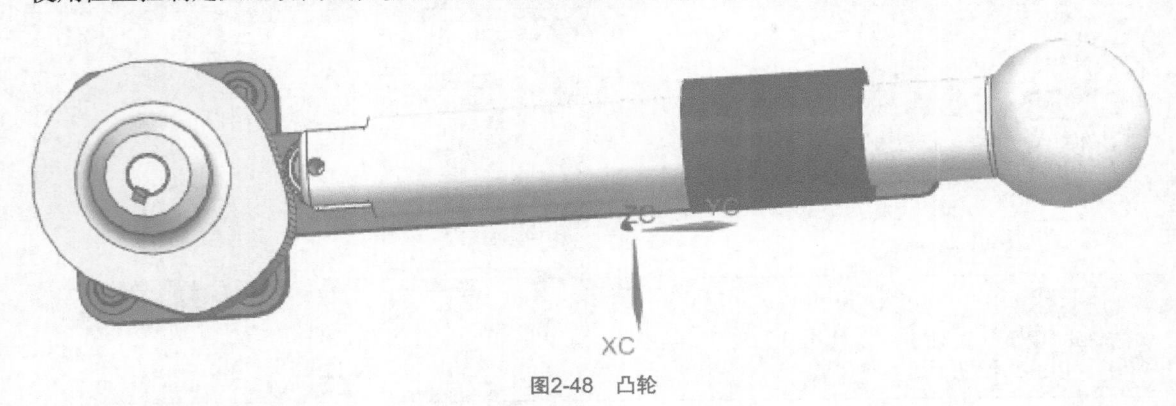

图2-48　凸轮

二、任务目标

技能目标：

1. 了解运动曲线与机械凸轮的概念。
2. 理解运动曲线与机械凸轮各参数的含义。
3. 掌握运用运动曲线与机械凸轮的方法。

素养目标：

1. 养成新时代爱国主义精神及使命担当意识。
2. 坚定四个自信，坚定矢志奋斗的理想信念。

三、知识储备

（一）运动曲线

1. 概念

运动曲线（Motion Profiler）是指用于凸轮约束的曲线。

2. 参数

（1）轴

1）主轴：主轴的类型有线性、旋转和时间，可设置主轴的最大值和最小值。

2）从轴：从轴的类型有线性位置、旋转位置、线性速度和旋转速度，可设置从轴的最大值和最小值，如图 2-49 所示。

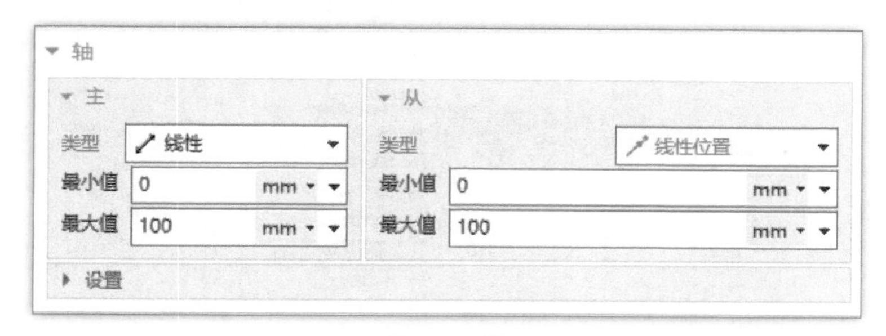

图2-49　轴

（2）运动曲线

1）图形视图：利用鼠标右键添加点、定义点的连续性，从而画出运动曲线。

2）表格视图：显示组成曲线的所有点的参数，如图 2-50 所示。

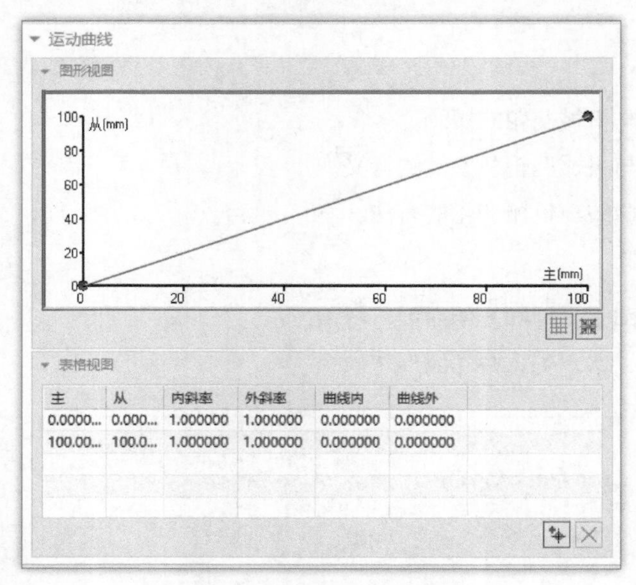

图2-50　运动曲线

（3）名称　定义运动曲线的名称，如图 2-51 所示。

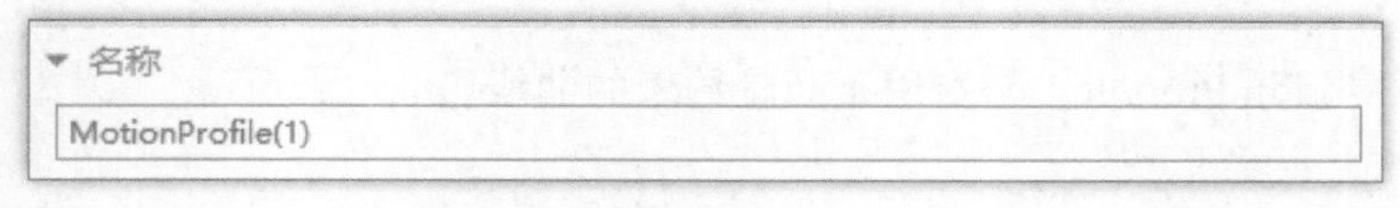

图2-51　名称

3. 创建

（1）方法 1　选择“机电导航器”→右击“耦合副”→“新建”→“运动曲线”命令，如图 2-52 所示。

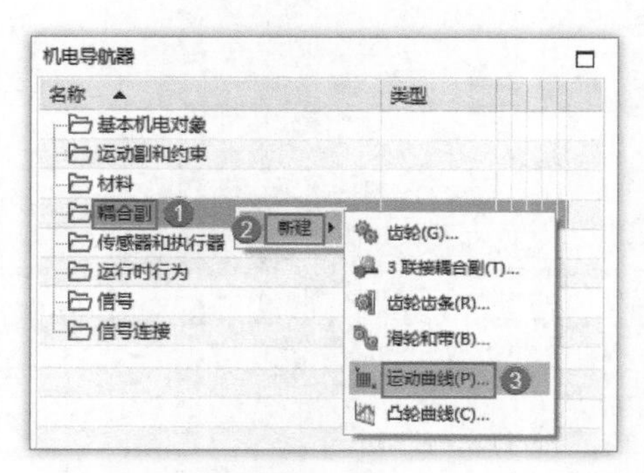

图2-52　方法1

（2）方法 2　选择“菜单”→“插入”→“耦合副”→“运动曲线”命令，如图 2-53 所示。

（3）方法 3　选择“主页”选项卡→“自动”栏→“运动曲线”命令，如图 2-54 所示。

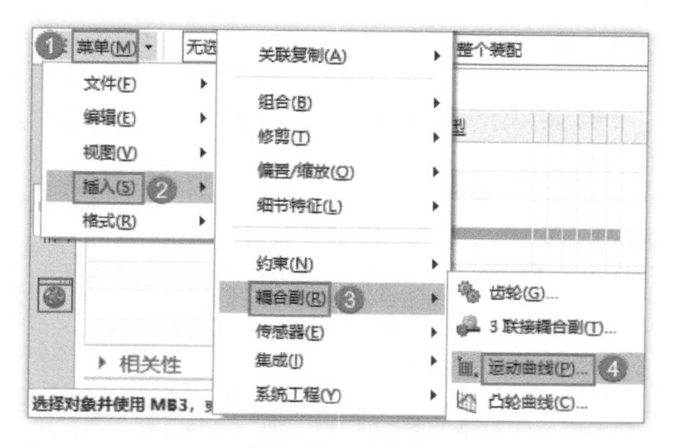

图2-53　方法2

图2-54　方法3

（二）机械凸轮

1. 概念

机械凸轮（Mechanical Cam）可使两个运动副按照定义好的耦合曲线运动。

2. 参数

（1）轴运动副

1）选择主对象：选择一个轴运动副。

2）选择从对象：选择一个轴运动副，如图 2-55 所示。

（2）运动曲线

1）曲线：选择定义好的运动曲线。

2）新运动曲线：新创建运动曲线，如图 2-56 所示。

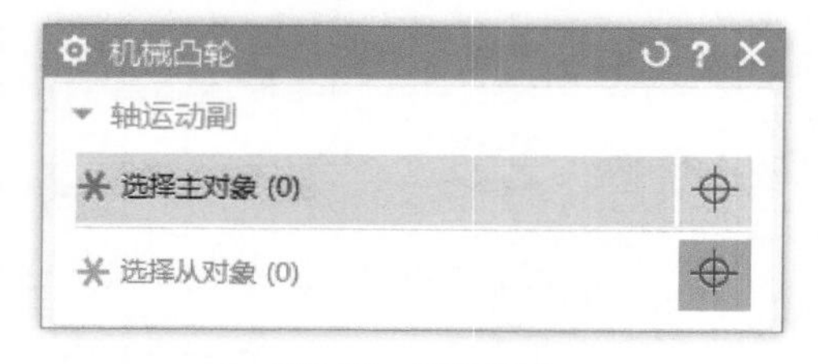

图2-55　轴运动副

图2-56　运动曲线

（3）设置

1）主偏置：设置在运动曲线上主轴偏置的距离。

2）从偏置：设置在运动曲线上从轴偏置的距离。

3）主比例因子：主轴运动的比例系数。

4）从比例因子：从轴运动的比例系数。

5）滑动：凸轮副允许轻微的滑动，如图 2-57 所示。

（4）凸轮圆盘　根据曲线创建凸轮圆盘：根据曲线的数据来创建凸轮圆盘，如图 2-58 所示。

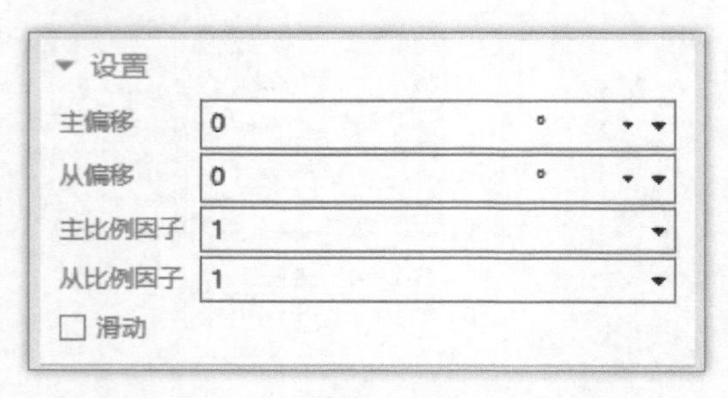

图2-57　设置

图2-58　凸轮圆盘

（5）名称　定义机械凸轮的名称，如图 2-59 所示。

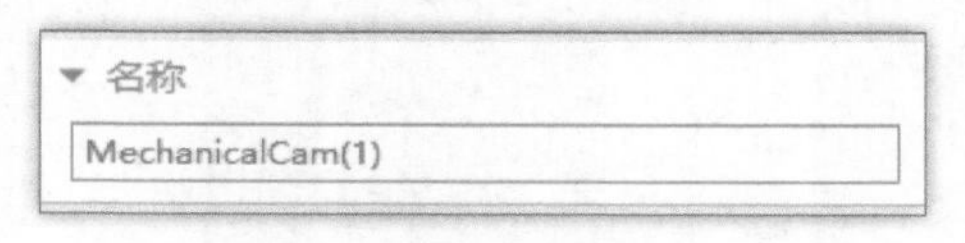

图2-59　名称

3. 创建

（1）方法 1　选择"机电导航器"→右击"耦合副"→"新建"→"机械凸轮"命令，如图 2-60 所示。

（2）方法 2　选择"菜单"→"插入"→"耦合副"→"机械凸轮"命令，如图 2-61 所示。

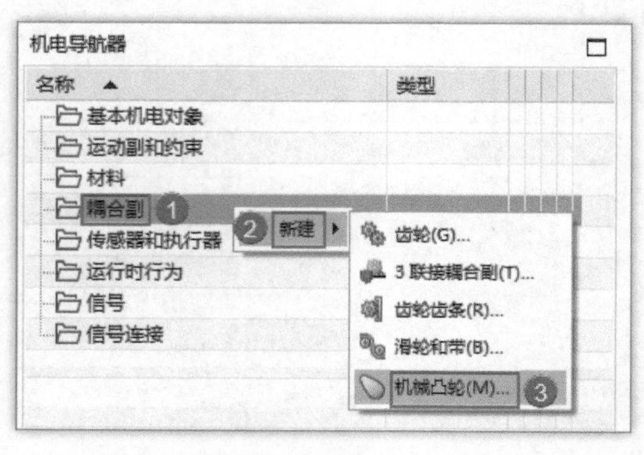

图2-60　方法1

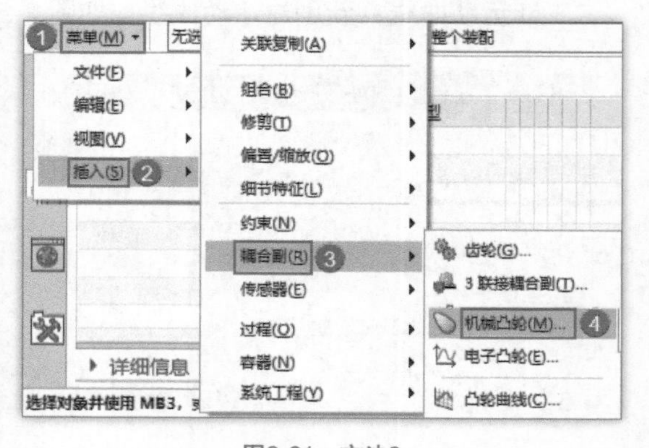

图2-61　方法2

（3）方法 3　选择"主页"选项卡→"机械"栏→"机械凸轮"命令，如图 2-62 所示。

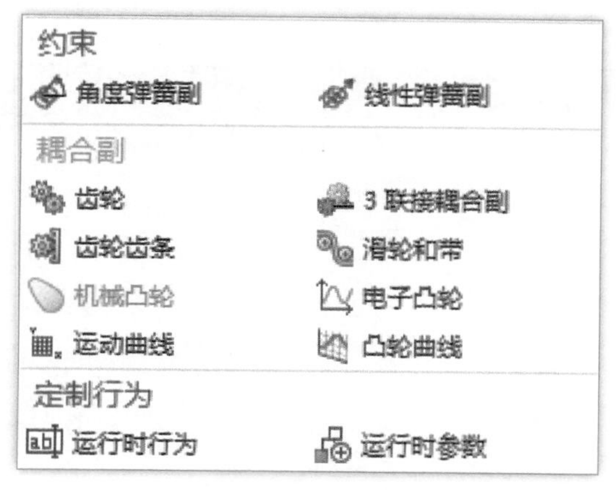

图2-62　方法3

四、任务实施

（一）基本机电对象的定义方法

基本机电对象的定义方法见表 2-8。

表 2-8　基本机电对象的定义方法

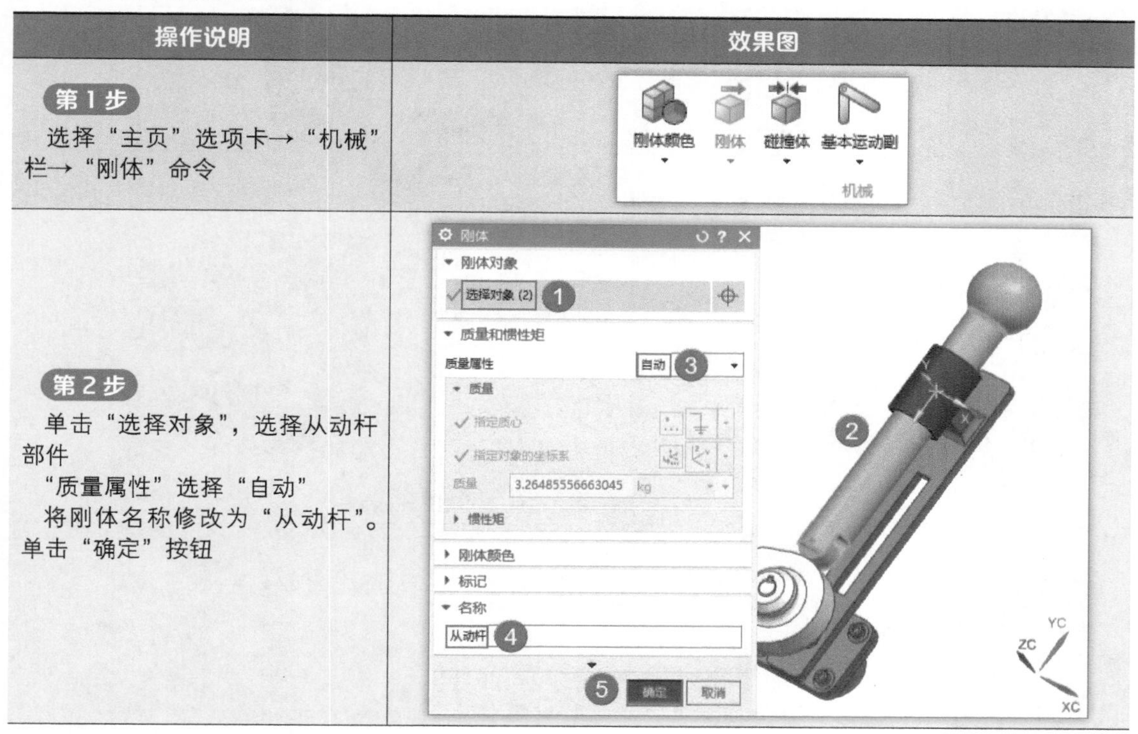

操作说明	效果图
第 1 步 选择“主页”选项卡→“机械”栏→“刚体”命令	刚体颜色 刚体 碰撞体 基本运动副 机械
第 2 步 单击“选择对象”，选择从动杆部件 “质量属性”选择“自动” 将刚体名称修改为“从动杆”。单击“确定”按钮	刚体 刚体对象 选择对象 (2) 1 质量和惯性矩 质量属性 自动 3 质量 指定质心 指定对象的坐标系 质量 3.26485556663045 kg 惯性矩 刚体颜色 标记 名称 从动杆 4 5 确定 取消 2 YC ZC XC

（续）

操作说明	效果图
第 3 步 单击“选择对象”，选择凸轮。 “质量属性”选择“自动” 将刚体名称修改为“凸轮”。单击“确定”按钮	
第 4 步 选择“主页”选项卡→“机械”栏→“碰撞体”命令	
第 5 步 单击“选择对象”，选择从动杆表面 “碰撞形状”与“形状属性”分别设置为“圆柱”与“自动” 碰撞体名称修改为“从动杆_表面”，单击“确定”按钮	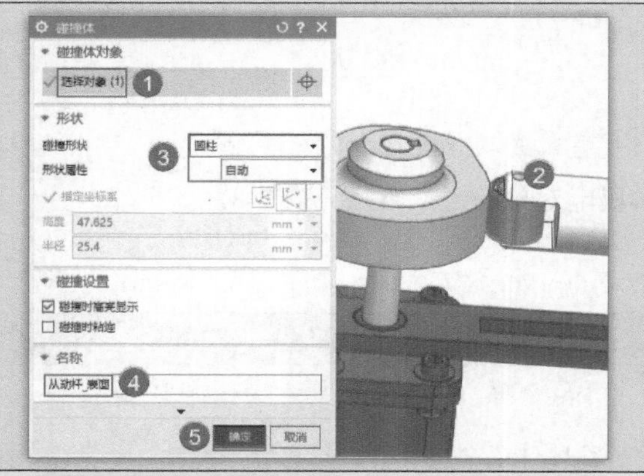
第 6 步 单击“选择对象”，选择凸轮表面 “碰撞形状”设置为“凸多面体” 碰撞体名称修改为“凸轮_表面”，单击“确定”按钮	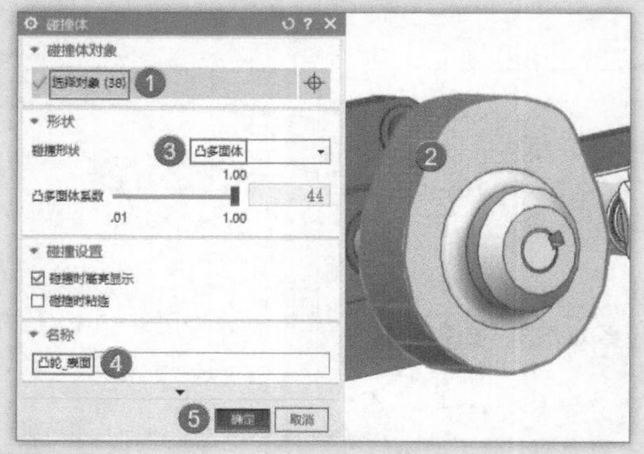
第 7 步 基本机电对象创建完成后如右图所示	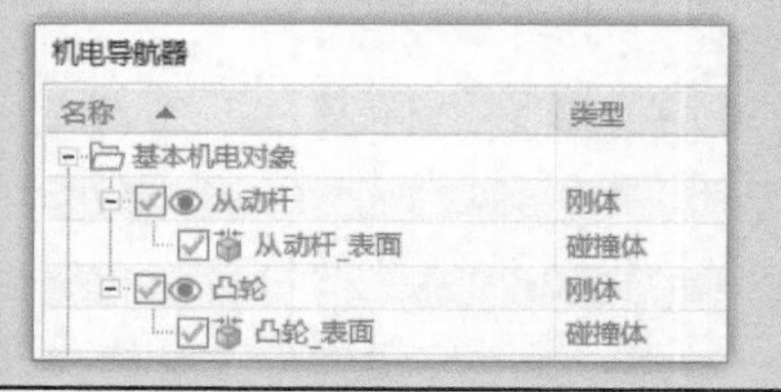

（二）运动副的定义方法

运动副的定义方法见表 2-9。

表 2-9　运动副的定义方法

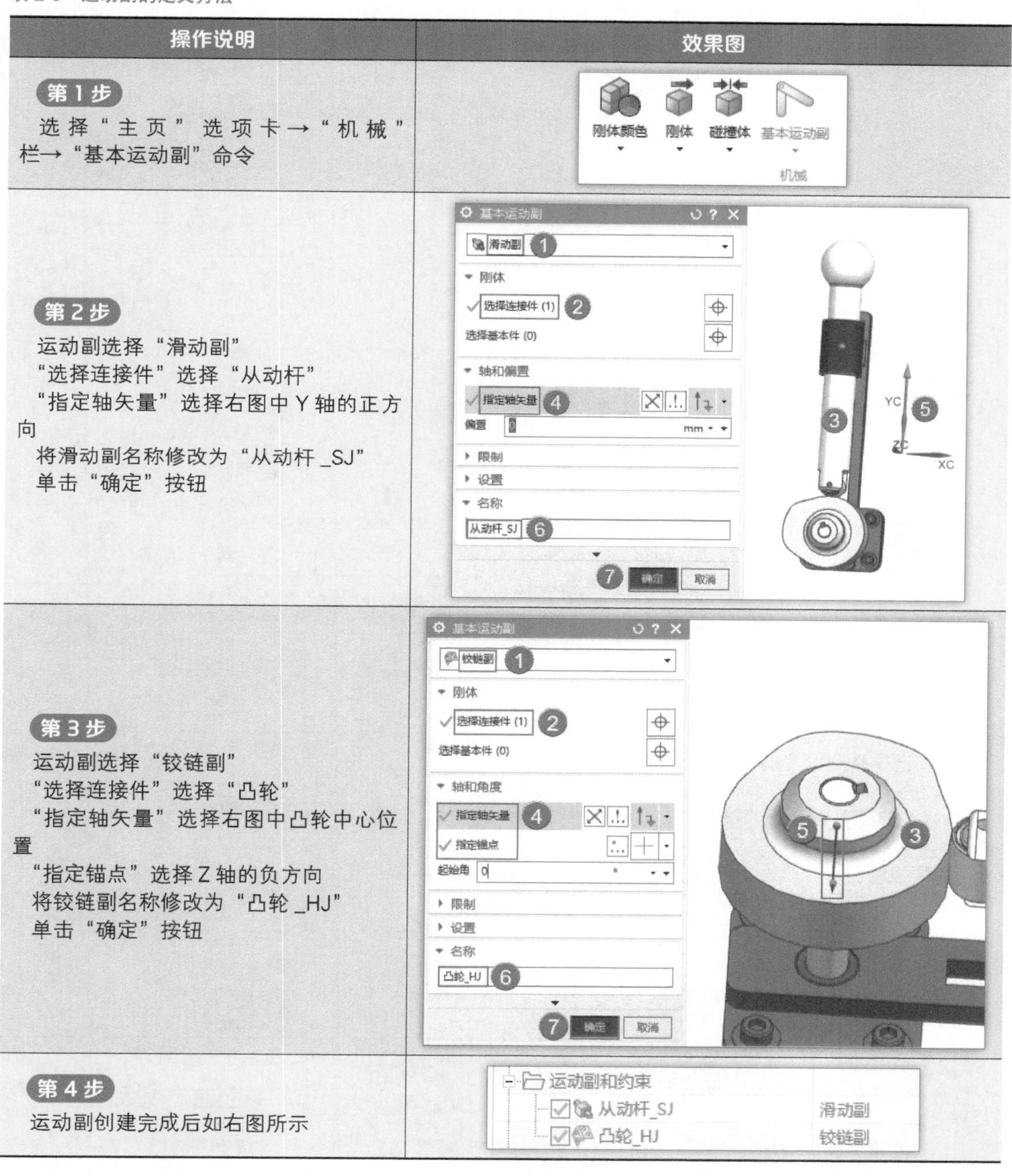

操作说明	效果图
第 1 步 选择“主页”选项卡→“机械”栏→“基本运动副”命令	
第 2 步 运动副选择“滑动副” “选择连接件”选择“从动杆” “指定轴矢量”选择右图中 Y 轴的正方向 将滑动副名称修改为“从动杆 _SJ” 单击“确定”按钮	
第 3 步 运动副选择“铰链副” “选择连接件”选择“凸轮” “指定轴矢量”选择右图中凸轮中心位置 “指定锚点”选择 Z 轴的负方向 将铰链副名称修改为“凸轮 _HJ” 单击“确定”按钮	
第 4 步 运动副创建完成后如右图所示	

（三）执行器的定义方法

执行器的定义方法见表 2-10。

表 2-10 执行器的定义方法

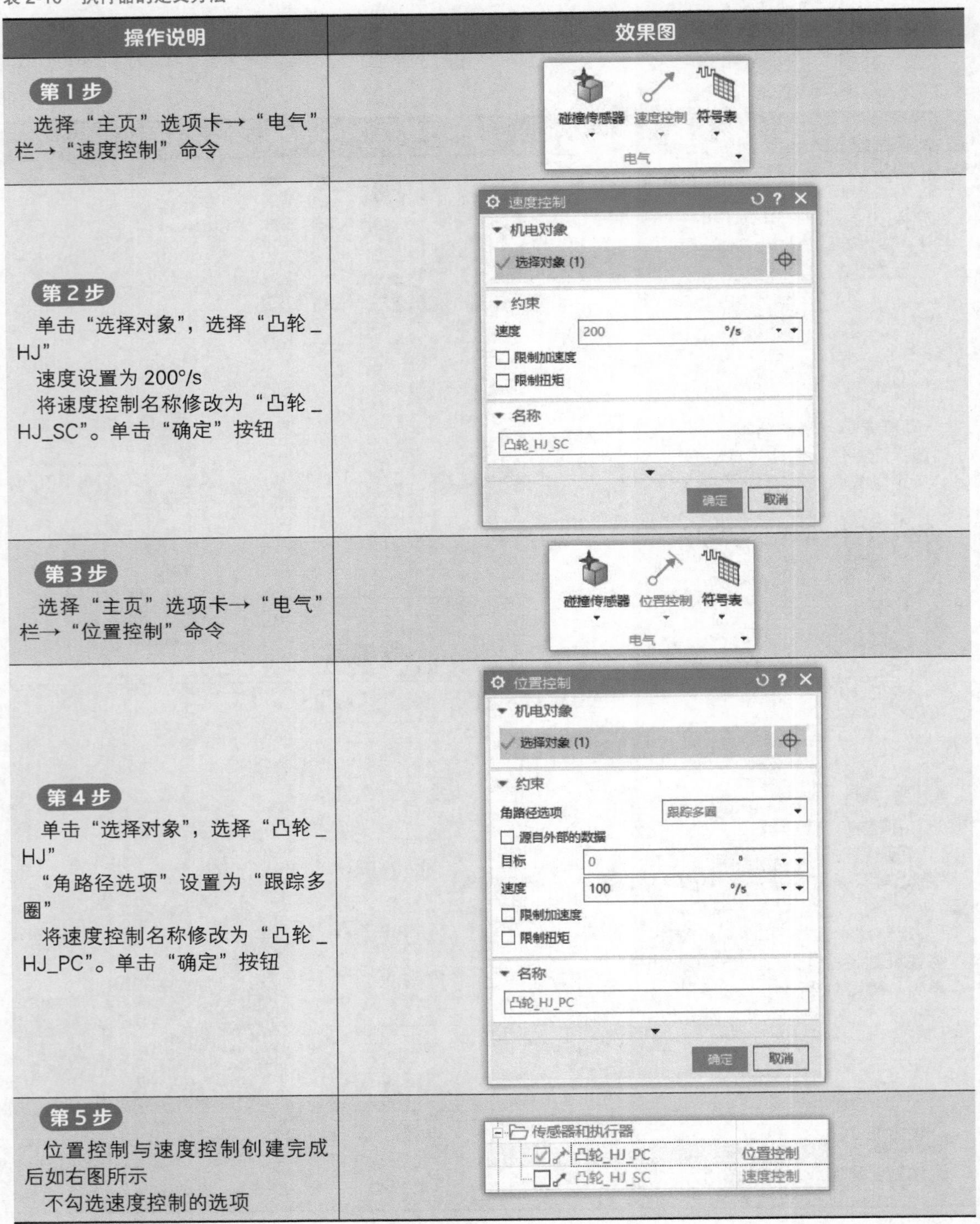

操作说明	效果图
第 1 步 选择“主页”选项卡→“电气”栏→“速度控制”命令	
第 2 步 单击“选择对象”，选择“凸轮_HJ” 速度设置为 200°/s 将速度控制名称修改为“凸轮_HJ_SC”。单击“确定”按钮	
第 3 步 选择“主页”选项卡→“电气”栏→“位置控制”命令	
第 4 步 单击“选择对象”，选择“凸轮_HJ” “角路径选项”设置为“跟踪多圈” 将速度控制名称修改为“凸轮_HJ_PC”。单击“确定”按钮	
第 5 步 位置控制与速度控制创建完成后如右图所示 不勾选速度控制的选项	

（四）运动曲线与机械凸轮的定义

运动曲线与机械凸轮的定义方法见表 2-11。

表 2-11 运动曲线与机械凸轮的定义方法

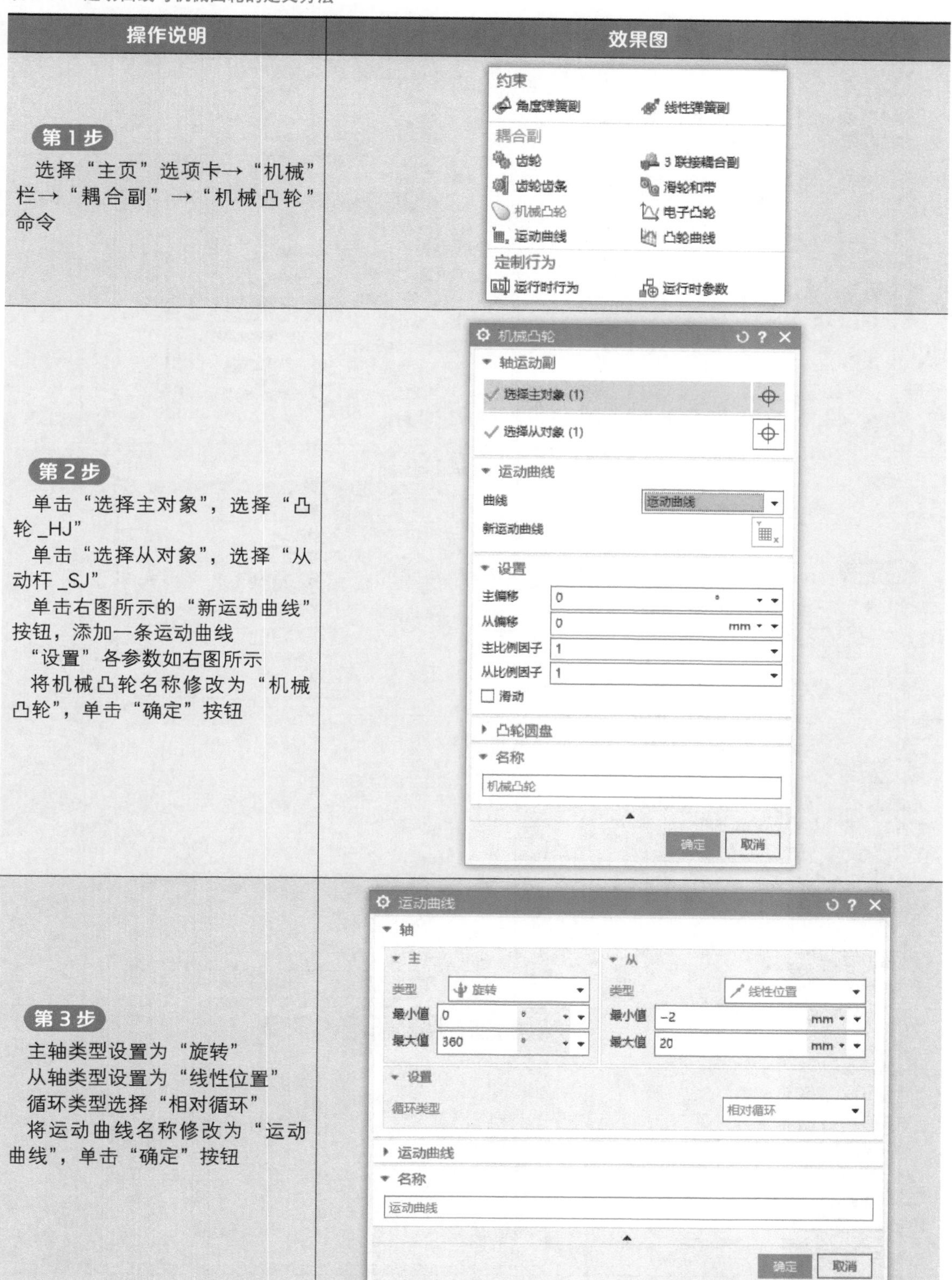

操作说明	效果图
第 1 步 选择“主页”选项卡→“机械”栏→“耦合副”→“机械凸轮”命令	约束 角度弹簧副 线性弹簧副 耦合副 齿轮 3 联接耦合副 齿轮齿条 滑轮和带 机械凸轮 电子凸轮 运动曲线 凸轮曲线 定制行为 运行时行为 运行时参数
第 2 步 单击“选择主对象”，选择“凸轮 _HJ” 单击“选择从对象”，选择“从动杆 _SJ” 单击右图所示的“新运动曲线”按钮，添加一条运动曲线 “设置”各参数如右图所示 将机械凸轮名称修改为“机械凸轮”，单击“确定”按钮	机械凸轮 轴运动副 选择主对象 (1) 选择从对象 (1) 运动曲线 曲线 运动曲线 新运动曲线 设置 主偏移 0 ° 从偏移 0 mm 主比例因子 1 从比例因子 1 滑动 凸轮圆盘 名称 机械凸轮 确定 取消
第 3 步 主轴类型设置为“旋转” 从轴类型设置为“线性位置” 循环类型选择“相对循环” 将运动曲线名称修改为“运动曲线”，单击“确定”按钮	运动曲线 轴 主 类型 旋转 最小值 0 ° 最大值 360 ° 从 类型 线性位置 最小值 -2 mm 最大值 20 mm 设置 循环类型 相对循环 运动曲线 名称 运动曲线 确定 取消

（续）

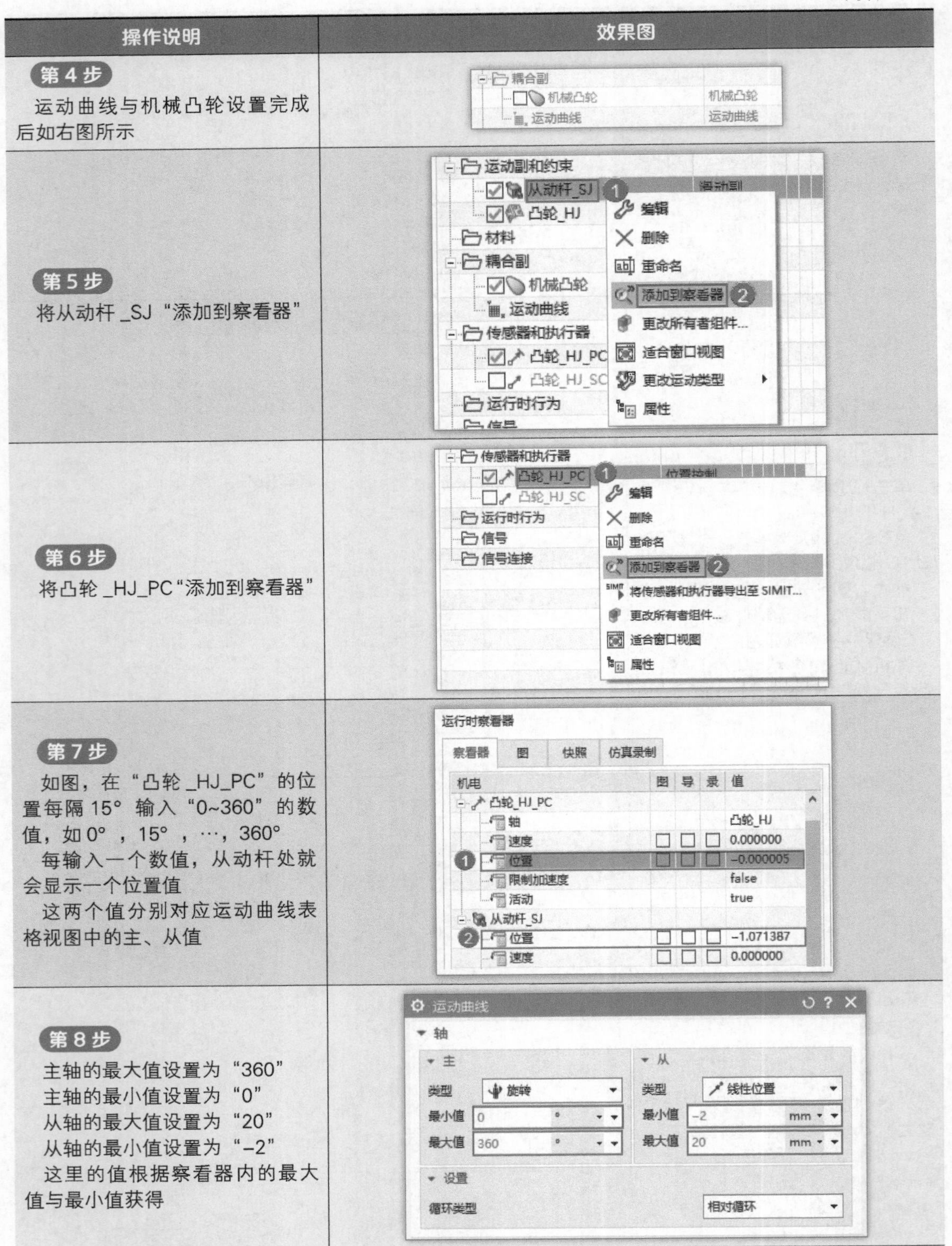

操作说明	效果图
第 4 步 运动曲线与机械凸轮设置完成后如右图所示	
第 5 步 将从动杆 _SJ “添加到察看器”	
第 6 步 将凸轮 _HJ_PC“添加到察看器”	
第 7 步 如图，在“凸轮 _HJ_PC”的位置每隔 15° 输入“0~360”的数值，如 0°，15°，…，360° 每输入一个数值，从动杆处就会显示一个位置值 这两个值分别对应运动曲线表格视图中的主、从值	
第 8 步 主轴的最大值设置为“360” 主轴的最小值设置为“0” 从轴的最大值设置为“20” 从轴的最小值设置为“-2” 这里的值根据察看器内的最大值与最小值获得	

（续）

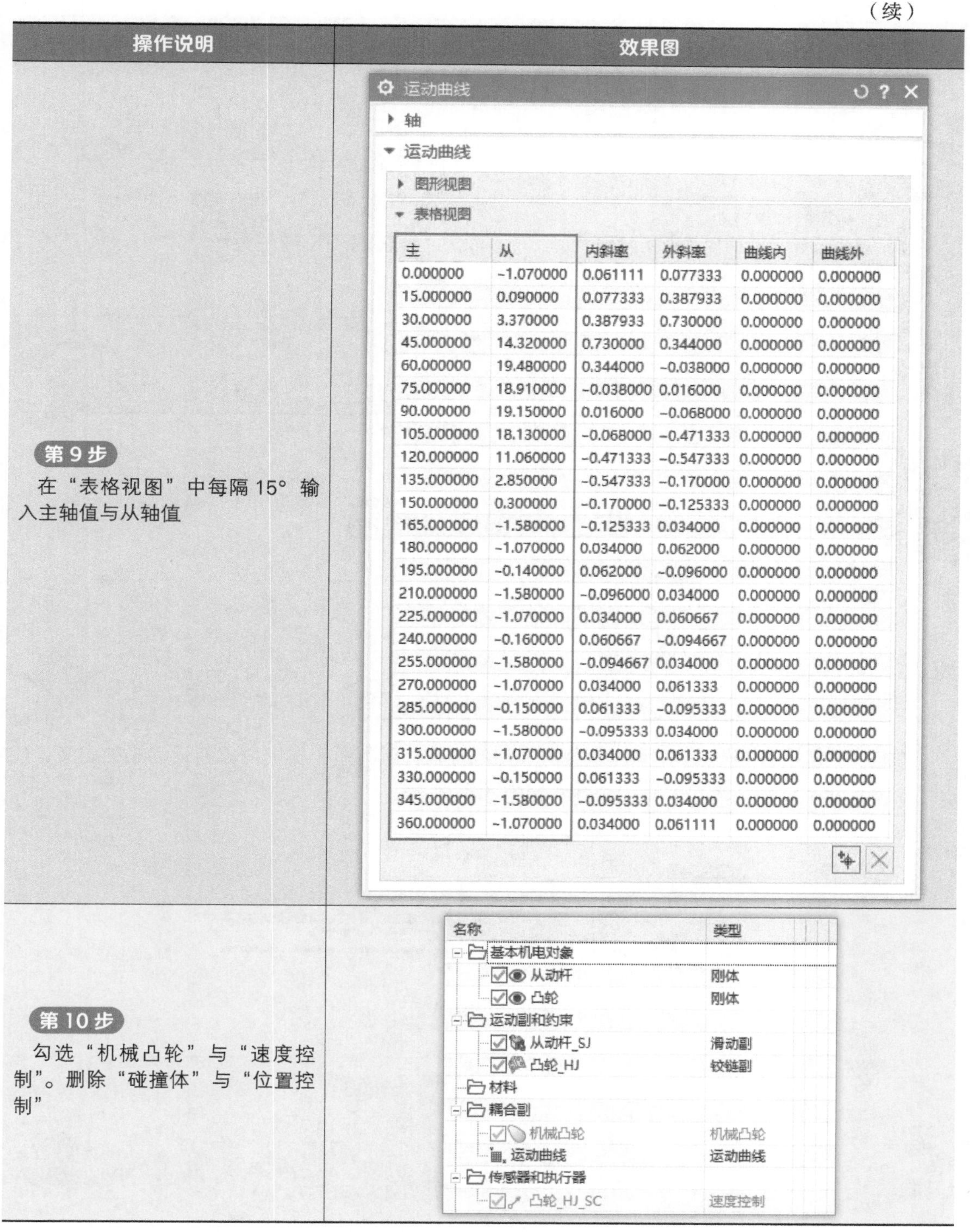

操作说明	效果图
第 9 步 在“表格视图”中每隔 15° 输入主轴值与从轴值	运动曲线（截图，表格见下）
第 10 步 勾选“机械凸轮”与“速度控制”。删除“碰撞体”与“位置控制”	名称/类型树（截图，文字见下）

主	从	内斜率	外斜率	曲线内	曲线外
0.000000	-1.070000	0.061111	0.077333	0.000000	0.000000
15.000000	0.090000	0.077333	0.387933	0.000000	0.000000
30.000000	3.370000	0.387933	0.730000	0.000000	0.000000
45.000000	14.320000	0.730000	0.344000	0.000000	0.000000
60.000000	19.480000	0.344000	-0.038000	0.000000	0.000000
75.000000	18.910000	-0.038000	0.016000	0.000000	0.000000
90.000000	19.150000	0.016000	-0.068000	0.000000	0.000000
105.000000	18.130000	-0.068000	-0.471333	0.000000	0.000000
120.000000	11.060000	-0.471333	-0.547333	0.000000	0.000000
135.000000	2.850000	-0.547333	-0.170000	0.000000	0.000000
150.000000	0.300000	-0.170000	-0.125333	0.000000	0.000000
165.000000	-1.580000	-0.125333	0.034000	0.000000	0.000000
180.000000	-1.070000	0.034000	0.062000	0.000000	0.000000
195.000000	-0.140000	0.062000	-0.096000	0.000000	0.000000
210.000000	-1.580000	-0.096000	0.034000	0.000000	0.000000
225.000000	-1.070000	0.034000	0.060667	0.000000	0.000000
240.000000	-0.160000	0.060667	-0.094667	0.000000	0.000000
255.000000	-1.580000	-0.094667	0.034000	0.000000	0.000000
270.000000	-1.070000	0.034000	0.061333	0.000000	0.000000
285.000000	-0.150000	0.061333	-0.095333	0.000000	0.000000
300.000000	-1.580000	-0.095333	0.034000	0.000000	0.000000
315.000000	-1.070000	0.034000	0.061333	0.000000	0.000000
330.000000	-0.150000	0.061333	-0.095333	0.000000	0.000000
345.000000	-1.580000	-0.095333	0.034000	0.000000	0.000000
360.000000	-1.070000	0.034000	0.061111	0.000000	0.000000

（五）仿真运行

仿真运行的操作步骤见表 2-12。

表 2-12 仿真运行的操作步骤

操作说明	效果图
第 1 步 选择“主页”选项卡→“仿真”栏→“播放”按钮	播放 停止
第 2 步 凸轮根据指定的锚点转动 从动杆根据凸轮转动的曲线沿 Y 轴移动相应的距离 从动杆始终不离开凸轮	XC
第 3 步 选择“主页”选项卡→“仿真”栏→“停止”按钮，结束仿真运行	播放 停止

任务 5 综合练习

一、任务描述

本任务主要介绍通过 NX 1984 软件对夹持气缸拉杆进行基本机电对象与运动副的定义，使夹爪与气缸在不碰撞的前提下完成运动，如图 2-63 所示。

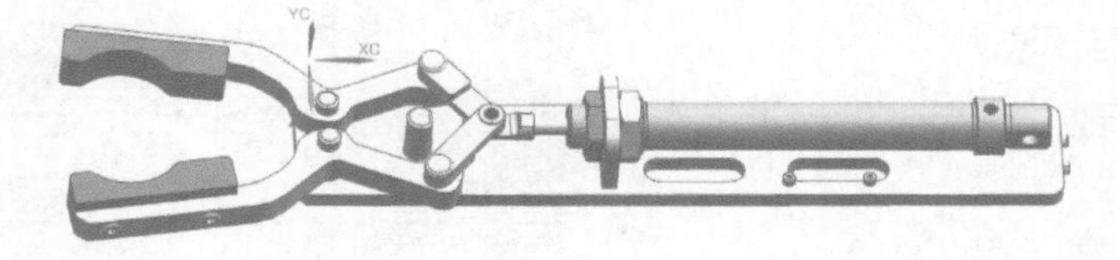

图2-63 气缸夹爪

二、任务目标

技能目标：

1. 复习刚体与碰撞体的相关知识。

2. 复习固定副、滑动副与铰链副的相关知识。

素养目标：

1. 养成良好的安全工作习惯，具备相应岗位职业素养和规范意识。
2. 培养团队合作精神、合作意识。
3. 培养自我发展、创新意识和能力。

三、任务实施

（一）刚体的定义

刚体的定义方法见表 2-13。

表 2-13 刚体的定义方法

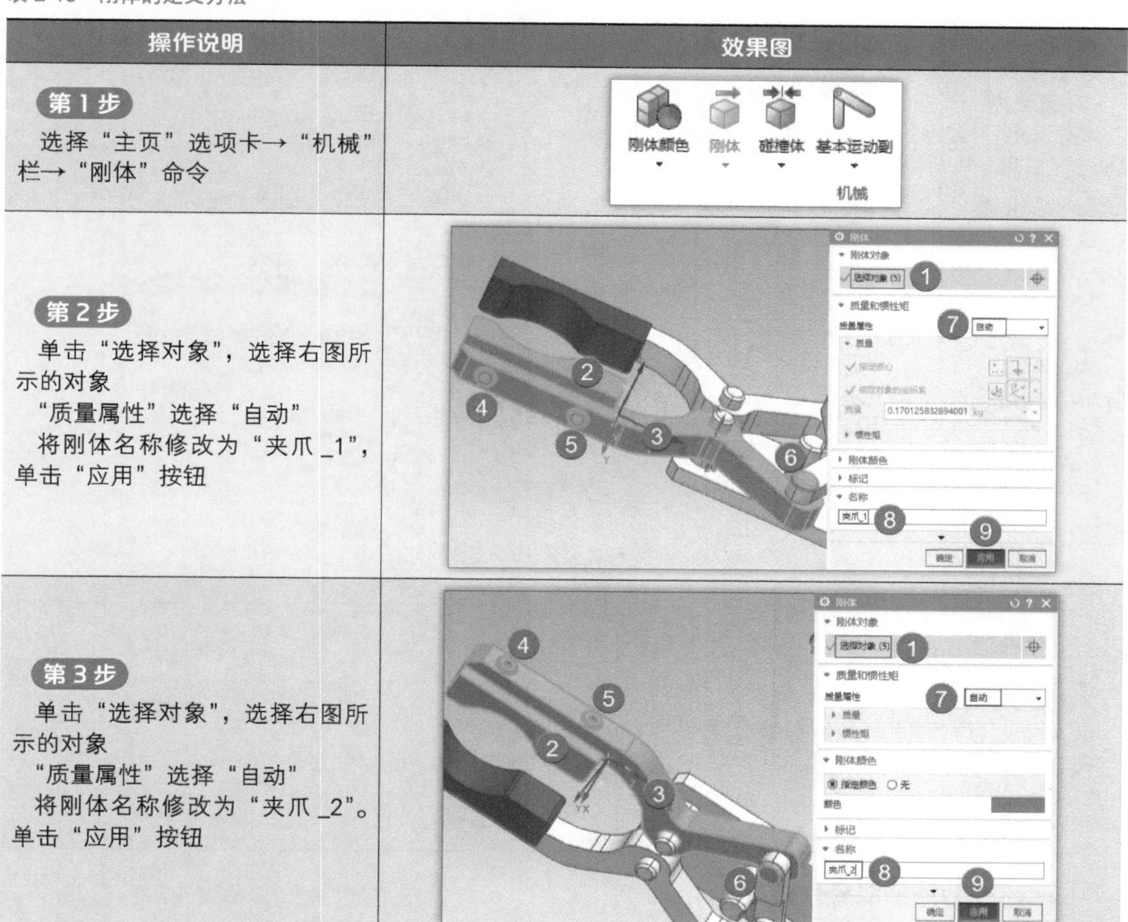

操作说明	效果图
第 1 步 选择“主页”选项卡→“机械”栏→“刚体”命令	刚体颜色 刚体 碰撞体 基本运动副 机械
第 2 步 单击“选择对象”，选择右图所示的对象 “质量属性”选择“自动” 将刚体名称修改为“夹爪 _1”，单击“应用”按钮	
第 3 步 单击“选择对象”，选择右图所示的对象 “质量属性”选择“自动” 将刚体名称修改为“夹爪 _2”。单击“应用”按钮	

（续）

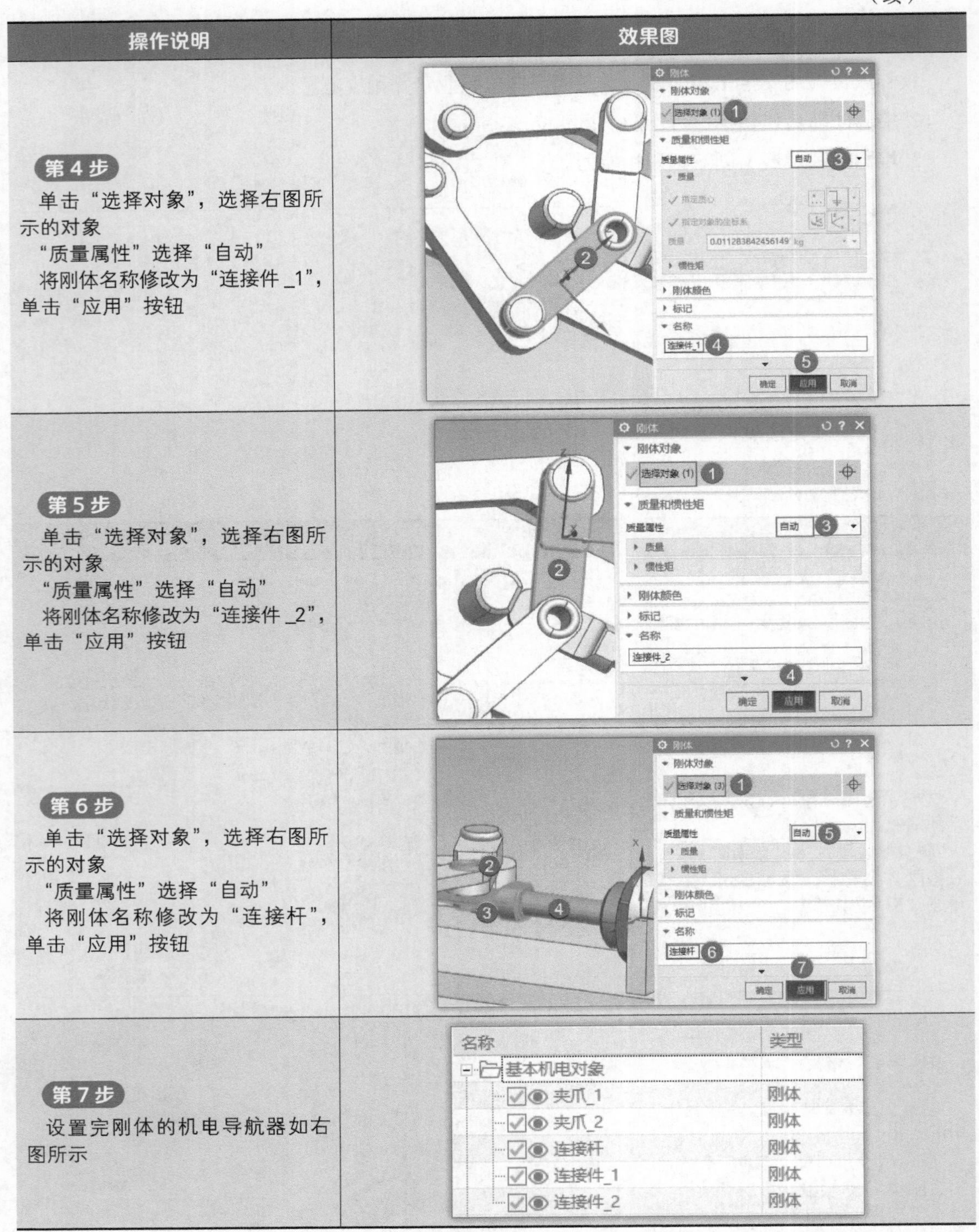

操作说明	效果图
第 4 步 单击“选择对象”，选择右图所示的对象 “质量属性”选择“自动” 将刚体名称修改为“连接件 _1”，单击“应用”按钮	
第 5 步 单击“选择对象”，选择右图所示的对象 “质量属性”选择“自动” 将刚体名称修改为“连接件 _2”，单击“应用”按钮	
第 6 步 单击“选择对象”，选择右图所示的对象 “质量属性”选择“自动” 将刚体名称修改为“连接杆”，单击“应用”按钮	
第 7 步 设置完刚体的机电导航器如右图所示	

（二）基本运动副的创建

基本运动副的创建步骤见表 2-14。

表 2-14　基本运动副的创建步骤

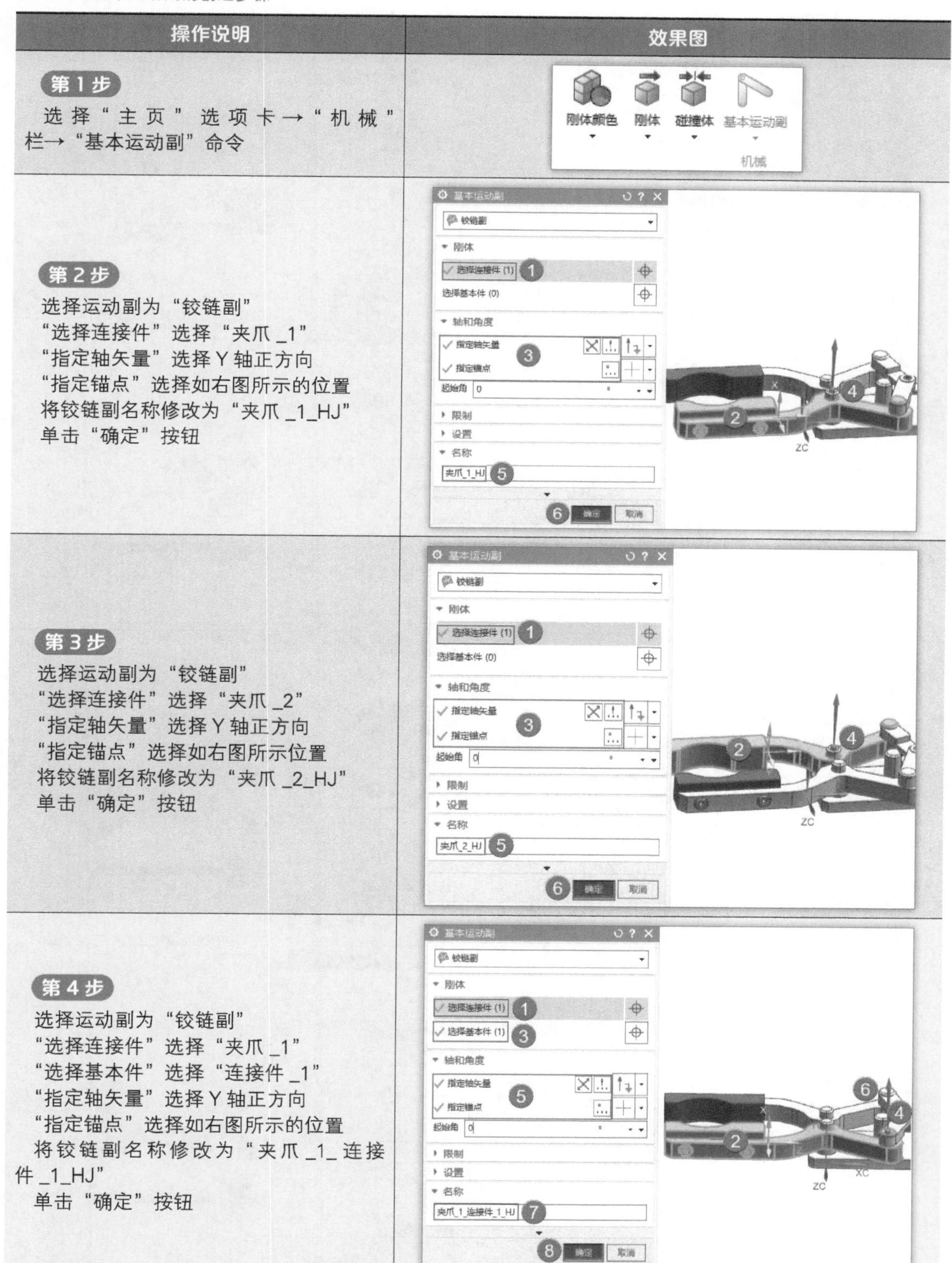

操作说明	效果图
第 1 步 选择“主页”选项卡→“机械”栏→“基本运动副”命令	
第 2 步 选择运动副为“铰链副” “选择连接件”选择“夹爪 _1” “指定轴矢量”选择 Y 轴正方向 “指定锚点”选择如右图所示的位置 将铰链副名称修改为“夹爪 _1_HJ” 单击“确定”按钮	
第 3 步 选择运动副为“铰链副” “选择连接件”选择“夹爪 _2” “指定轴矢量”选择 Y 轴正方向 “指定锚点”选择如右图所示位置 将铰链副名称修改为“夹爪 _2_HJ” 单击“确定”按钮	
第 4 步 选择运动副为“铰链副” “选择连接件”选择“夹爪 _1” “选择基本件”选择“连接件 _1” “指定轴矢量”选择 Y 轴正方向 “指定锚点”选择如右图所示的位置 将铰链副名称修改为“夹爪 _1_ 连接件 _1_HJ” 单击“确定”按钮	

（续）

操作说明	效果图
第 5 步 选择运动副为“铰链副” “选择连接件”选择“夹爪 _2” “选择基本件”选择“连接件 _2” “指定轴矢量”选择 Y 轴正方向 “指定锚点”选择如右图所示的位置 将铰链副名称修改为“夹爪 _2_ 连接件 _2_HJ” 单击“确定”	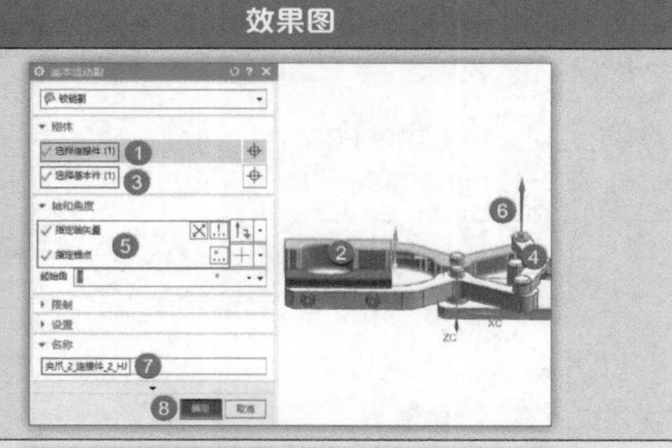
第 6 步 选择运动副为“铰链副” “选择连接件”选择“连接件 _1” “选择基本件”选择“连接杆” “指定轴矢量”选择 Y 轴正方向 “指定锚点”选择如右图所示的位置 将铰链副名称修改为“连接件 _1_ 连接杆 _HJ” 单击“确定”按钮	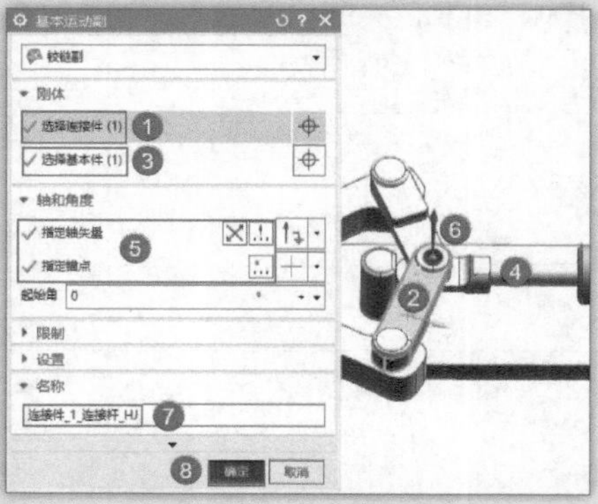
第 7 步 选择运动副为“铰链副” “选择连接件”选择“连接件 _2” “选择基本件”选择“连接杆” “指定轴矢量”选择 Y 轴正方向 “指定锚点”选择如右图所示的位置 将铰链副名称修改为“连接件 _2_ 连接杆 _HJ” 单击“确定”按钮	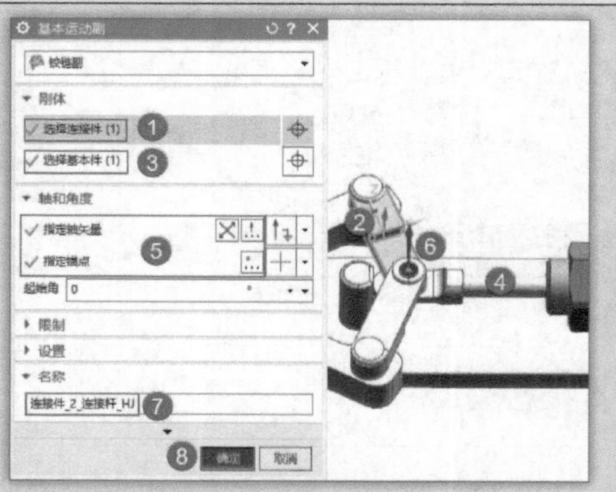
第 8 步 选择运动副为“滑动副” “选择连接件”选择“连接杆” “指定轴矢量”选择 X 轴正方向 将滑动副名称修改为“连接杆 _SJ” 单击“确定”按钮	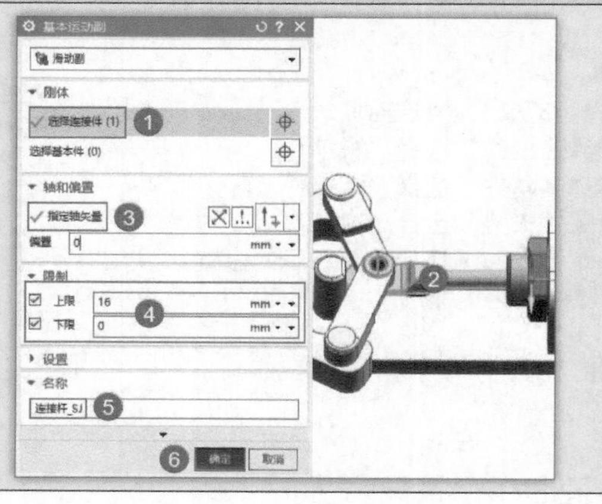

（续）

操作说明	效果图
第 9 步 运动副创建完成后如右图所示	运动副和约束 夹爪_1_HJ 铰链副 夹爪_1_连接件_1_HJ 铰链副 夹爪_2_HJ 铰链副 夹爪_2_连接件_2_HJ 铰链副 连接杆_SJ 滑动副 连接件_1_连接杆_HJ 铰链副 连接件_2_连接杆_HJ 铰链副

（三）碰撞体的定义

碰撞体的定义方法见表 2-15。

表 2-15 碰撞体的定义方法

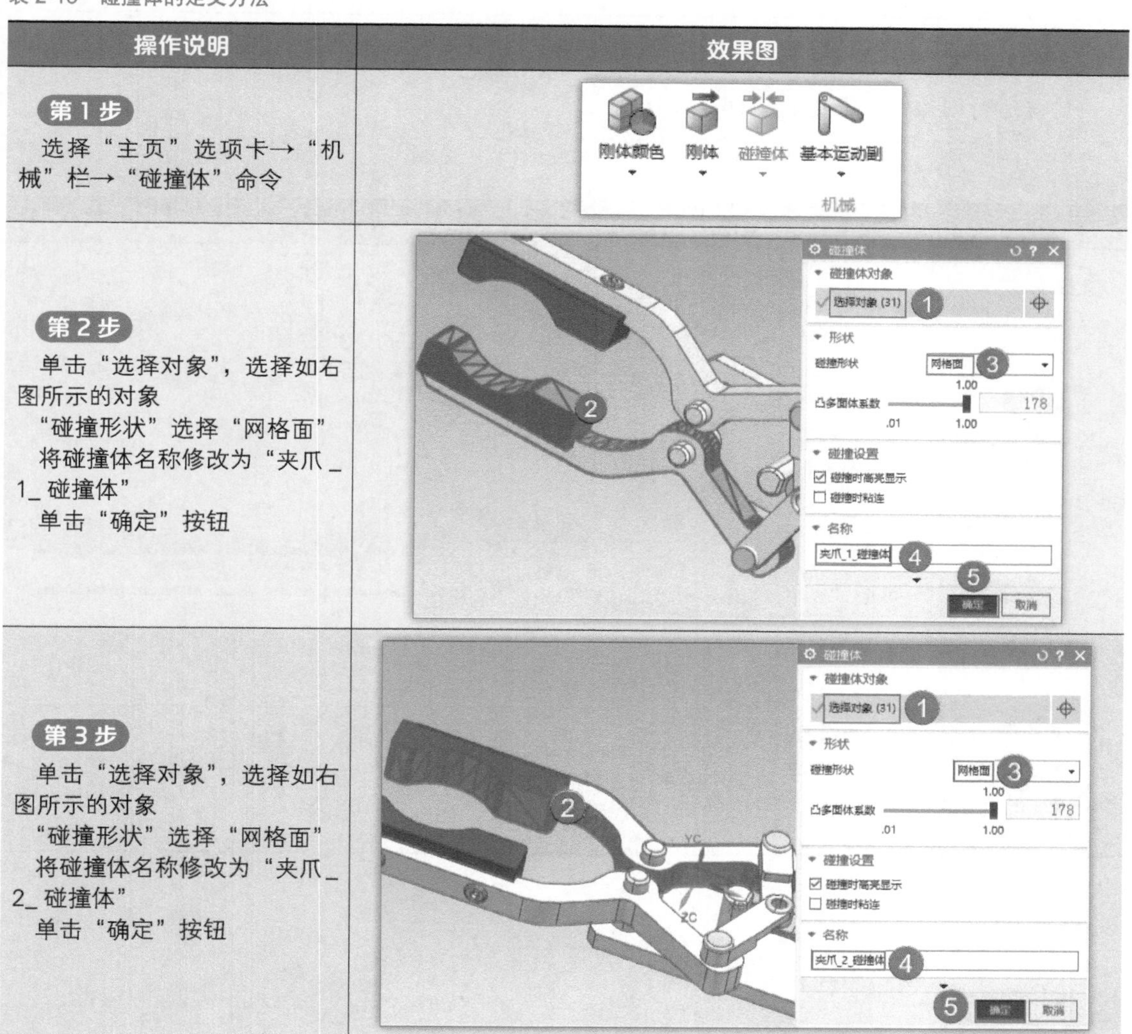

操作说明	效果图
第 1 步 选择“主页”选项卡→“机械”栏→“碰撞体”命令	
第 2 步 单击“选择对象”，选择如右图所示的对象 “碰撞形状”选择“网格面” 将碰撞体名称修改为“夹爪_1_碰撞体” 单击“确定”按钮	
第 3 步 单击“选择对象”，选择如右图所示的对象 “碰撞形状”选择“网格面” 将碰撞体名称修改为“夹爪_2_碰撞体” 单击“确定”按钮	

（续）

操作说明	效果图
第 4 步 设置完碰撞体的机电导航器如右图所示	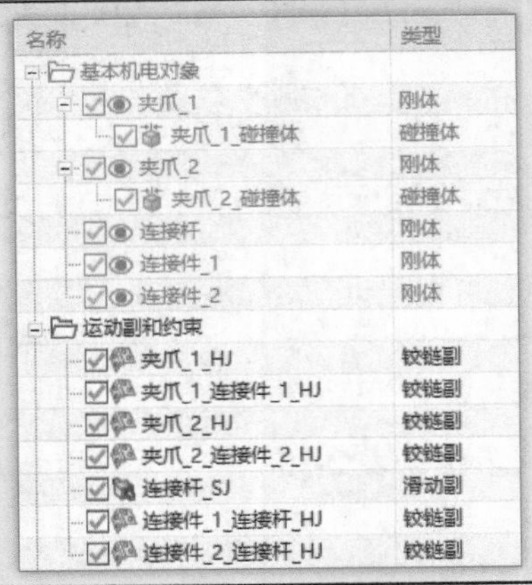

（四）仿真运行

仿真运行的操作步骤见表 2-16。

表 2-16　仿真运行的操作步骤

操作说明	效果图
第 1 步 选择“主页”选项卡→“仿真”栏→“播放”按钮	
第 2 步 拖动夹爪、连接件及连接杆，随着鼠标拖动，对应的部件做相应动作 当往 X 轴的正方向拖动时，夹爪张开 当往 X 轴的负方向拖动时，夹爪闭合 气缸连接杆的运动范围为 0 ~ 16mm	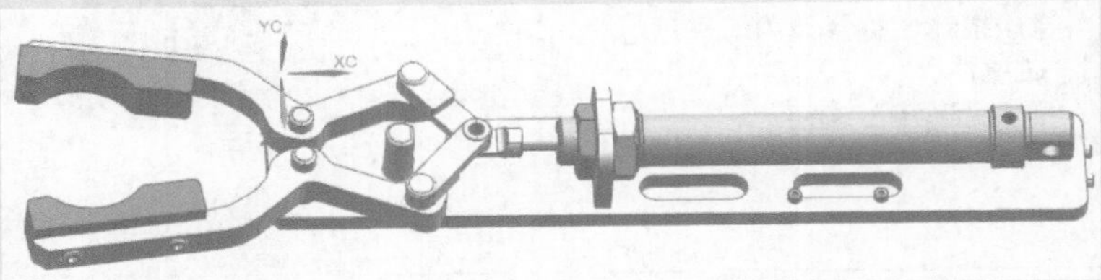
第 3 步 选择“主页”选项卡→“仿真”栏→“停止”按钮，结束仿真运行	

项目3

传感器与执行器的应用

【案例分享】

美国教师保险和年金协会 - 大学退休股票基金 (TIAA) 是一个帮助教师管理其退休基金的金融服务机构。为了降低该机构的新客户引导流程复杂性，这家非营利性金融服务机构正在使用由一个图形数据库支持的数字孪生系统。

“基于美国国税局 (IRS) 的所有法规，我们提供了非常复杂的退休产品，” TIAA 协会董事总经理兼退休服务技术主管亚历克斯•佩科拉罗说，“为了完成这些工作，我们需要具备大量的专业知识，并将我们全部团队组织起来做这件事。”

TIAA 协会的外包服务包含 600 多个功能，可产生超过一万亿个可能的客户配置。在部署数字孪生系统之前，TIAA 协会的专业团队根据客户想要的运作模式来手动创建和测试了一些技术配置。因此，TIAA 协会的员工基于他们的专业知识被高度“功能化”，这意味着员工只能处理某些类型的产品，这也使扩大业务规模变得很难。

为了解决这个问题，佩科拉罗的团队创建了一个数字孪生系统，它由一个可表示 600 多个特征的图形数据库组成，其中控制节点用于表示复杂的分组逻辑，数据节点表示实现某一功能所需的数据字段，而关系链接表示依赖关系、验证和排除情况。

该数据库可以有效减少客户引导流程所需的时间和专业知识。

“团队中有一个人提出了这样的想法，即把我们的注意力从配置上转移到客户正在做什么以及他们正在购买什么产品上，” 佩科拉罗说，“这种视角的转变非常重要。回想起来，这似乎显而易见，但当您沉浸在所有细节中时，您可能会因为只看树木而迷失在森林中。”

任务 1　MCD 机构运动控制

一、任务描述

本任务主要介绍 NX 1984 软件的运动控制方式，要求读者掌握速度控制、力 / 扭矩控制及位置控制的使用方法，定义风扇的运动控制，完成风扇的运动控制任务，如图 3-1、图 3-2 所示。

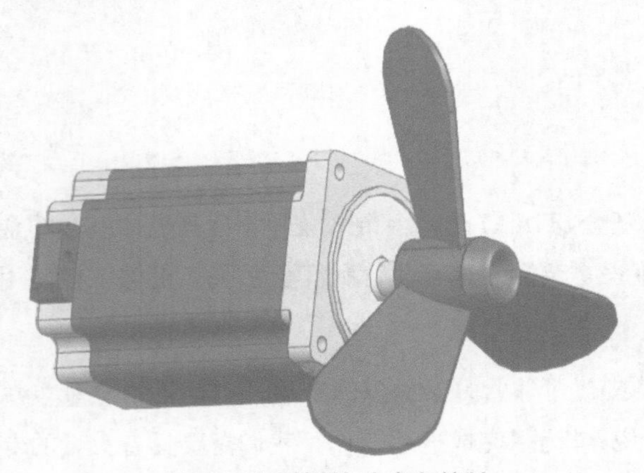

图3-1　速度控制与力/扭矩控制

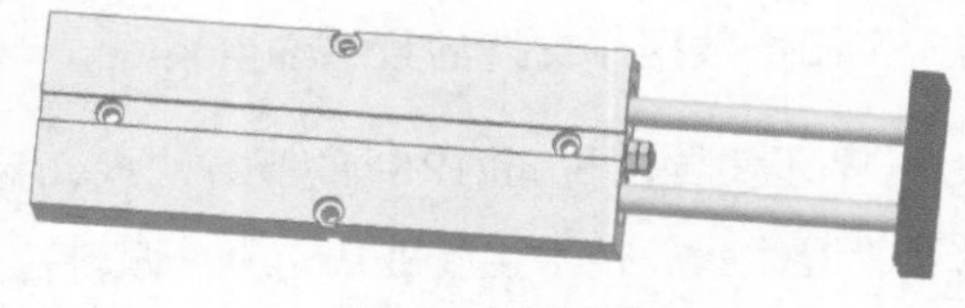

图3-2　位置控制

二、任务目标

技能目标：

1. 了解速度控制、力 / 扭矩控制及位置控制的概念。
2. 理解速度控制、力 / 扭矩控制及位置控制各参数的含义。
3. 掌握运用速度控制、力 / 扭矩控制及位置控制的方法。

素养目标：

1. 坚定爱国信念才能爱岗敬业，不畏困难，勇于奋斗，为课程的学习提供强大的精神动力。
2. 在专业技能训练的过程中感染学生，激发学生的民族自豪感和对于所学专业的热爱，使学生在面对挫折、解决困难的过程中培养自信，进一步体会祖国的发展与自身息息相关。

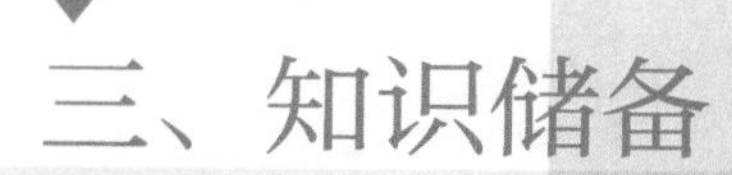

三、知识储备

（一）速度控制

1. 概念

速度控制（Speed Control）可以控制机电对象按设定的速度运行，如传输面的传输速度或各种运动副的运动速度等。

2. 参数

（1）机电对象　选择对象：选择需要添加执行机构的轴运动副，如图 3-3 所示。

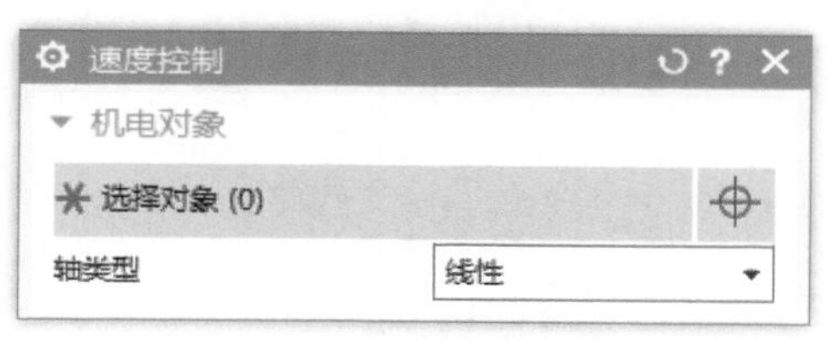

图3-3　机电对象

（2）约束　速度：指定一个恒定的速度值，轴运动副为转动时，单位为“degrees/sec”；轴运动副为平动时，单位为“mm/s”，如图 3-4 所示。

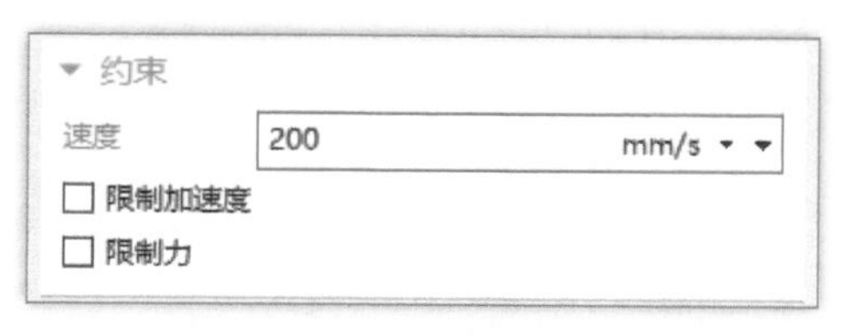

图3-4　约束

（3）名称　定义速度控制的名称，如图 3-5 所示。

图3-5　名称

3. 创建

（1）方法 1　选择“机电导航器”→右击“传感器和执行器”→“新建”→“速度控制”命令，如图 3-6 所示。

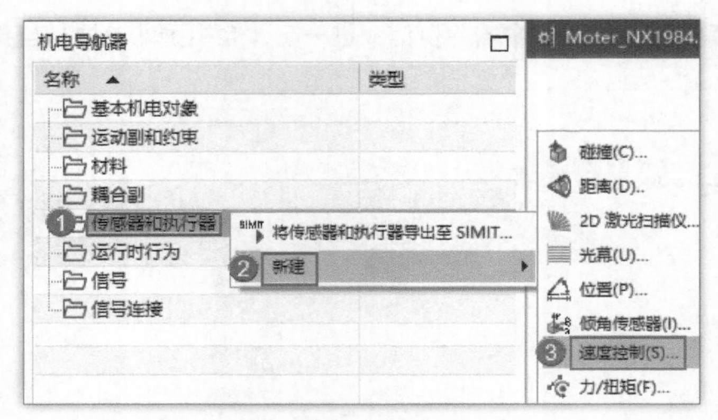

图3-6　方法1

（2）方法 2　选择“菜单”→“插入”→“执行器”→“速度控制”命令，如图 3-7 所示。

（3）方法 3　选择“主页”选项卡→“电气”栏→“速度控制”命令，如图 3-8 所示。

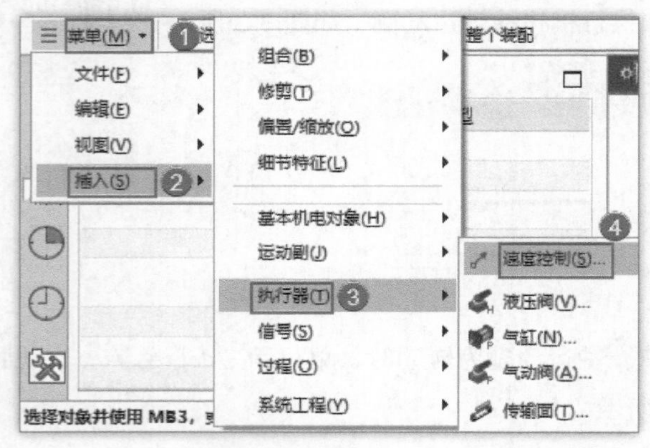

图3-7　方法2

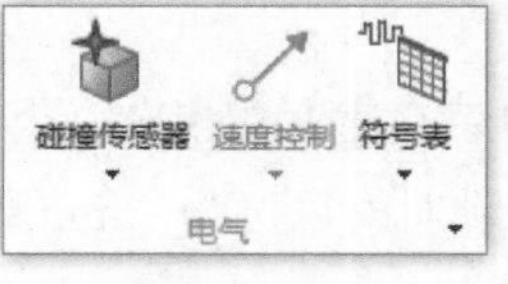

图3-8　方法3

（二）力/扭矩控制

1. 概念

力 / 扭矩控制（Force/Torque Control）可以将力或扭矩施加于运动轴。

2. 参数

（1）机电对象

1）选择对象：选择要控制的轴。

2）轴类型：选择要在图形窗口中显示的轴类型，如图 3-9 所示。

（2）约束

1）扭矩：当轴类型设置为角度时，该参数用于设置角关节的扭矩值。

2）力：当轴类型设置为线性时，该参数用于设置线性关节的力值，如图3-10所示。

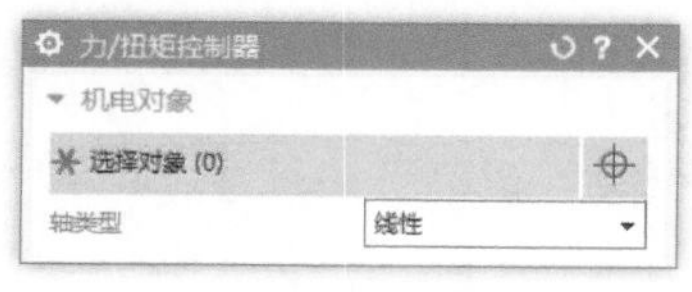

图3-9　机电对象

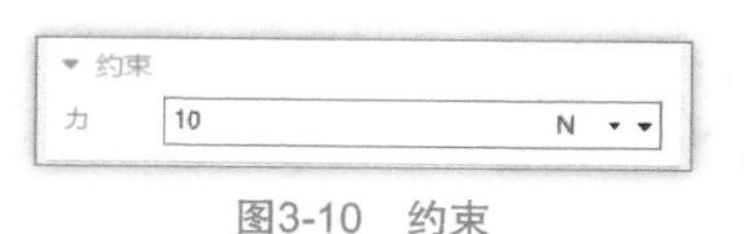

图3-10　约束

（3）名称　定义力/扭矩控制的名称，如图3-11所示。

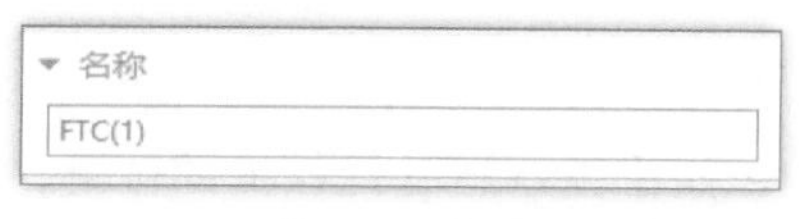

图3-11　名称

3. 创建

（1）方法1　选择“机电导航器”→右击“传感器和执行器”→“新建”→“力/扭矩”命令，如图3-12所示。

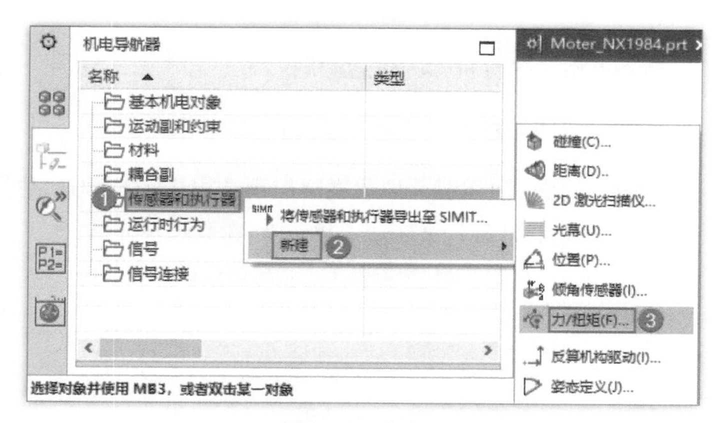

图3-12　方法1

（2）方法2　选择“菜单”→“插入”→“执行器”→“力/扭矩”命令，如图3-13所示。

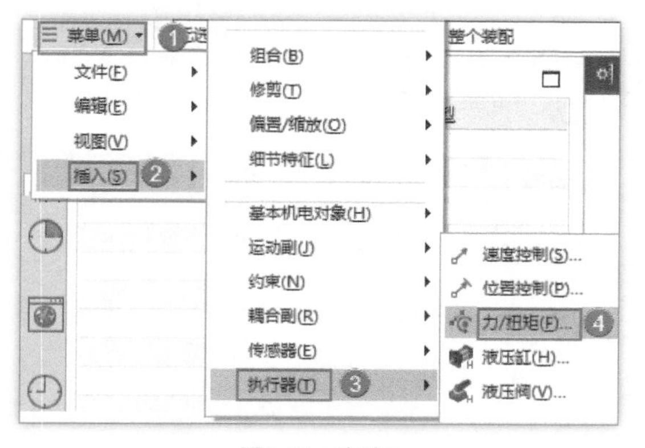

图3-13　方法2

（3）方法 3　选择“主页”选项卡→“电气”栏→“力 / 扭矩控制”命令，如图 3-14 所示。

图3-14　方法3

（三）位置控制

1. 概念

位置控制（Position Control）用来控制运动几何体的位置，让几何体按照指定的速度运动到指定的位置后停下来。

位置控制包含两种控制：位置目标控制和到达位置目标的速度控制。

2. 参数

（1）机电对象

1）选择对象：选择需要添加执行机构的轴运动副。

2）轴类型：包括角度、线性两种。

角路径选项：此选项只有在“轴类型”为角度时出现，用于定义轴运动副的旋转方案，包括沿最短路径、顺时针旋转、逆时针旋转或跟踪多圈，如图 3-15 所示。

（2）约束

1）目标：指定一个目标位置。

2）速度：指定一个恒定的速度值，如图 3-16 所示。

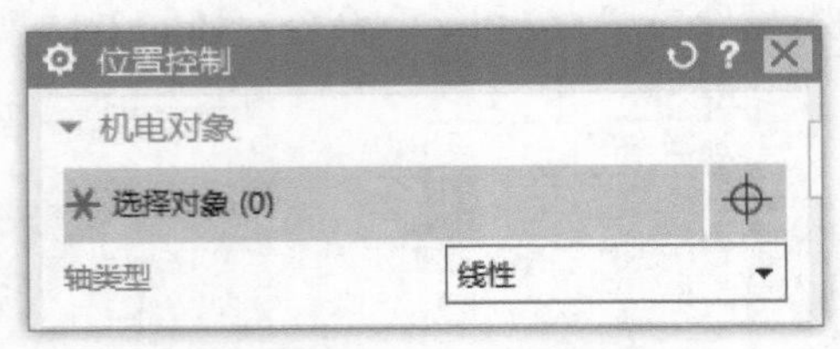

图3-15　机电对象

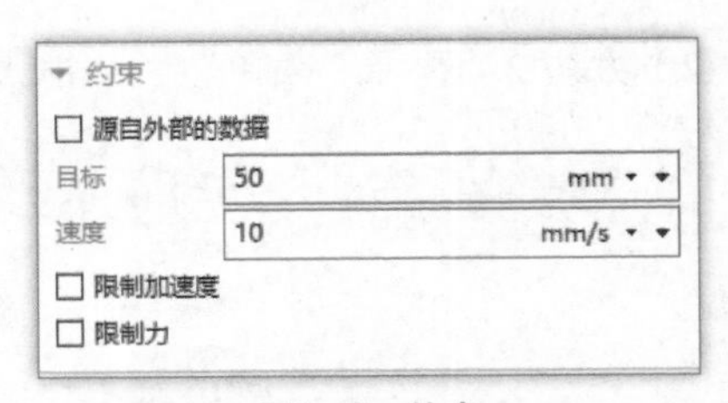

图3-16　约束

（3）名称　定义位置控制的名称，如图 3-17 所示。

图3-17　名称

3. 创建

（1）方法 1　选择“机电导航器”→右击“传感器和执行器”→“新建”→“位置控制”命令，如图 3-18 所示。

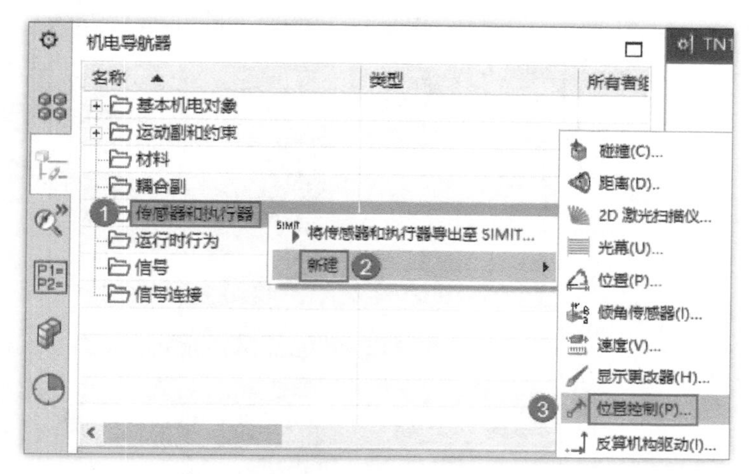

图3-18　方法1

（2）方法 2　选择“菜单”→“插入”→“执行器”→“位置控制”命令，如图 3-19 所示。

（3）方法 3　选择“主页”选项卡→“电气”栏→“位置控制”命令，如图 3-20 所示。

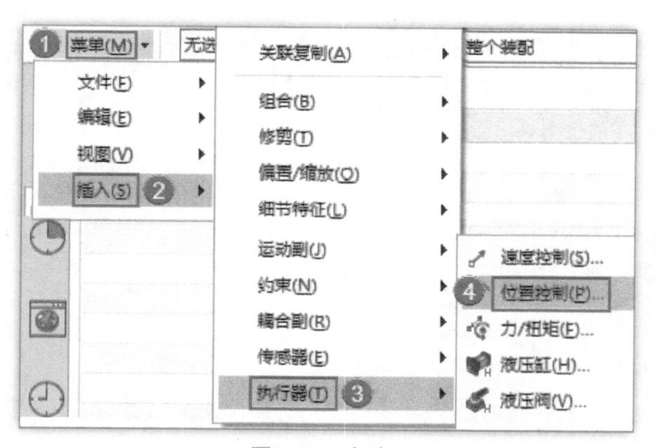

图3-19　方法2

图3-20　方法3

四、任务实施

（一）速度控制与力/扭矩控制的定义

速度控制与力 / 扭矩控制的定义方法见表 3-1。

表 3-1 速度控制与力 / 扭矩控制的定义方法

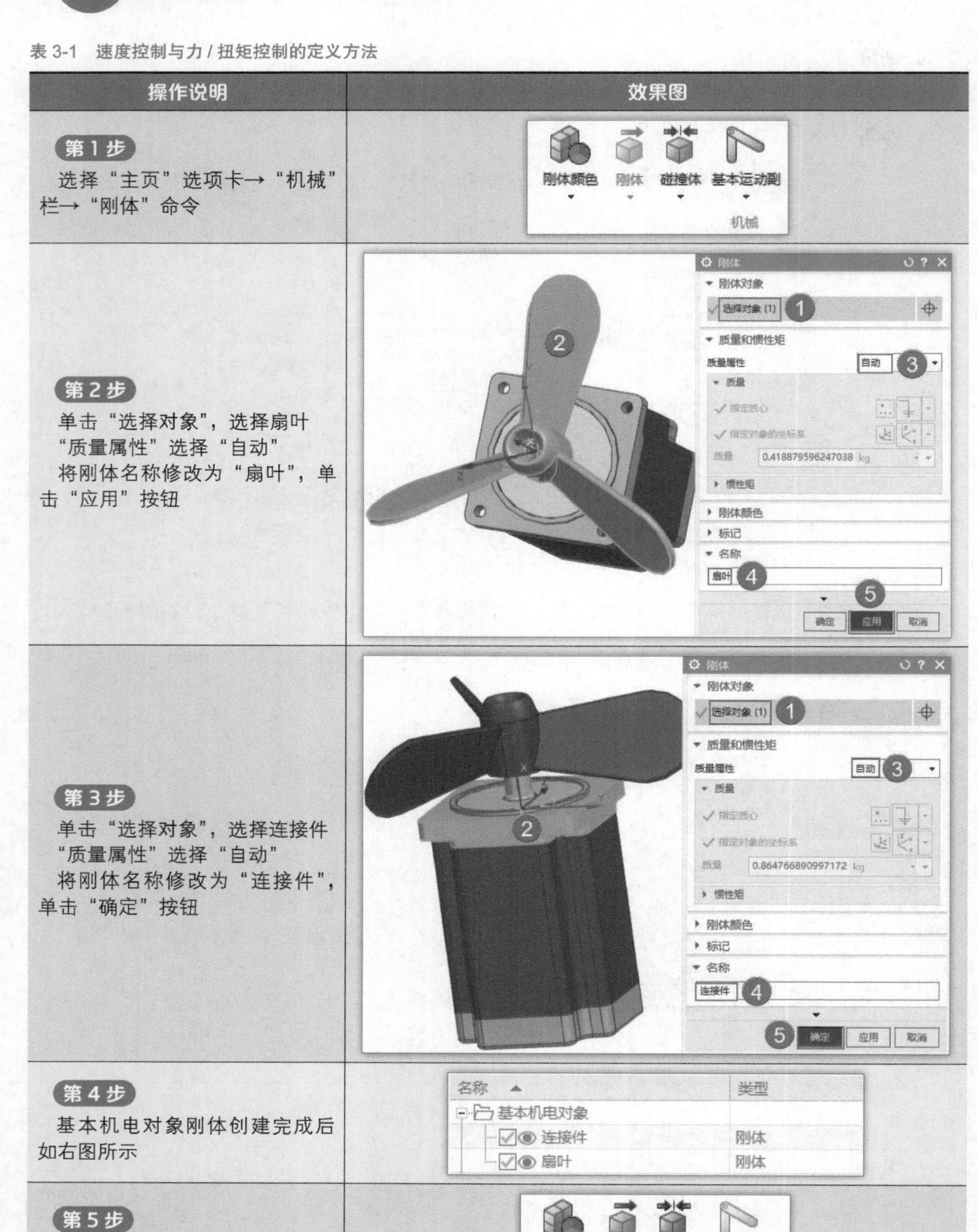

操作说明	效果图
第 1 步 选择“主页”选项卡→“机械”栏→“刚体”命令	
第 2 步 单击“选择对象”，选择扇叶 “质量属性”选择“自动” 将刚体名称修改为“扇叶”，单击“应用”按钮	
第 3 步 单击“选择对象”，选择连接件 “质量属性”选择“自动” 将刚体名称修改为“连接件”，单击“确定”按钮	
第 4 步 基本机电对象刚体创建完成后如右图所示	
第 5 步 选择“主页”选项卡→“机械”栏→“基本运动副”命令	

（续）

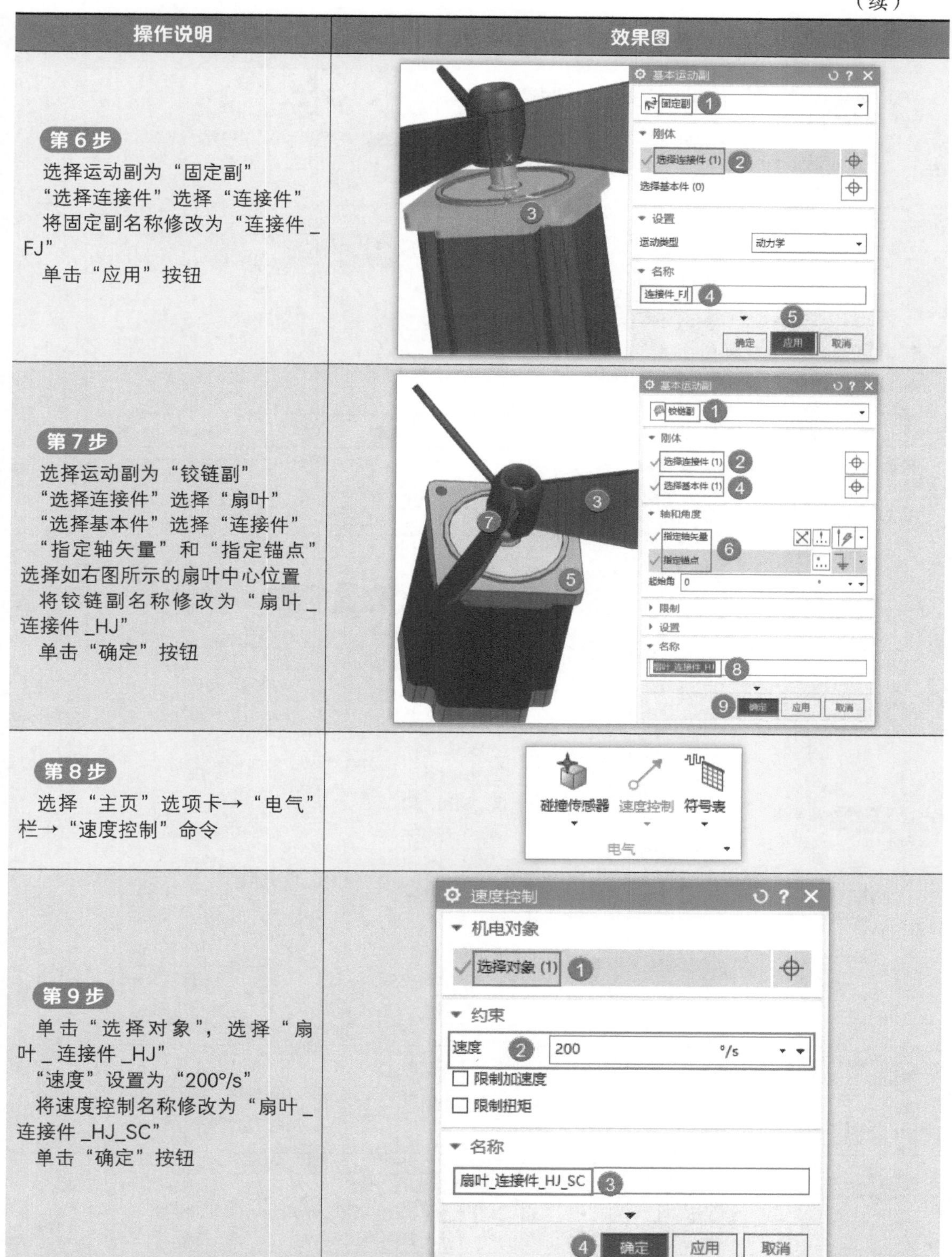

操作说明	效果图
第 6 步 选择运动副为“固定副” “选择连接件”选择“连接件” 将固定副名称修改为“连接件_FJ” 单击“应用”按钮	
第 7 步 选择运动副为“铰链副” “选择连接件”选择“扇叶” “选择基本件”选择“连接件” “指定轴矢量”和“指定锚点”选择如右图所示的扇叶中心位置 将铰链副名称修改为“扇叶_连接件_HJ” 单击“确定”按钮	
第 8 步 选择“主页”选项卡→“电气”栏→“速度控制”命令	
第 9 步 单击“选择对象”，选择“扇叶_连接件_HJ” “速度”设置为“200°/s” 将速度控制名称修改为“扇叶_连接件_HJ_SC” 单击“确定”按钮	

（续）

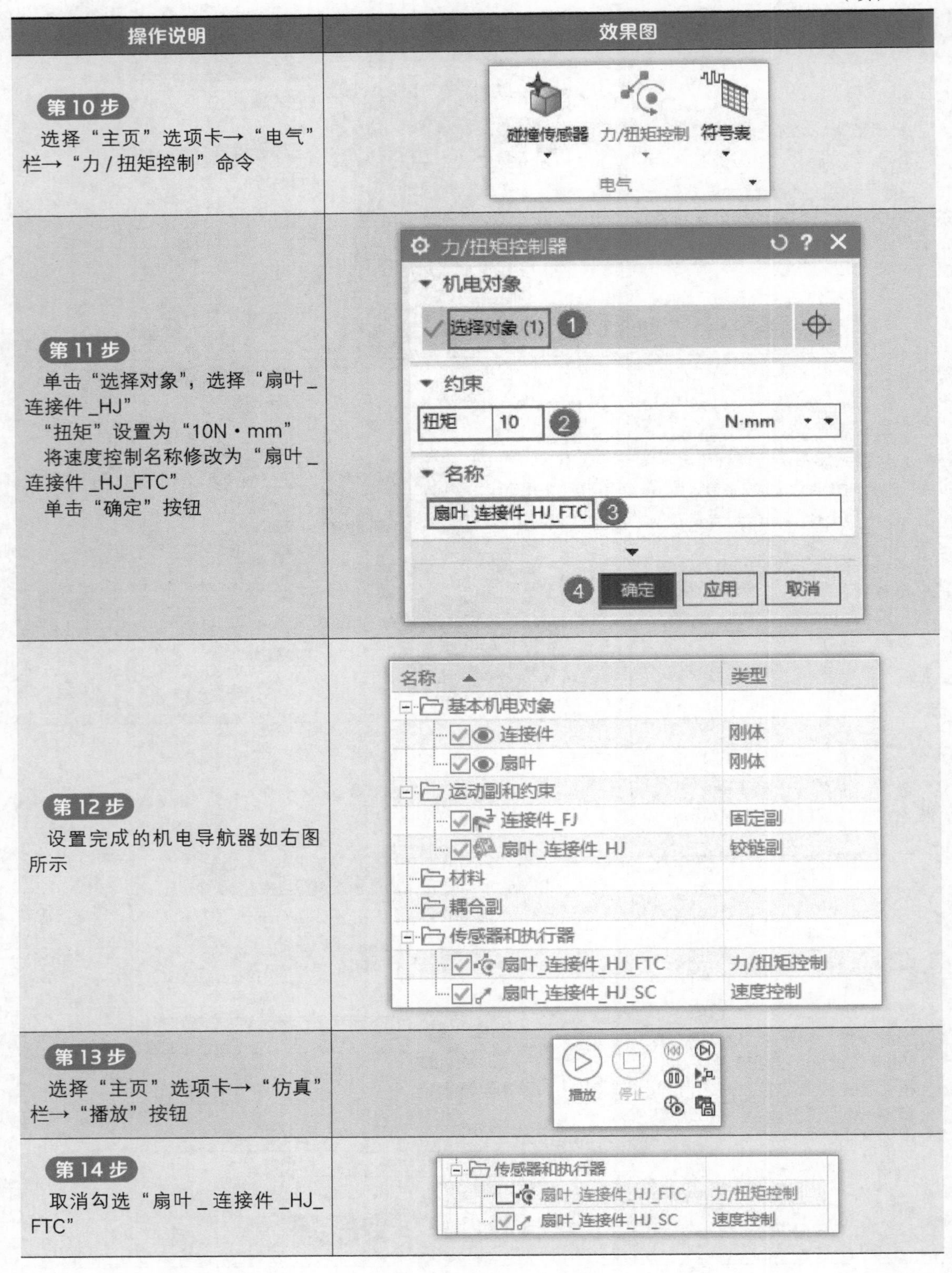

操作说明	效果图
第 10 步 选择“主页”选项卡→“电气”栏→“力 / 扭矩控制”命令	碰撞传感器 力/扭矩控制 符号表 电气
第 11 步 单击“选择对象”，选择“扇叶 _ 连接件 _HJ” “扭矩”设置为“10N・mm” 将速度控制名称修改为“扇叶 _ 连接件 _HJ_FTC” 单击“确定”按钮	力/扭矩控制器 机电对象 选择对象 (1) ① 约束 扭矩 10 ② N·mm 名称 扇叶_连接件_HJ_FTC ③ ④ 确定 应用 取消
第 12 步 设置完成的机电导航器如右图所示	名称 类型 基本机电对象 连接件 刚体 扇叶 刚体 运动副和约束 连接件_FJ 固定副 扇叶_连接件_HJ 铰链副 材料 耦合副 传感器和执行器 扇叶_连接件_HJ_FTC 力/扭矩控制 扇叶_连接件_HJ_SC 速度控制
第 13 步 选择“主页”选项卡→“仿真”栏→“播放”按钮	播放 停止
第 14 步 取消勾选“扇叶 _ 连接件 _HJ_FTC”	传感器和执行器 扇叶_连接件_HJ_FTC 力/扭矩控制 扇叶_连接件_HJ_SC 速度控制

（续）

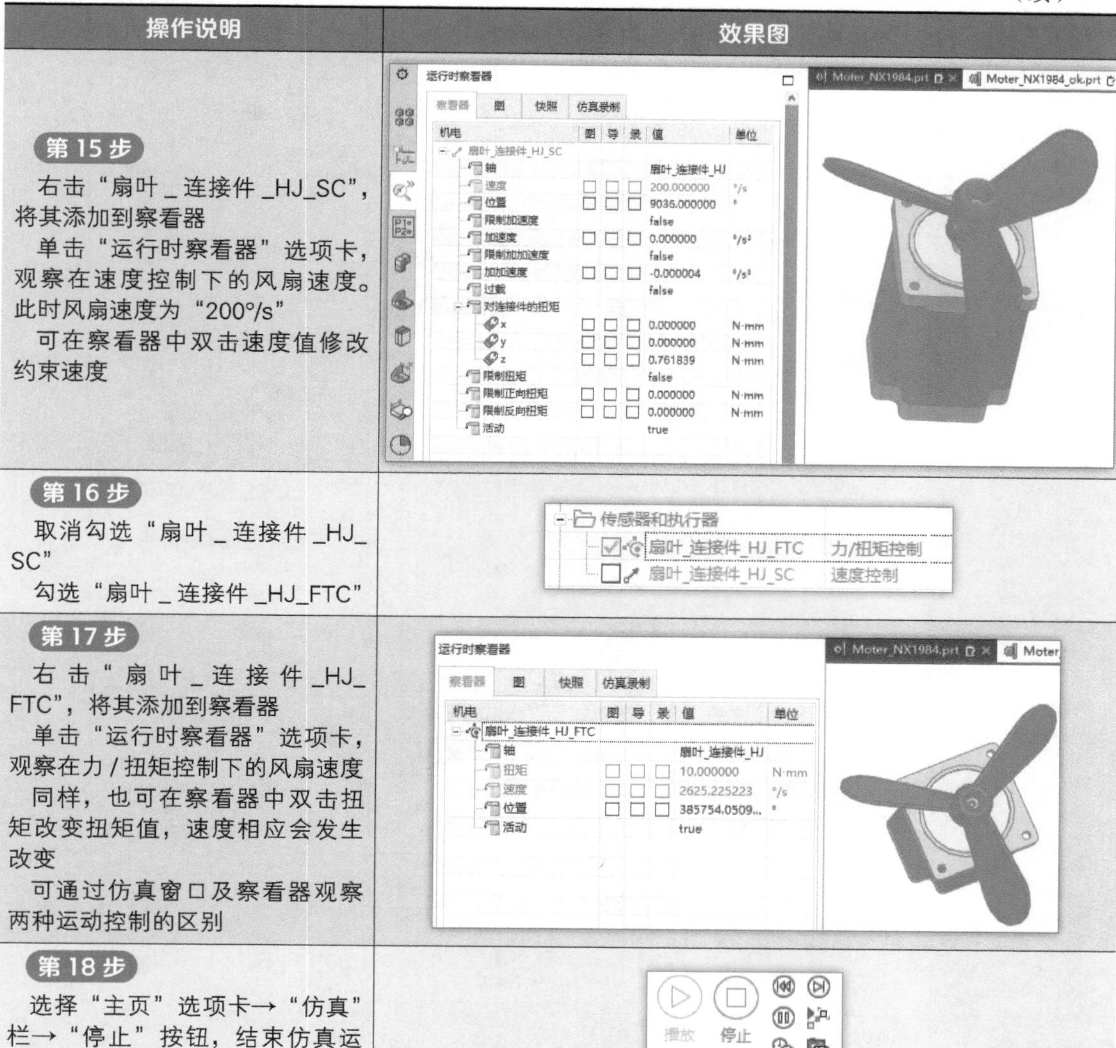

操作说明	效果图
第 15 步 右击“扇叶 _ 连接件 _HJ_SC”，将其添加到察看器 单击“运行时察看器”选项卡，观察在速度控制下的风扇速度。此时风扇速度为“200°/s” 可在察看器中双击速度值修改约束速度	
第 16 步 取消勾选“扇叶 _ 连接件 _HJ_SC” 勾选“扇叶 _ 连接件 _HJ_FTC”	
第 17 步 右击“扇叶 _ 连接件 _HJ_FTC”，将其添加到察看器 单击“运行时察看器”选项卡，观察在力 / 扭矩控制下的风扇速度 同样，也可在察看器中双击扭矩改变扭矩值，速度相应会发生改变 可通过仿真窗口及察看器观察两种运动控制的区别	
第 18 步 选择“主页”选项卡→“仿真”栏→“停止”按钮，结束仿真运行	

（二）位置控制的定义

位置控制的定义方法见表 3-2。

表 3-2　位置控制的定义方法

操作说明	效果图
第 1 步 选择“主页”选项卡→“机械”栏→“刚体”命令	

（续）

操作说明	效果图
第 2 步 单击“选择对象”，选择活塞杆 “质量属性”选择“自动” 将刚体名称修改为“活塞杆”，单击“应用”按钮	
第 3 步 单击“选择对象”，选择缸体 “质量属性”选择“自动” 将刚体名称修改为“缸体”，单击“确定”按钮	
第 4 步 设置完刚体的机电导航器如右图所示	
第 5 步 选择“主页”选项卡→“机械”栏→“基本运动副”命令	
第 6 步 选择运动副为“固定副” “选择连接件”选择“缸体” 将固定副名称修改为“缸体_FJ” 单击“应用”按钮	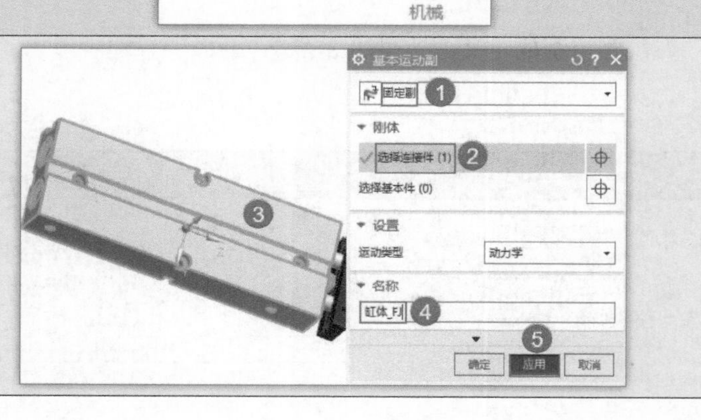

（续）

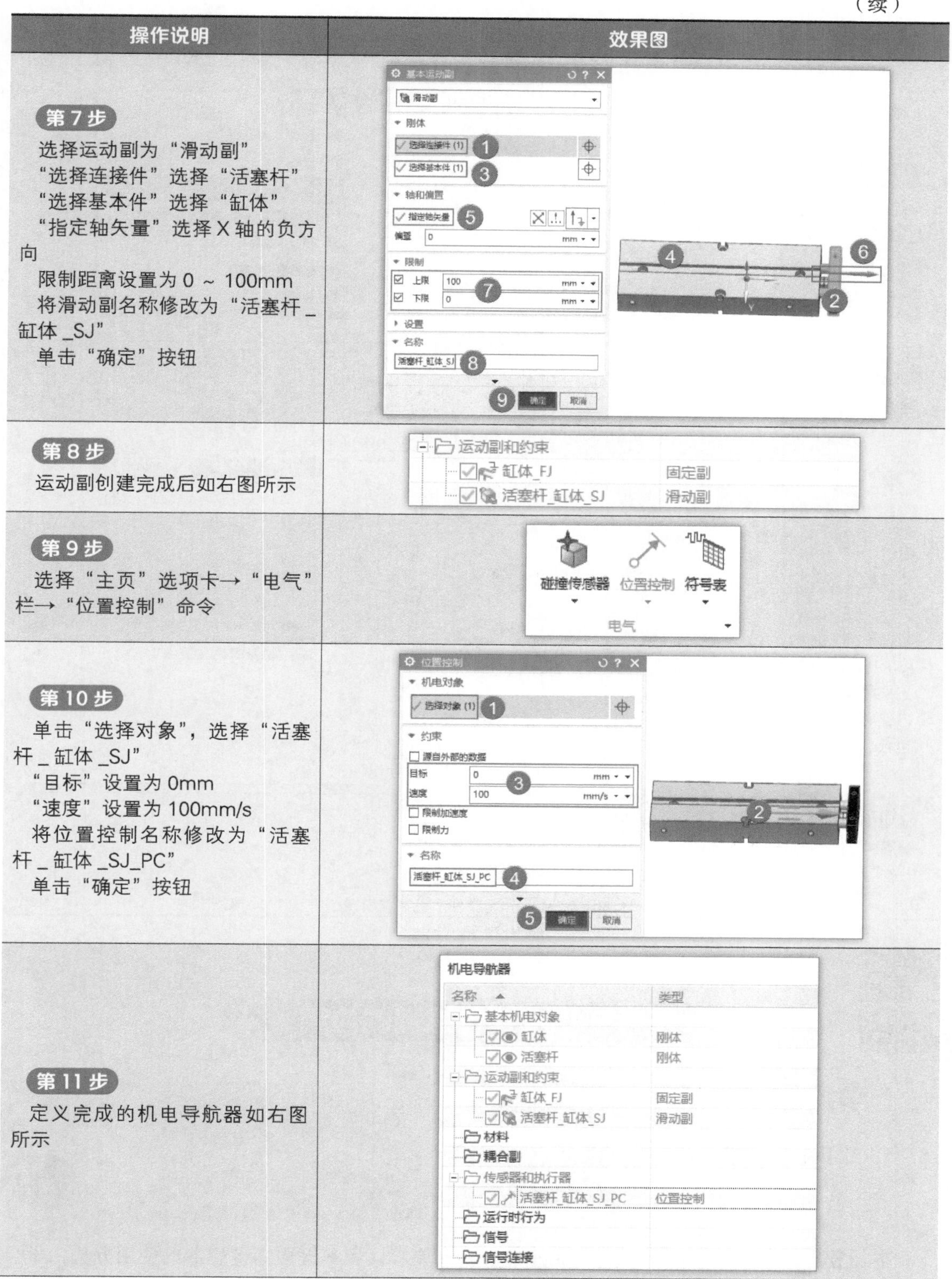

操作说明	效果图
第 7 步 选择运动副为“滑动副” “选择连接件”选择“活塞杆” “选择基本件”选择“缸体” “指定轴矢量”选择 X 轴的负方向 限制距离设置为 0 ～ 100mm 将滑动副名称修改为“活塞杆 _ 缸体 _SJ” 单击“确定”按钮	
第 8 步 运动副创建完成后如右图所示	
第 9 步 选择“主页”选项卡→“电气”栏→“位置控制”命令	
第 10 步 单击“选择对象”，选择“活塞杆 _ 缸体 _SJ” “目标”设置为 0mm “速度”设置为 100mm/s 将位置控制名称修改为“活塞杆 _ 缸体 _SJ_PC” 单击“确定”按钮	
第 11 步 定义完成的机电导航器如右图所示	

（续）

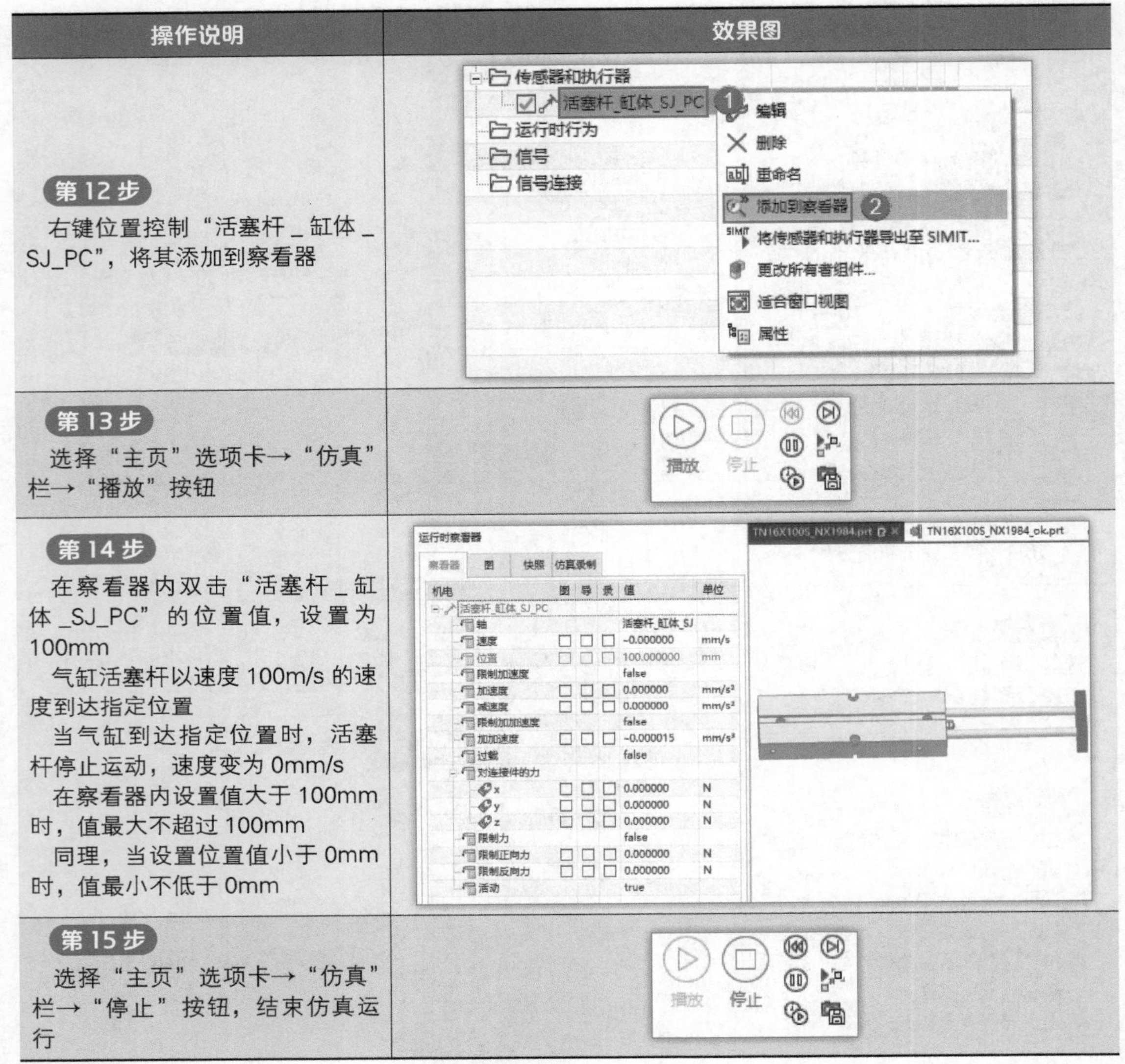

操作说明	效果图
第 12 步 右键位置控制“活塞杆 _ 缸体 _ SJ_PC”，将其添加到察看器	
第 13 步 选择“主页”选项卡→“仿真”栏→“播放”按钮	
第 14 步 在察看器内双击“活塞杆 _ 缸体 _SJ_PC”的位置值，设置为 100mm 气缸活塞杆以速度 100m/s 的速度到达指定位置 当气缸到达指定位置时，活塞杆停止运动，速度变为 0mm/s 在察看器内设置值大于 100mm 时，值最大不超过 100mm 同理，当设置位置值小于 0mm 时，值最小不低于 0mm	
第 15 步 选择“主页”选项卡→“仿真”栏→“停止”按钮，结束仿真运行	

任务 2　MCD 传感器的应用一

一、任务描述

本任务主要介绍 NX 1984 软件的传感器功能，要求读者掌握距离传感器的使用方法，学会定义碰撞传感器与距离传感器，能在运行时察看器中查看两种传感器的状态，如图 3-21 所示。

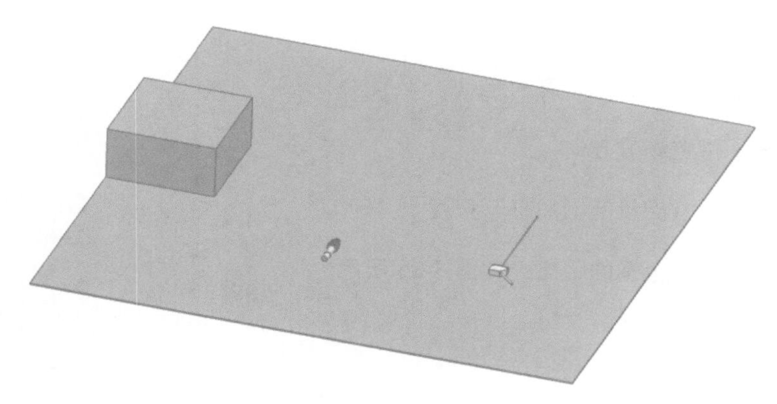

图3-21 碰撞传感器与距离传感器的应用

二、任务目标

技能目标：

1. 了解距离传感器的概念。
2. 理解距离传感器各参数的含义。
3. 掌握运用距离传感器的方法。

素养目标：

1. 拥有爱岗敬业、团结协作的职业态度。
2. 树立专注、耐心、精益求精、追求卓越的工匠精神和良好的职业素养。

三、知识储备

距离传感器

1. 概念

距离传感器（Collision Sensor）是用来检测对象与传感器之间距离的传感器。

2. 参数

（1）刚体 选择对象：选择刚体作为碰撞传感器。创建不移动的传感器，不要选择对象，如图 3-22 所示。

（2）形状

1）指定点：指定用于测量距离的起点。

2）指定矢量：指定测量方向。

3）开口角度：设置测量范围的打开角度。

4）范围：设置测量范围的距离，如图 3-23 所示。

图3-22　选择对象

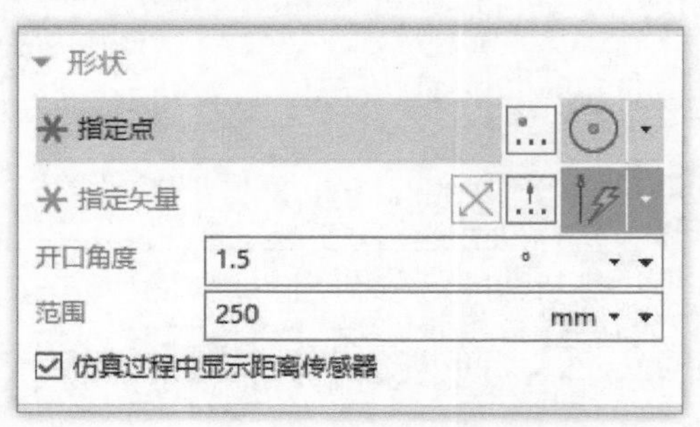

图3-23　形状

（3）名称　定义距离传感器的名称，如图 3-24 所示。

3. 创建

（1）方法 1　选择“机电导航器”→右击“传感器和执行器”→“新建”→“距离传感器”命令，如图 3-25 所示。

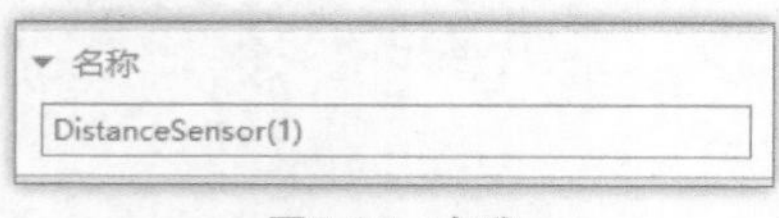

图3-24　名称

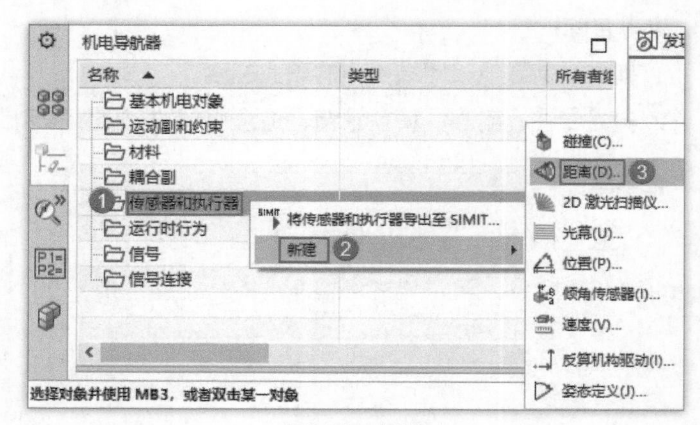

图3-25　方法1

（2）方法 2　选择“菜单”→“插入”→“传感器”→“距离传感器”命令，如图 3-26 所示。

（3）方法 3　选择“主页”选项卡→“电气”栏→“距离传感器”命令，如图 3-27 所示。

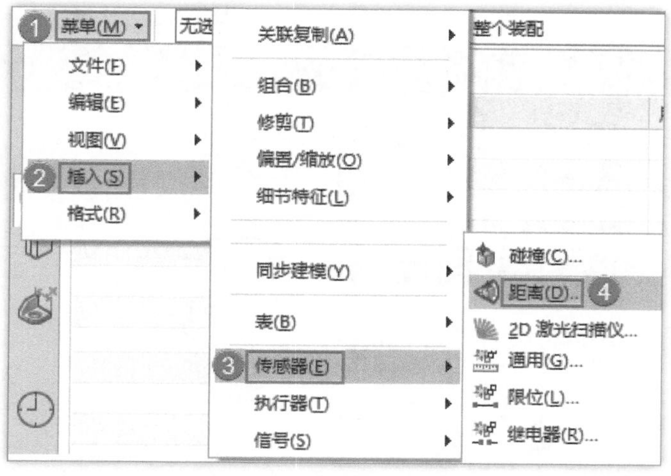

图3-26　方法2

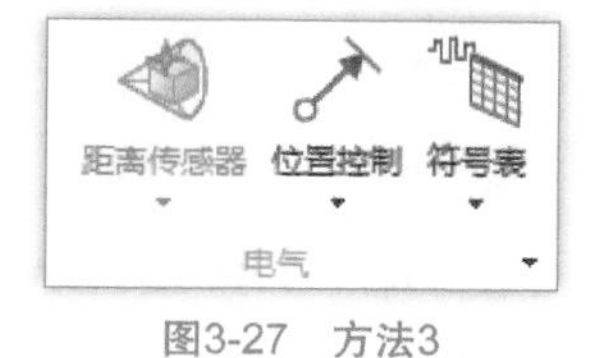

图3-27　方法3

四、任务实施

（一）基本机电对象的定义

基本机电对象的定义步骤见表 3-3。

表 3-3　基本机电对象的定义步骤

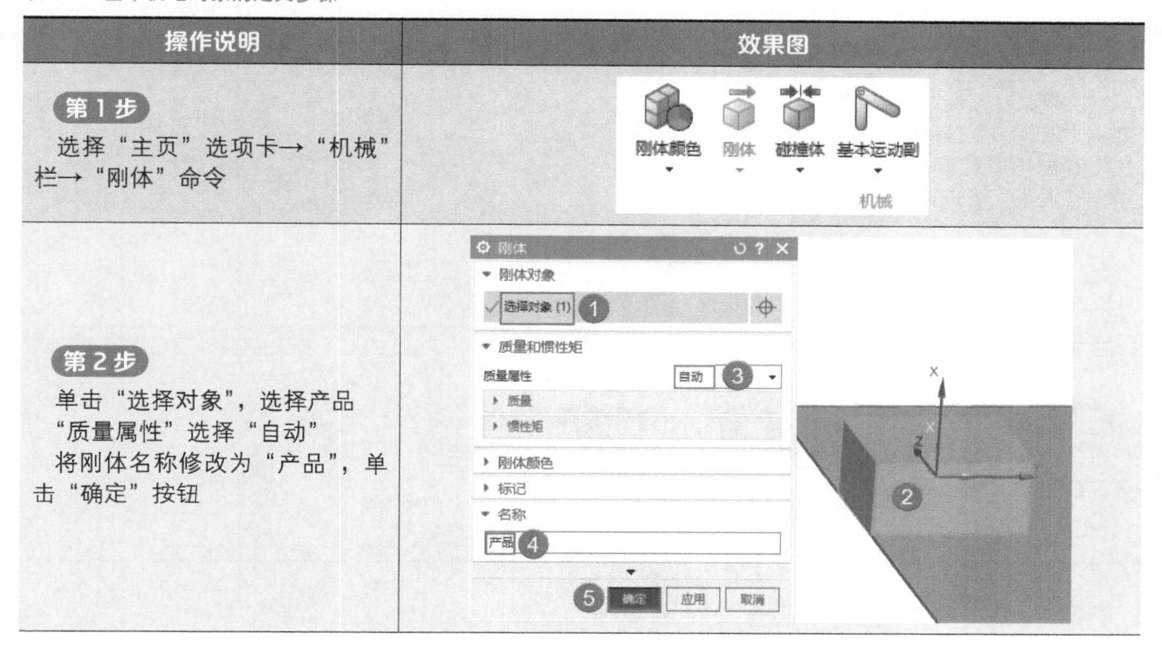

操作说明	效果图
第 1 步 选择“主页”选项卡→“机械”栏→“刚体”命令	刚体颜色　刚体　碰撞体　基本运动副 机械
第 2 步 单击“选择对象”，选择产品 “质量属性”选择“自动” 将刚体名称修改为“产品”，单击“确定”按钮	刚体 刚体对象 选择对象 (1) 质量和惯性矩 质量属性　自动 质量 惯性矩 刚体颜色 标记 名称 产品 确定　应用　取消

（续）

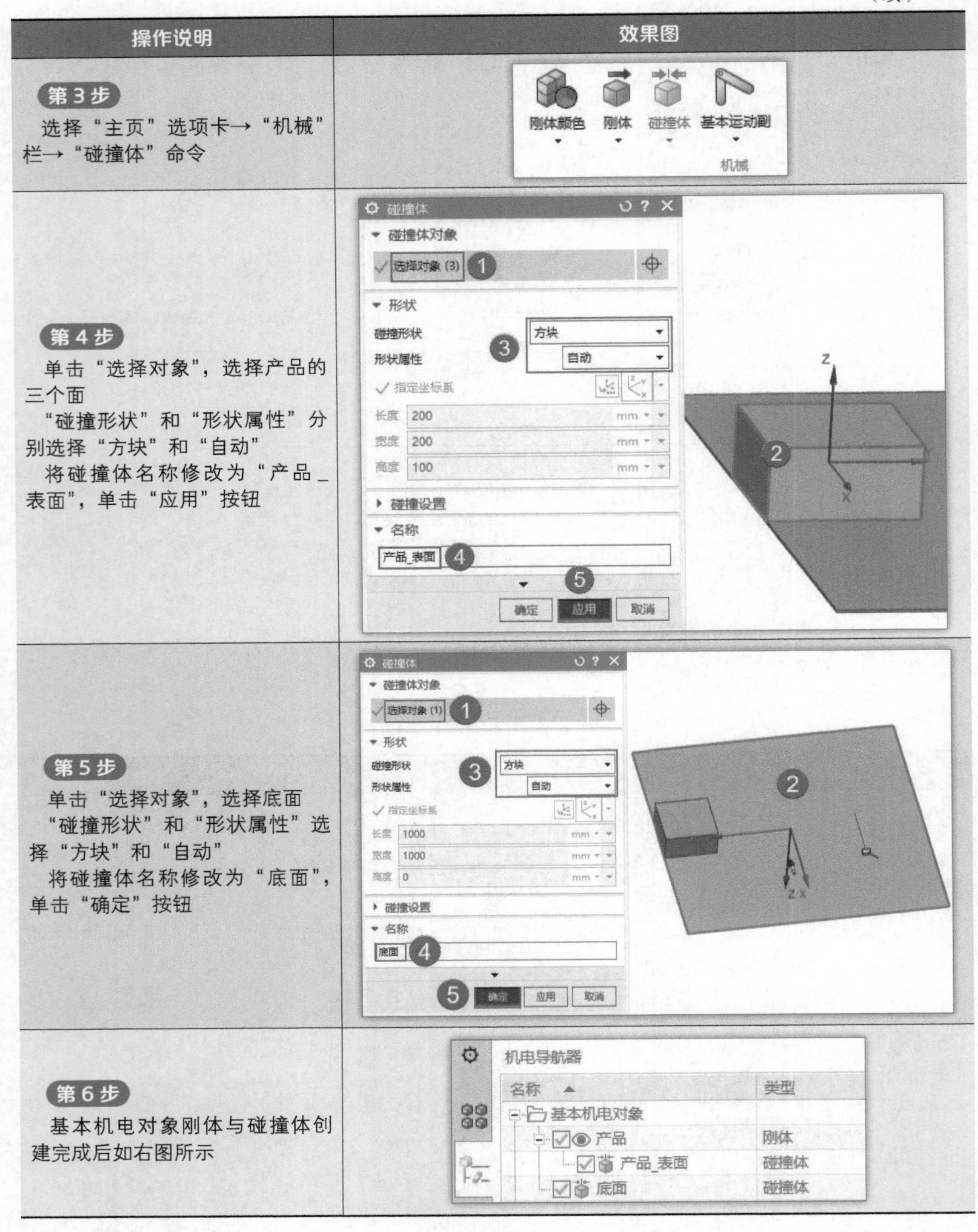

操作说明	效果图
第 3 步 选择“主页”选项卡→“机械”栏→“碰撞体”命令	
第 4 步 单击“选择对象”，选择产品的三个面 “碰撞形状”和“形状属性”分别选择“方块”和“自动” 将碰撞体名称修改为“产品_表面”，单击“应用”按钮	
第 5 步 单击“选择对象”，选择底面 “碰撞形状”和“形状属性”选择“方块”和“自动” 将碰撞体名称修改为“底面”，单击“确定”按钮	
第 6 步 基本机电对象刚体与碰撞体创建完成后如右图所示	

（二）传感器与执行器的定义

传感器与执行器的定义步骤见表 3-4。

表 3-4 传感器与执行器的定义步骤

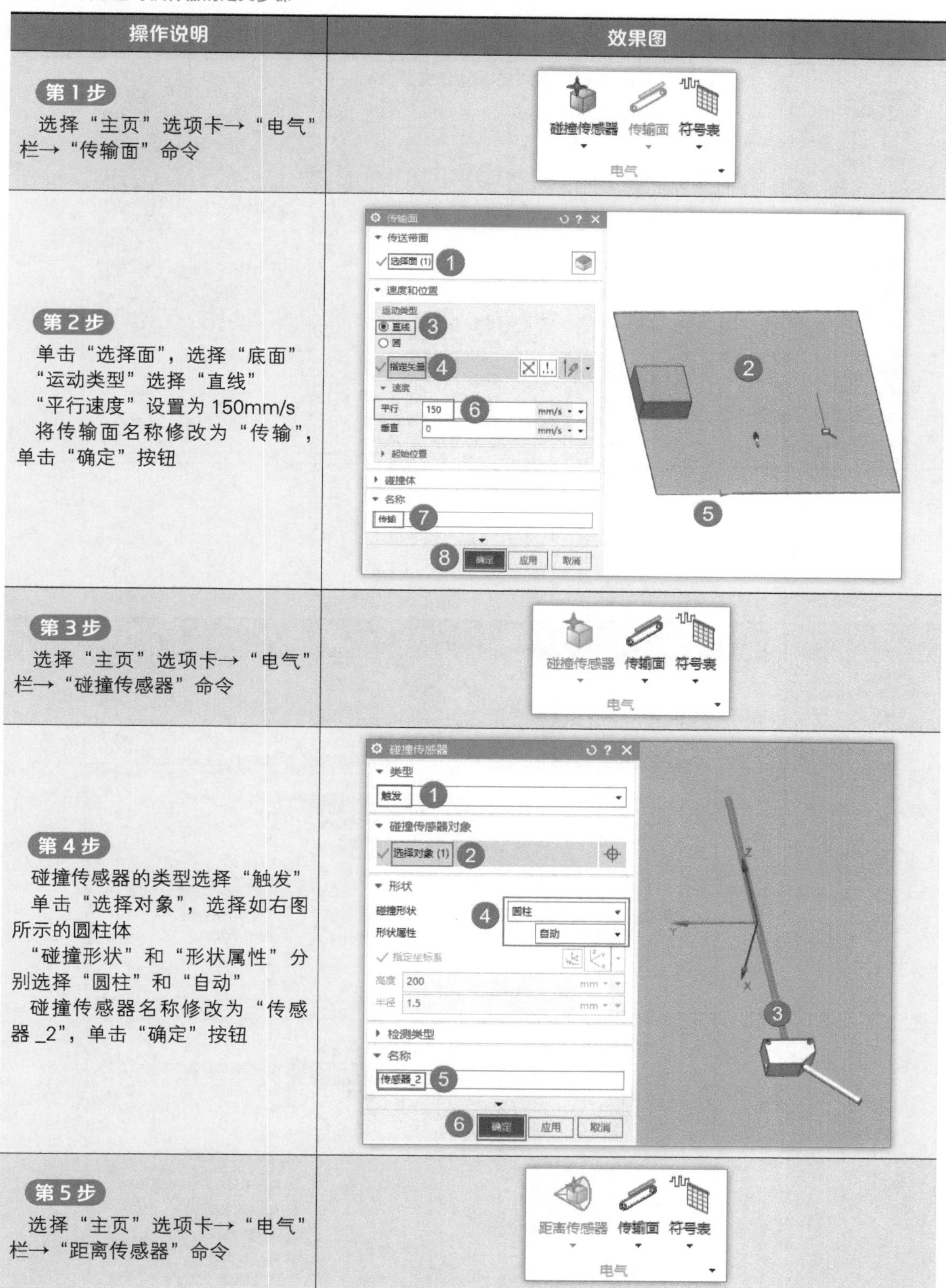

操作说明	效果图
第 1 步 选择“主页”选项卡→“电气”栏→“传输面”命令	
第 2 步 单击“选择面”，选择“底面” “运动类型”选择“直线” “平行速度”设置为 150mm/s 将传输面名称修改为“传输”，单击“确定”按钮	
第 3 步 选择“主页”选项卡→“电气”栏→“碰撞传感器”命令	
第 4 步 碰撞传感器的类型选择“触发” 单击“选择对象”，选择如右图所示的圆柱体 “碰撞形状”和“形状属性”分别选择“圆柱”和“自动” 碰撞传感器名称修改为“传感器_2”，单击“确定”按钮	
第 5 步 选择“主页”选项卡→“电气”栏→“距离传感器”命令	

（续）

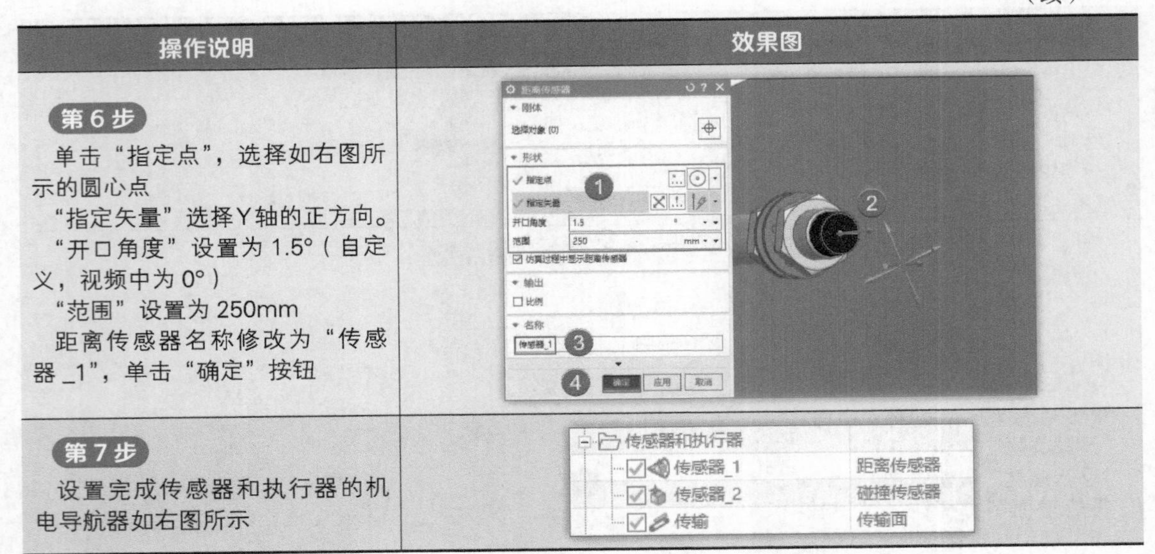

操作说明	效果图
第6步 单击“指定点”，选择如右图所示的圆心点 “指定矢量”选择Y轴的正方向。 “开口角度”设置为1.5°（自定义，视频中为0°） “范围”设置为250mm 距离传感器名称修改为“传感器_1”，单击“确定”按钮	
第7步 设置完成传感器和执行器的机电导航器如右图所示	

（三）仿真运行

仿真运行的操作步骤见表3-5。

表3-5　仿真运行的操作步骤

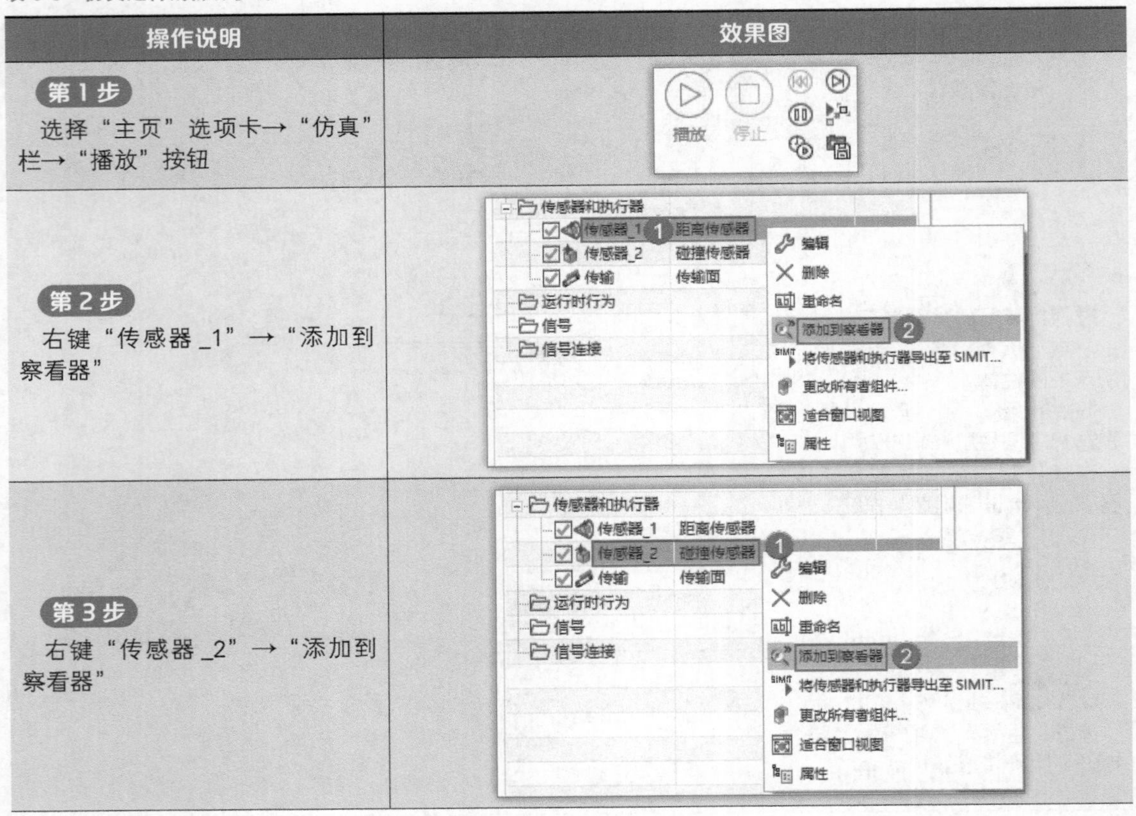

操作说明	效果图
第1步 选择“主页”选项卡→“仿真”栏→“播放”按钮	
第2步 右键“传感器_1”→“添加到察看器”	
第3步 右键“传感器_2”→“添加到察看器”	

（续）

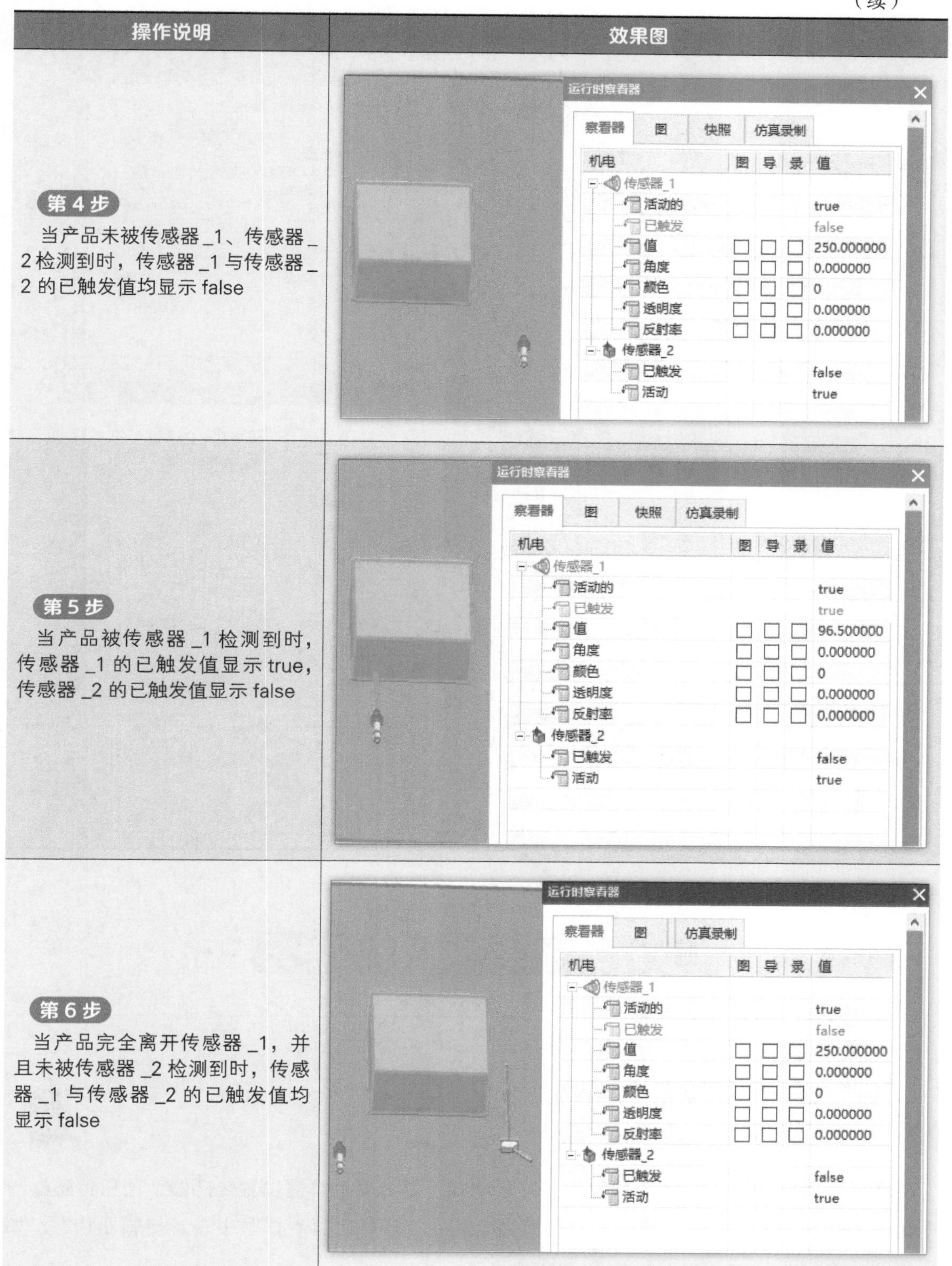

操作说明	效果图
第 4 步 当产品未被传感器 _1、传感器 _2 检测到时，传感器 _1 与传感器 _2 的已触发值均显示 false	
第 5 步 当产品被传感器 _1 检测到时，传感器 _1 的已触发值显示 true，传感器 _2 的已触发值显示 false	
第 6 步 当产品完全离开传感器 _1，并且未被传感器 _2 检测到时，传感器 _1 与传感器 _2 的已触发值均显示 false	

（续）

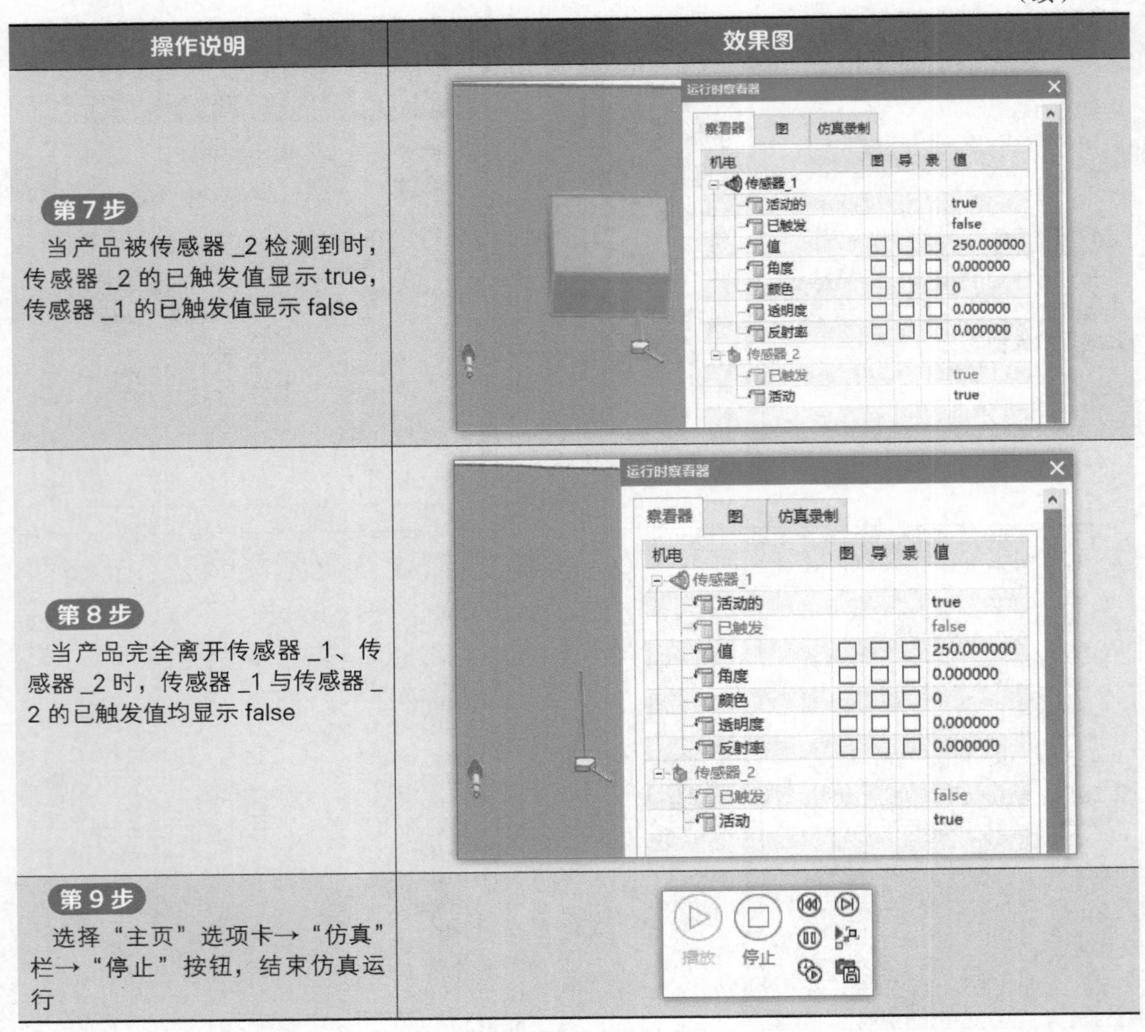

操作说明	效果图
第 7 步 当产品被传感器 _2 检测到时，传感器 _2 的已触发值显示 true，传感器 _1 的已触发值显示 false	
第 8 步 当产品完全离开传感器 _1、传感器 _2 时，传感器 _1 与传感器 _2 的已触发值均显示 false	
第 9 步 选择“主页”选项卡→“仿真”栏→“停止”按钮，结束仿真运行	

任务 3　MCD 传感器的应用二

一、任务描述

本任务主要介绍 NX 1984 软件的传感器功能，要求读者掌握位置传感器、通用传感器与限位开关的使用方法，学会定义多种传感器，能在“运行时察看器”中查看传感器状态，如图 3-28、图 3-29 所示。

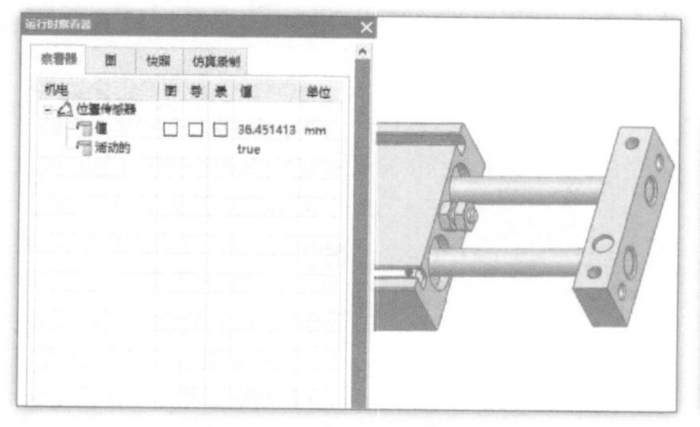

图3-28 位置传感器的应用

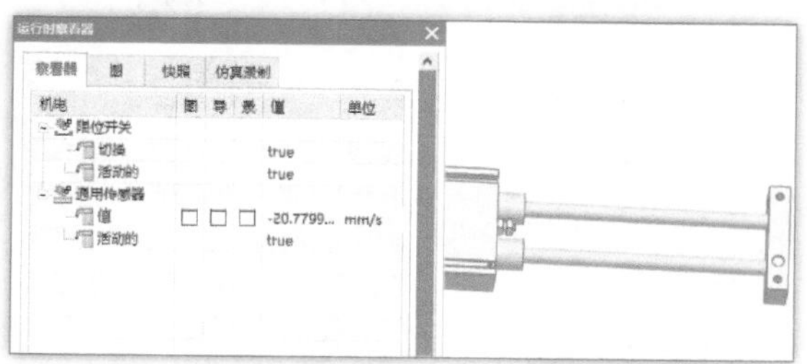

图3-29 通用传感器与限位开关的应用

二、任务目标

技能目标：

1. 了解位置传感器、通用传感器和限位开关的概念。
2. 理解位置传感器、通用传感器和限位开关各参数的含义。
3. 掌握运用位置传感器、通用传感器和限位开关的使用方法。

素养目标：

1. 塑造追求质量、服务至上、讲求效率的职业品格。
2. 增强学生的爱国情怀和职业道德。

三、知识储备

（一）位置传感器

1. 概念

位置传感器（Position Sensor）是用来检测运动副位置数据的传感器。

2. 参数

（1）机电对象

1）选择轴：选择关节或位置控制执行器来监控位置。

2）轴类型：包括监控角度或线性位置，如图 3-30 所示。

（2）名称　设置位置传感器的名称，如图 3-31 所示。

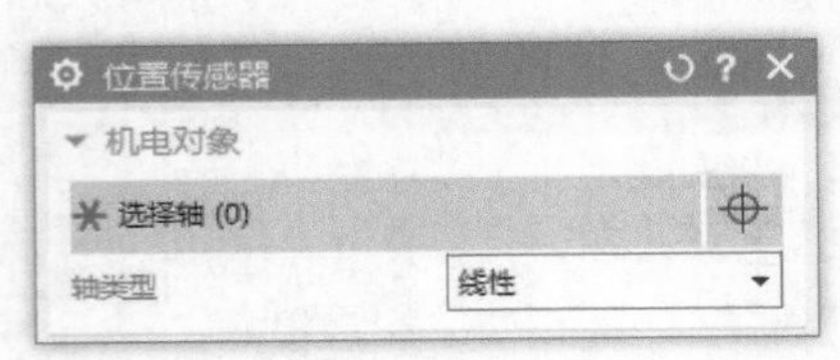

图3-30　机电对象

图3-31　名称

3. 创建

（1）方法 1　选择“机电导航器”→右击“传感器和执行器”→“新建”→“位置传感器”命令，如图 3-32 所示。

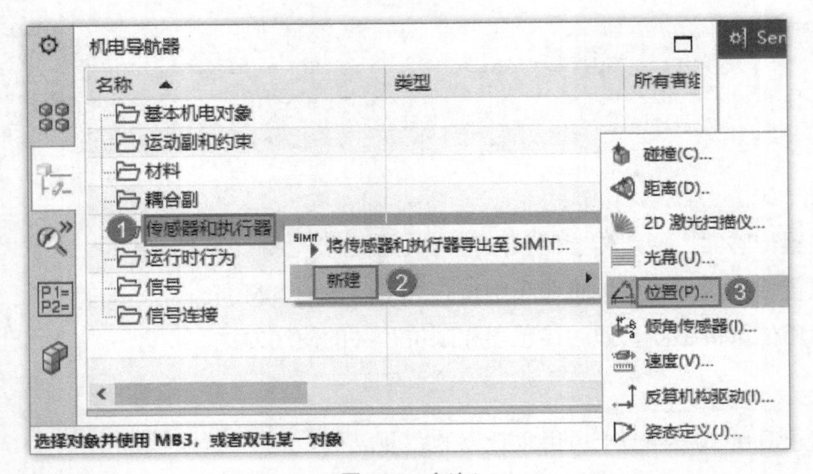

图3-32　方法1

（2）方法 2　选择“菜单”→“插入”→“传感器”→“位置传感器”命令，如图 3-33 所示。

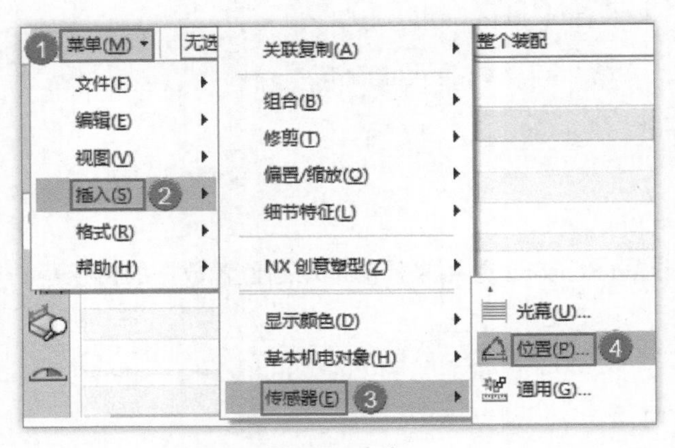

图3-33　方法2

（3）方法 3　选择“主页”选项卡→“电气”栏→“位置传感器”命令，如图 3-34 所示。

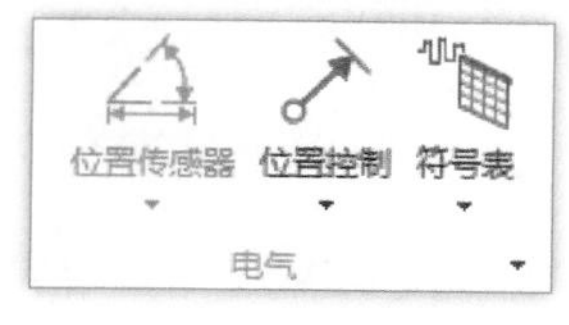

图3-34 方法3

（二）通用传感器

1. 概念

通用传感器（Generic Sensor）可检测对象的质心、线性速度及角速度等参数。

2. 参数

（1）机电对象

1）选择对象：将对象设置为通用传感器。

2）参数名称：选择要由输出表示的参数，如图 3-35 所示。

（2）名称 定义通用传感器的名称，如图 3-36 所示。

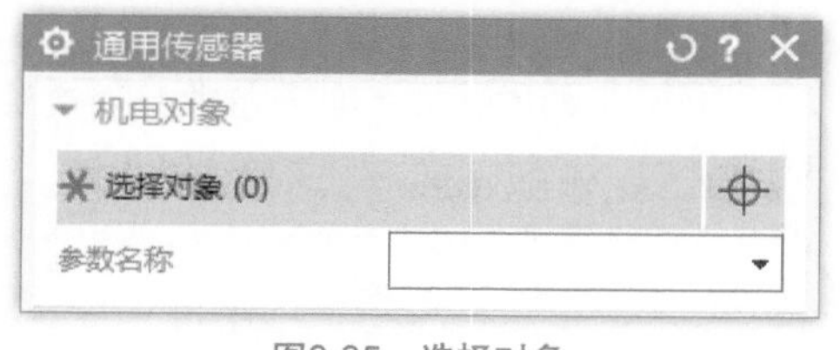

图3-35 选择对象

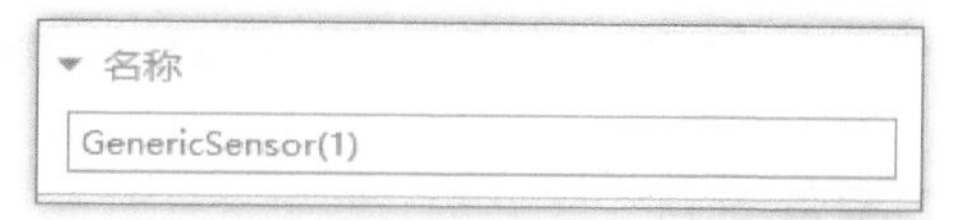

图3-36 名称

3. 创建

（1）方法 1 选择“机电导航器”→右击“传感器和执行器”→“新建”→“通用传感器”命令，如图 3-37 所示。

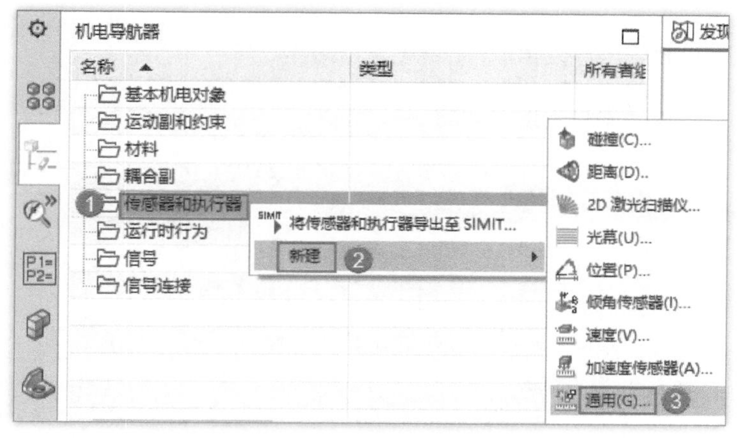

图3-37 方法1

（2）方法 2　选择“菜单”→“插入”→“传感器”→“通用传感器”命令，如图 3-38 所示。

（3）方法 3　选择“主页”选项卡→“电气”栏→“通用传感器”命令，如图 3-39 所示。

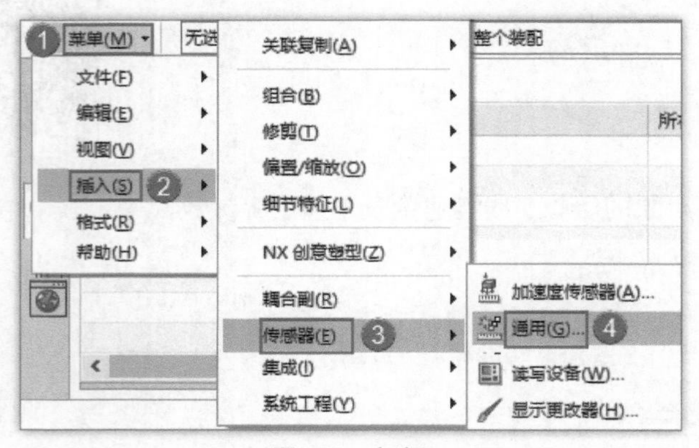

图3-38　方法2

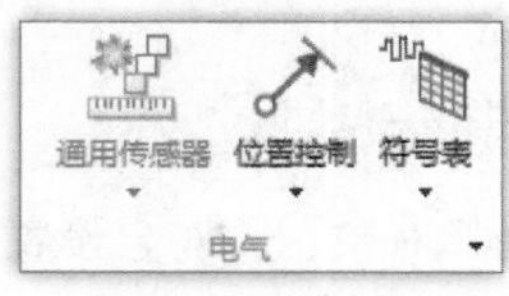

图3-39　方法3

（三）限位开关

1. 概念

限位开关（Limit Switch）可检测对象的位置、力、扭矩、速度和加速度等参数是否在设定的范围内：若在范围之内，则输出 false；若超出这个范围，则输出 true。

2. 参数

（1）机电对象

1）选择对象：选择用于检测零件的对象。

2）参数名称：选择触发输出信号变化的参数，如图 3-40 所示。

（2）限制

1）启用下限：设置下限触发值。

2）启用上限：设置上限触发值，如图 3-41 所示。

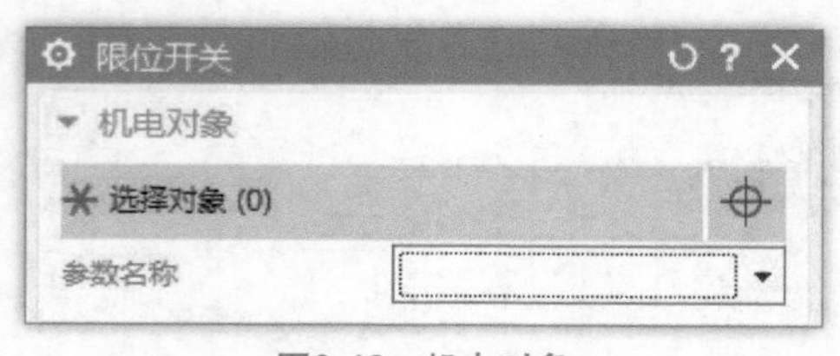

图3-40　机电对象

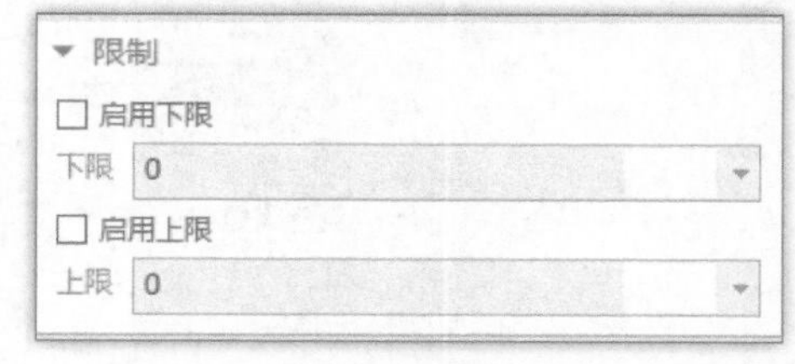

图3-41　限制

（3）名称　设置限位开关的名称，如图 3-42 所示。

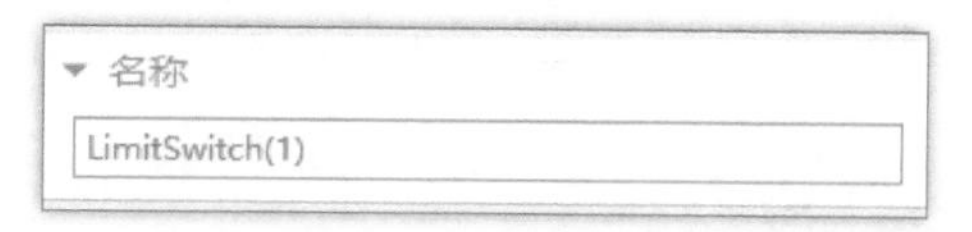

图3-42 名称

3. 创建

（1）方法1 选择“机电导航器”→右击“传感器和执行器”→“新建”→“限位开关”命令，如图3-43所示。

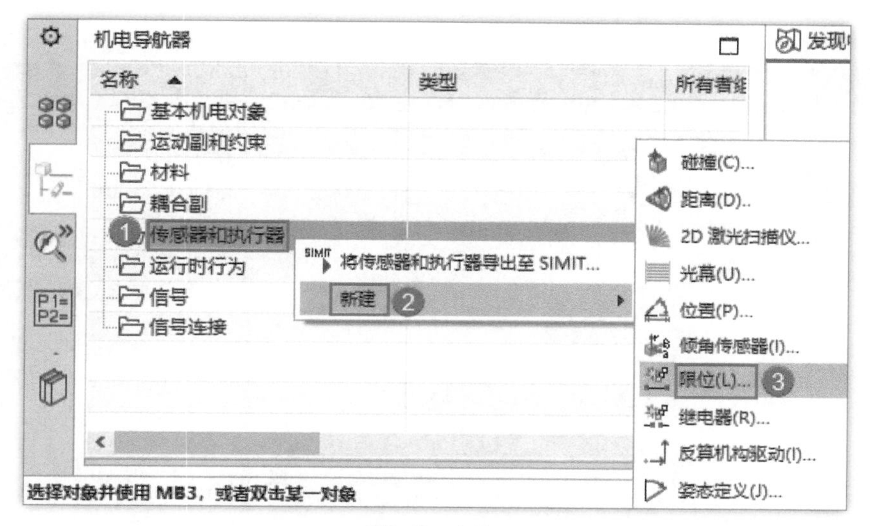

图3-43 方法1

（2）方法2 选择“菜单”→“插入”→“传感器”→“限位开关”命令，如图3-44所示。

（3）方法3 选择“主页”选项卡→“电气”栏→“限位开关”命令，如图3-45所示。

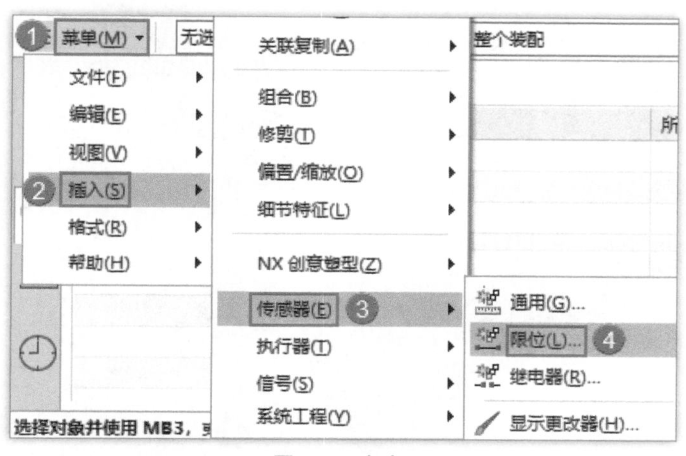

图3-44 方法2

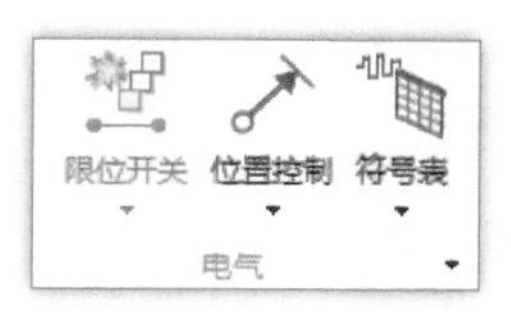

图3-45 方法3

四、任务实施

（一）位置传感器的定义

位置传感器的定义方法见表 3-6。

表 3-6　位置传感器的定义方法

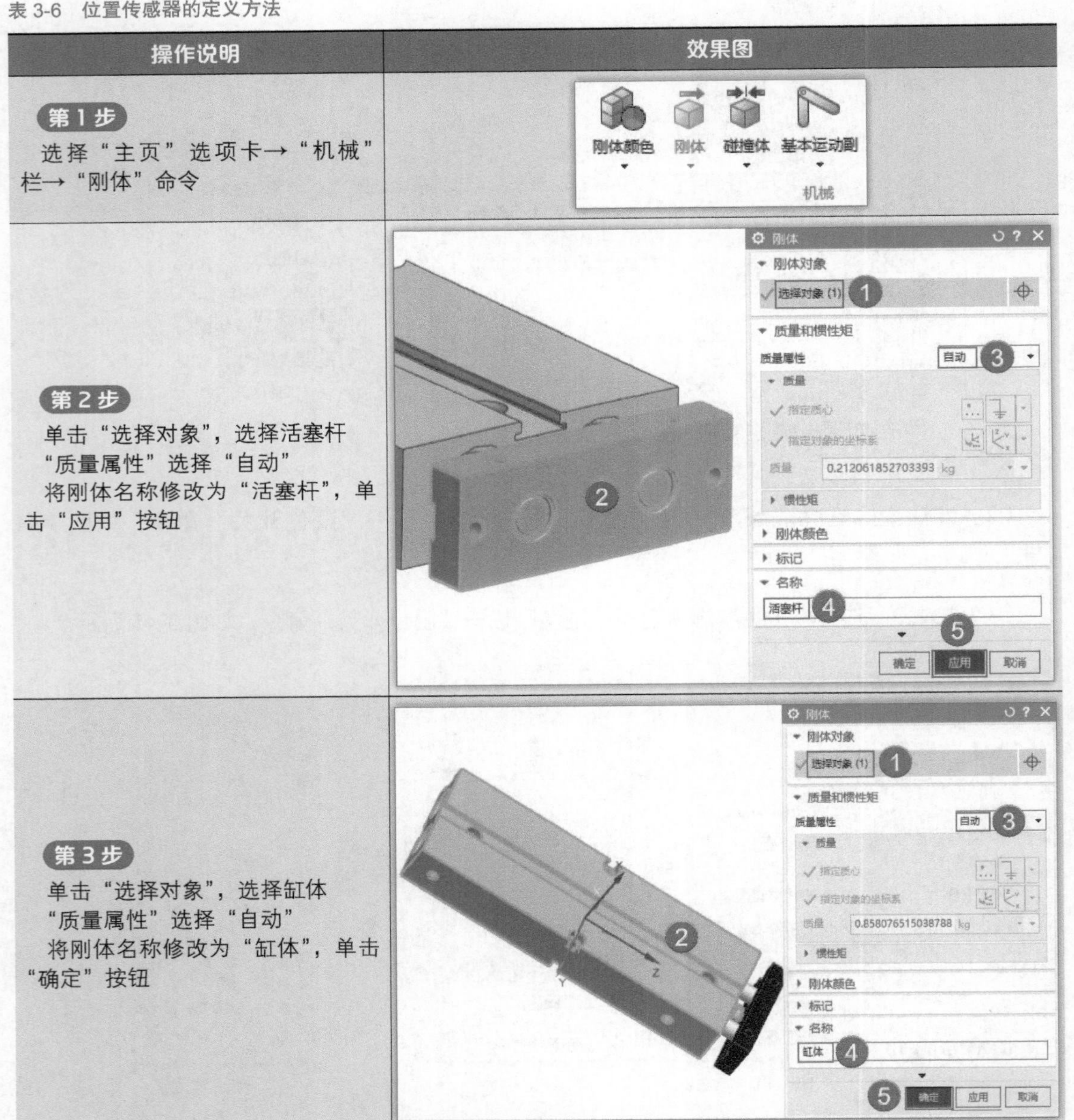

操作说明	效果图
第 1 步 选择“主页”选项卡→“机械”栏→“刚体”命令	
第 2 步 单击“选择对象”，选择活塞杆 “质量属性”选择“自动” 将刚体名称修改为“活塞杆”，单击“应用”按钮	
第 3 步 单击“选择对象”，选择缸体 “质量属性”选择“自动” 将刚体名称修改为“缸体”，单击“确定”按钮	

（续）

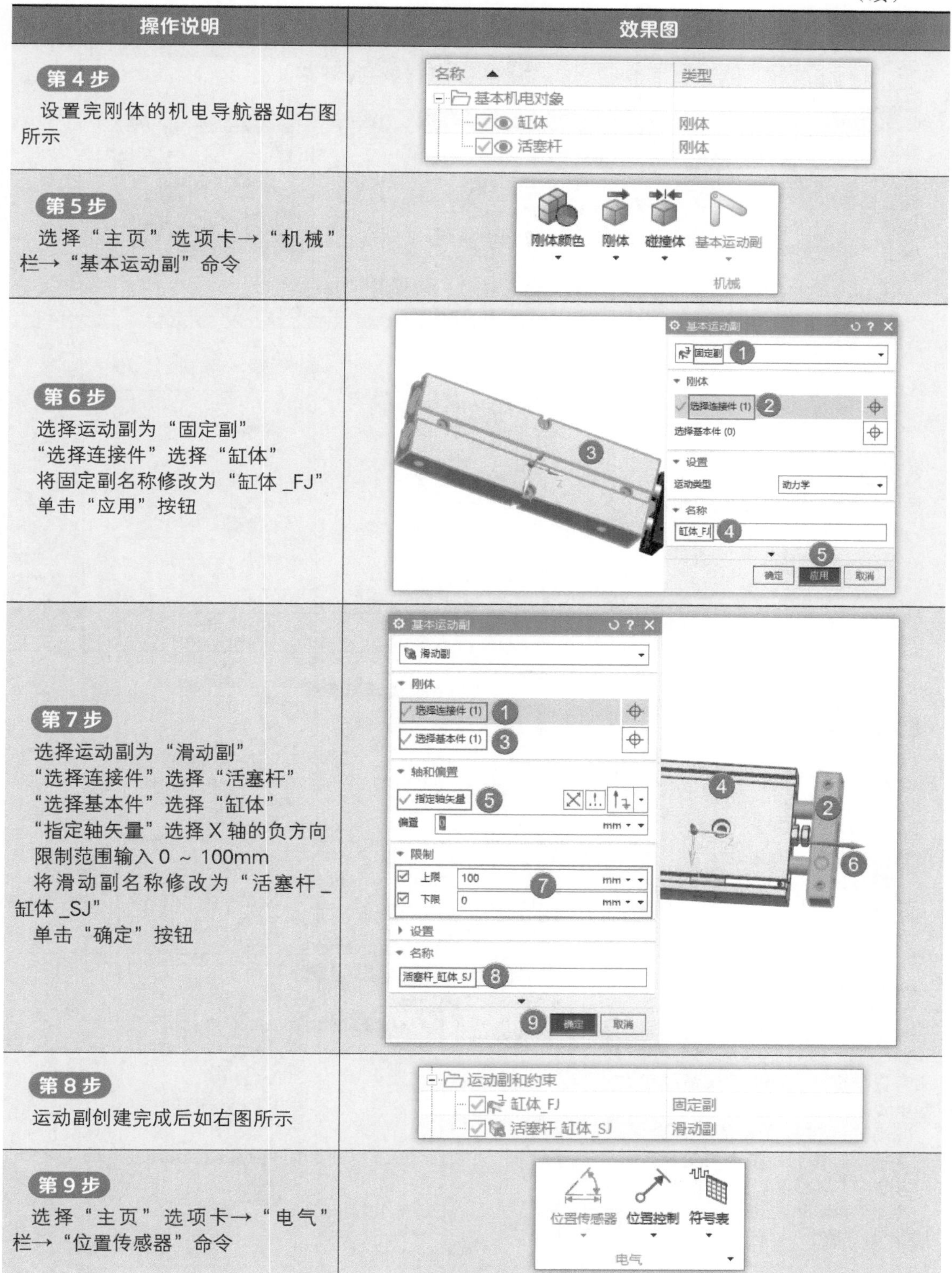

操作说明	效果图
第 4 步 设置完刚体的机电导航器如右图所示	
第 5 步 选择“主页”选项卡→“机械”栏→“基本运动副”命令	
第 6 步 选择运动副为“固定副” “选择连接件”选择“缸体” 将固定副名称修改为“缸体 _FJ” 单击“应用”按钮	
第 7 步 选择运动副为“滑动副” “选择连接件”选择“活塞杆” “选择基本件”选择“缸体” “指定轴矢量”选择 X 轴的负方向 限制范围输入 0 ~ 100mm 将滑动副名称修改为“活塞杆 _缸体 _SJ” 单击“确定”按钮	
第 8 步 运动副创建完成后如右图所示	
第 9 步 选择“主页”选项卡→“电气”栏→“位置传感器”命令	

（续）

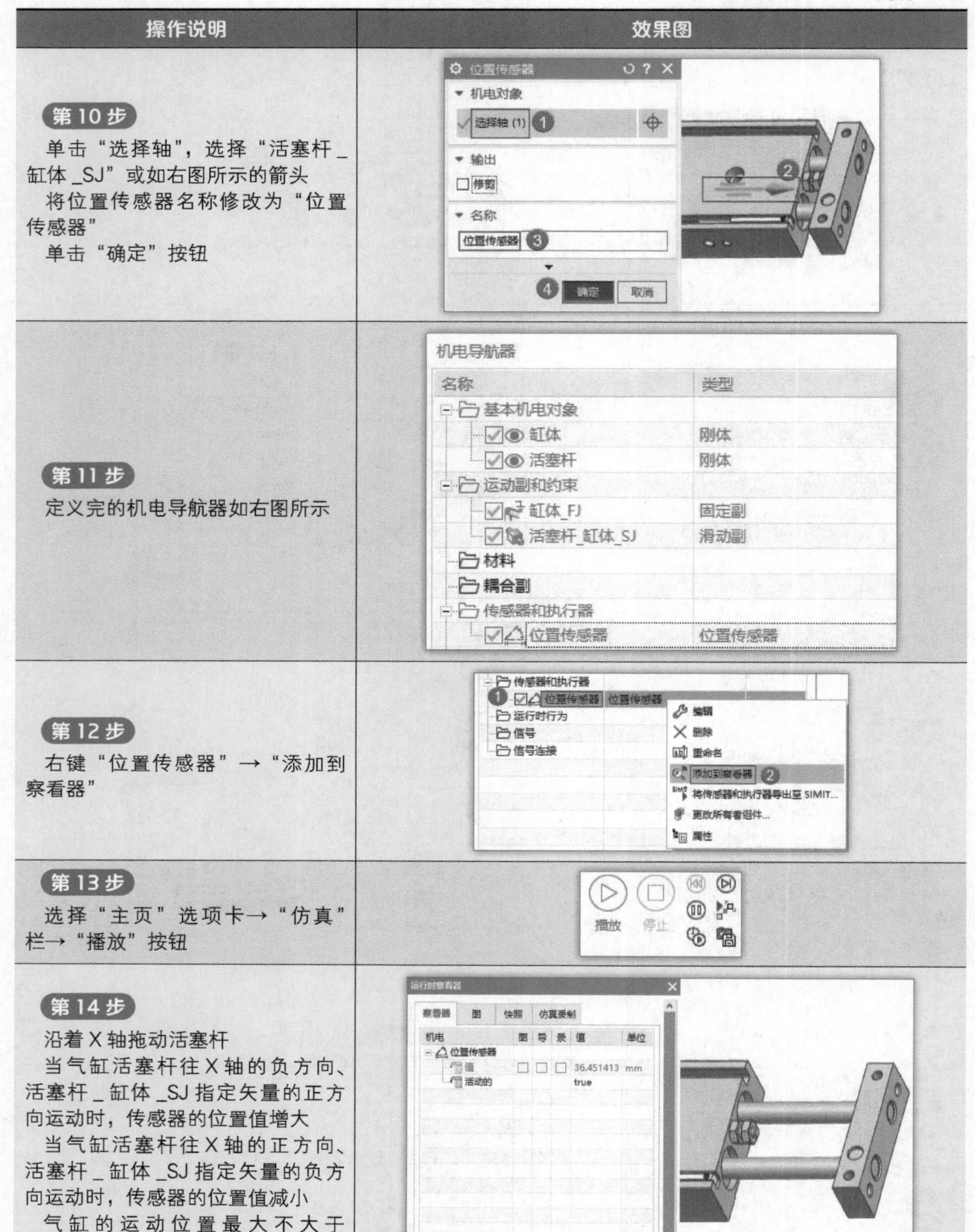

操作说明	效果图
第 10 步 单击“选择轴”，选择“活塞杆 _ 缸体 _SJ”或如右图所示的箭头 将位置传感器名称修改为“位置传感器” 单击“确定”按钮	
第 11 步 定义完的机电导航器如右图所示	
第 12 步 右键“位置传感器”→“添加到察看器”	
第 13 步 选择“主页”选项卡→“仿真”栏→“播放”按钮	
第 14 步 沿着 X 轴拖动活塞杆 当气缸活塞杆往 X 轴的负方向、活塞杆 _ 缸体 _SJ 指定矢量的正方向运动时，传感器的位置值增大 当气缸活塞杆往 X 轴的正方向、活塞杆 _ 缸体 _SJ 指定矢量的负方向运动时，传感器的位置值减小 气缸的运动位置最大不大于 100mm，最小不小于 0mm	

（续）

操作说明	效果图
第 15 步 选择“主页”选项卡→“仿真”栏→“停止”按钮，结束仿真运行	

（二）通用传感器与限位开关的定义

通用传感器与限位开关的定义方法见表 3-7。

表 3-7　通用传感器与限位开关的定义方法

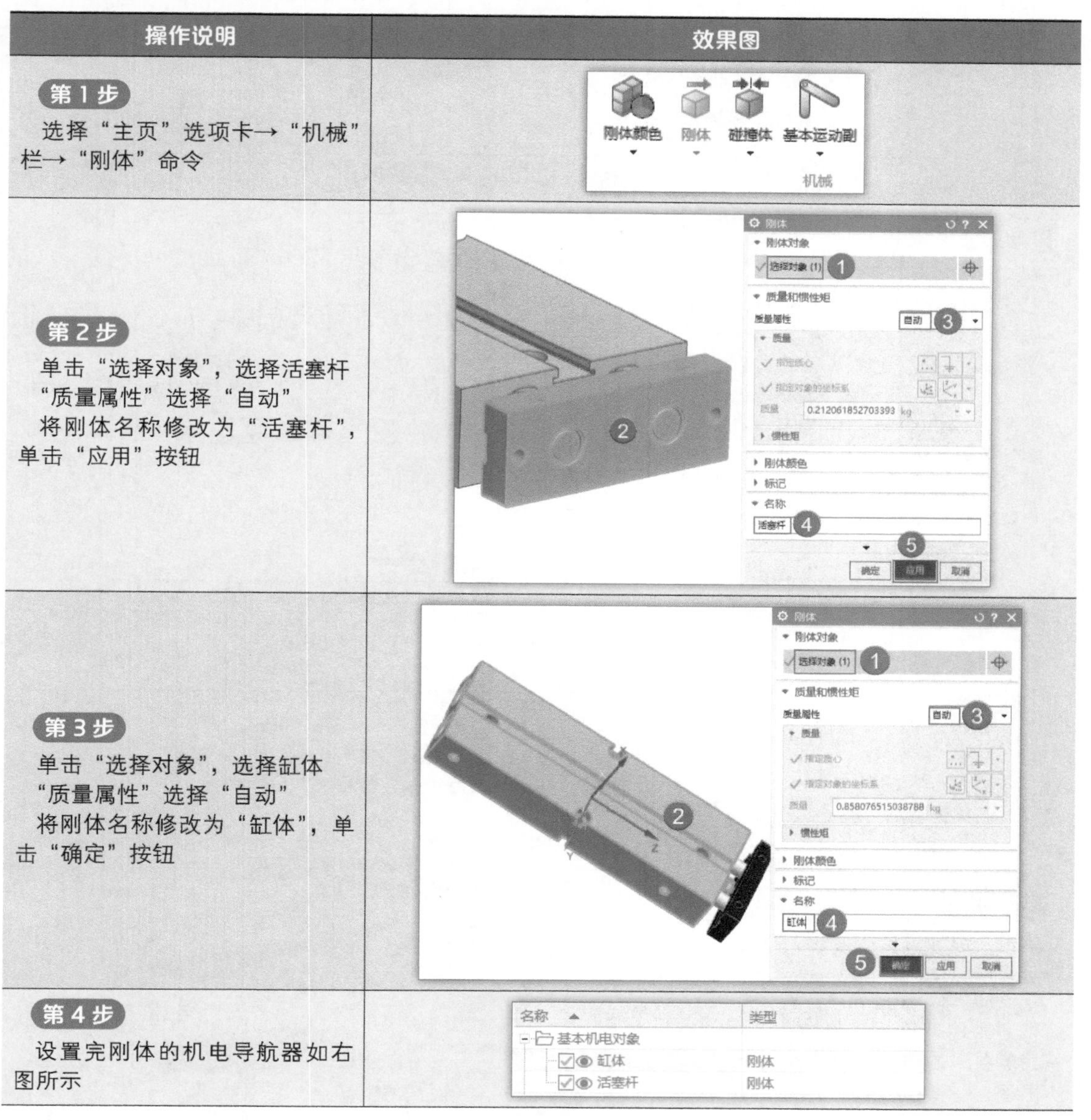

操作说明	效果图
第 1 步 选择“主页”选项卡→“机械”栏→“刚体”命令	
第 2 步 单击“选择对象”，选择活塞杆 “质量属性”选择“自动” 将刚体名称修改为“活塞杆”，单击“应用”按钮	
第 3 步 单击“选择对象”，选择缸体 “质量属性”选择“自动” 将刚体名称修改为“缸体”，单击“确定”按钮	
第 4 步 设置完刚体的机电导航器如右图所示	

（续）

操作说明	效果图
第 5 步 选择“主页”选项卡→“机械”栏→“基本运动副”命令	
第 6 步 选择运动副为“固定副” “选择连接件”选择“缸体” 将固定副名称修改为“缸体 _FJ” 单击“应用”按钮	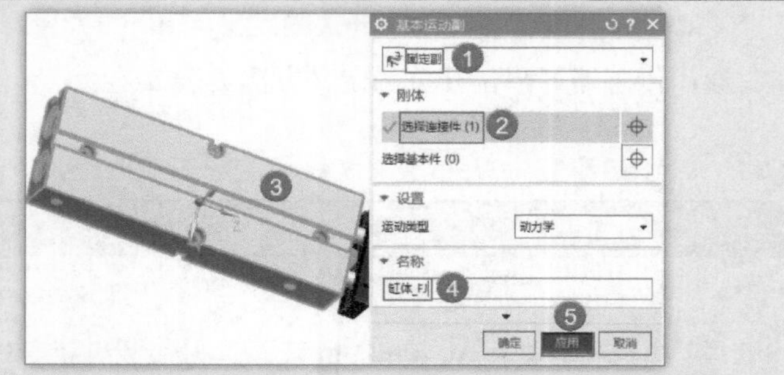
第 7 步 选择运动副为“滑动副” “选择连接件”选择“活塞杆” “选择基本件”选择“缸体” “指定轴矢量”选择 X 轴的负方向 限制范围输入 0 ~ 100mm 将滑动副名称修改为“活塞杆 _ 缸体 _SJ” 单击“确定”按钮	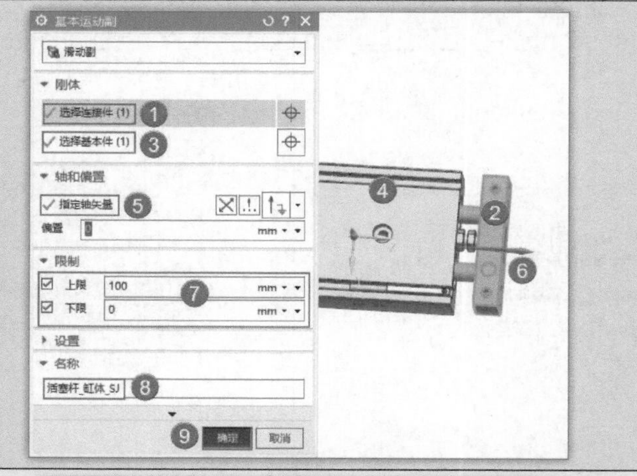
第 8 步 运动副创建完成后如右图所示	
第 9 步 选择“主页”选项卡→“电气”栏→“通用传感器”命令	
第 10 步 单击“选择对象”，选择“活塞杆 _ 缸体 _SJ” “参数名称”设置为“位置” 将通用传感器名称修改为“通用传感器” 单击“确定”按钮	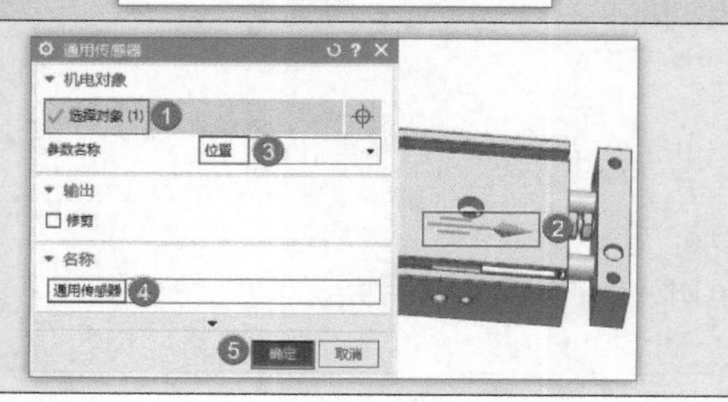

（续）

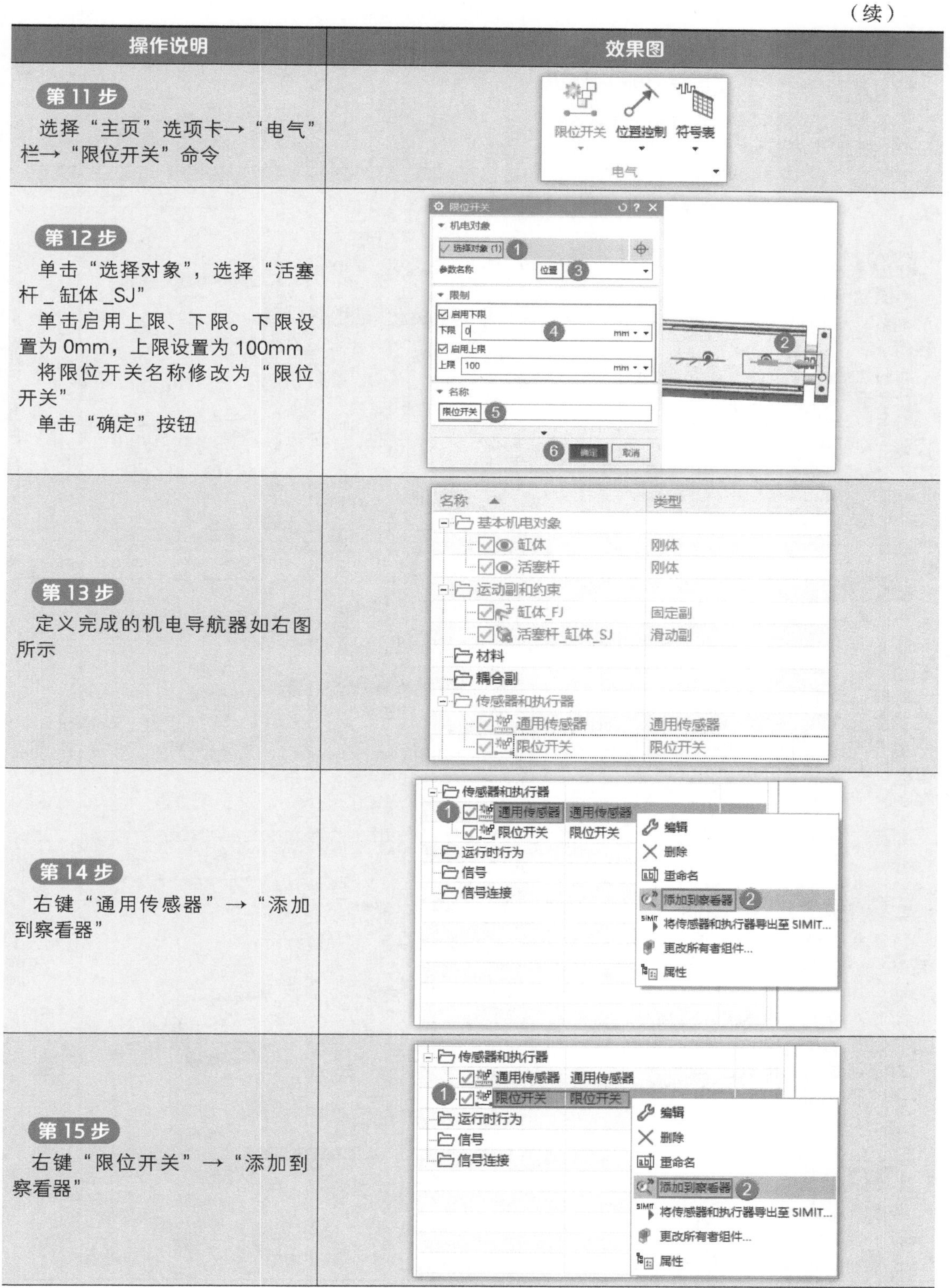

操作说明	效果图
第 11 步 选择“主页”选项卡→“电气”栏→“限位开关”命令	
第 12 步 单击“选择对象”，选择“活塞杆 _ 缸体 _SJ” 单击启用上限、下限。下限设置为 0mm，上限设置为 100mm 将限位开关名称修改为“限位开关” 单击“确定”按钮	
第 13 步 定义完成的机电导航器如右图所示	
第 14 步 右键“通用传感器”→“添加到察看器”	
第 15 步 右键“限位开关”→“添加到察看器”	

（续）

操作说明	效果图
第 16 步 选择“主页”选项卡→“仿真”栏→“播放”按钮	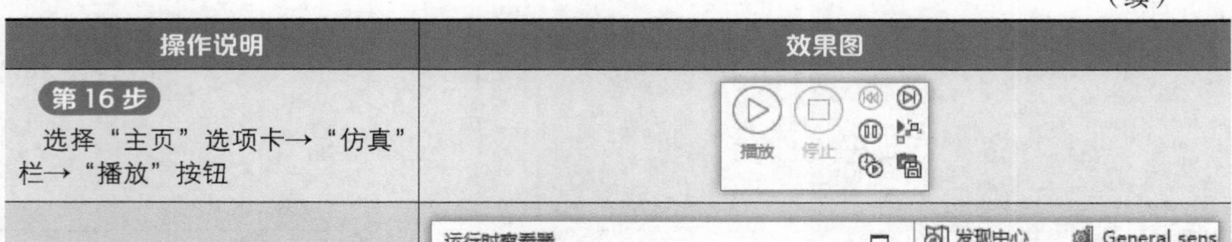
第 17 步 将活塞杆沿着 X 的正方向，即活塞杆 _ 缸体 _SJ 矢量的负方向移动 此时，通用传感器显示活塞杆的位置值为 –0.058179mm 由于已达到下限位值 0mm，故限位开关切换值显示 true	
第 18 步 将活塞杆沿着 X 的负方向，即活塞杆 _ 缸体 _SJ 矢量的正方向移动 此时，通用传感器显示活塞杆的位置值为 76.417908mm 由于未达到限位值 0mm 和 100mm，故限位开关切换值显示 false	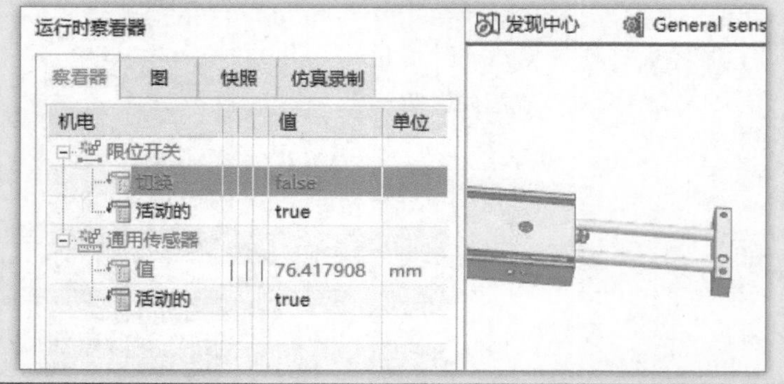
第 19 步 将活塞杆沿着 X 的负方向，即活塞杆 _ 缸体 _SJ 矢量的正方向移动 此时，通用传感器显示活塞杆的位置值为 100.100410mm 由于已达到上限位值 100mm，故限位开关切换值显示 true	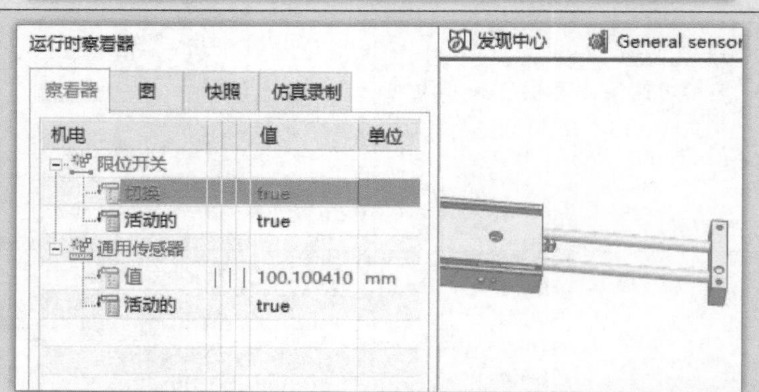
第 20 步 选择“主页”选项卡→“仿真”栏→“停止”按钮，结束仿真运行	

任务4 MCD内部控制逻辑编写

一、任务描述

本任务中读者通过学习NX 1984软件，应掌握内部控制逻辑的编写，通过信号适配器的配合和仿真序列的执行与触发，完成夹爪动作的循环，如图3-46所示。

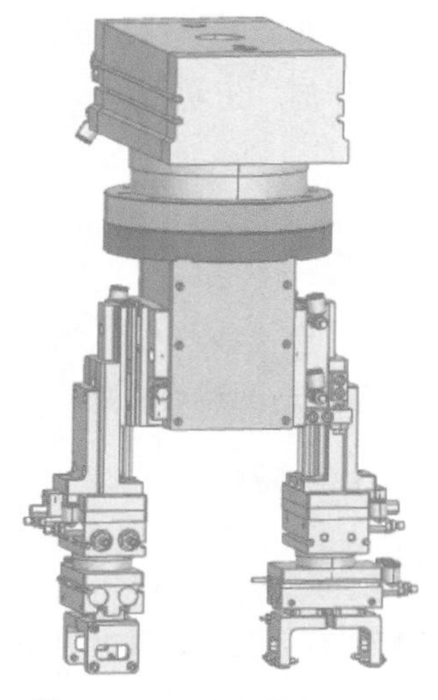

图3-46 双工位旋转夹爪机构

二、任务目标

技能目标：

1. 了解信号适配器、仿真序列的概念。
2. 理解信号适配器、仿真序列各参数的含义。
3. 掌握信号适配器、仿真序列的使用方法。

素养目标：

1. 树立为实现中国梦而努力奋斗的理想。

2. 弘扬中国传统文化、培养大国工匠，树立民族自豪和文化自信的爱国主义情操。

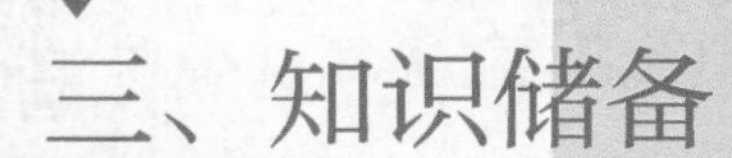

三、知识储备

（一）信号适配器

1. 概念

信号适配器（Signal Adapter）的作用是通过对数据的判断或者处理，为 NX 对象提供新的信号，以支持对运动或者行为的控制，新的信号也能够输出到外部设备或其他 NX 模型中。

在某种程度上，信号适配器可以看作是一种生成信号的形成逻辑组织管理方式，由它提供的数据参与到运算过程中，获得计算结果后产生新的信号，再把新信号通过输出连接传送给外界或者 NX 模型系统中去。

2. 参数

（1）参数

1）选择机电对象：选择要添加到信号适配器的参数的机电对象。

2）参数名称：显示选定物理对象中的参数。

3）添加参数：将参数添加到参数表中。

4）参数表：显示添加的参数及其所有属性值，并允许更改这些值，如图 3-47 所示。

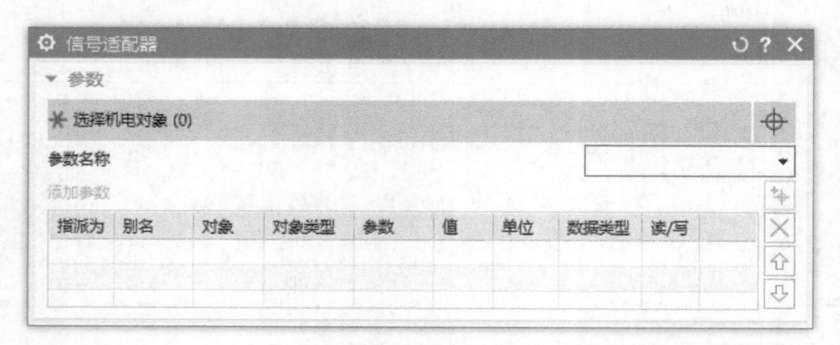

图3-47　参数

（2）信号

1）添加：在信号表中添加一个信号。

2）信号表：显示添加的信号及其所有属性值，并允许更改这些值，如图 3-48 所示。

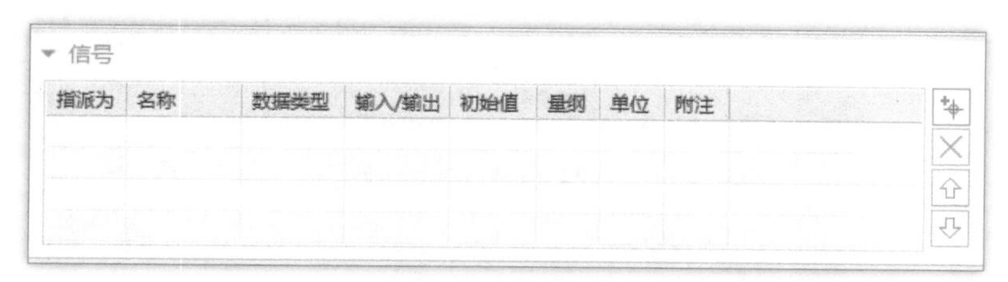

图3-48　信号

（3）公式

1）添加：将在“公式”框中显示的公式分配给选定的参数或信号。添加一个新公式，以便使用一个公式作为另一个函数中的变量。

2）公式表：当在各自的表中选择（勾选）信号或参数旁边的复选框时，信号或参数将被添加到该表中，允许为信号和参数分配一个公式。注意：输出信号可以是一个或多个参数或信号的函数；输入信号只能用在公式中，不能赋值给公式，参数可以是一个或多个参数或信号的函数。

3）公式框：允许选择、键入或编辑公式。

4）插入函数：向选定的参数或信号添加新函数。

5）条件语句：向选定的参数或信号添加新的条件语句，如图 3-49 所示。

图3-49　公式

（4）名称　定义信号适配器的名称，如图 3-50 所示。

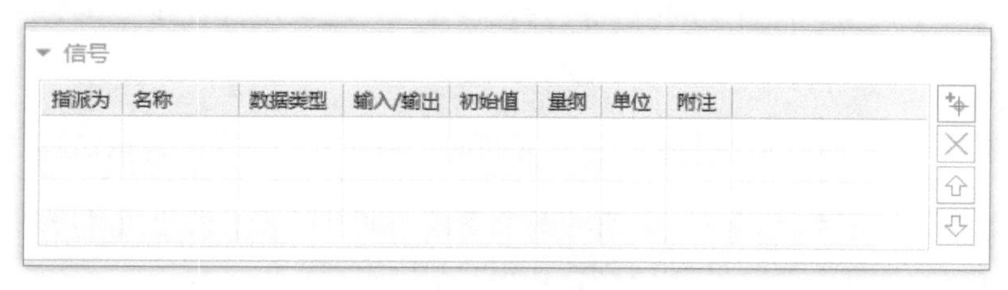

图3-50　名称

3. 创建

（1）方法 1　选择“机电导航器”→右击“信号”→“新建”→“信号适配器”命令，如

图 3-51 所示。

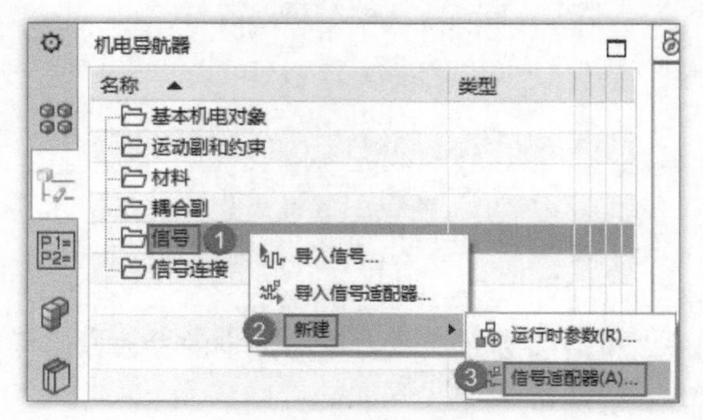

图3-51　方法1

（2）方法 2　选择“菜单”→“插入”→“信号”→“信号适配器”命令，如图 3-52 所示。

（3）方法 3　选择“主页”选项卡→“电气”栏→“信号适配器”命令，如图 3-53 所示。

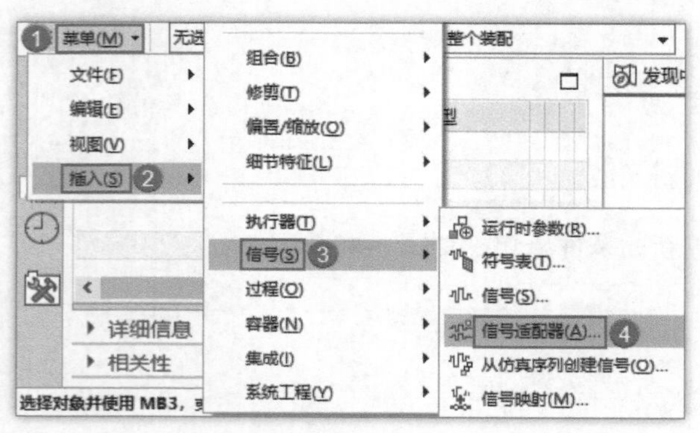

图3-52　方法2

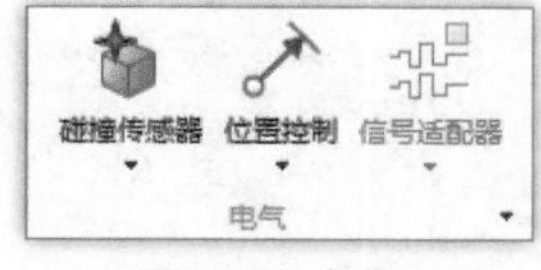

图3-53　方法3

（二）仿真序列

1. 概念

仿真序列是 NX 中的控制元素，通常使用仿真序列来控制执行机构（如速度控制中的速度、位置控制中的位置等）、运动副（如移动副的连接件）等。除此以外，在仿真序列中还可以创建条件语句来确定何时触发改变。

NX 中的仿真序列有两种基本类型：基于时间的仿真序列和基于事件的仿真序列。

在仿真对象中，每个对象都有一个或者多个参数，都可以通过创建仿真序列进行修改预设值。总之，可以通过仿真序列控制 NX MCD 中的任何对象。

2. 参数

（1）机电对象　选择对象：选择需要修改参数值的对象，例如速度控制、滑动副等，如图 3-54 所示。

（2）持续时间　时间：指定该仿真序列的持续时间，如图 3-55 所示。

图3-54　机电对象

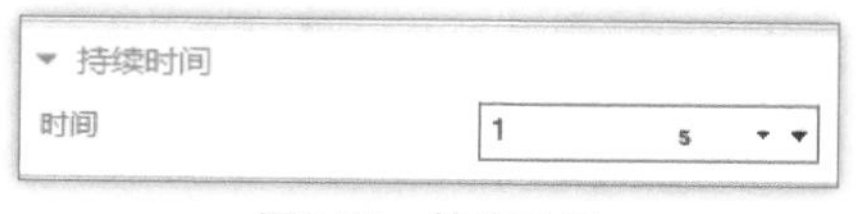

图3-55　持续时间

（3）运行时参数

1）设置：当“类型”设置为“操作”时可用。图 3-56 所示为选定机电对象时的运行时参数。

2）名称：运行时参数的名称。

3）输入 / 输出：定义该参数是否可以被 NX 之外的软件识别。

（4）条件　选择对象：选择条件对象，以这个对象的一个或多个参数创建条件表达式，可以控制这个仿真序列是否执行，如图 3-57 所示。

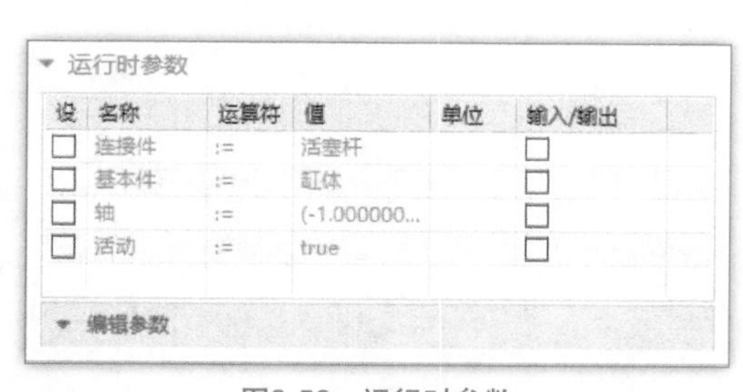

图3-56　运行时参数

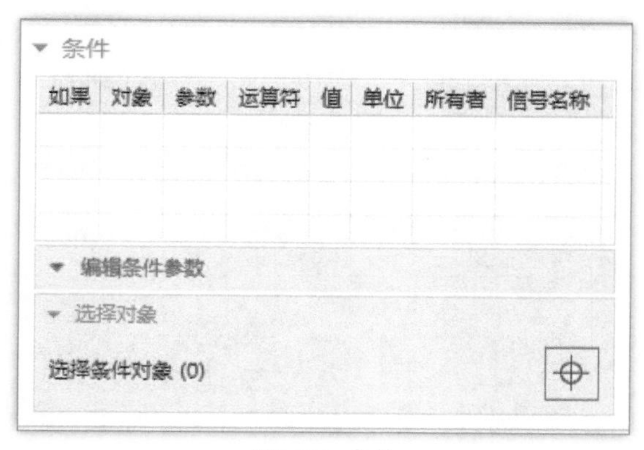

图3-57　条件

（5）名称　定义仿真序列的名称，如图 3-58 所示。

图3-58　名称

3. 创建

（1）方法 1　在“序列编辑器”中右击任意处，单击“添加仿真序列”命令，如图 3-59 所示。

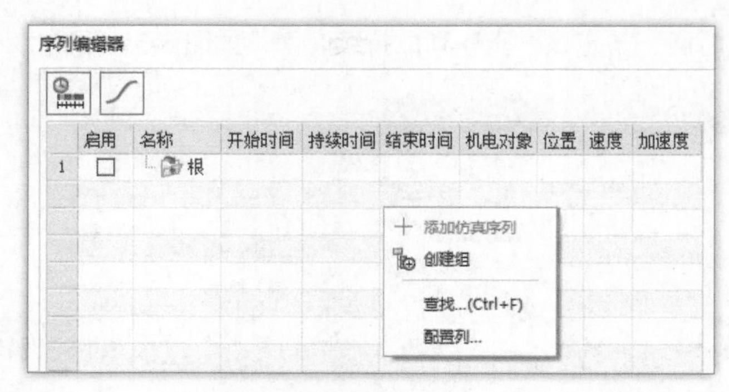

图3-59　方法1

（2）方法 2　选择“菜单”→“插入”→“过程”→“仿真序列”命令，如图 3-60 所示。

（3）方法 3　选择“主页”选项卡→“自动化”栏→“仿真序列”命令，如图 3-61 所示。

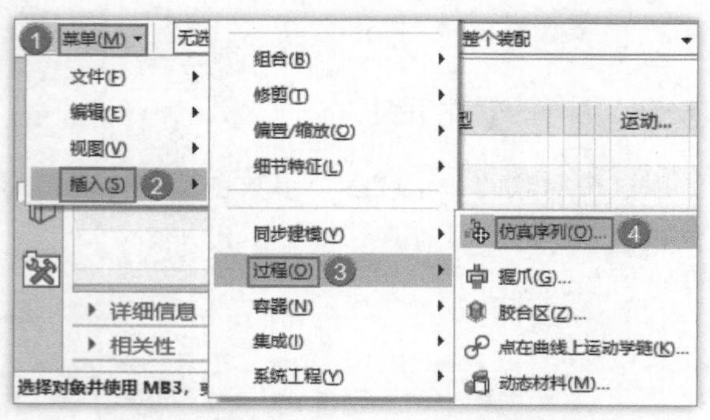

图3-60　方法2

图3-61　方法3

四、任务实施

（一）基本机电对象的定义

基本机电对象的定义步骤见表 3-8 所示。

表 3-8　基本机电对象的定义步骤

操作说明	效果图
第 1 步 选择“主页”选项卡→“机械”栏→“刚体”命令	

（续）

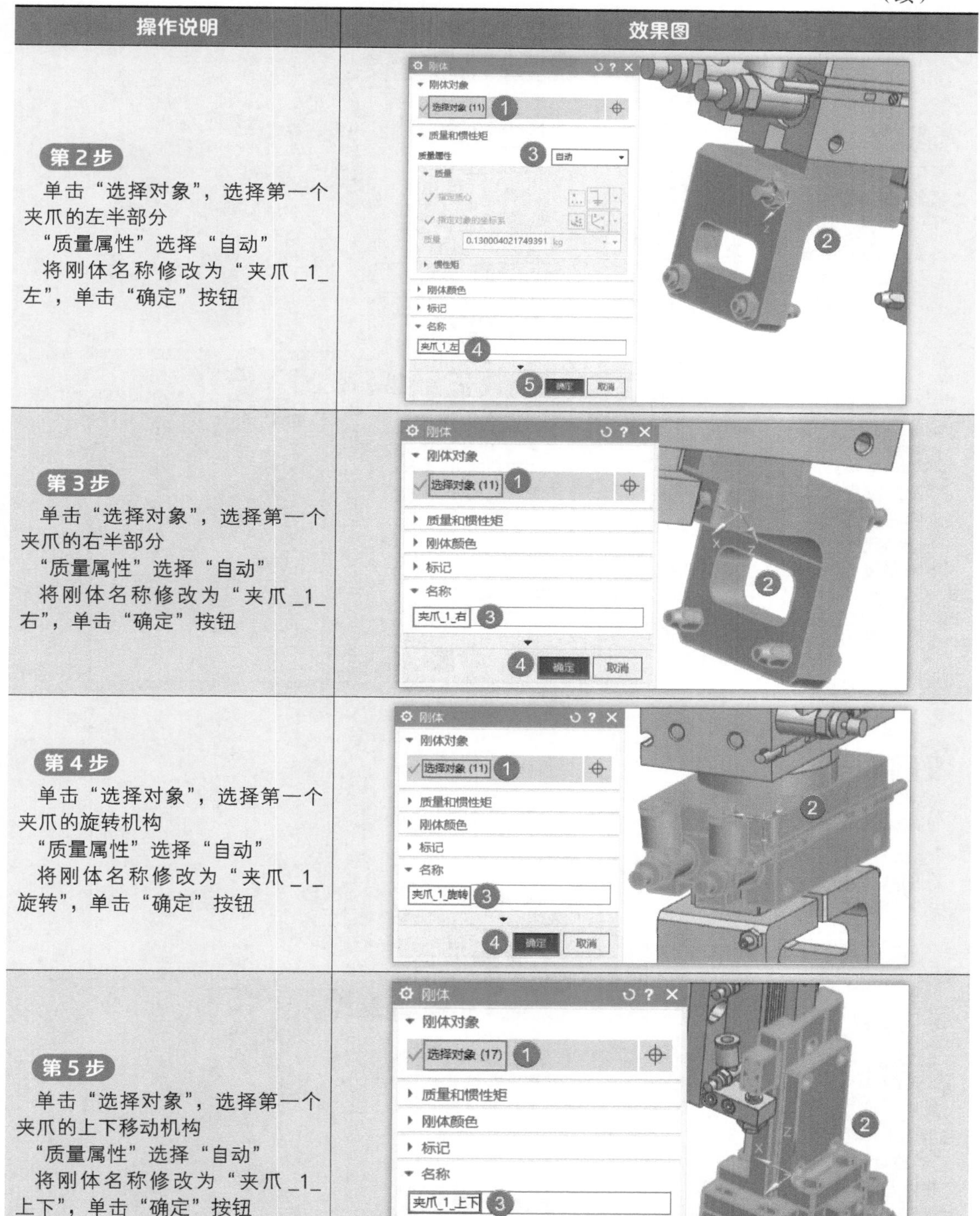

操作说明	效果图
第 2 步 单击“选择对象”，选择第一个夹爪的左半部分 “质量属性”选择“自动” 将刚体名称修改为“夹爪 _1_ 左”，单击“确定”按钮	
第 3 步 单击“选择对象”，选择第一个夹爪的右半部分 “质量属性”选择“自动” 将刚体名称修改为“夹爪 _1_ 右”，单击“确定”按钮	
第 4 步 单击“选择对象”，选择第一个夹爪的旋转机构 “质量属性”选择“自动” 将刚体名称修改为“夹爪 _1_ 旋转”，单击“确定”按钮	
第 5 步 单击“选择对象”，选择第一个夹爪的上下移动机构 “质量属性”选择“自动” 将刚体名称修改为“夹爪 _1_ 上下”，单击“确定”按钮	

（续）

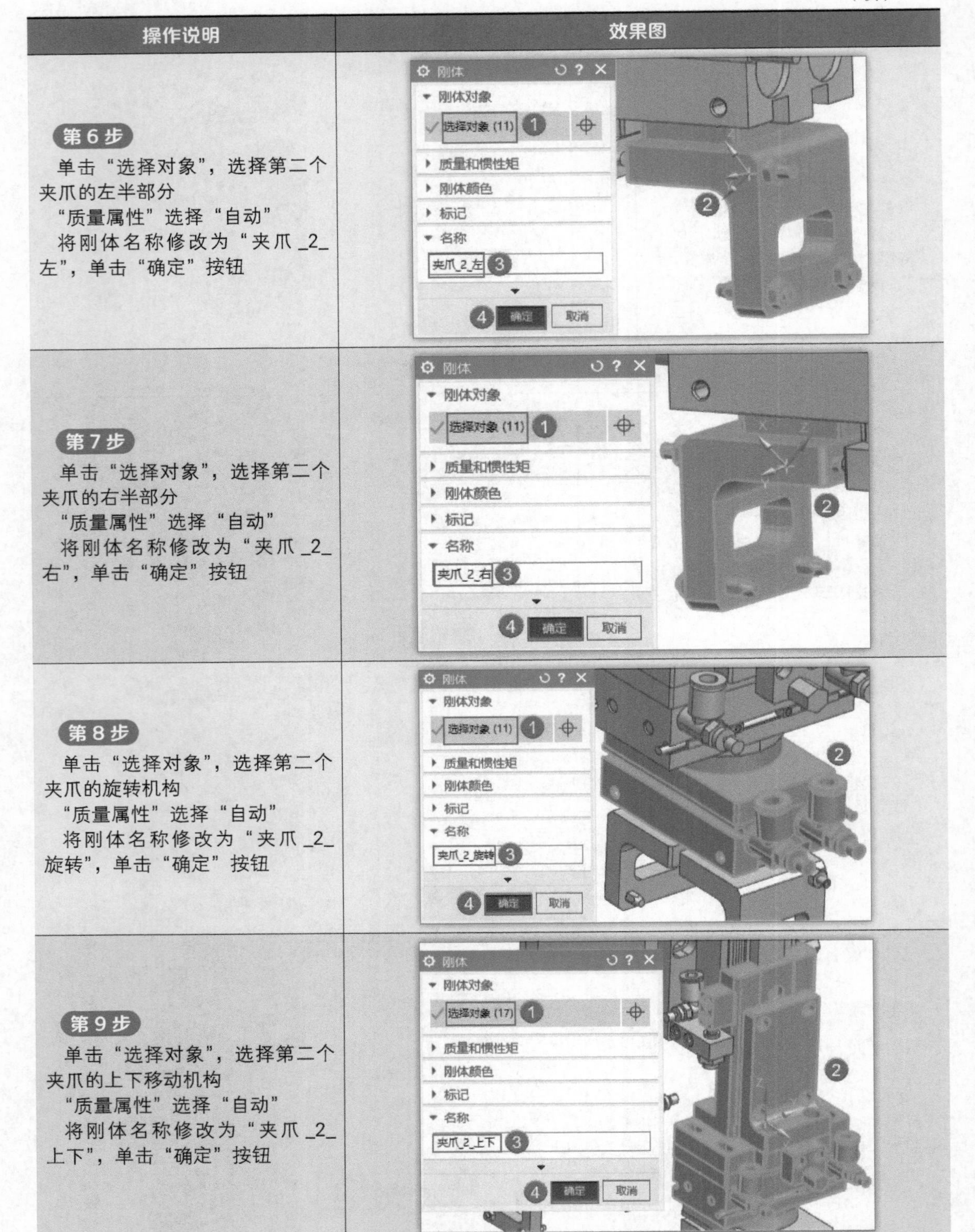

操作说明	效果图
第 6 步 单击“选择对象”，选择第二个夹爪的左半部分 “质量属性”选择“自动” 将刚体名称修改为“夹爪_2_左”，单击“确定”按钮	
第 7 步 单击“选择对象”，选择第二个夹爪的右半部分 “质量属性”选择“自动” 将刚体名称修改为“夹爪_2_右”，单击“确定”按钮	
第 8 步 单击“选择对象”，选择第二个夹爪的旋转机构 “质量属性”选择“自动” 将刚体名称修改为“夹爪_2_旋转”，单击“确定”按钮	
第 9 步 单击“选择对象”，选择第二个夹爪的上下移动机构 “质量属性”选择“自动” 将刚体名称修改为“夹爪_2_上下”，单击“确定”按钮	

（续）

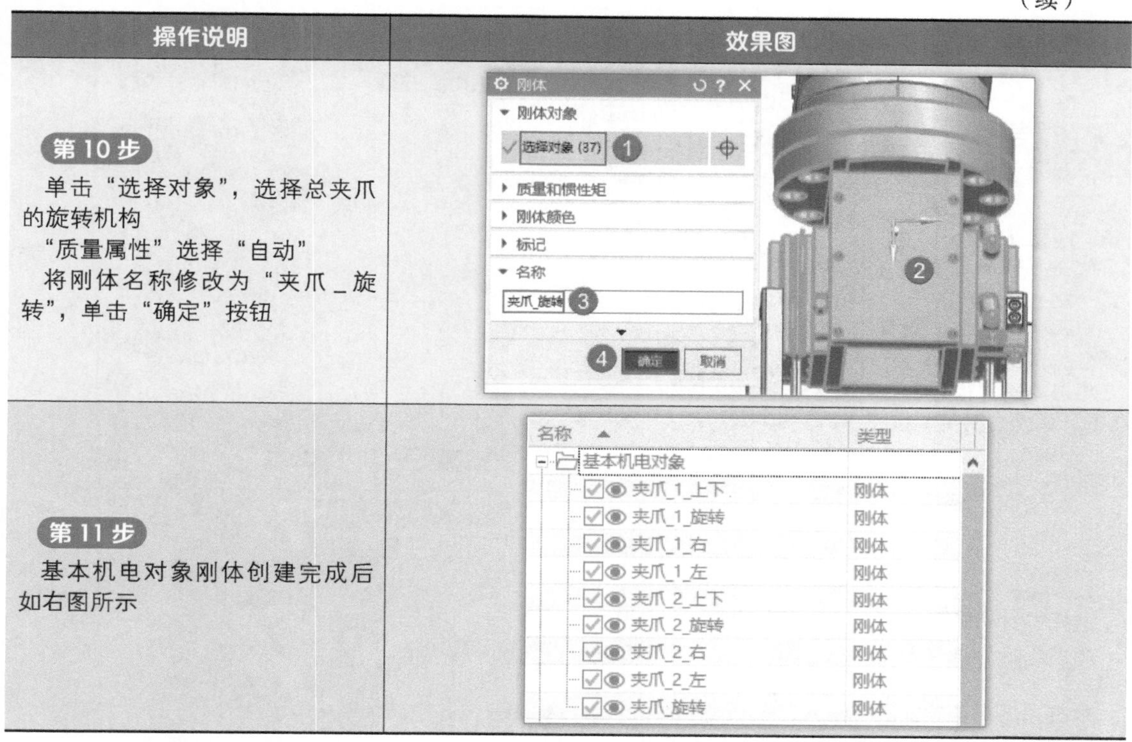

操作说明	效果图
第 10 步 单击“选择对象”，选择总夹爪的旋转机构 “质量属性”选择“自动” 将刚体名称修改为“夹爪 _ 旋转”，单击“确定”按钮	
第 11 步 基本机电对象刚体创建完成后如右图所示	

（二）运动副的定义

运动副的定义步骤见表 3-9。

表 3-9　运动副的定义步骤

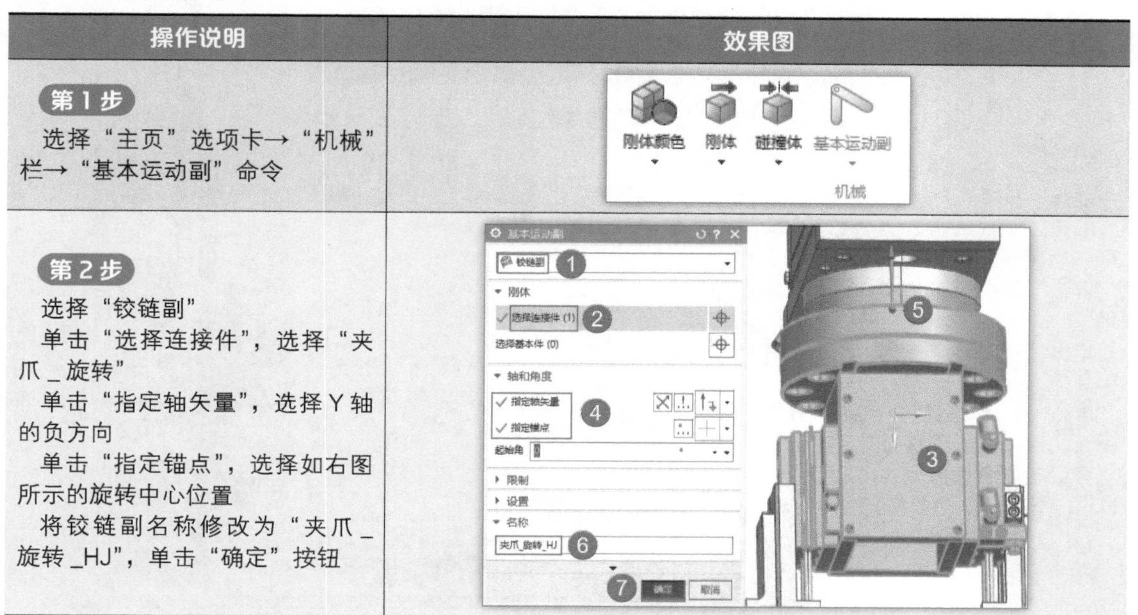

操作说明	效果图
第 1 步 选择“主页”选项卡→“机械”栏→“基本运动副”命令	
第 2 步 选择“铰链副” 单击“选择连接件”，选择“夹爪 _ 旋转” 单击“指定轴矢量”，选择 Y 轴的负方向 单击“指定锚点”，选择如右图所示的旋转中心位置 将铰链副名称修改为“夹爪 _ 旋转 _HJ”，单击“确定”按钮	

（续）

操作说明	效果图
第 3 步 选择“滑动副” 单击“选择连接件”，选择“夹爪 _1_ 上下” 单击“选择基本件”，选择“夹爪 _ 旋转” 单击“指定轴矢量”，选择 Y 轴的负方向 将滑动副名称修改为“上下 _1_SJ”，单击“确定”按钮	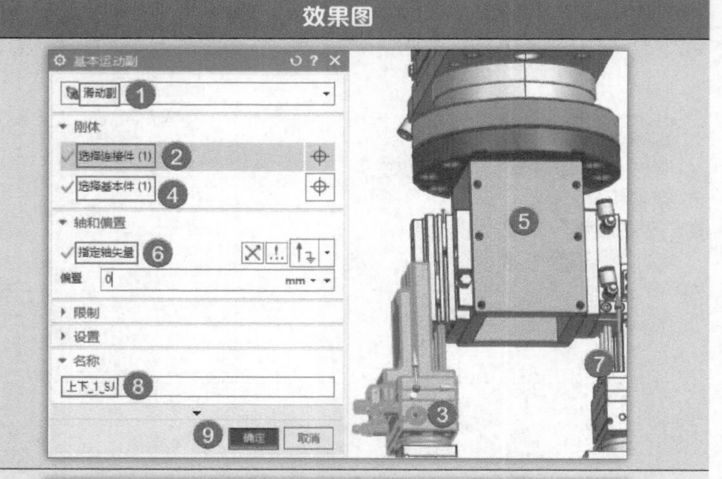
第 4 步 选择“滑动副” 单击“选择连接件”，选择“夹爪 _2_ 上下” 单击“选择基本件”，选择“夹爪 _ 旋转” 单击“指定轴矢量”，选择 Y 轴的负方向 将滑动副名称修改为“上下 _2_SJ”，单击“确定”按钮	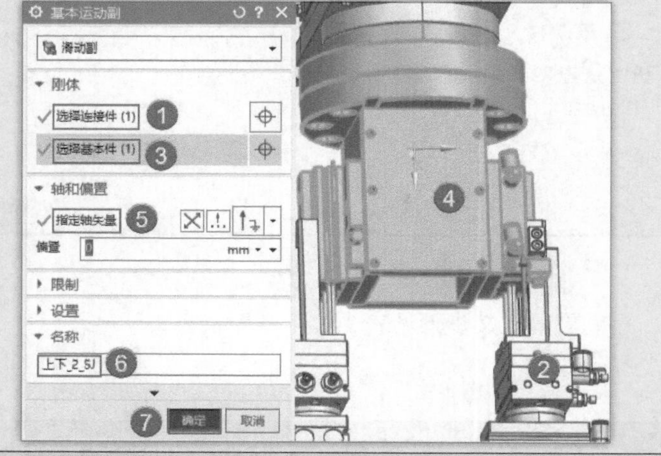
第 5 步 选择“铰链副” 单击“选择连接件”，选择“夹爪 _1_ 旋转” 单击“选择基本件”，选择“夹爪 _1_ 上下” 单击“指定轴矢量”，选择 Y 轴的负方向 单击“指定锚点”，选择如右图所示的旋转中心位置 将铰链副名称修改为“旋转 _1_HJ”，单击“确定”按钮	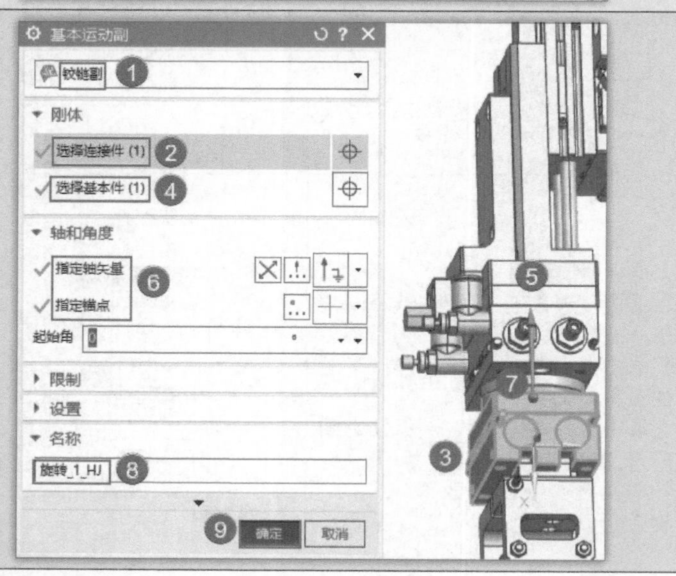

（续）

操作说明	效果图
第 6 步 选择“铰链副” 单击“选择连接件”，选择“夹爪_2_旋转” 单击“选择基本件”，选择“夹爪_2_上下” 单击“指定轴矢量”，选择 Y 轴的负方向 单击“指定锚点”，选择如右图所示的旋转中心位置 将铰链副名称修改为“旋转_2_HJ”，单击“确定”按钮	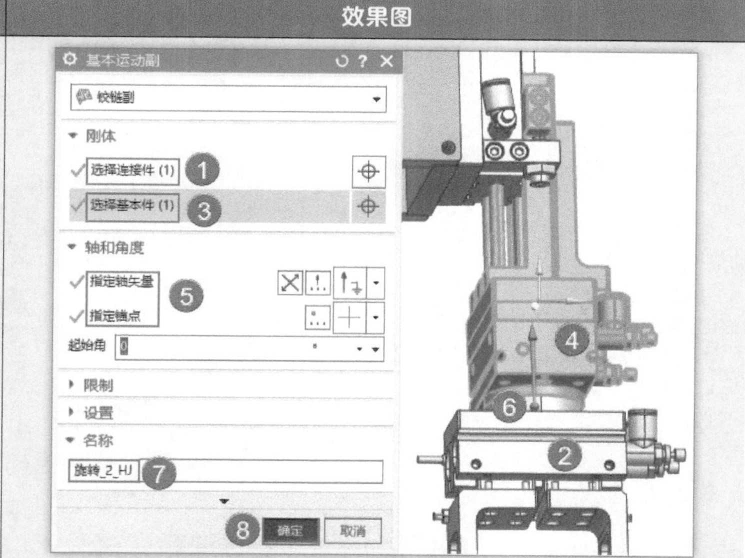
第 7 步 选择“滑动副” 单击“选择连接件”，选择“夹爪_1_左” 单击“选择基本件”，选择“夹爪_1_旋转” 单击“指定轴矢量”，选择 Z 轴的负方向 将滑动副名称修改为“左_1_SJ”，单击“确定”按钮	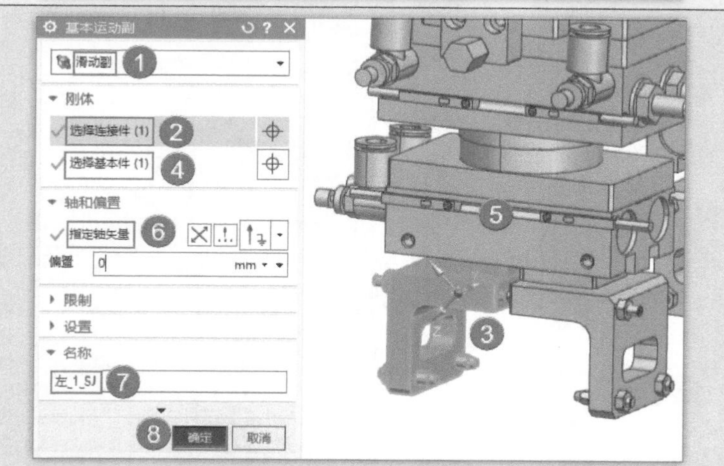
第 8 步 选择“滑动副” 单击“选择连接件”，选择“夹爪_1_右” 单击“选择基本件”，选择“夹爪_1_旋转” 单击“指定轴矢量”，选择 Z 轴的正方向 将滑动副名称修改为“右_1_SJ”，单击“确定”按钮	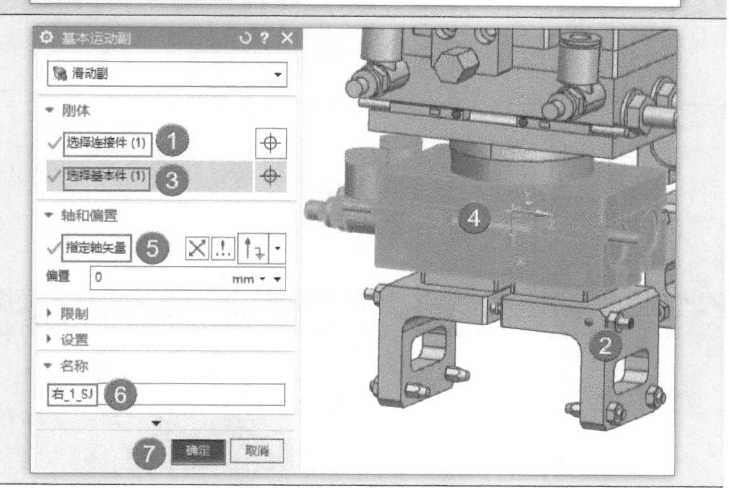

（续）

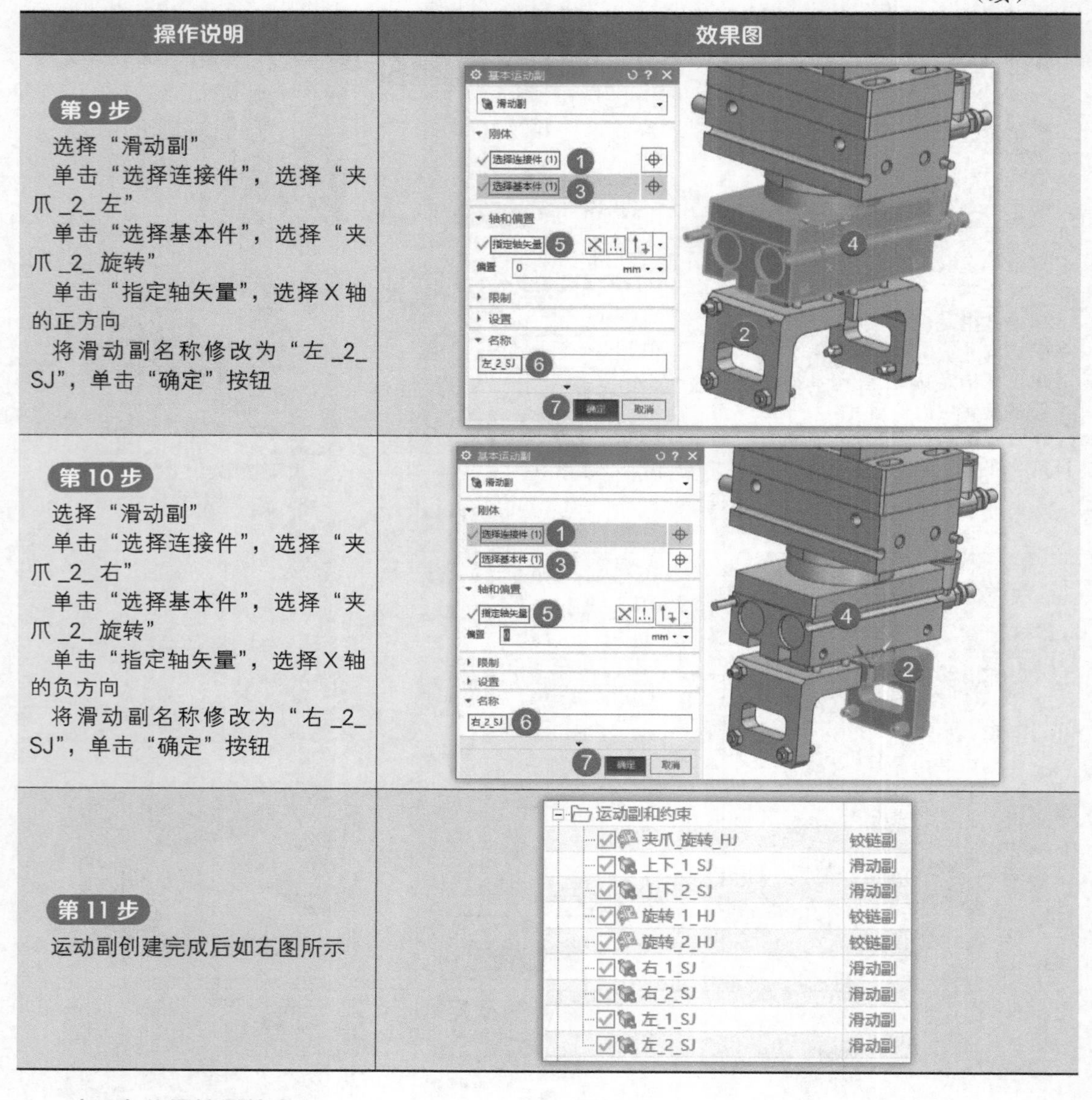

操作说明	效果图
第 9 步 选择“滑动副” 单击“选择连接件”，选择“夹爪 _2_ 左” 单击“选择基本件”，选择“夹爪 _2_ 旋转” 单击“指定轴矢量”，选择 X 轴的正方向 将滑动副名称修改为“左 _2_ SJ”，单击“确定”按钮	
第 10 步 选择“滑动副” 单击“选择连接件”，选择“夹爪 _2_ 右” 单击“选择基本件”，选择“夹爪 _2_ 旋转” 单击“指定轴矢量”，选择 X 轴的负方向 将滑动副名称修改为“右 _2_ SJ”，单击“确定”按钮	
第 11 步 运动副创建完成后如右图所示	

（三）位置控制的定义

位置控制的定义步骤见表 3-10。

表 3-10　位置控制的定义步骤

操作说明	效果图
第 1 步 选择“主页”选项卡→“电气”栏→“位置控制”命令	碰撞传感器　位置控制　符号表 电气

（续）

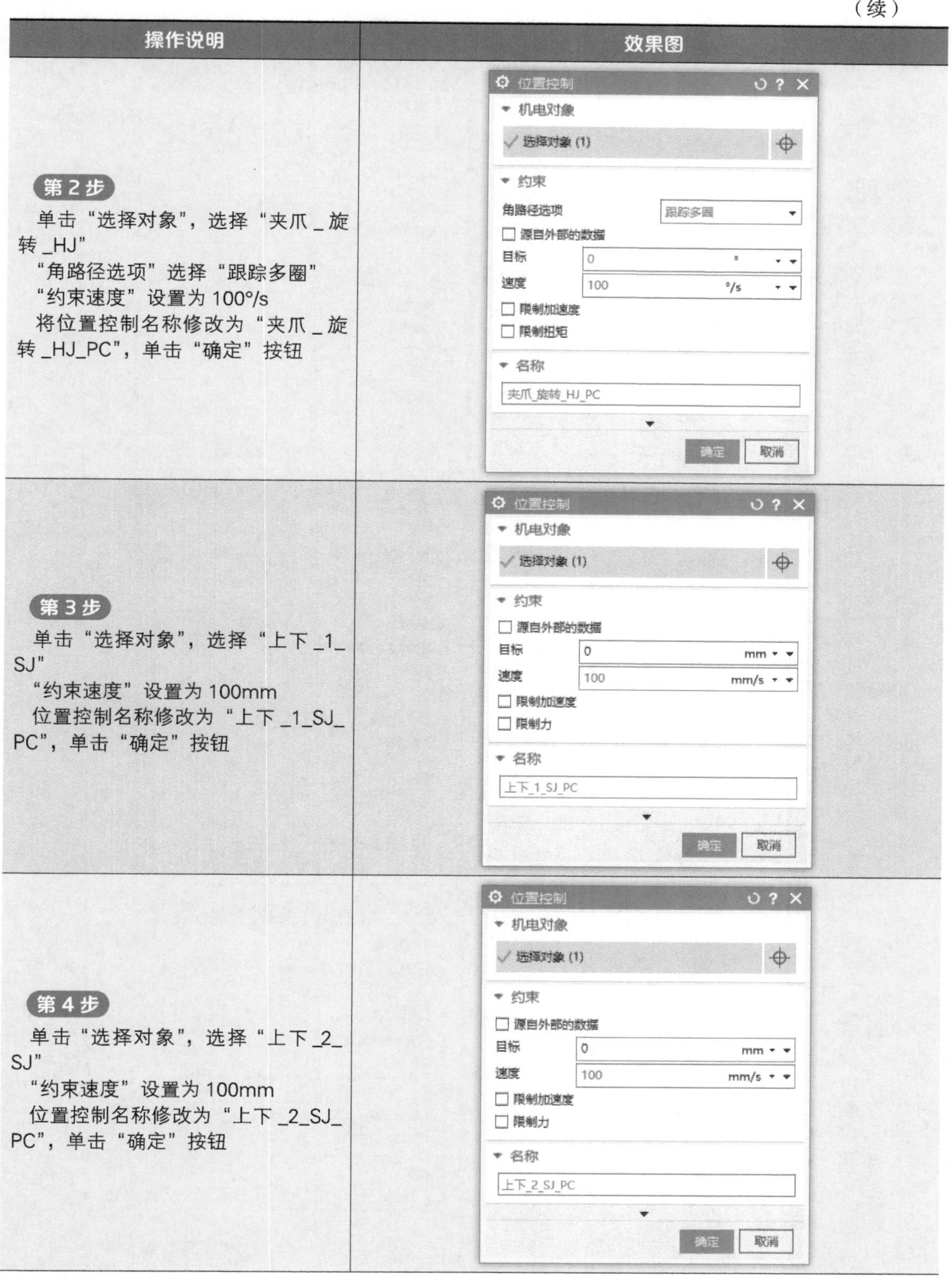

操作说明	效果图
第 2 步 单击“选择对象”，选择“夹爪 _ 旋转 _HJ” “角路径选项”选择“跟踪多圈” “约束速度”设置为 100°/s 将位置控制名称修改为“夹爪 _ 旋转 _HJ_PC”，单击“确定”按钮	
第 3 步 单击“选择对象”，选择“上下 _1_SJ” “约束速度”设置为 100mm 位置控制名称修改为“上下 _1_SJ_PC”，单击“确定”按钮	
第 4 步 单击“选择对象”，选择“上下 _2_SJ” “约束速度”设置为 100mm 位置控制名称修改为“上下 _2_SJ_PC”，单击“确定”按钮	

（续）

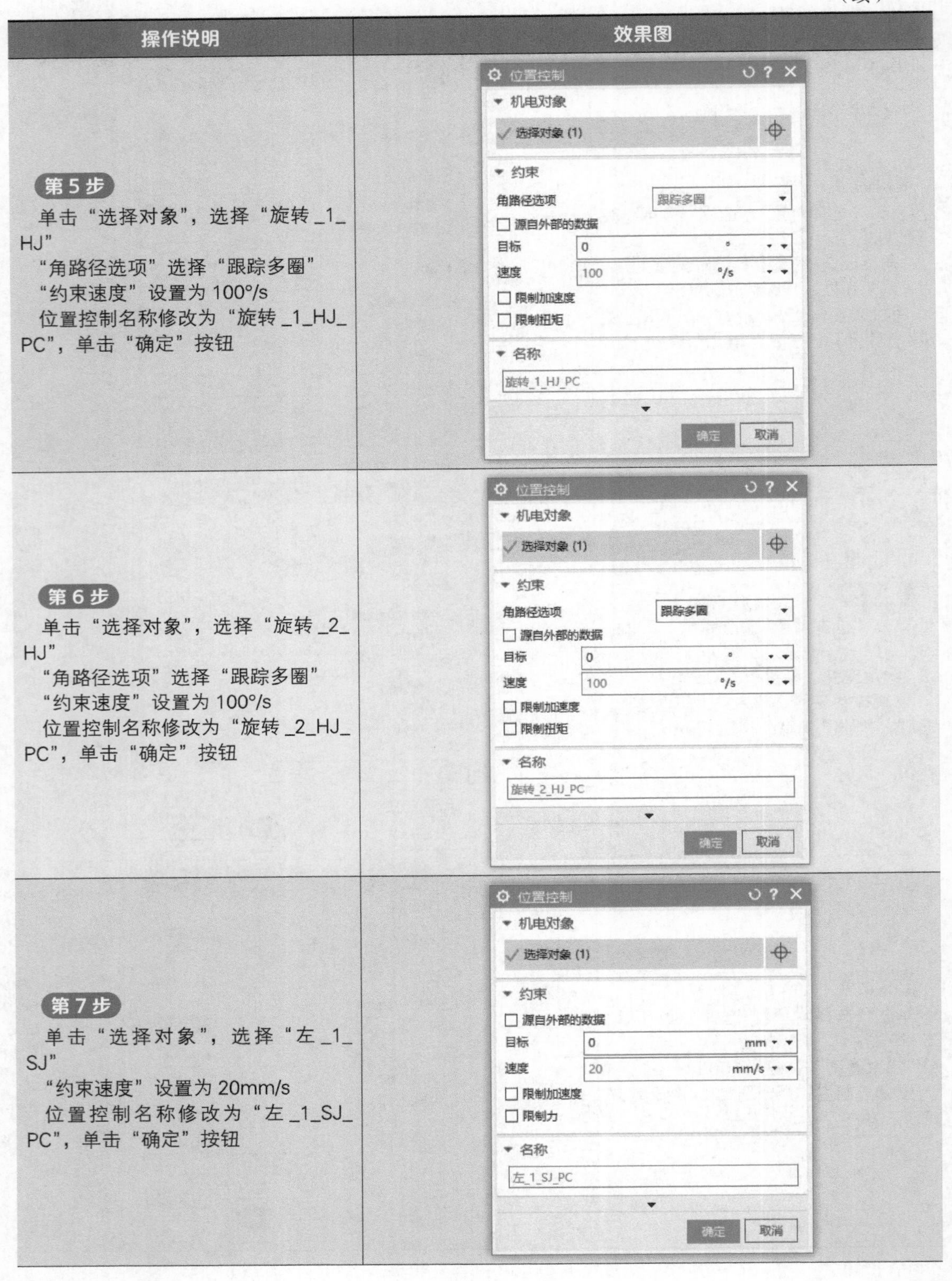

操作说明	效果图
第 5 步 单击“选择对象”，选择“旋转_1_HJ” “角路径选项”选择“跟踪多圈” “约束速度”设置为 100°/s 位置控制名称修改为“旋转_1_HJ_PC”，单击“确定”按钮	
第 6 步 单击“选择对象”，选择“旋转_2_HJ” “角路径选项”选择“跟踪多圈” “约束速度”设置为 100°/s 位置控制名称修改为“旋转_2_HJ_PC”，单击“确定”按钮	
第 7 步 单击“选择对象”，选择“左_1_SJ” “约束速度”设置为 20mm/s 位置控制名称修改为“左_1_SJ_PC”，单击“确定”按钮	

（续）

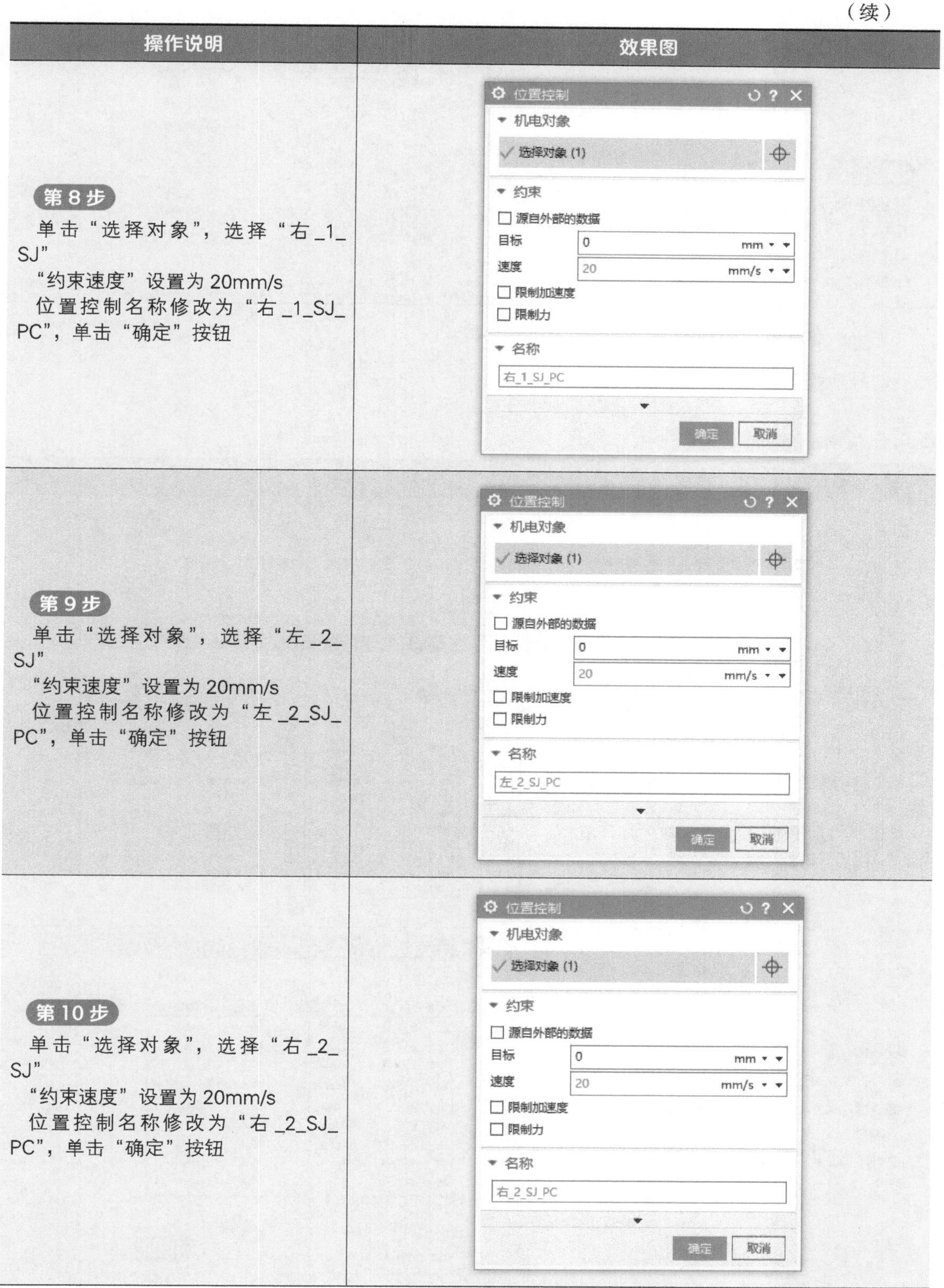

操作说明	效果图
第 8 步 单击“选择对象”，选择“右_1_SJ” “约束速度”设置为 20mm/s 位置控制名称修改为“右_1_SJ_PC”，单击“确定”按钮	位置控制 机电对象 选择对象 (1) 约束 源自外部的数据 目标 0 mm 速度 20 mm/s 限制加速度 限制力 名称 右_1_SJ_PC 确定 取消
第 9 步 单击“选择对象”，选择“左_2_SJ” “约束速度”设置为 20mm/s 位置控制名称修改为“左_2_SJ_PC”，单击“确定”按钮	位置控制 机电对象 选择对象 (1) 约束 源自外部的数据 目标 0 mm 速度 20 mm/s 限制加速度 限制力 名称 左_2_SJ_PC 确定 取消
第 10 步 单击“选择对象”，选择“右_2_SJ” “约束速度”设置为 20mm/s 位置控制名称修改为“右_2_SJ_PC”，单击“确定”按钮	位置控制 机电对象 选择对象 (1) 约束 源自外部的数据 目标 0 mm 速度 20 mm/s 限制加速度 限制力 名称 右_2_SJ_PC 确定 取消

（续）

操作说明	效果图
第 11 步 位置控制定义完成后如右图所示	传感器和执行器 夹爪_旋转_HJ_PC 位置控制 上下_1_SJ_PC 位置控制 上下_2_SJ_PC 位置控制 旋转_1_HJ_PC 位置控制 旋转_2_HJ_PC 位置控制 右_1_SJ_PC 位置控制 右_2_SJ_PC 位置控制 左_1_SJ_PC 位置控制 左_2_SJ_PC 位置控制

（四）信号适配器的定义

信号适配器的定义步骤见 3-11。

表 3-11 信号适配器的定义步骤

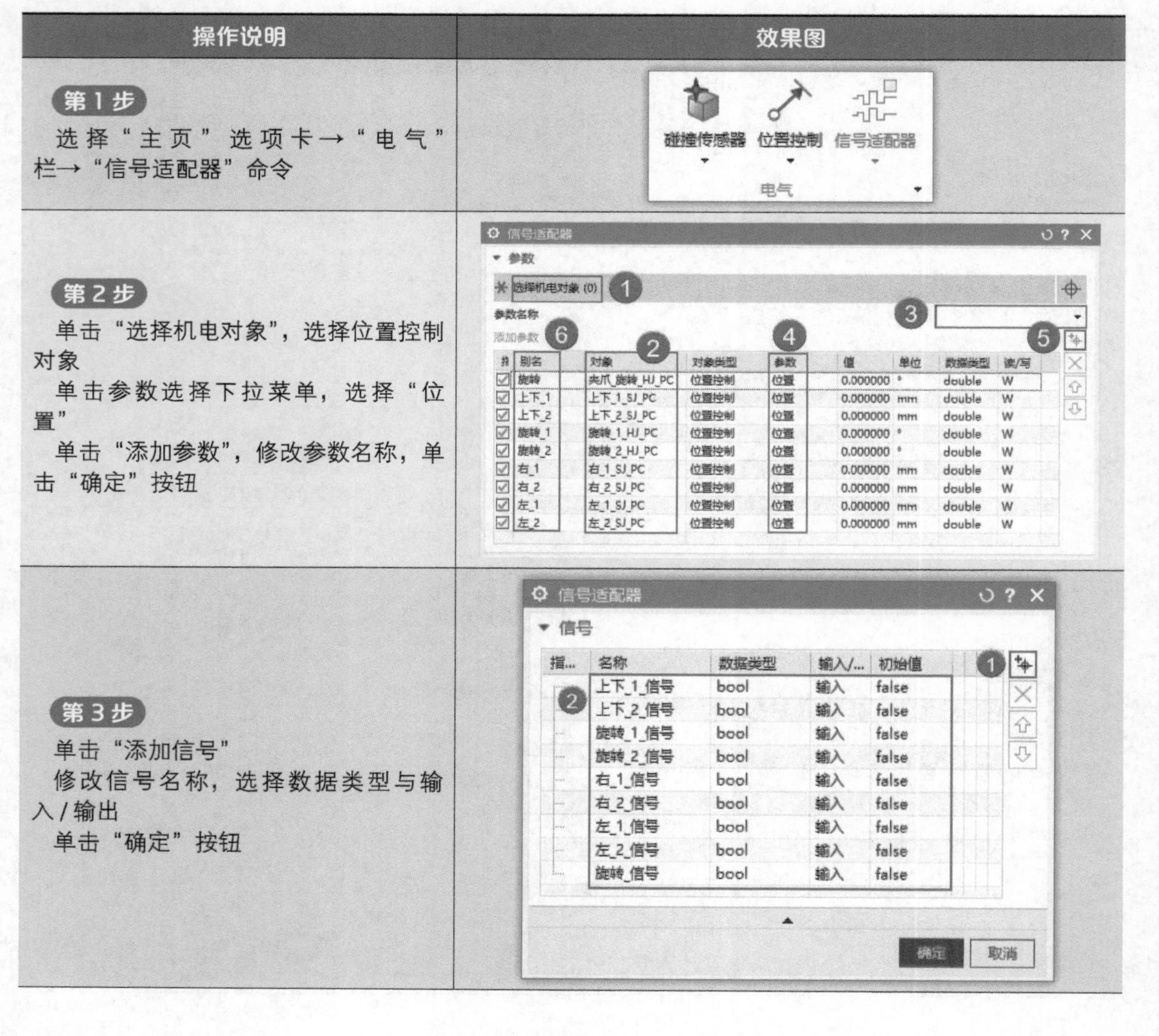

操作说明	效果图
第 1 步 选择“主页”选项卡→“电气”栏→“信号适配器”命令	碰撞传感器 位置控制 信号适配器 电气
第 2 步 单击“选择机电对象”，选择位置控制对象 单击参数选择下拉菜单，选择“位置” 单击“添加参数”，修改参数名称，单击“确定”按钮	信号适配器 参数 选择机电对象 (0) 参数名称 添加参数 别名 对象 对象类型 参数 值 单位 数据类型 读/写 旋转 夹爪_旋转_HJ_PC 位置控制 位置 0.000000 ° double W 上下_1 上下_1_SJ_PC 位置控制 位置 0.000000 mm double W 上下_2 上下_2_SJ_PC 位置控制 位置 0.000000 mm double W 旋转_1 旋转_1_HJ_PC 位置控制 位置 0.000000 ° double W 旋转_2 旋转_2_HJ_PC 位置控制 位置 0.000000 ° double W 右_1 右_1_SJ_PC 位置控制 位置 0.000000 mm double W 右_2 右_2_SJ_PC 位置控制 位置 0.000000 mm double W 左_1 左_1_SJ_PC 位置控制 位置 0.000000 mm double W 左_2 左_2_SJ_PC 位置控制 位置 0.000000 mm double W
第 3 步 单击“添加信号” 修改信号名称，选择数据类型与输入/输出 单击“确定”按钮	信号适配器 信号 指... 名称 数据类型 输入/... 初始值 上下_1_信号 bool 输入 false 上下_2_信号 bool 输入 false 旋转_1_信号 bool 输入 false 旋转_2_信号 bool 输入 false 右_1_信号 bool 输入 false 右_2_信号 bool 输入 false 左_1_信号 bool 输入 false 左_2_信号 bool 输入 false 旋转_信号 bool 输入 false 确定 取消

（续）

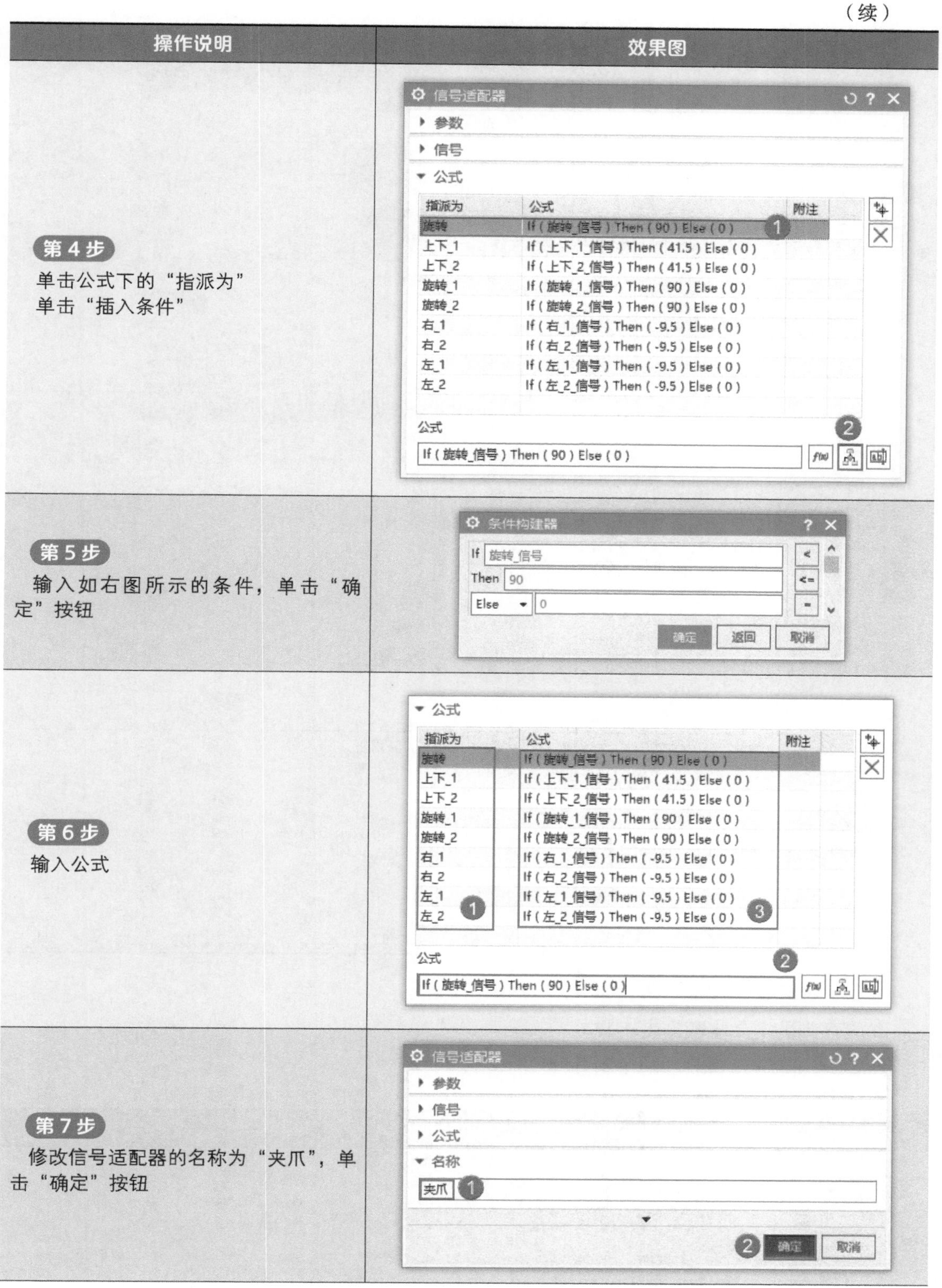

操作说明	效果图
第 4 步 单击公式下的“指派为” 单击“插入条件”	
第 5 步 输入如右图所示的条件，单击“确定”按钮	
第 6 步 输入公式	
第 7 步 修改信号适配器的名称为“夹爪”，单击“确定”按钮	

（续）

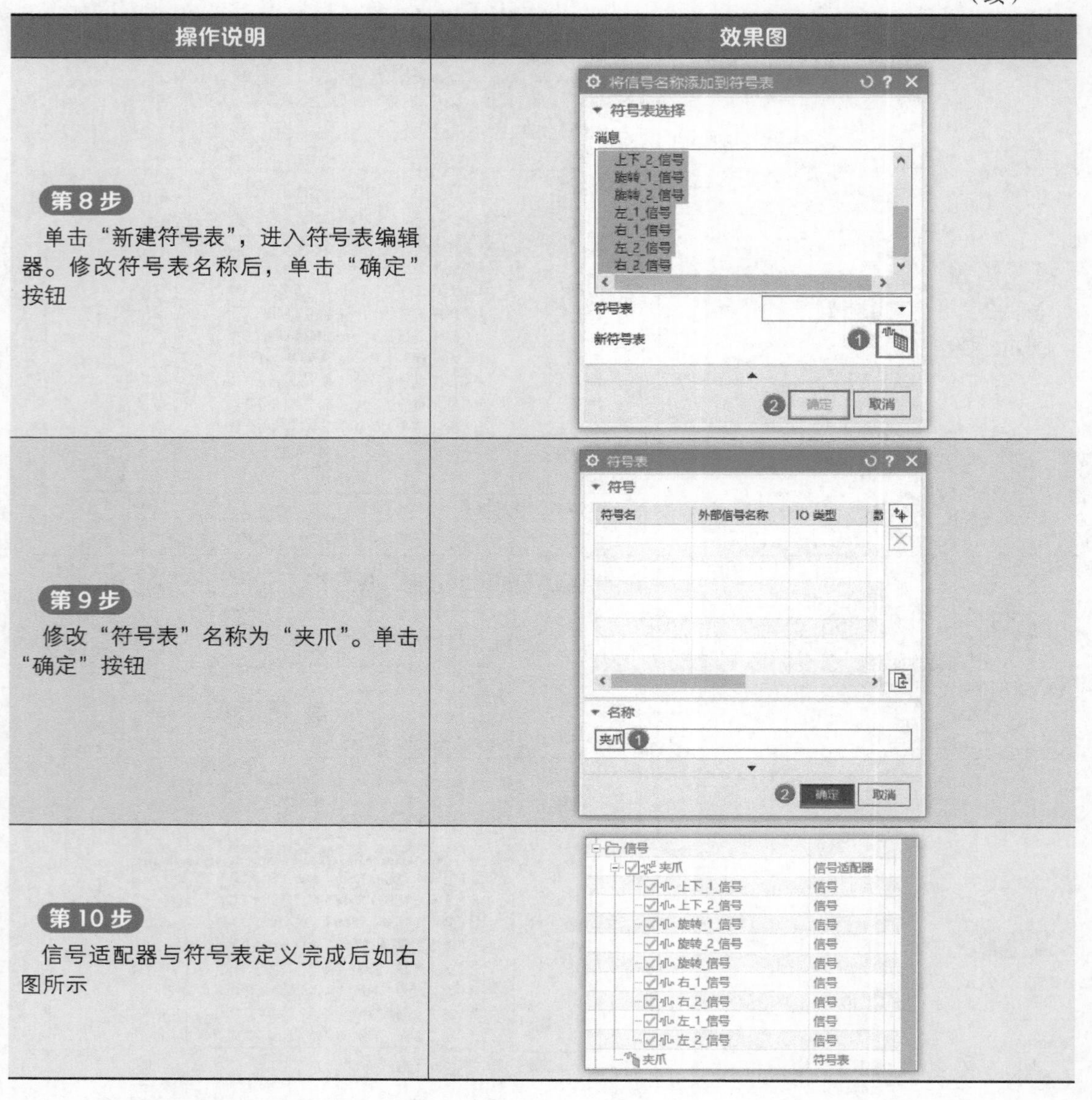

操作说明	效果图
第 8 步 单击“新建符号表”，进入符号表编辑器。修改符号表名称后，单击“确定”按钮	
第 9 步 修改“符号表”名称为“夹爪”。单击“确定”按钮	
第 10 步 信号适配器与符号表定义完成后如右图所示	

（五）仿真序列的定义

仿真序列的定义步骤见表 3-12。

表 3-12　仿真序列的定义步骤

操作说明	效果图
第 1 步 选择“主页”选项卡→“自动化”栏→“仿真序列”命令	

（续）

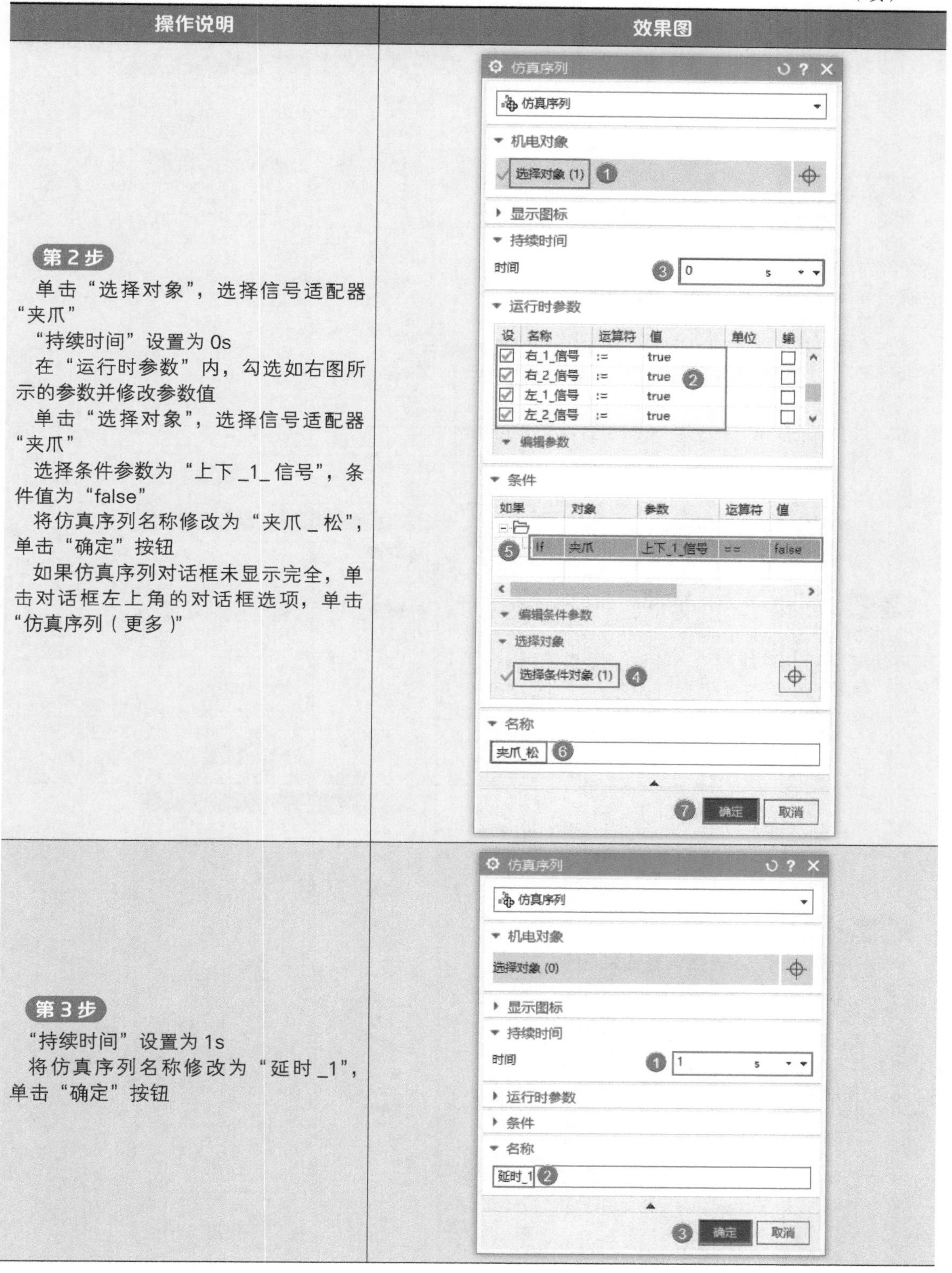

操作说明	效果图
第 2 步 单击“选择对象”，选择信号适配器“夹爪” “持续时间”设置为 0s 在“运行时参数”内，勾选如右图所示的参数并修改参数值 单击“选择对象”，选择信号适配器“夹爪” 选择条件参数为“上下 _1_ 信号”，条件值为“false” 将仿真序列名称修改为“夹爪 _ 松”，单击“确定”按钮 如果仿真序列对话框未显示完全，单击对话框左上角的对话框选项，单击“仿真序列（更多）”	
第 3 步 “持续时间”设置为 1s 将仿真序列名称修改为“延时 _1”，单击“确定”按钮	

（续）

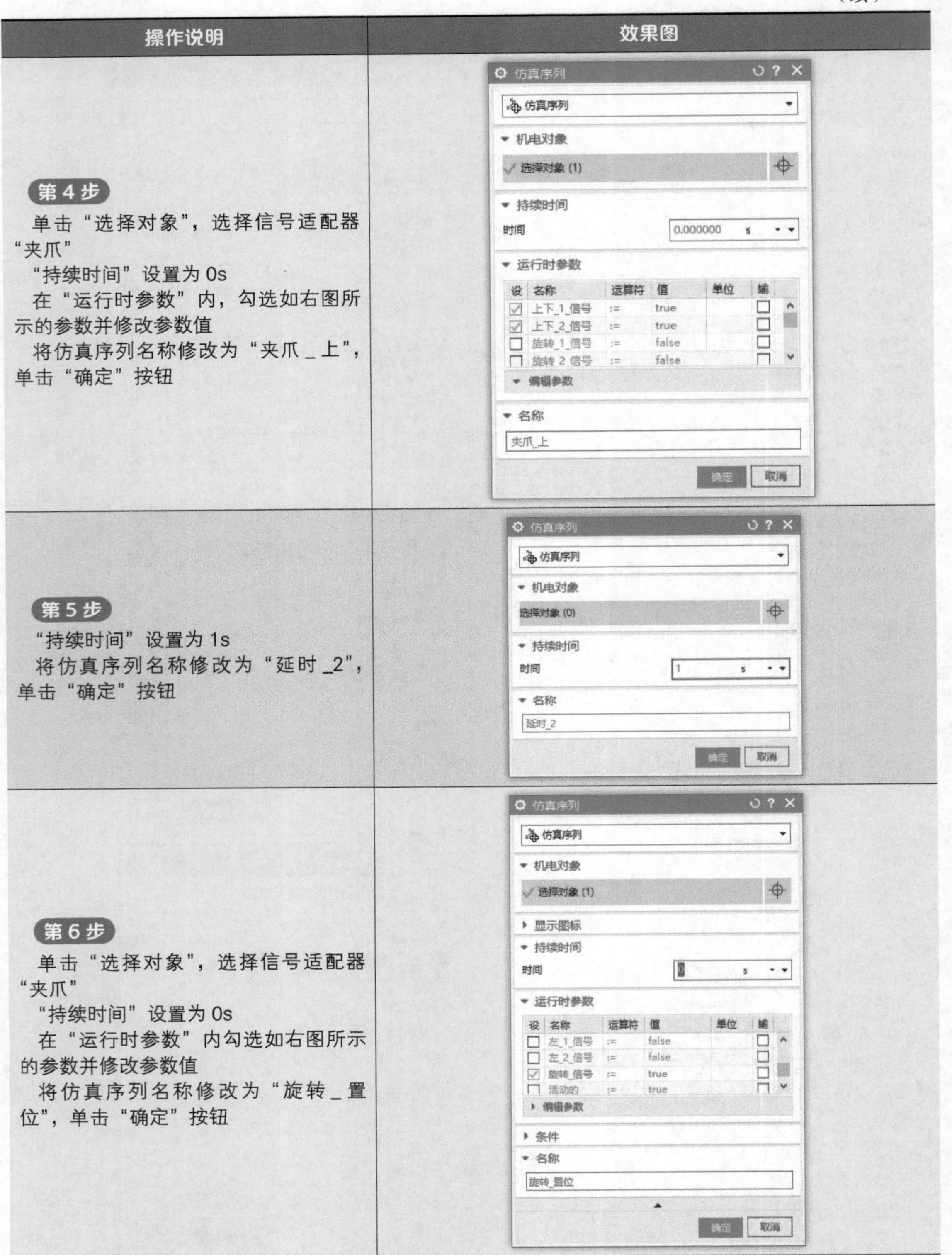

操作说明	效果图
第 4 步 单击“选择对象”，选择信号适配器“夹爪” “持续时间”设置为 0s 在“运行时参数”内，勾选如右图所示的参数并修改参数值 将仿真序列名称修改为“夹爪 _ 上”，单击“确定”按钮	
第 5 步 “持续时间”设置为 1s 将仿真序列名称修改为“延时 _2”，单击“确定”按钮	
第 6 步 单击“选择对象”，选择信号适配器“夹爪” “持续时间”设置为 0s 在“运行时参数”内勾选如右图所示的参数并修改参数值 将仿真序列名称修改为“旋转 _ 置位”，单击“确定”按钮	

（续）

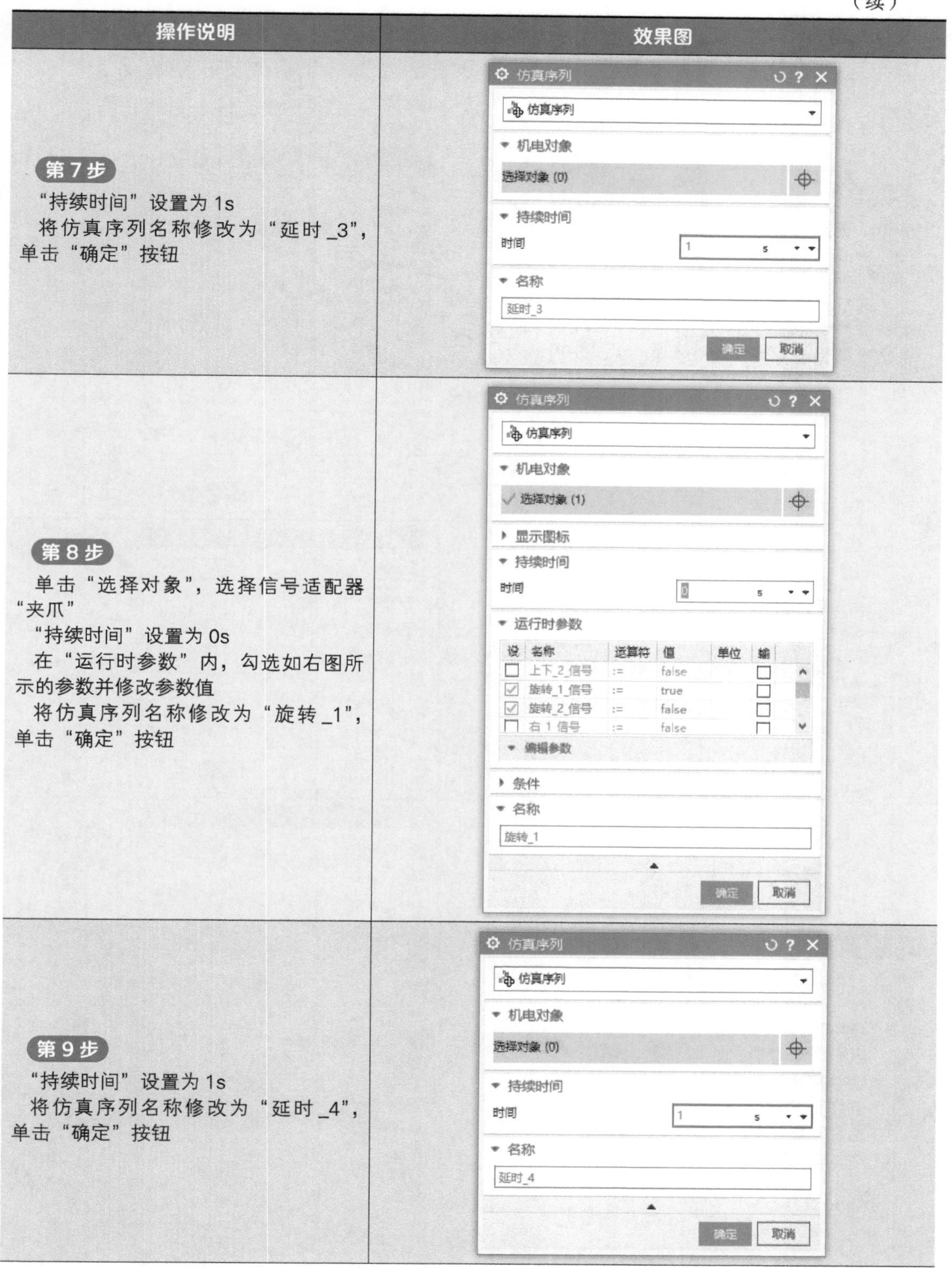

操作说明	效果图
第 7 步 “持续时间”设置为 1s 将仿真序列名称修改为“延时 _3”，单击“确定”按钮	
第 8 步 单击“选择对象”，选择信号适配器“夹爪” “持续时间”设置为 0s 在“运行时参数”内，勾选如右图所示的参数并修改参数值 将仿真序列名称修改为“旋转 _1”，单击“确定”按钮	
第 9 步 “持续时间”设置为 1s 将仿真序列名称修改为“延时 _4”，单击“确定”按钮	

（续）

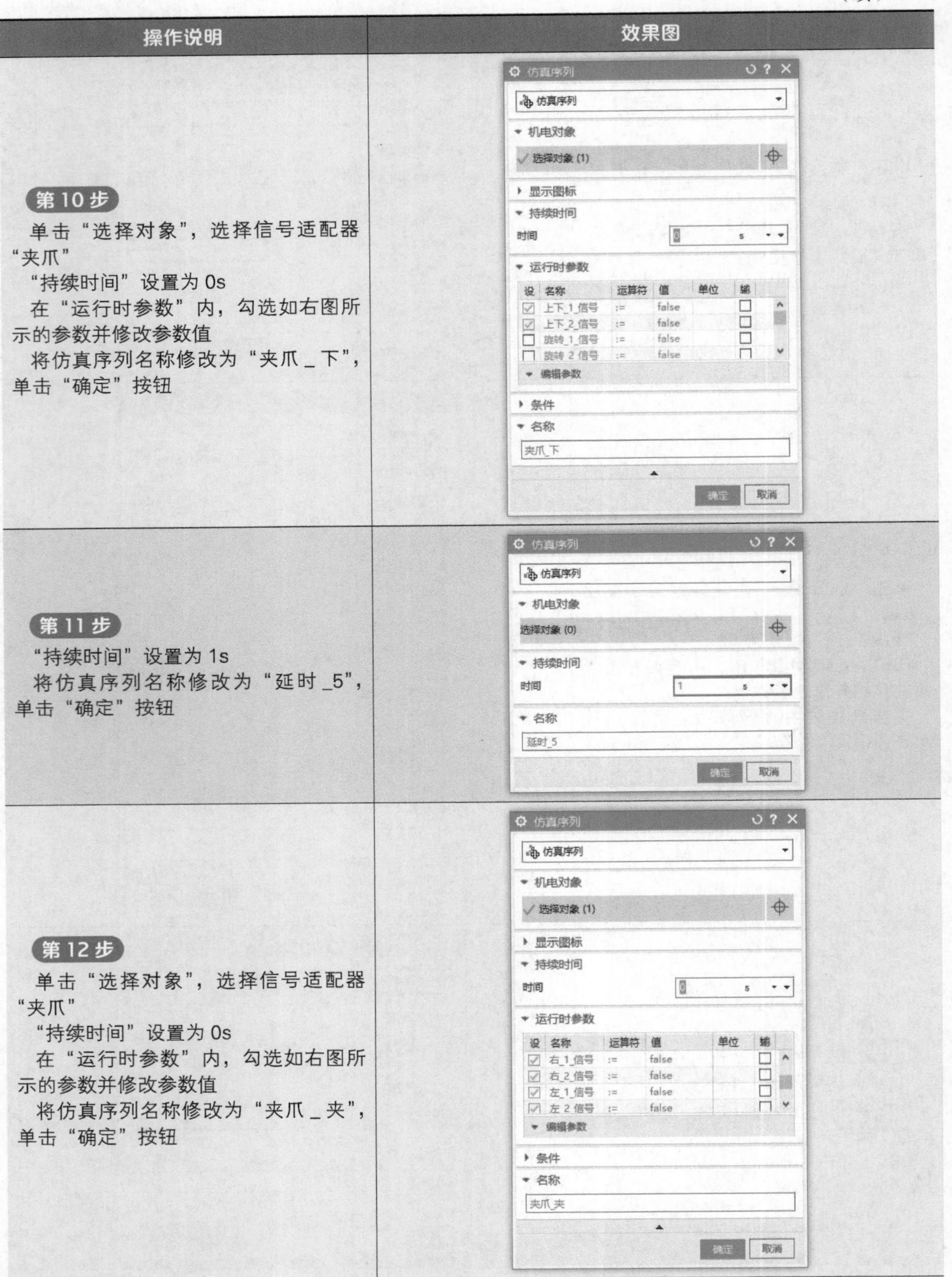

操作说明	效果图
第 10 步 单击“选择对象”，选择信号适配器“夹爪” “持续时间”设置为 0s 在“运行时参数”内，勾选如右图所示的参数并修改参数值 将仿真序列名称修改为“夹爪 _ 下”，单击“确定”按钮	
第 11 步 “持续时间”设置为 1s 将仿真序列名称修改为“延时 _5”，单击“确定”按钮	
第 12 步 单击“选择对象”，选择信号适配器“夹爪” “持续时间”设置为 0s 在“运行时参数”内，勾选如右图所示的参数并修改参数值 将仿真序列名称修改为“夹爪 _ 夹”，单击“确定”按钮	

（续）

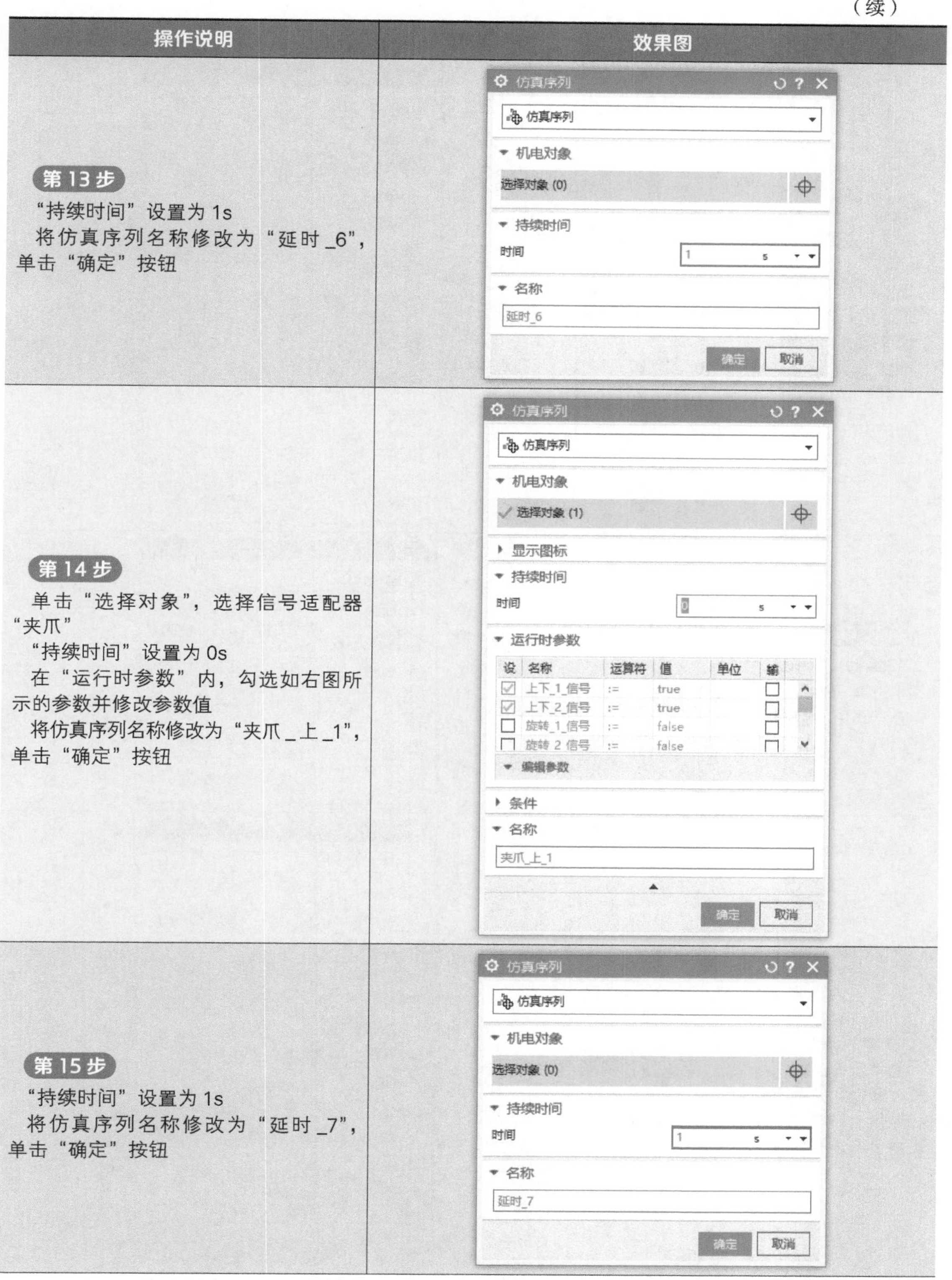

操作说明	效果图
第 13 步 “持续时间”设置为 1s 将仿真序列名称修改为“延时 _6”，单击“确定”按钮	
第 14 步 单击“选择对象”，选择信号适配器“夹爪” “持续时间”设置为 0s 在“运行时参数”内，勾选如右图所示的参数并修改参数值 将仿真序列名称修改为“夹爪 _ 上 _1”，单击“确定”按钮	
第 15 步 “持续时间”设置为 1s 将仿真序列名称修改为“延时 _7”，单击“确定”按钮	

（续）

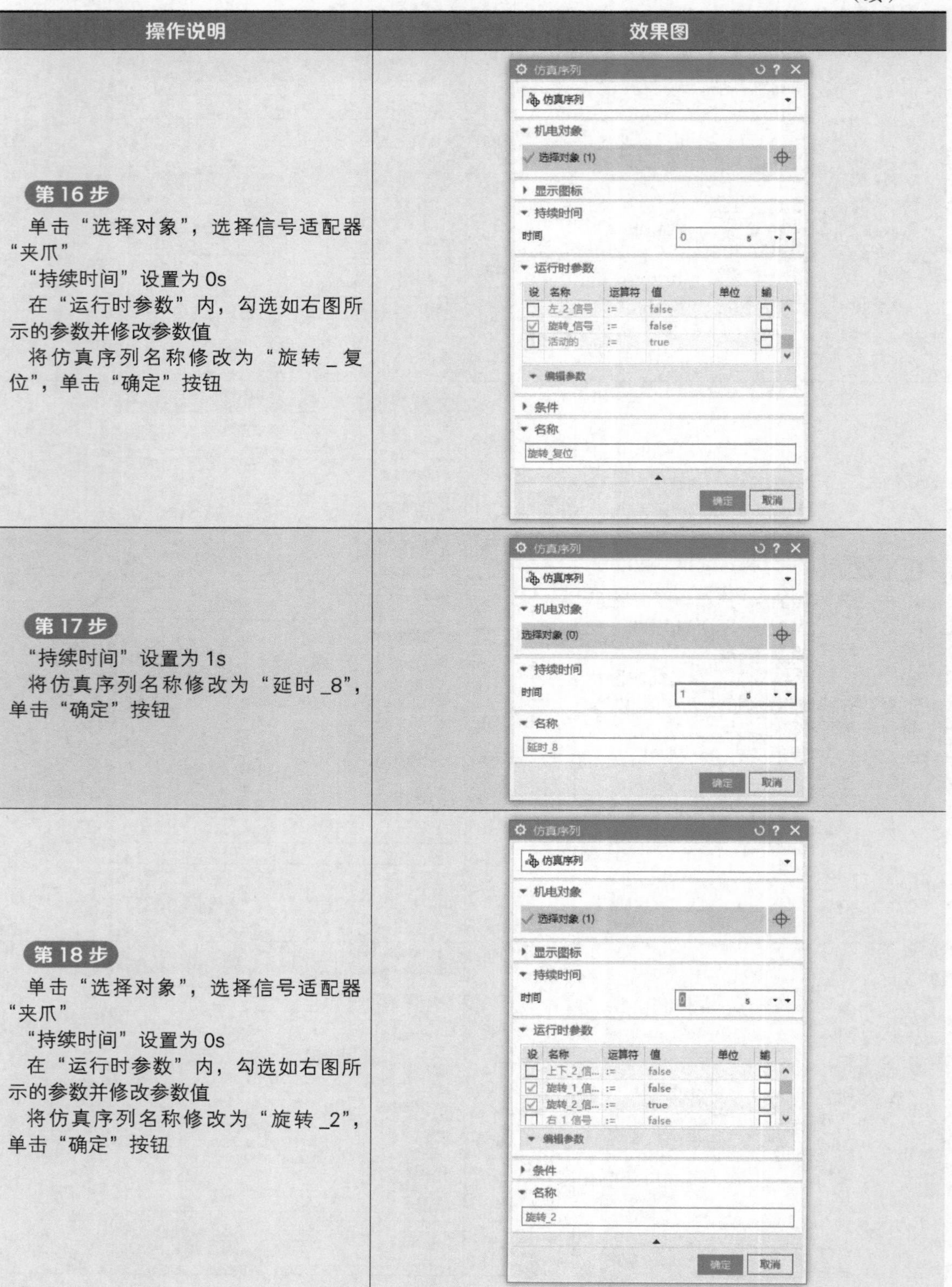

操作说明	效果图
第 16 步 单击“选择对象”，选择信号适配器“夹爪” “持续时间”设置为 0s 在“运行时参数”内，勾选如右图所示的参数并修改参数值 将仿真序列名称修改为“旋转 _ 复位”，单击“确定”按钮	
第 17 步 “持续时间”设置为 1s 将仿真序列名称修改为“延时 _8”，单击“确定”按钮	
第 18 步 单击“选择对象”，选择信号适配器“夹爪” “持续时间”设置为 0s 在“运行时参数”内，勾选如右图所示的参数并修改参数值 将仿真序列名称修改为“旋转 _2”，单击“确定”按钮	

（续）

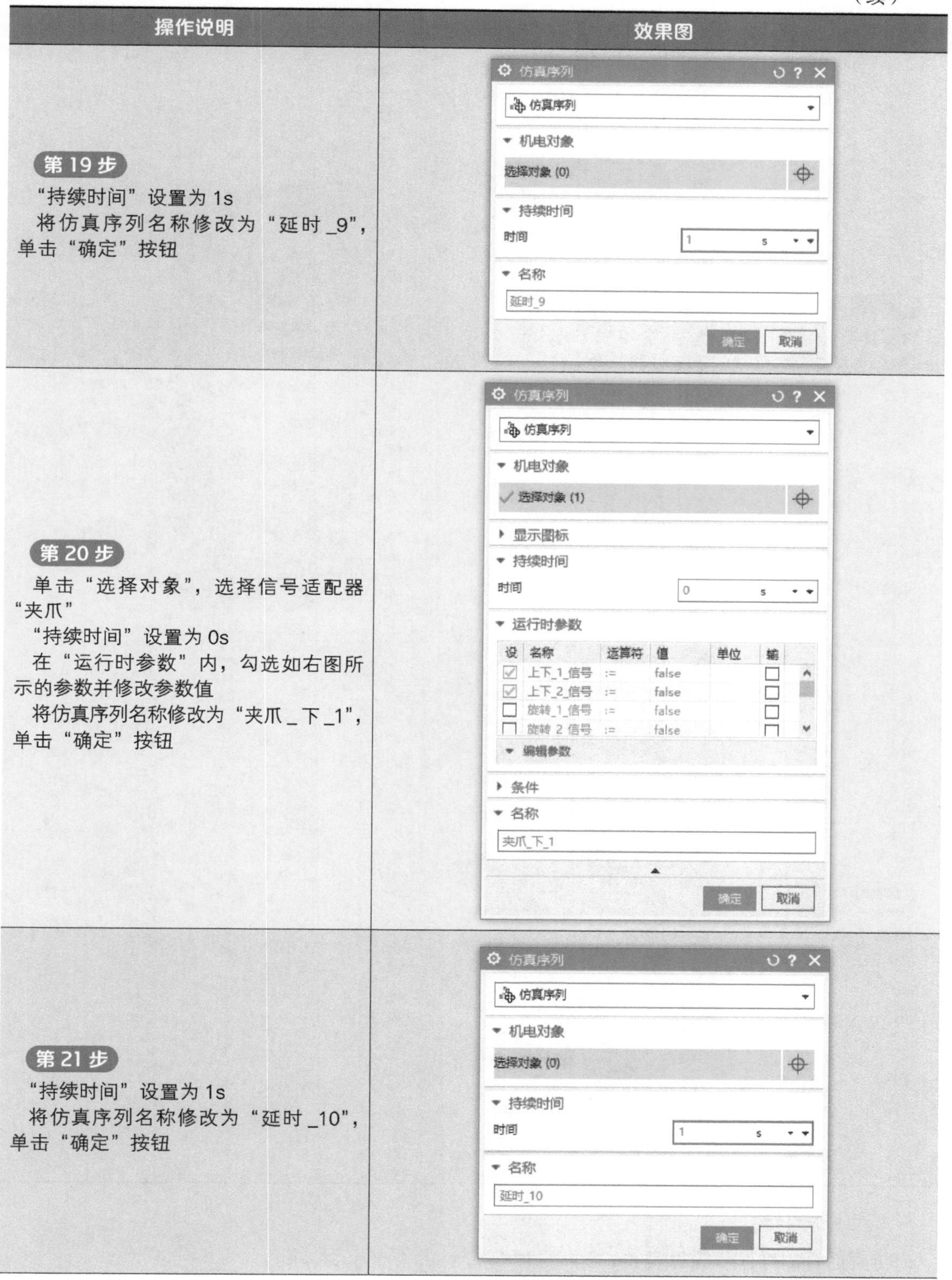

操作说明	效果图
第 19 步 “持续时间”设置为 1s 将仿真序列名称修改为“延时 _9”，单击“确定”按钮	
第 20 步 单击“选择对象”，选择信号适配器“夹爪” “持续时间”设置为 0s 在“运行时参数”内，勾选如右图所示的参数并修改参数值 将仿真序列名称修改为“夹爪 _ 下 _1”，单击“确定”按钮	
第 21 步 “持续时间”设置为 1s 将仿真序列名称修改为“延时 _10”，单击“确定”按钮	

（续）

操作说明	效果图
第 22 步 在“序列编辑器”中，选中“2~21”，单击鼠标右键，选择“创建链接器”命令	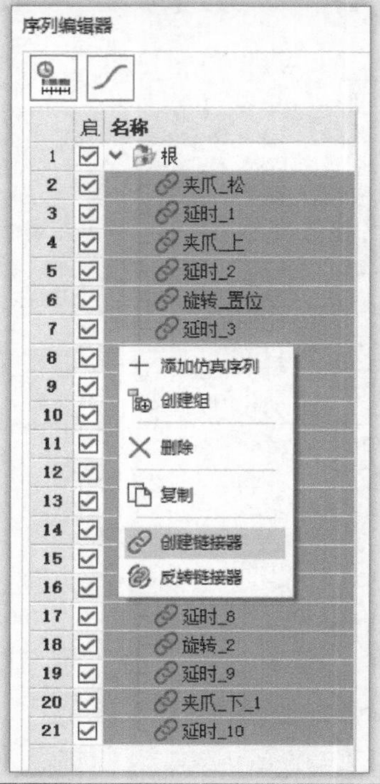 序列编辑器 启 名称 1 根 2 夹爪_松 3 延时_1 4 夹爪_上 5 延时_2 6 旋转_置位 7 延时_3 添加仿真序列 创建组 删除 复制 创建链接器 反转链接器 17 延时_8 18 旋转_2 19 延时_9 20 夹爪_下_1 21 延时_10
第 23 步 仿真序列定义完成后如右图所示	 启 名称 1 根 2 夹爪_松 3 延时_1 4 夹爪_上 5 延时_2 6 旋转_置位 7 延时_3 8 旋转_1 9 延时_4 10 夹爪_下 11 延时_5 12 夹爪_夹 13 延时_6 14 夹爪_上_1 15 延时_7 16 旋转_复位 17 延时_8 18 旋转_2 19 延时_9 20 夹爪_下_1 21 延时_10

（六）仿真运行

仿真运行的操作步骤见表 3-13。

表 3-13 仿真运行的操作步骤

操作说明	效果图
第 1 步 选择“主页”选项卡→“仿真”栏→“播放”按钮	播放 停止
第 2 步 夹爪 _1 与夹爪 _2 同时松开 延时 1s 后，夹爪 _1 与夹爪 _2 同时上移 延时 1s 后，总夹爪旋转 90° 延时 1s 后，夹爪 _1 旋转 90° 延时 1s 后，夹爪 _1 与夹爪 _2 同时下移 延时 1s 后，夹爪 _1 与夹爪 _2 同时夹紧 延时 1s 后，夹爪 _1 与夹爪 _2 同时上移 延时 1s 后，总夹爪旋转 -90° 复位 延时 1s 后，夹爪 _1 旋转 -90°，夹爪 _2 旋转 90° 延时 1s 后，夹爪 _1 与夹爪 _2 同时下移 延时 1s 后，仿真循环进入到夹爪 _1 与夹爪 _2 同时松开	
第 3 步 选择“主页”选项卡→“仿真”栏→“停止”按钮，结束仿真运行	播放 停止

任务 5 综合练习

一、任务描述

本任务介绍通过 NX 1984 软件进行综合练习。读者应对背板翻转机构进行机电与序列的定义，使工件到达传送带 _1 限位时，吸盘 _1 吸取工件并翻转；吸盘 _2 吸取工件并旋转，将工件放到传送带 _2 上；当吸盘 _2 离开工件时，传送带 _2 启动，吸盘 _1 与吸盘 _2 复位，第二个工件产生。如图 3-62 所示。

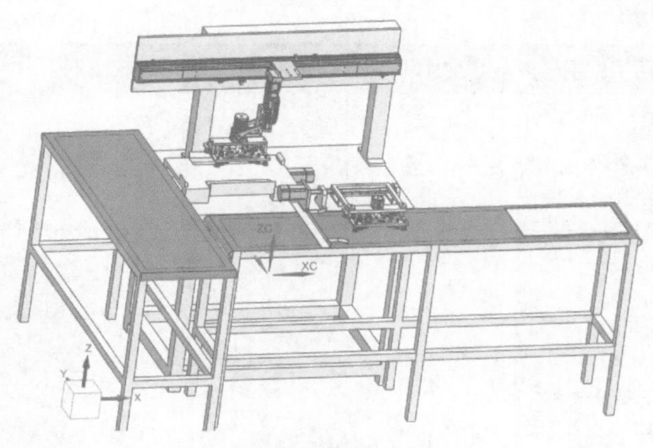

图3-62　背板翻转机构

二、任务目标

技能目标：

1. 复习信号适配器与仿真序列。
2. 完成背板翻转机构的定义。

素养目标：

1. 激发学生的爱国热情，鼓励学生运用专业技能服务社会、回报祖国。
2. 加强学生的合作意识。

三、任务实施

（一）基本机电对象的定义

基本机电对象的定义步骤见表 3-14。

表 3-14　基本机电对象的定义步骤

操作说明	效果图
第 1 步 选择“主页”选项卡→“机械”栏→“刚体”命令	刚体颜色　刚体　碰撞体　基本运动副 机械

（续）

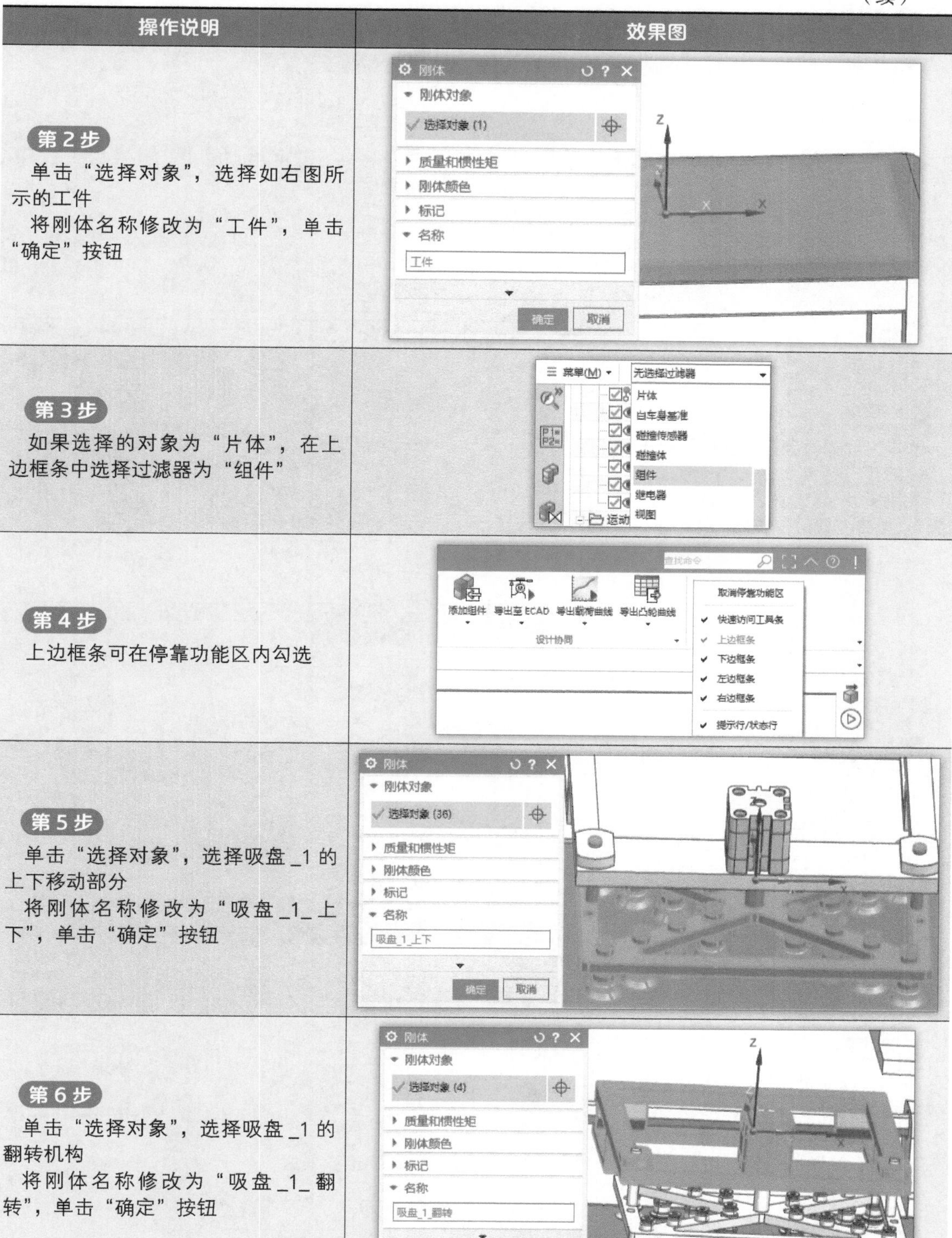

操作说明	效果图
第 2 步 单击“选择对象”，选择如右图所示的工件 将刚体名称修改为“工件”，单击“确定”按钮	
第 3 步 如果选择的对象为“片体”，在上边框条中选择过滤器为“组件”	
第 4 步 上边框条可在停靠功能区内勾选	
第 5 步 单击“选择对象”，选择吸盘_1 的上下移动部分 将刚体名称修改为“吸盘_1_上下”，单击“确定”按钮	
第 6 步 单击“选择对象”，选择吸盘_1 的翻转机构 将刚体名称修改为“吸盘_1_翻转”，单击“确定”按钮	

（续）

操作说明	效果图
第 7 步 单击“选择对象”，选择吸盘_1 的支架 将刚体名称修改为“吸盘_1_支架”，单击“确定”按钮	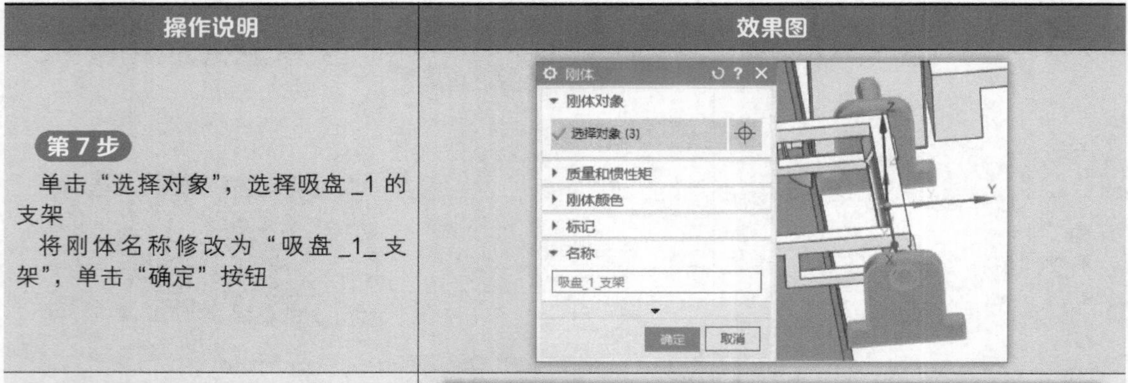
第 8 步 单击“选择对象”，选择吸盘_2 的旋转部分 将刚体名称修改为“吸盘_2_旋转”，单击“确定”按钮	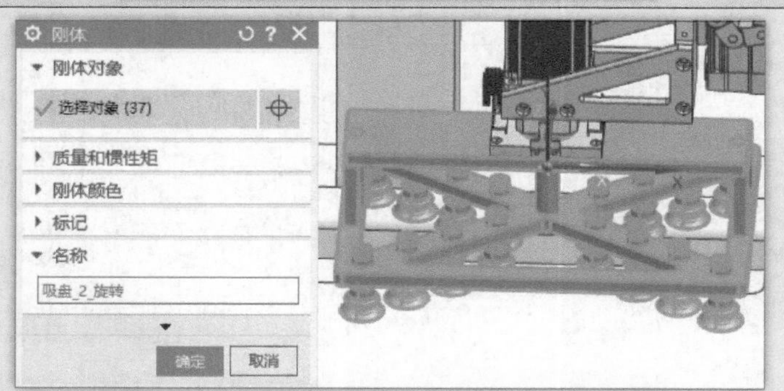
第 9 步 单击“选择对象”，选择吸盘_2 的上下移动部分 将刚体名称修改为“吸盘_2_上下”，单击“确定”按钮	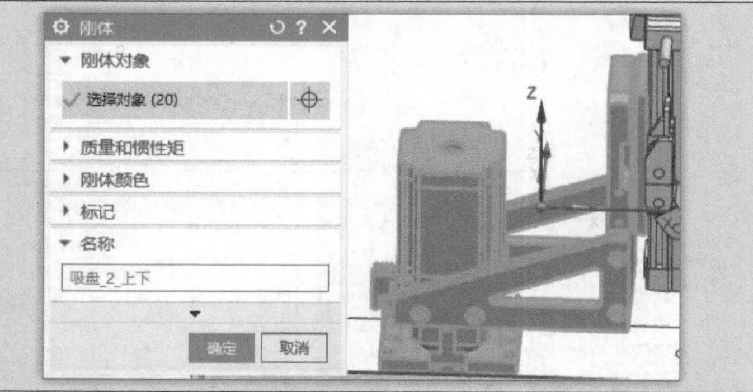
第 10 步 单击“选择对象”，选择吸盘_2 的左右移动部分 将刚体名称修改为“吸盘_2_左右”，单击“确定”按钮	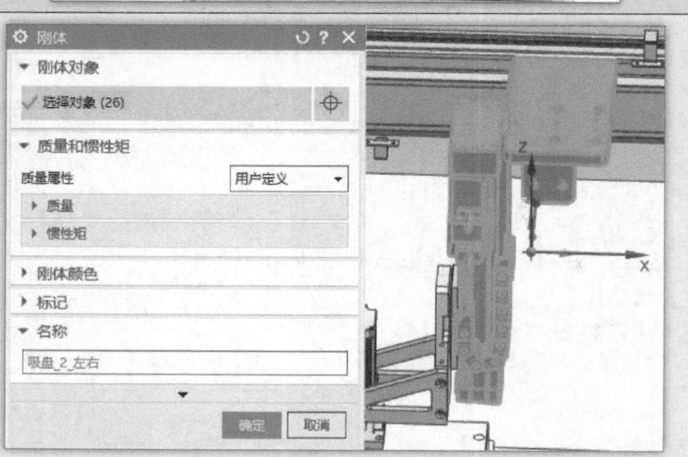

（续）

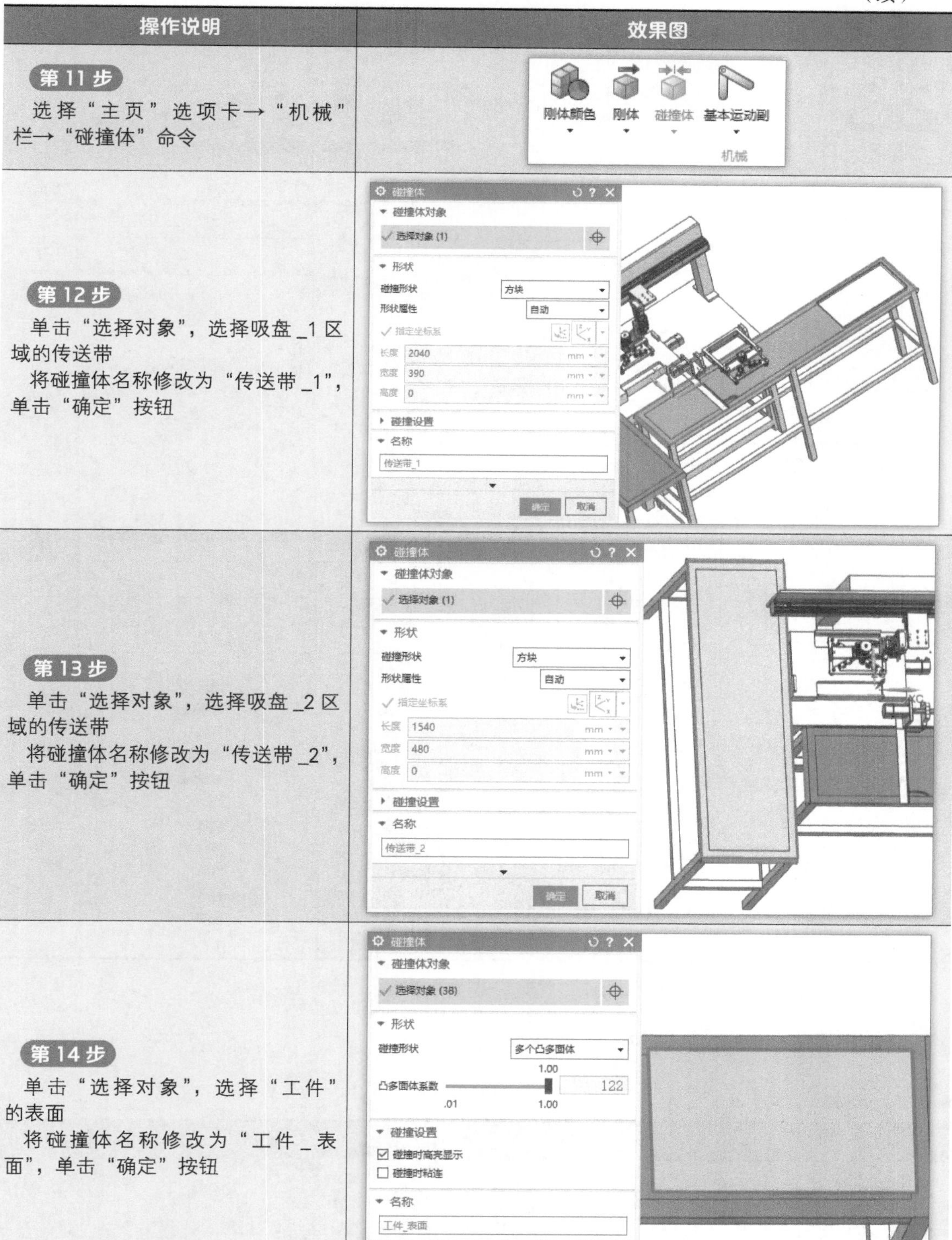

操作说明	效果图
第 11 步 选择“主页”选项卡→“机械”栏→“碰撞体”命令	
第 12 步 单击“选择对象”，选择吸盘 _1 区域的传送带 将碰撞体名称修改为“传送带 _1”，单击“确定”按钮	
第 13 步 单击“选择对象”，选择吸盘 _2 区域的传送带 将碰撞体名称修改为“传送带 _2”，单击“确定”按钮	
第 14 步 单击“选择对象”，选择“工件”的表面 将碰撞体名称修改为“工件 _ 表面”，单击“确定”按钮	

（续）

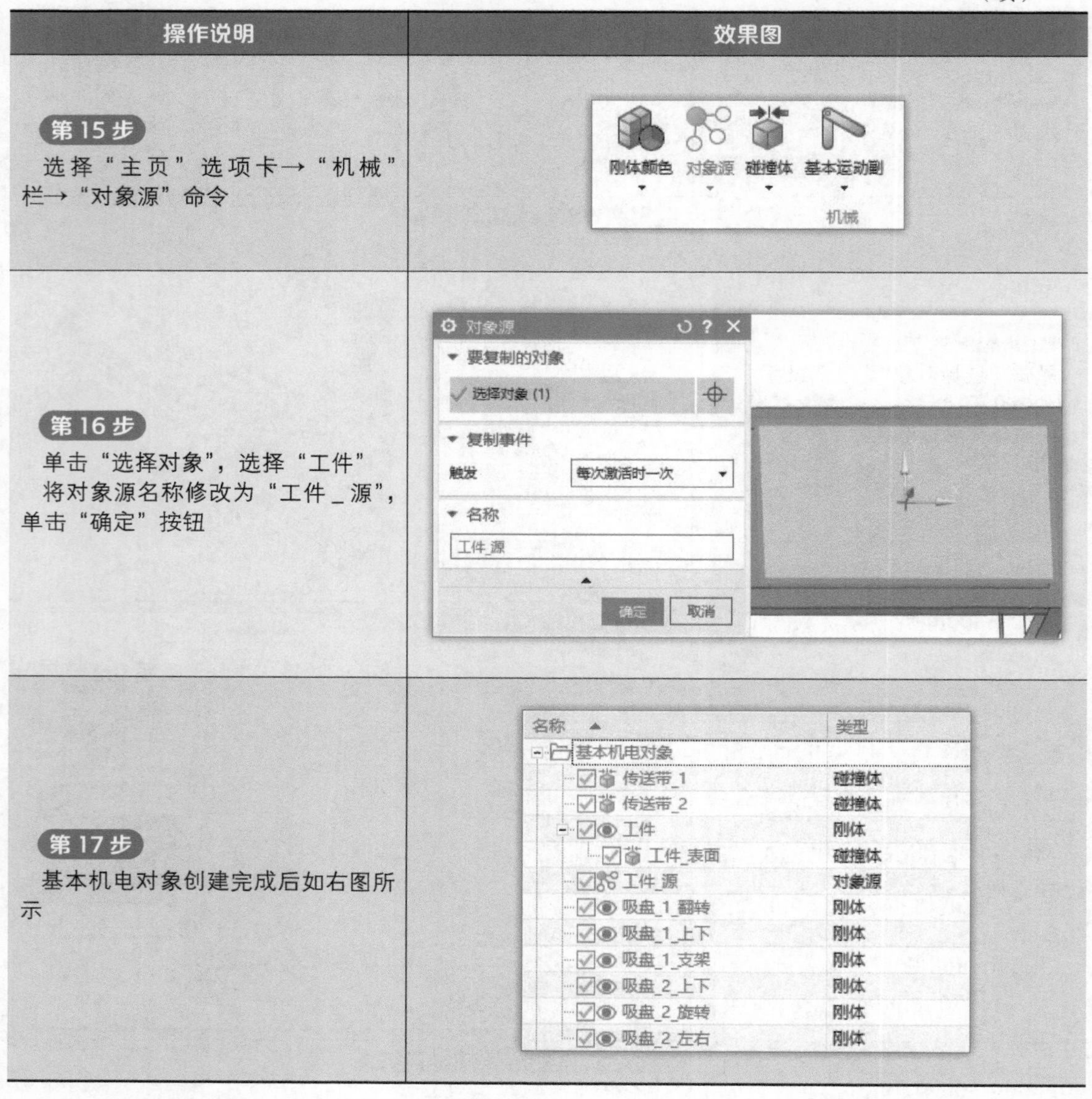

操作说明	效果图
第 15 步 选择“主页”选项卡→“机械”栏→“对象源”命令	刚体颜色 对象源 碰撞体 基本运动副 机械
第 16 步 单击“选择对象”，选择“工件” 将对象源名称修改为“工件 _ 源”，单击“确定”按钮	对象源 要复制的对象 选择对象 (1) 复制事件 触发 每次激活时一次 名称 工件_源 确定 取消
第 17 步 基本机电对象创建完成后如右图所示	名称 类型 基本机电对象 传送带_1 碰撞体 传送带_2 碰撞体 工件 刚体 工件_表面 碰撞体 工件_源 对象源 吸盘_1_翻转 刚体 吸盘_1_上下 刚体 吸盘_1_支架 刚体 吸盘_2_上下 刚体 吸盘_2_旋转 刚体 吸盘_2_左右 刚体

（二）运动副的定义

运动副的定义步骤见表 3-15。

表 3-15 运动副的定义步骤

操作说明	效果图
第 1 步 选择“主页”选项卡→“机械”栏→“基本运动副”命令	刚体颜色 刚体 碰撞体 基本运动副 机械

（续）

操作说明	效果图
第 2 步 选择“滑动副” 单击“选择连接件”，选择“吸盘 _1_ 上下” 单击“选择基本件”，选择“吸盘 _1_ 翻转” 单击“指定轴矢量”，选择 Z 轴的正方向 将滑动副名称修改为“吸盘 _1_ 上下 _SJ”，单击“确定”按钮	
第 3 步 选择“铰链副” 单击“选择连接件”，选择“吸盘 _1_ 翻转” 单击“选择基本件”，选择“吸盘 _1_ 支架” 单击“指定轴矢量”，选择 X 轴的正方向 单击“指定锚点”，选择如右图所示的支架的旋转中心位置 将铰链副名称修改为“吸盘 _1_ 翻转 _HJ”，单击“确定”按钮	
第 4 步 选择“固定副” 单击“选择连接件”，选择“吸盘 _1_ 支架” 将固定副名称修改为“吸盘 _1_ 支架 _FJ”，单击“确定”按钮	

（续）

操作说明	效果图
第 5 步 选择“铰链副” 单击“选择连接件”，选择“吸盘 _2_ 旋转” 单击“选择基本件”，选择“吸盘 _2_ 上下” 单击“指定轴矢量”，选择 Z 轴的正方向 单击“指定锚点”，选择如右图所示的吸盘旋转中心位置 将铰链副名称修改为“吸盘 _2_ 旋转 _HJ”，单击“确定”按钮	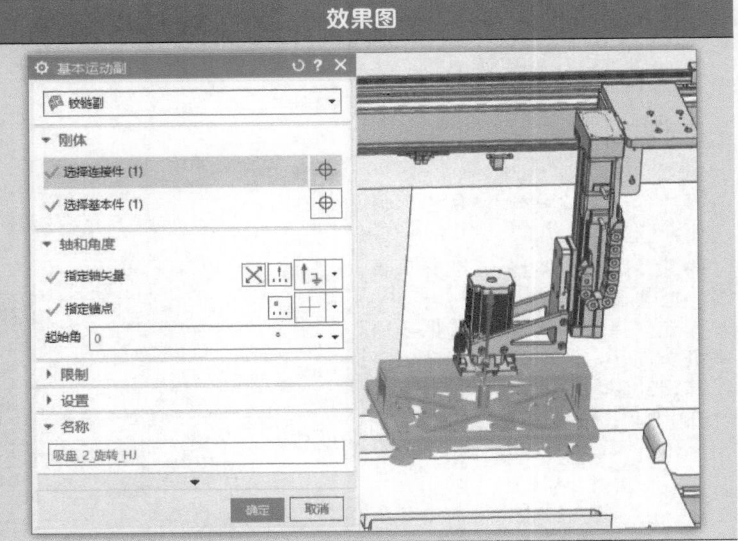
第 6 步 选择“滑动副” 单击“选择连接件”，选择“吸盘 _2_ 上下” 单击“选择基本件”，选择“吸盘 _2_ 左右” 单击“指定轴矢量”，选择 Z 轴的负方向 将滑动副名称修改为“吸盘 _2_ 上下 _SJ”，单击“确定”按钮	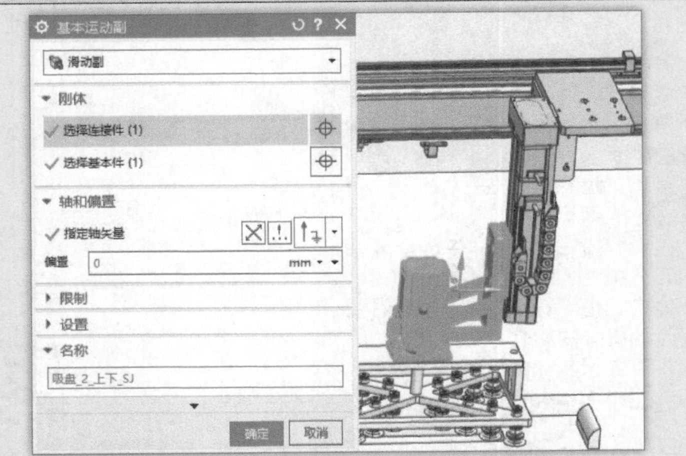
第 7 步 选择“滑动副” 单击“选择连接件”，选择“吸盘 _1_ 左右” 单击“指定轴矢量”，选择 X 轴的正方向 将滑动副名称修改为“吸盘 _2_ 左右 _SJ”，单击“确定”按钮	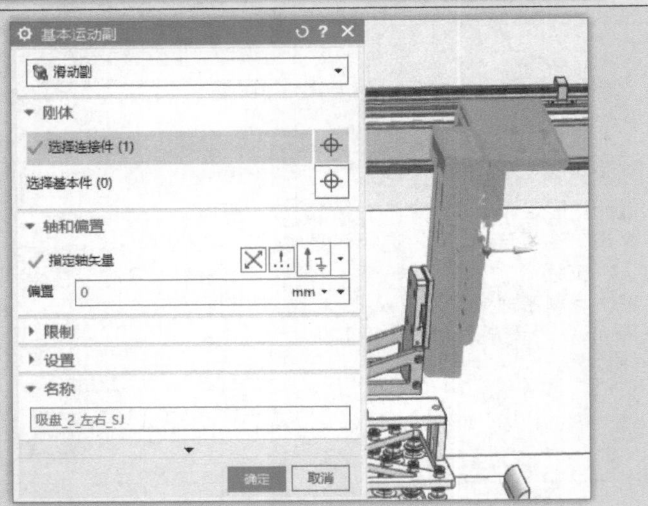

（续）

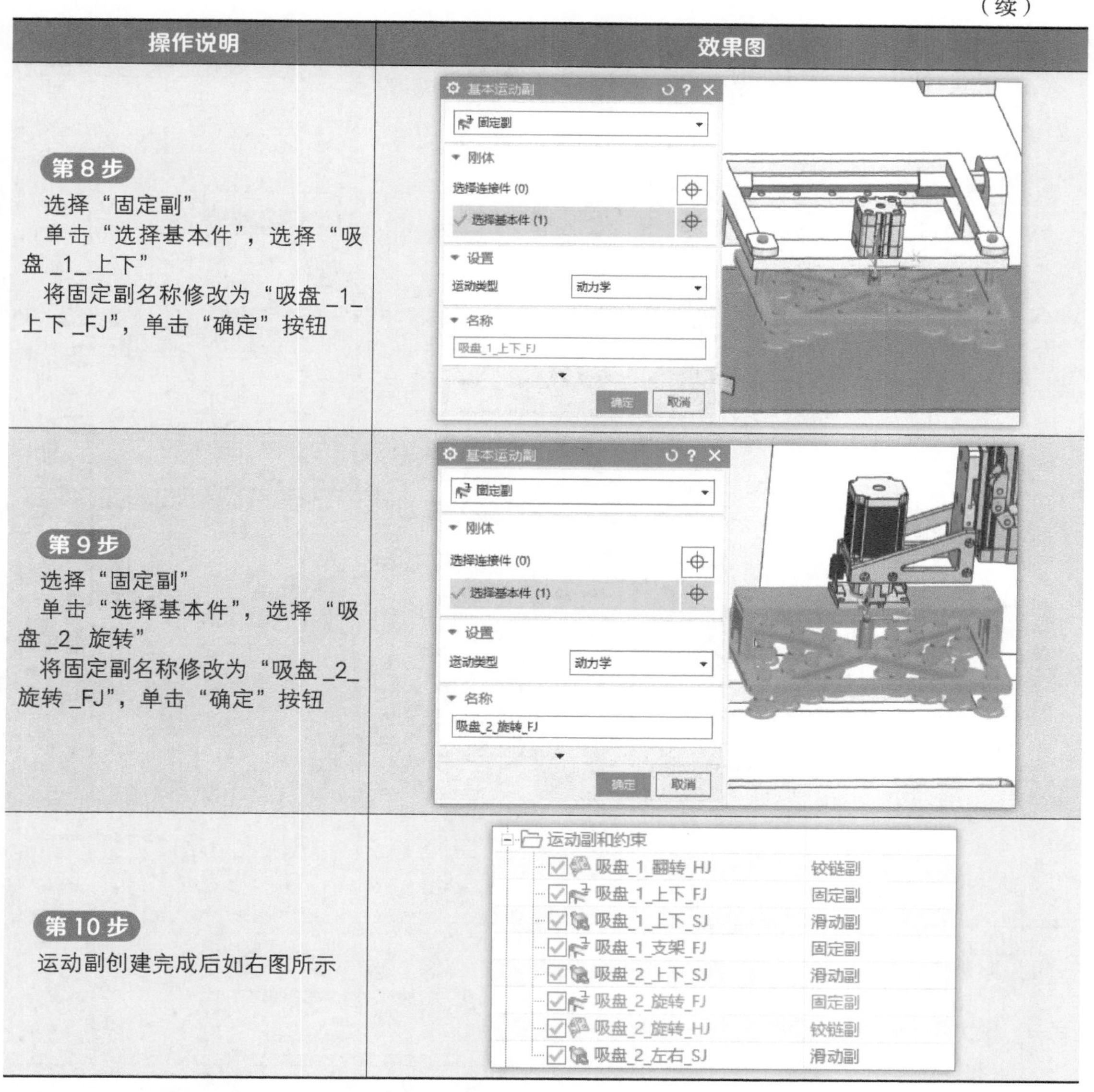

操作说明	效果图
第 8 步 选择“固定副” 单击“选择基本件”，选择“吸盘 _1_ 上下” 将固定副名称修改为“吸盘 _1_ 上下 _FJ”，单击“确定”按钮	
第 9 步 选择“固定副” 单击“选择基本件”，选择“吸盘 _2_ 旋转” 将固定副名称修改为“吸盘 _2_ 旋转 _FJ”，单击“确定”按钮	
第 10 步 运动副创建完成后如右图所示	

（三）传感器与执行器的定义

位置控制的定义步骤见表 3-16。

表 3-16　位置控制的定义步骤

操作说明	效果图
第 1 步 选择“主页”选项卡→“电气”栏→“传输面”命令	

（续）

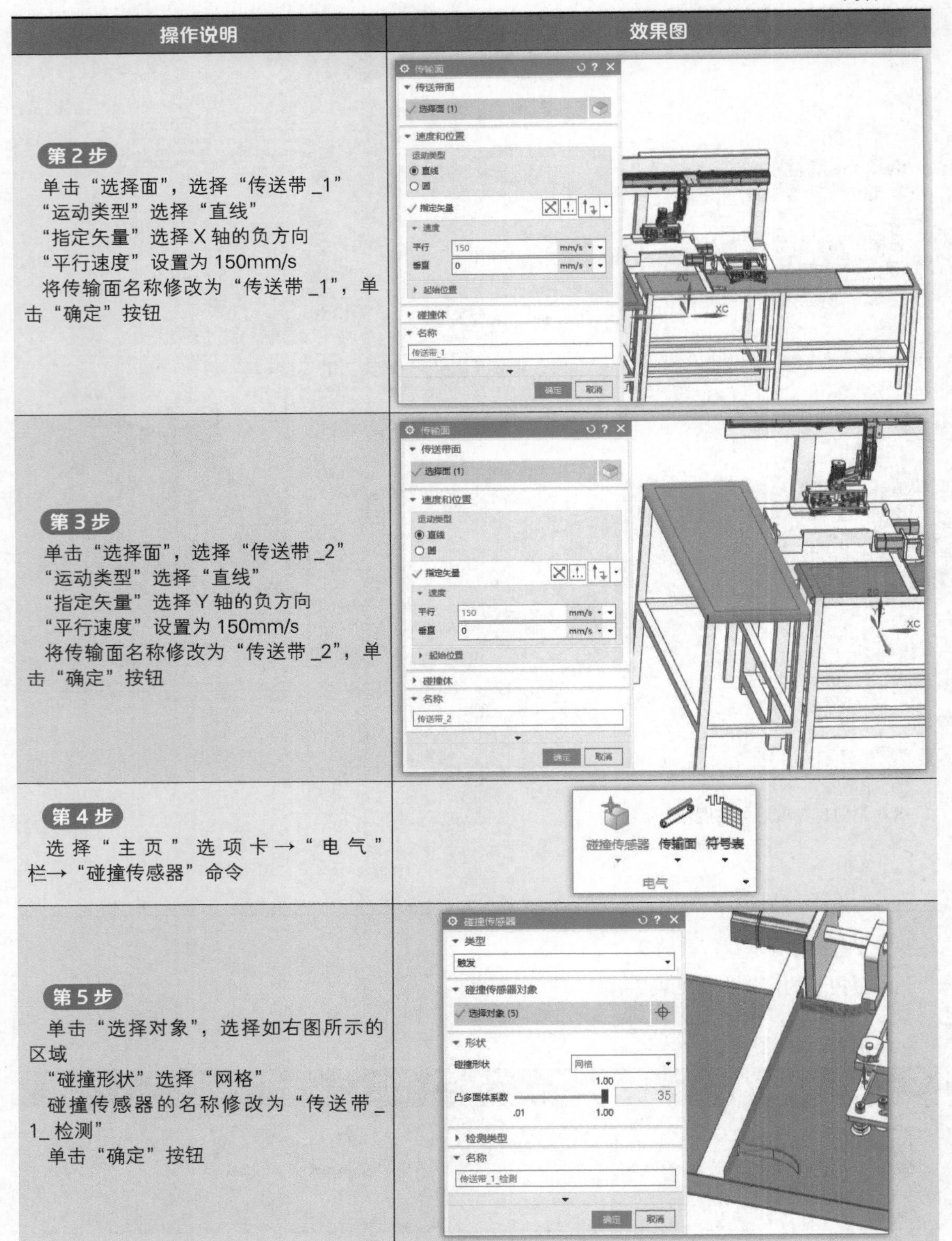

操作说明	效果图
第 2 步 单击“选择面”，选择“传送带 _1” “运动类型”选择“直线” “指定矢量”选择 X 轴的负方向 “平行速度”设置为 150mm/s 将传输面名称修改为“传送带 _1”，单击“确定”按钮	
第 3 步 单击“选择面”，选择“传送带 _2” “运动类型”选择“直线” “指定矢量”选择 Y 轴的负方向 “平行速度”设置为 150mm/s 将传输面名称修改为“传送带 _2”，单击“确定”按钮	
第 4 步 选择“主页”选项卡→“电气”栏→“碰撞传感器”命令	
第 5 步 单击“选择对象”，选择如右图所示的区域 “碰撞形状”选择“网格” 碰撞传感器的名称修改为“传送带 _1_ 检测” 单击“确定”按钮	

（续）

操作说明	效果图
第 6 步 单击“选择对象”，选择吸盘_1 外侧对角的四个吸盘面 “碰撞形状”选择“方块” “形状属性”选择“用户定义” 单击“坐标系对话框”，减小吸盘_1 碰撞传感器的 Z 轴坐标值，使碰撞传感器不接触吸盘_1 碰撞传感器名称修改为“吸盘_1_检测” 单击“确定”按钮	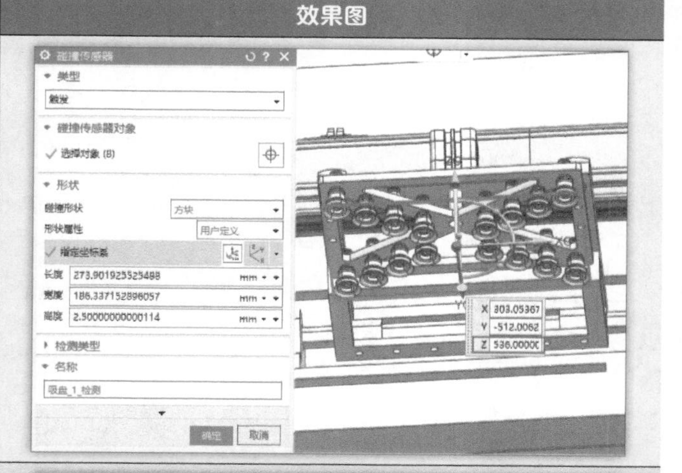
第 7 步 单击“选择对象”，选择吸盘_2 外侧对角的四个吸盘面 “碰撞形状”选择“方块” “形状属性”选择“用户定义” 单击“坐标系对话框”，减小吸盘_2 碰撞传感器的 Z 轴坐标值，使碰撞传感器不接触吸盘_2 碰撞传感器名称修改为“吸盘_2_检测” 单击“确定”按钮	
第 8 步 选择“主页”选项卡→“电气”栏→“位置控制”命令	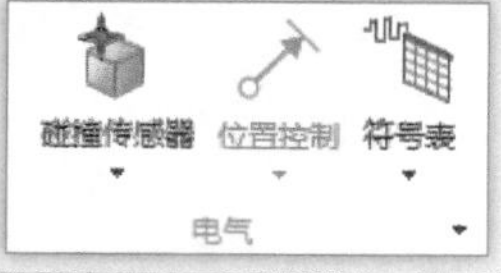
第 9 步 单击“选择对象”，选择“吸盘_1_上下_SJ” “约束速度”设置为 100mm/s 位置控制名称修改为“吸盘_1_上下_SJ_PC”，单击“确定”按钮	

（续）

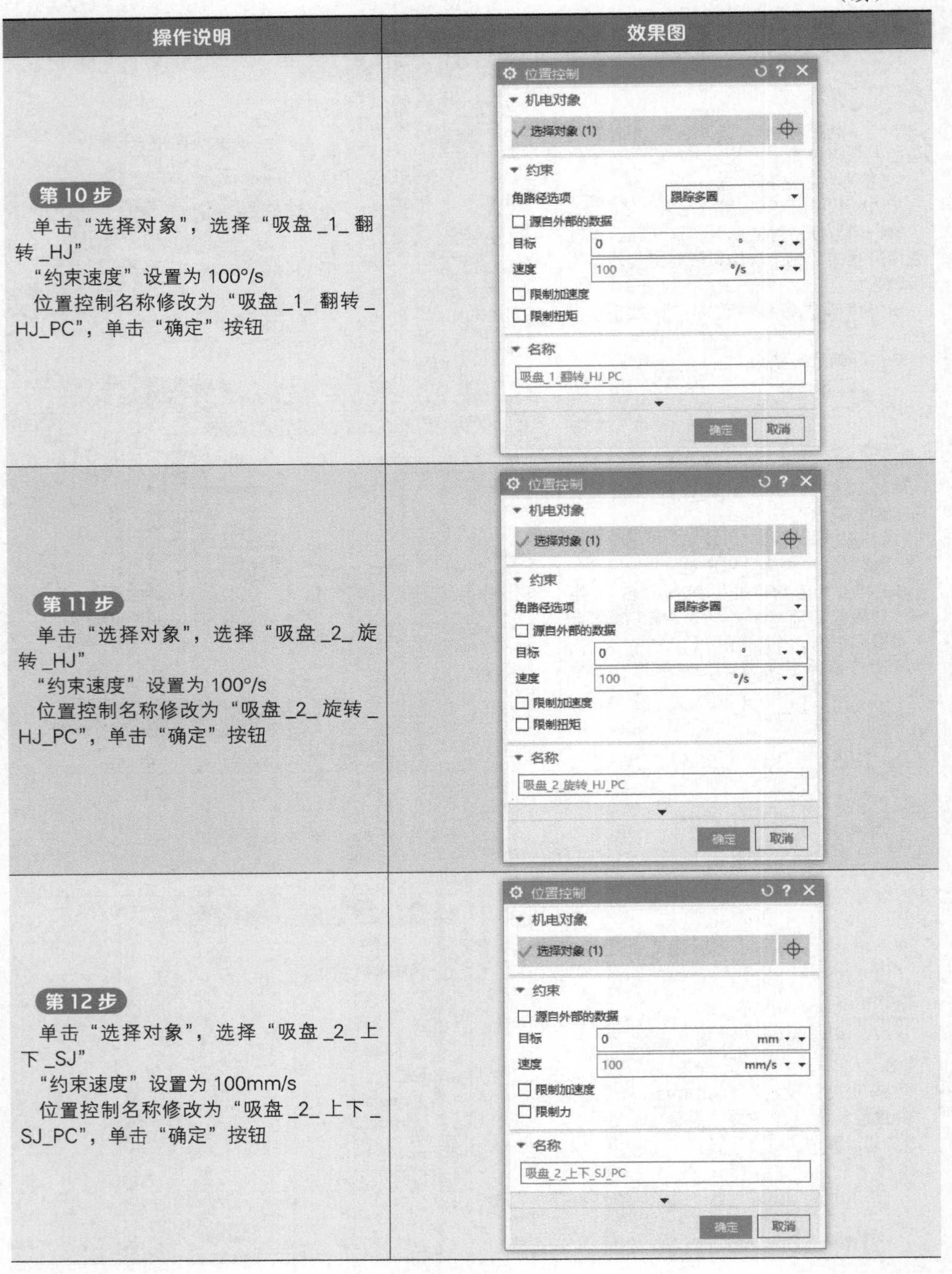

操作说明	效果图
第 10 步 单击“选择对象”，选择“吸盘 _1_ 翻转 _HJ” “约束速度”设置为 100°/s 位置控制名称修改为“吸盘 _1_ 翻转 _HJ_PC”，单击“确定”按钮	位置控制 机电对象 选择对象 (1) 约束 角路径选项 跟踪多圈 源自外部的数据 目标 0 ° 速度 100 °/s 限制加速度 限制扭矩 名称 吸盘_1_翻转_HJ_PC 确定 取消
第 11 步 单击“选择对象”，选择“吸盘 _2_ 旋转 _HJ” “约束速度”设置为 100°/s 位置控制名称修改为“吸盘 _2_ 旋转 _HJ_PC”，单击“确定”按钮	位置控制 机电对象 选择对象 (1) 约束 角路径选项 跟踪多圈 源自外部的数据 目标 0 ° 速度 100 °/s 限制加速度 限制扭矩 名称 吸盘_2_旋转_HJ_PC 确定 取消
第 12 步 单击“选择对象”，选择“吸盘 _2_ 上下 _SJ” “约束速度”设置为 100mm/s 位置控制名称修改为“吸盘 _2_ 上下 _SJ_PC”，单击“确定”按钮	位置控制 机电对象 选择对象 (1) 约束 源自外部的数据 目标 0 mm 速度 100 mm/s 限制加速度 限制力 名称 吸盘_2_上下_SJ_PC 确定 取消

（续）

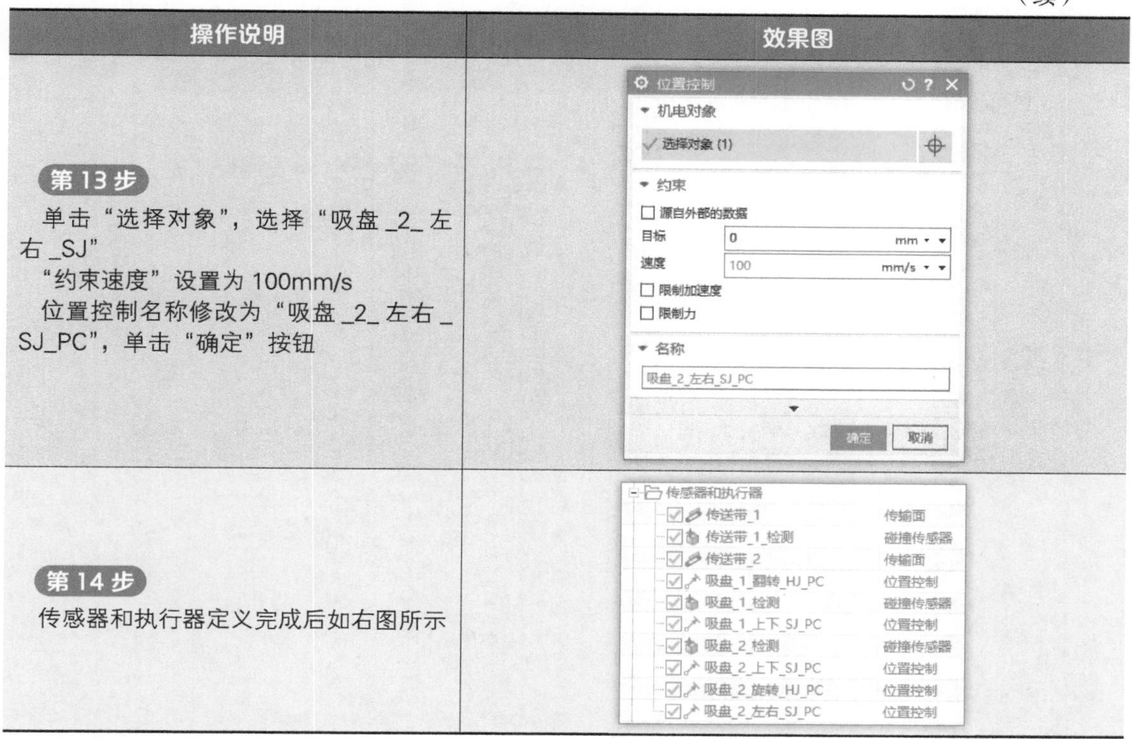

操作说明	效果图
第 13 步 单击“选择对象”，选择“吸盘_2_左右_SJ” “约束速度”设置为 100mm/s 位置控制名称修改为“吸盘_2_左右_SJ_PC”，单击“确定”按钮	
第 14 步 传感器和执行器定义完成后如右图所示	

（四）信号适配器的定义

信号适配器的定义步骤见表 3-17。

表 3-17 信号适配器的定义步骤

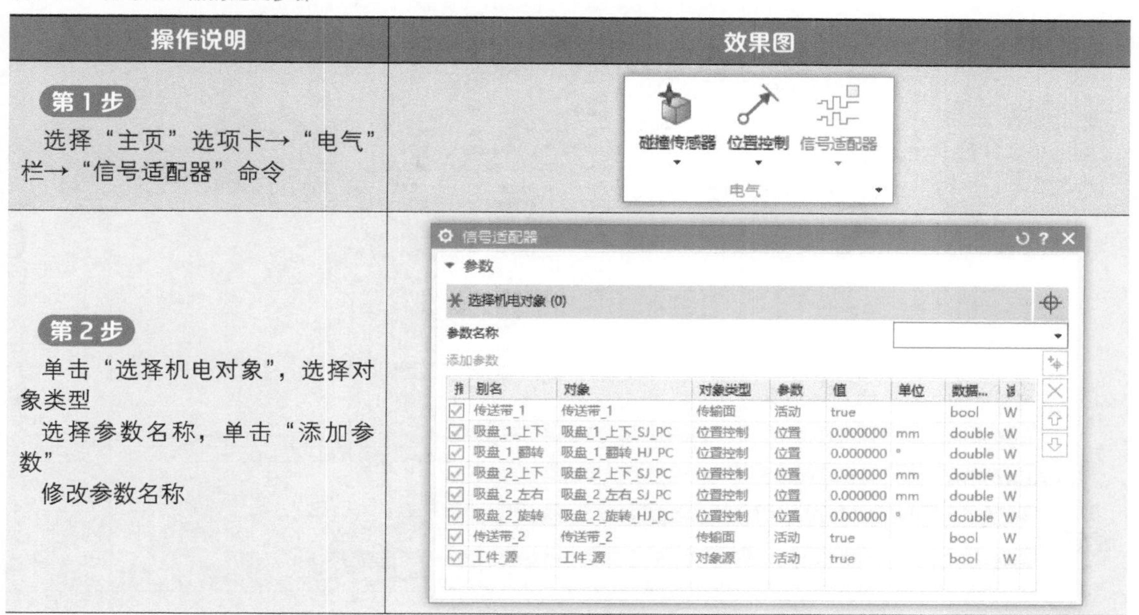

操作说明	效果图
第 1 步 选择“主页”选项卡→“电气”栏→“信号适配器”命令	
第 2 步 单击“选择机电对象”，选择对象类型 选择参数名称，单击“添加参数” 修改参数名称	

（续）

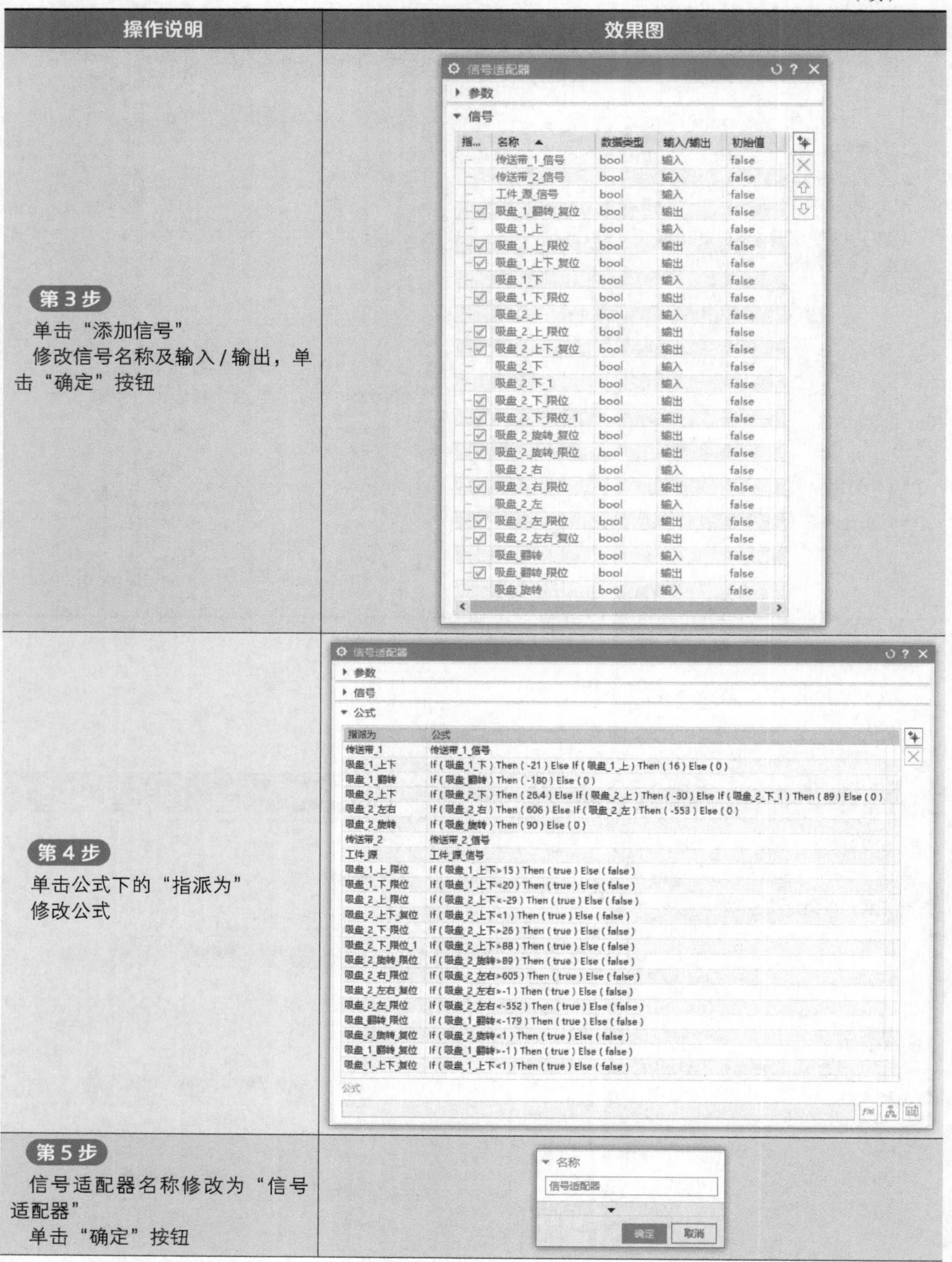

操作说明	效果图
第 3 步 单击“添加信号” 修改信号名称及输入/输出，单击“确定”按钮	
第 4 步 单击公式下的“指派为” 修改公式	
第 5 步 信号适配器名称修改为“信号适配器” 单击“确定”按钮	

（续）

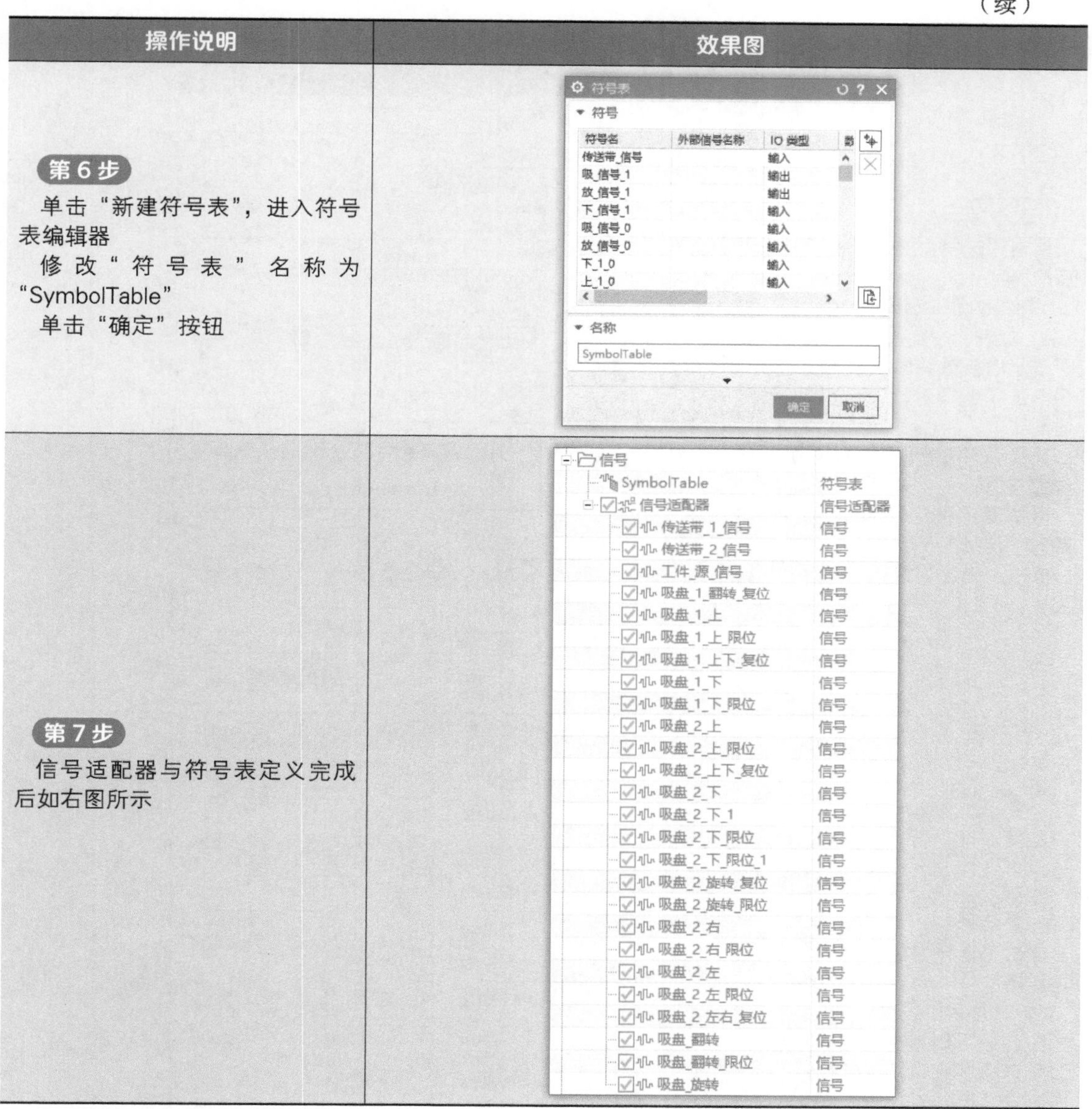

操作说明	效果图
第 6 步 单击“新建符号表”，进入符号表编辑器 修改“符号表”名称为“SymbolTable” 单击“确定”按钮	
第 7 步 信号适配器与符号表定义完成后如右图所示	

（五）仿真序列的定义

仿真序列的定义步骤见表 3-18。

表 3-18　仿真序列的定义步骤

操作说明	效果图
第 1 步 选择“主页”选项卡→“自动化”栏→“仿真序列”命令	仿真序列 电子凸轮 运行时 NC 符号表 自动化

（续）

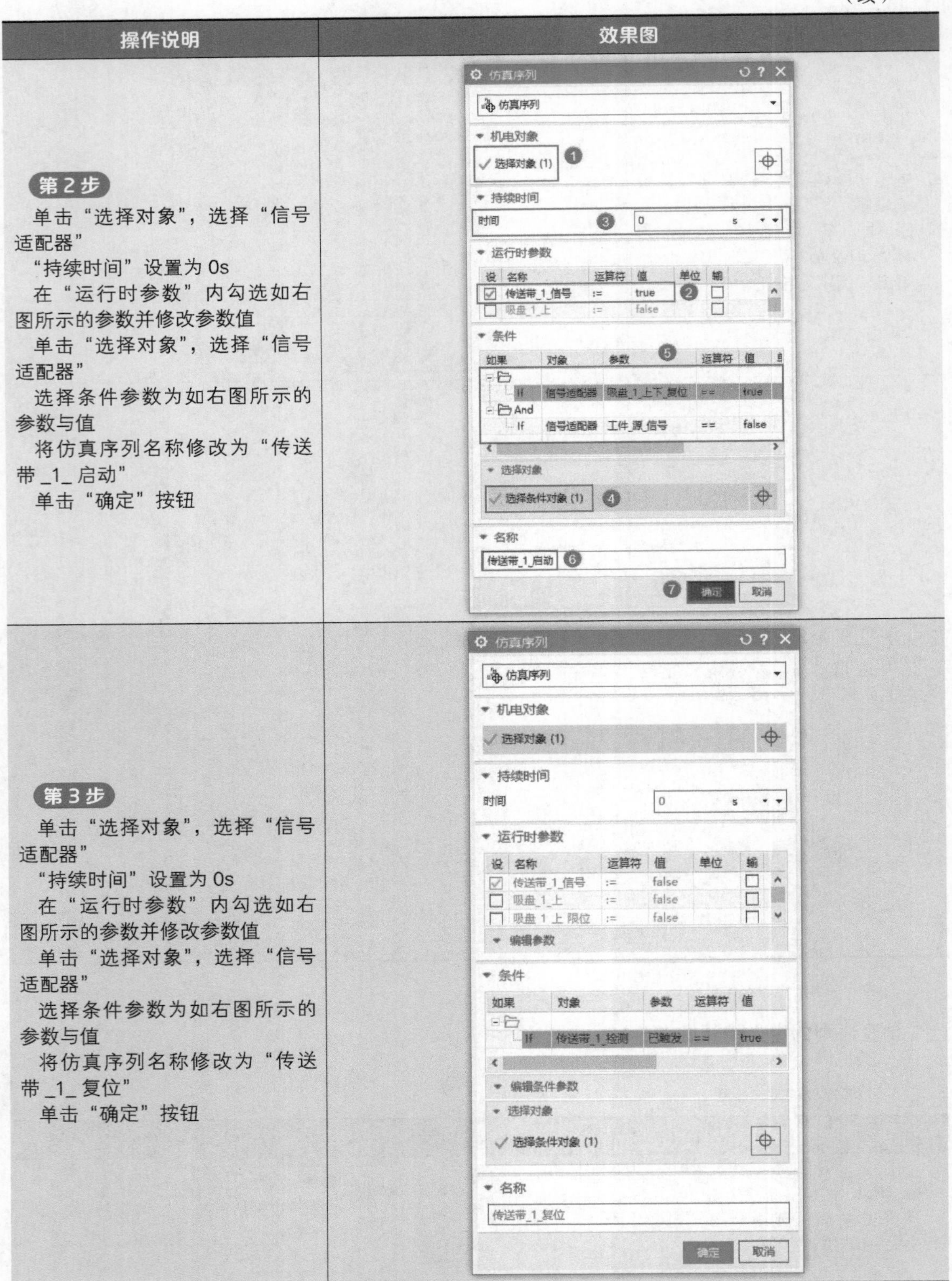

操作说明	效果图
第 2 步 单击“选择对象”，选择“信号适配器” “持续时间”设置为 0s 在“运行时参数”内勾选如右图所示的参数并修改参数值 单击“选择对象”，选择“信号适配器” 选择条件参数为如右图所示的参数与值 将仿真序列名称修改为“传送带_1_启动” 单击“确定”按钮	
第 3 步 单击“选择对象”，选择“信号适配器” “持续时间”设置为 0s 在“运行时参数”内勾选如右图所示的参数并修改参数值 单击“选择对象”，选择“信号适配器” 选择条件参数为如右图所示的参数与值 将仿真序列名称修改为“传送带_1_复位” 单击“确定”按钮	

（续）

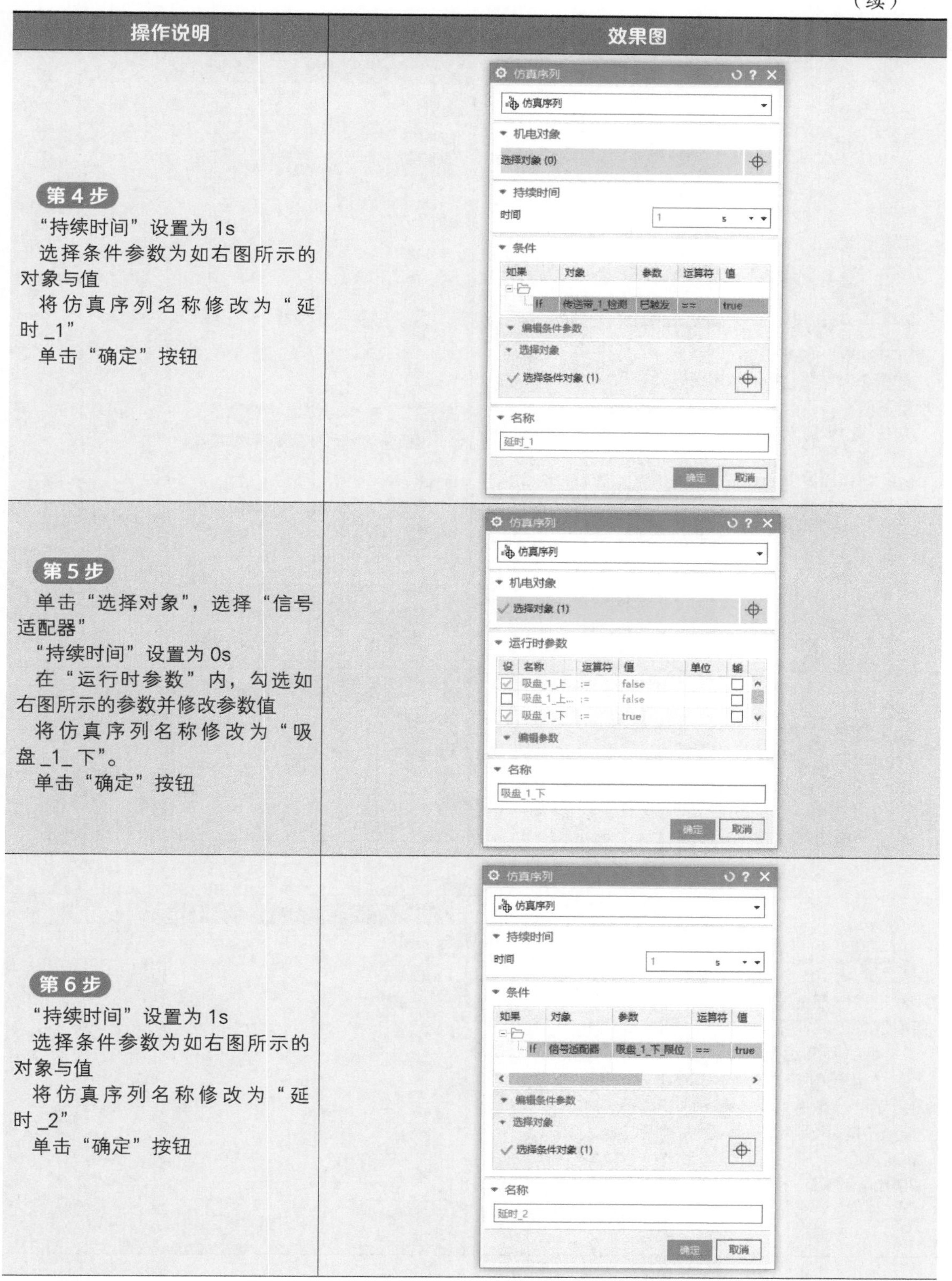

操作说明	效果图
第 4 步 “持续时间”设置为 1s 选择条件参数为如右图所示的对象与值 将仿真序列名称修改为“延时_1” 单击“确定”按钮	
第 5 步 单击“选择对象”，选择“信号适配器” “持续时间”设置为 0s 在“运行时参数”内，勾选如右图所示的参数并修改参数值 将仿真序列名称修改为“吸盘_1_下”。 单击“确定”按钮	
第 6 步 “持续时间”设置为 1s 选择条件参数为如右图所示的对象与值 将仿真序列名称修改为“延时_2” 单击“确定”按钮	

（续）

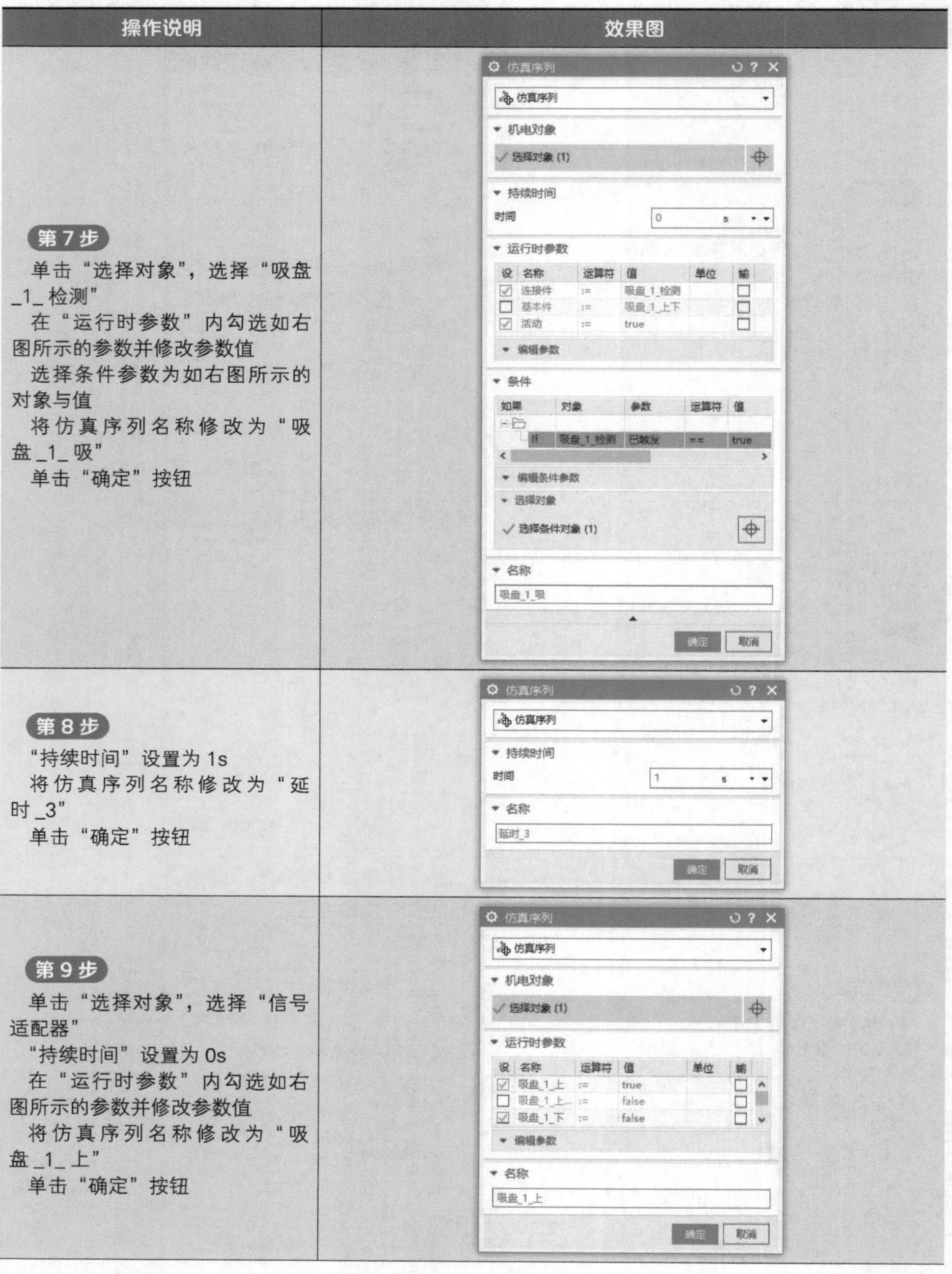

操作说明	效果图
第 7 步 单击“选择对象”，选择“吸盘_1_检测” 在“运行时参数”内勾选如右图所示的参数并修改参数值 选择条件参数为如右图所示的对象与值 将仿真序列名称修改为“吸盘_1_吸” 单击“确定”按钮	
第 8 步 “持续时间”设置为 1s 将仿真序列名称修改为“延时_3” 单击“确定”按钮	
第 9 步 单击“选择对象”，选择“信号适配器” “持续时间”设置为 0s 在“运行时参数”内勾选如右图所示的参数并修改参数值 将仿真序列名称修改为“吸盘_1_上” 单击“确定”按钮	

（续）

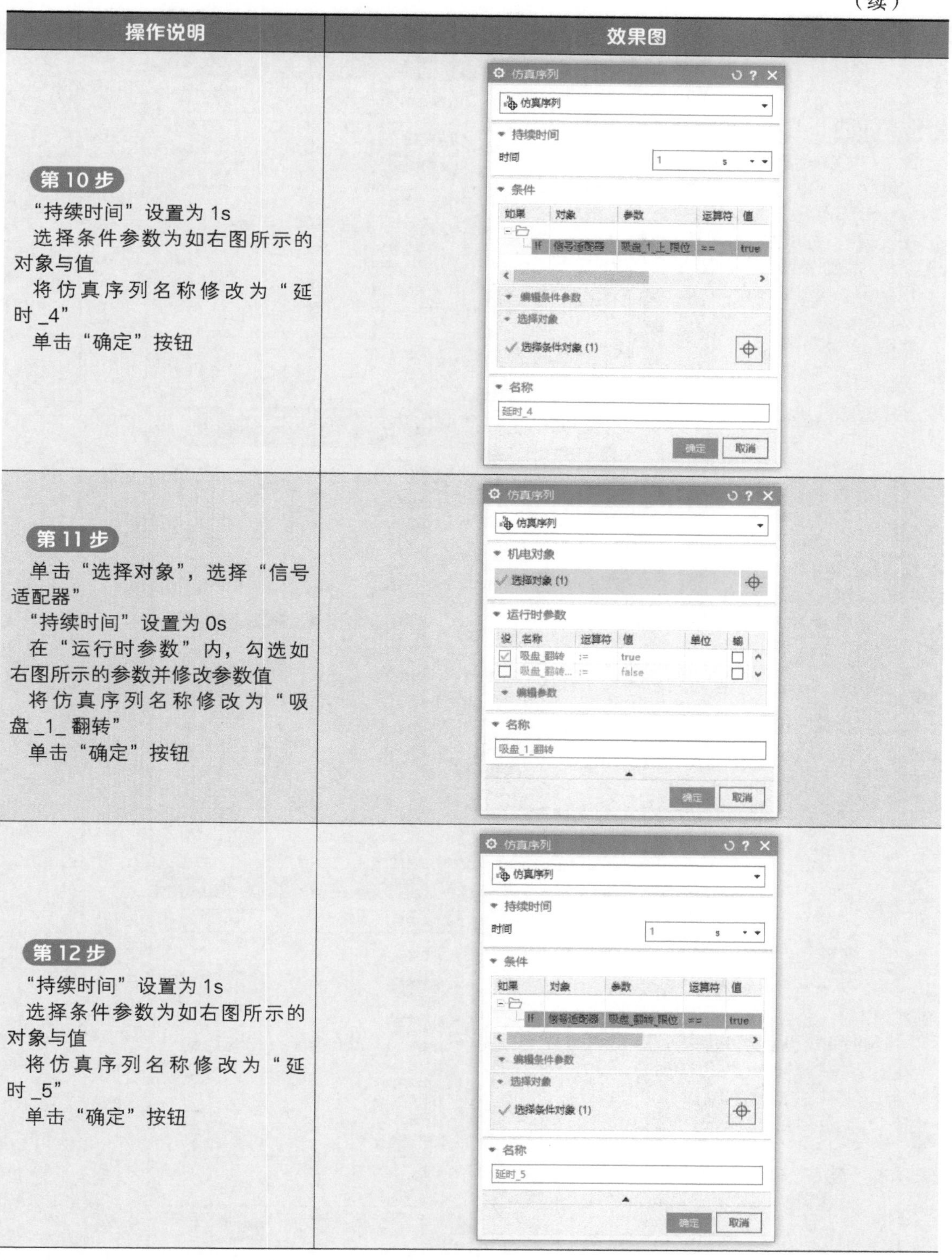

操作说明	效果图
第 10 步 “持续时间”设置为 1s 选择条件参数为如右图所示的对象与值 将仿真序列名称修改为“延时_4” 单击“确定”按钮	
第 11 步 单击“选择对象”，选择“信号适配器” “持续时间”设置为 0s 在“运行时参数”内，勾选如右图所示的参数并修改参数值 将仿真序列名称修改为“吸盘_1_翻转” 单击“确定”按钮	
第 12 步 “持续时间”设置为 1s 选择条件参数为如右图所示的对象与值 将仿真序列名称修改为“延时_5” 单击“确定”按钮	

（续）

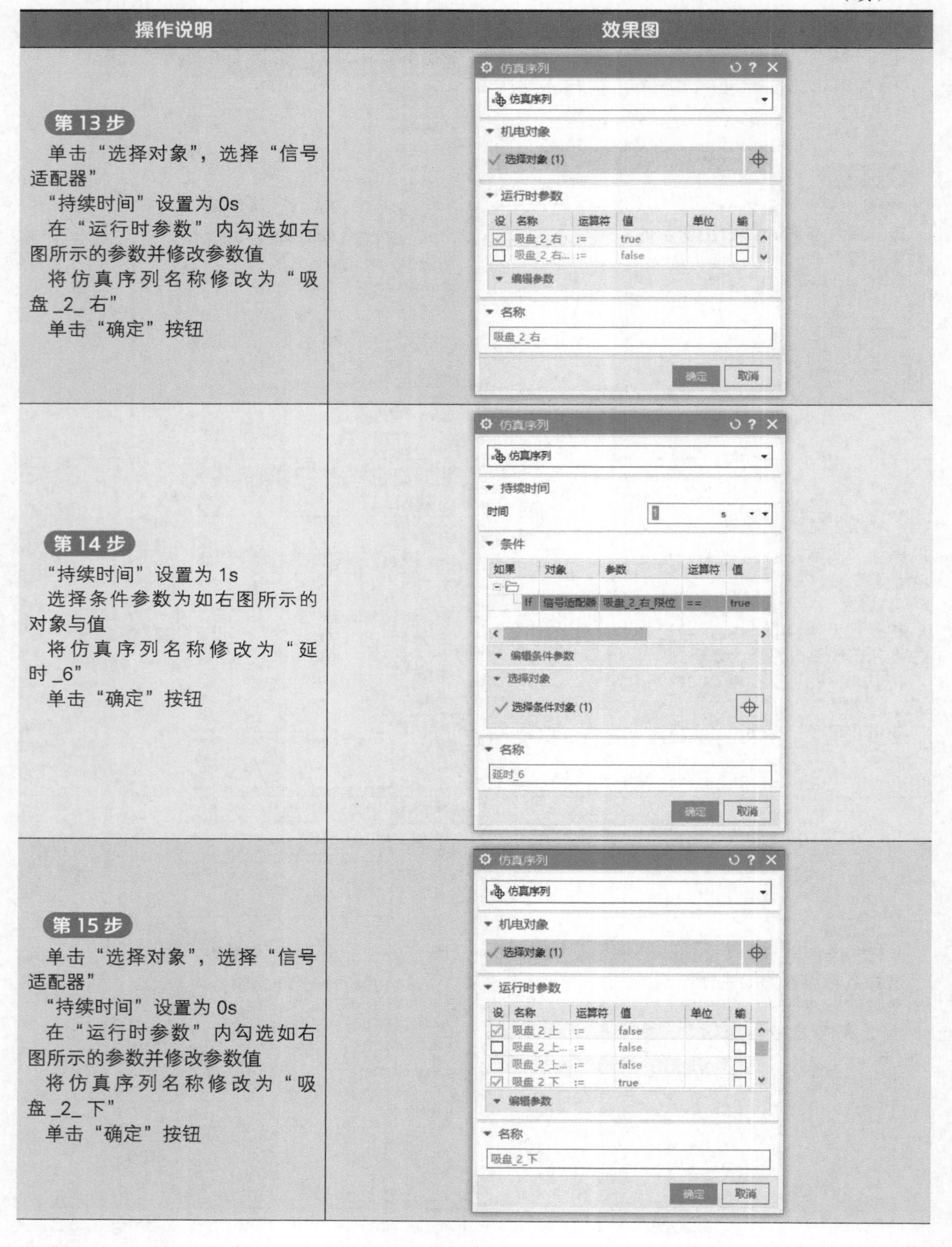

操作说明	效果图
第 13 步 单击“选择对象”，选择“信号适配器” “持续时间”设置为 0s 在“运行时参数”内勾选如右图所示的参数并修改参数值 将仿真序列名称修改为“吸盘_2_右” 单击“确定”按钮	
第 14 步 “持续时间”设置为 1s 选择条件参数为如右图所示的对象与值 将仿真序列名称修改为“延时_6” 单击“确定”按钮	
第 15 步 单击“选择对象”，选择“信号适配器” “持续时间”设置为 0s 在“运行时参数”内勾选如右图所示的参数并修改参数值 将仿真序列名称修改为“吸盘_2_下” 单击“确定”按钮	

（续）

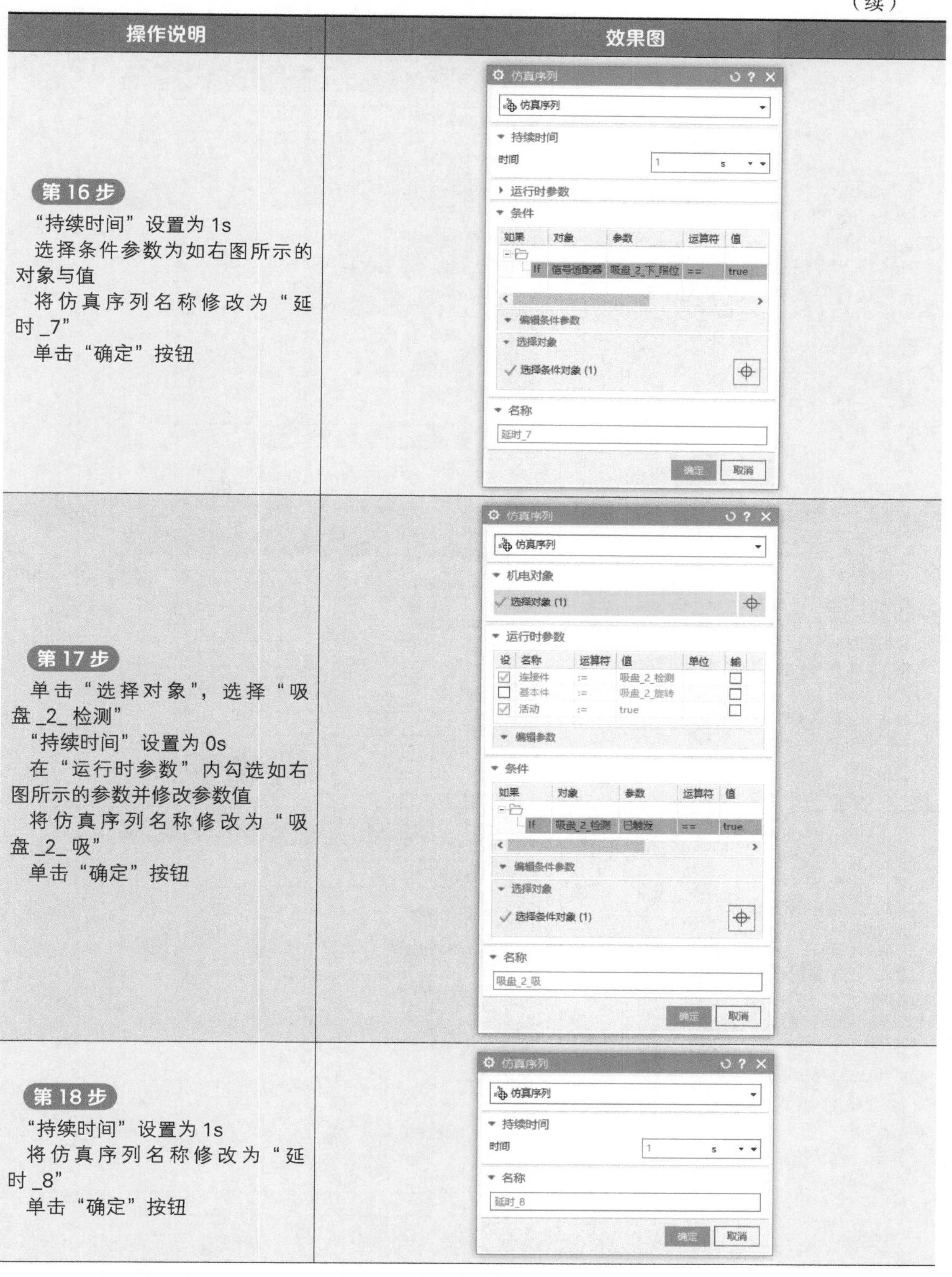

操作说明	效果图
第 16 步 “持续时间”设置为 1s 选择条件参数为如右图所示的对象与值 将仿真序列名称修改为“延时 _7” 单击“确定”按钮	
第 17 步 单击“选择对象”，选择“吸盘 _2_ 检测” “持续时间”设置为 0s 在“运行时参数”内勾选如右图所示的参数并修改参数值 将仿真序列名称修改为“吸盘 _2_ 吸” 单击“确定”按钮	
第 18 步 “持续时间”设置为 1s 将仿真序列名称修改为“延时 _8” 单击“确定”按钮	

（续）

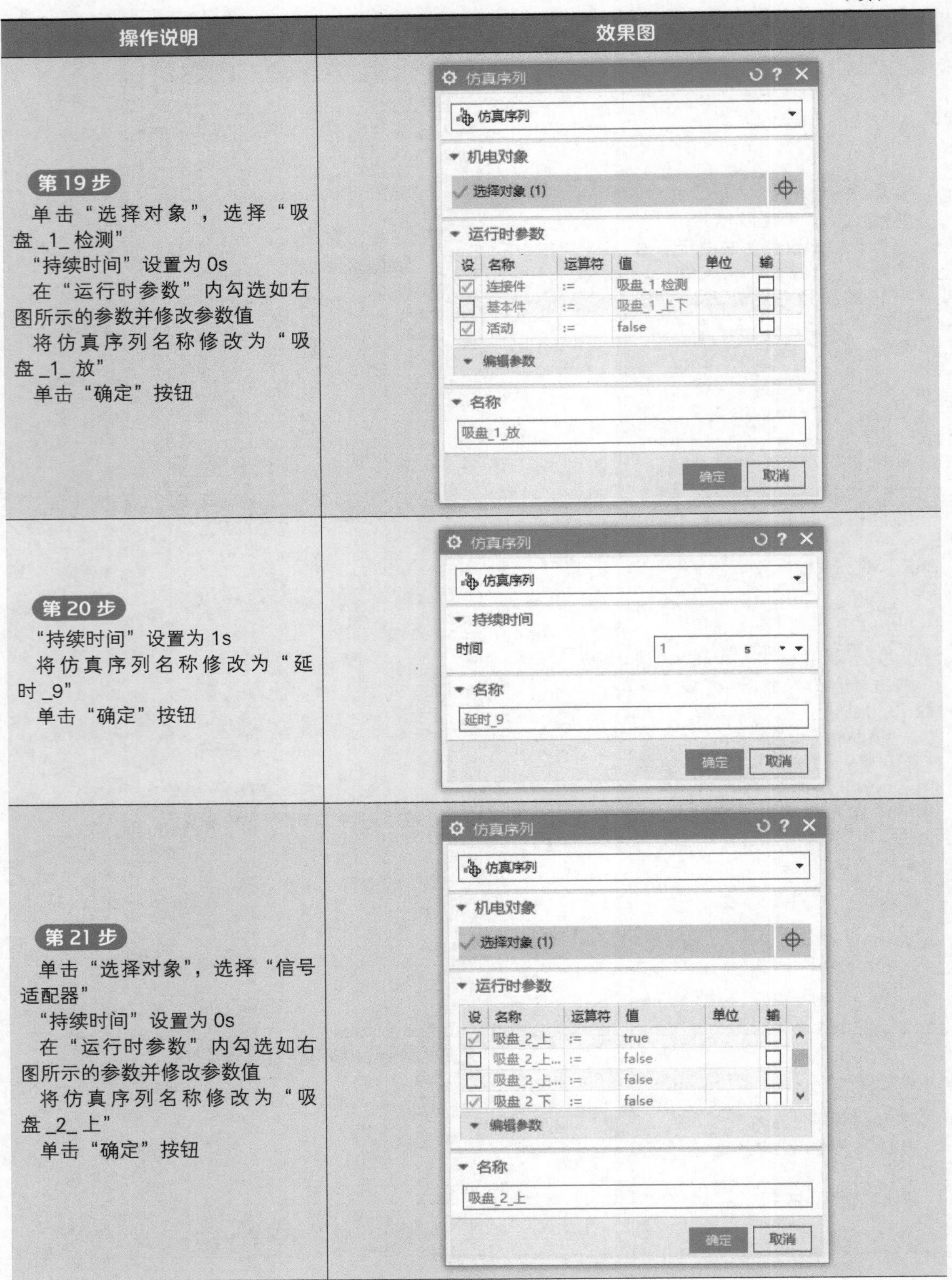

操作说明	效果图
第 19 步 单击“选择对象”，选择“吸盘_1_检测” “持续时间”设置为 0s 在“运行时参数”内勾选如右图所示的参数并修改参数值 将仿真序列名称修改为“吸盘_1_放” 单击“确定”按钮	
第 20 步 “持续时间”设置为 1s 将仿真序列名称修改为“延时_9” 单击“确定”按钮	
第 21 步 单击“选择对象”，选择“信号适配器” “持续时间”设置为 0s 在“运行时参数”内勾选如右图所示的参数并修改参数值 将仿真序列名称修改为“吸盘_2_上” 单击“确定”按钮	

（续）

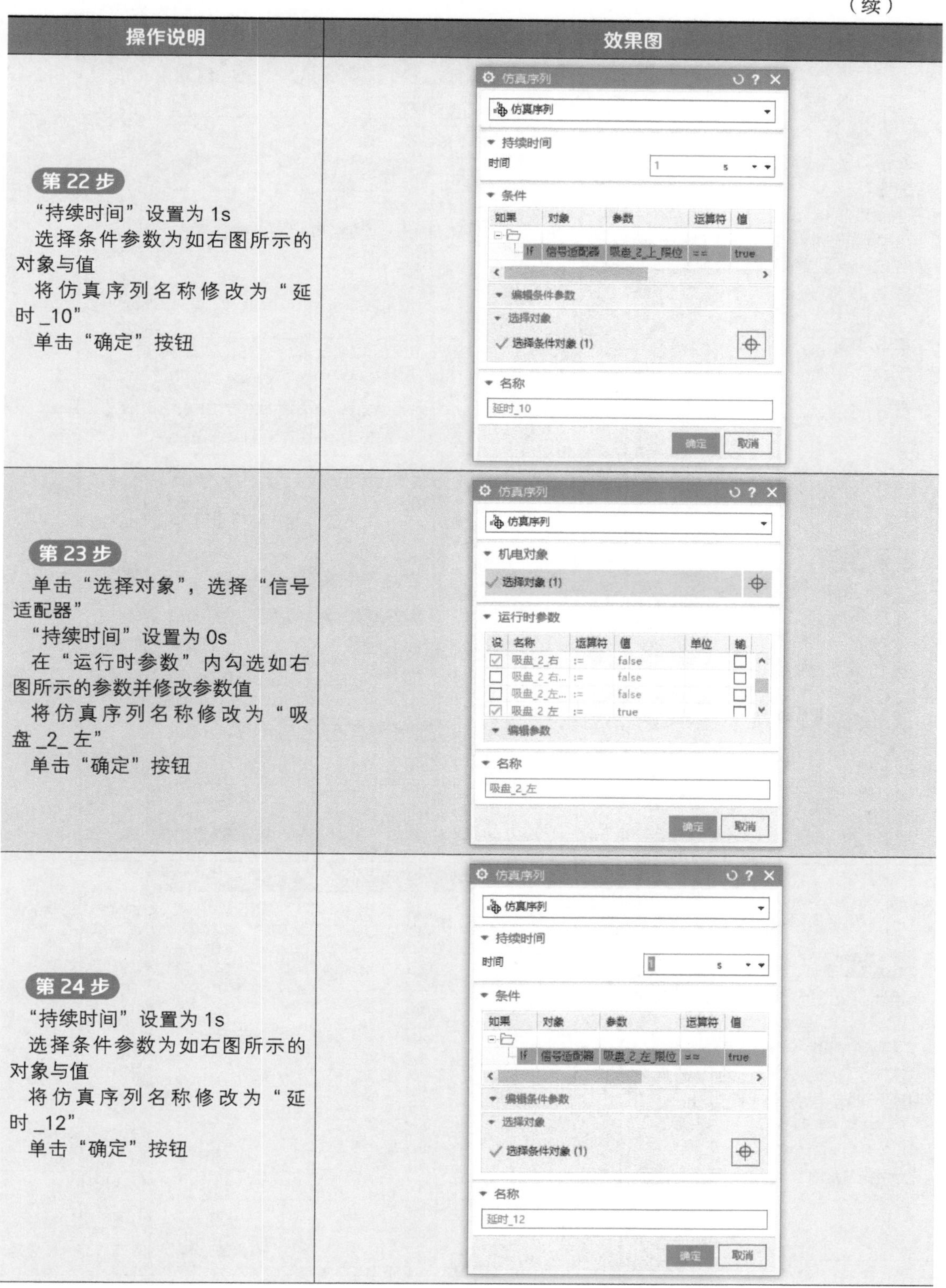

操作说明	效果图
第 22 步 “持续时间”设置为 1s 选择条件参数为如右图所示的对象与值 将仿真序列名称修改为“延时 _10” 单击“确定”按钮	
第 23 步 单击“选择对象”，选择“信号适配器” “持续时间”设置为 0s 在“运行时参数”内勾选如右图所示的参数并修改参数值 将仿真序列名称修改为“吸盘 _2_ 左” 单击“确定”按钮	
第 24 步 “持续时间”设置为 1s 选择条件参数为如右图所示的对象与值 将仿真序列名称修改为“延时 _12” 单击“确定”按钮	

（续）

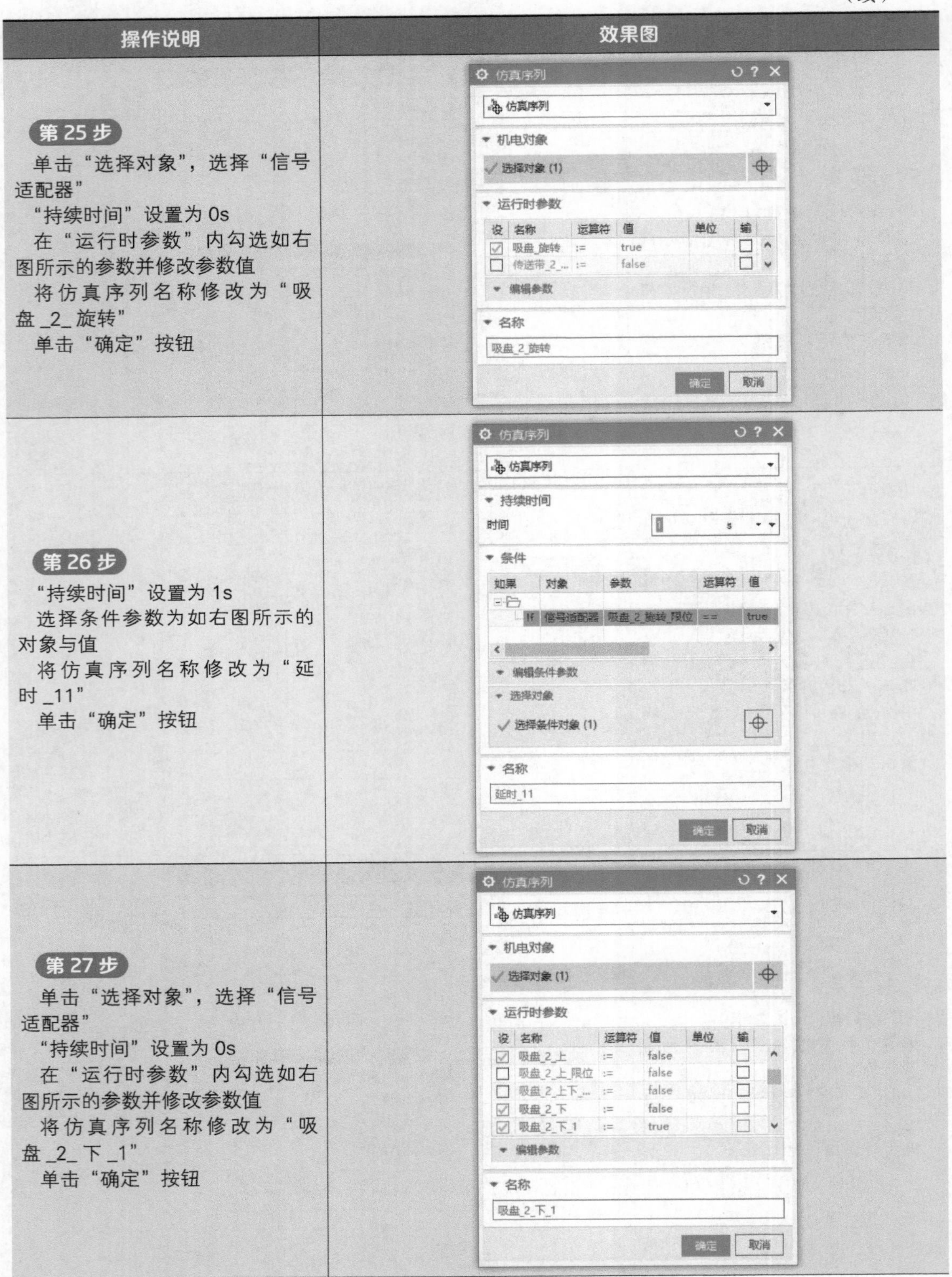

操作说明	效果图
第 25 步 单击“选择对象”，选择“信号适配器” “持续时间”设置为 0s 在“运行时参数”内勾选如右图所示的参数并修改参数值 将仿真序列名称修改为“吸盘 _2_ 旋转” 单击“确定”按钮	
第 26 步 “持续时间”设置为 1s 选择条件参数为如右图所示的对象与值 将仿真序列名称修改为“延时 _11” 单击“确定”按钮	
第 27 步 单击“选择对象”，选择“信号适配器” “持续时间”设置为 0s 在“运行时参数”内勾选如右图所示的参数并修改参数值 将仿真序列名称修改为“吸盘 _2_ 下 _1” 单击“确定”按钮	

（续）

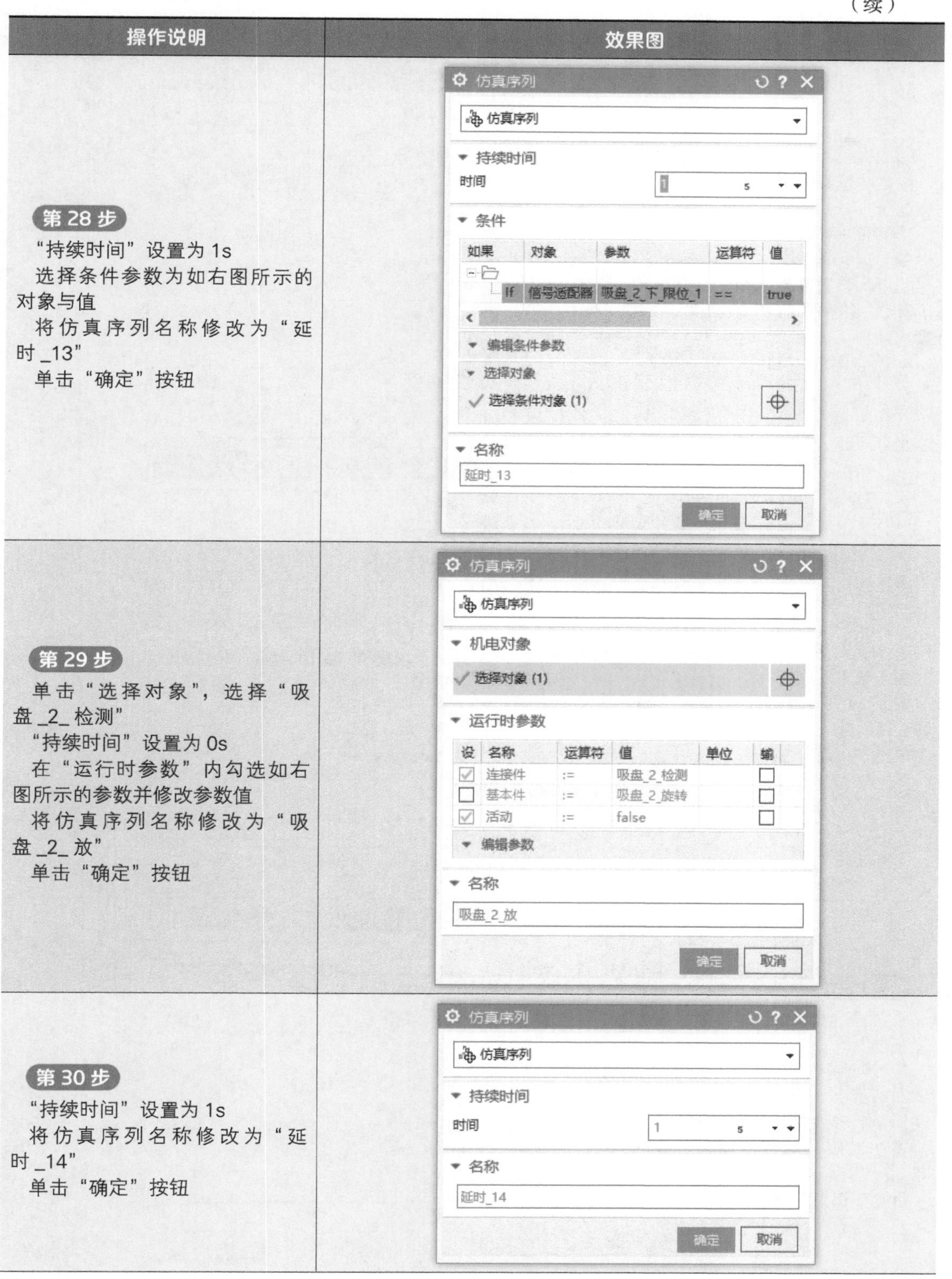

操作说明	效果图
第 28 步 “持续时间”设置为 1s 选择条件参数为如右图所示的对象与值 将仿真序列名称修改为“延时_13” 单击“确定”按钮	
第 29 步 单击“选择对象”，选择“吸盘_2_检测” “持续时间”设置为 0s 在“运行时参数”内勾选如右图所示的参数并修改参数值 将仿真序列名称修改为“吸盘_2_放” 单击“确定”按钮	
第 30 步 “持续时间”设置为 1s 将仿真序列名称修改为“延时_14” 单击“确定”按钮	

（续）

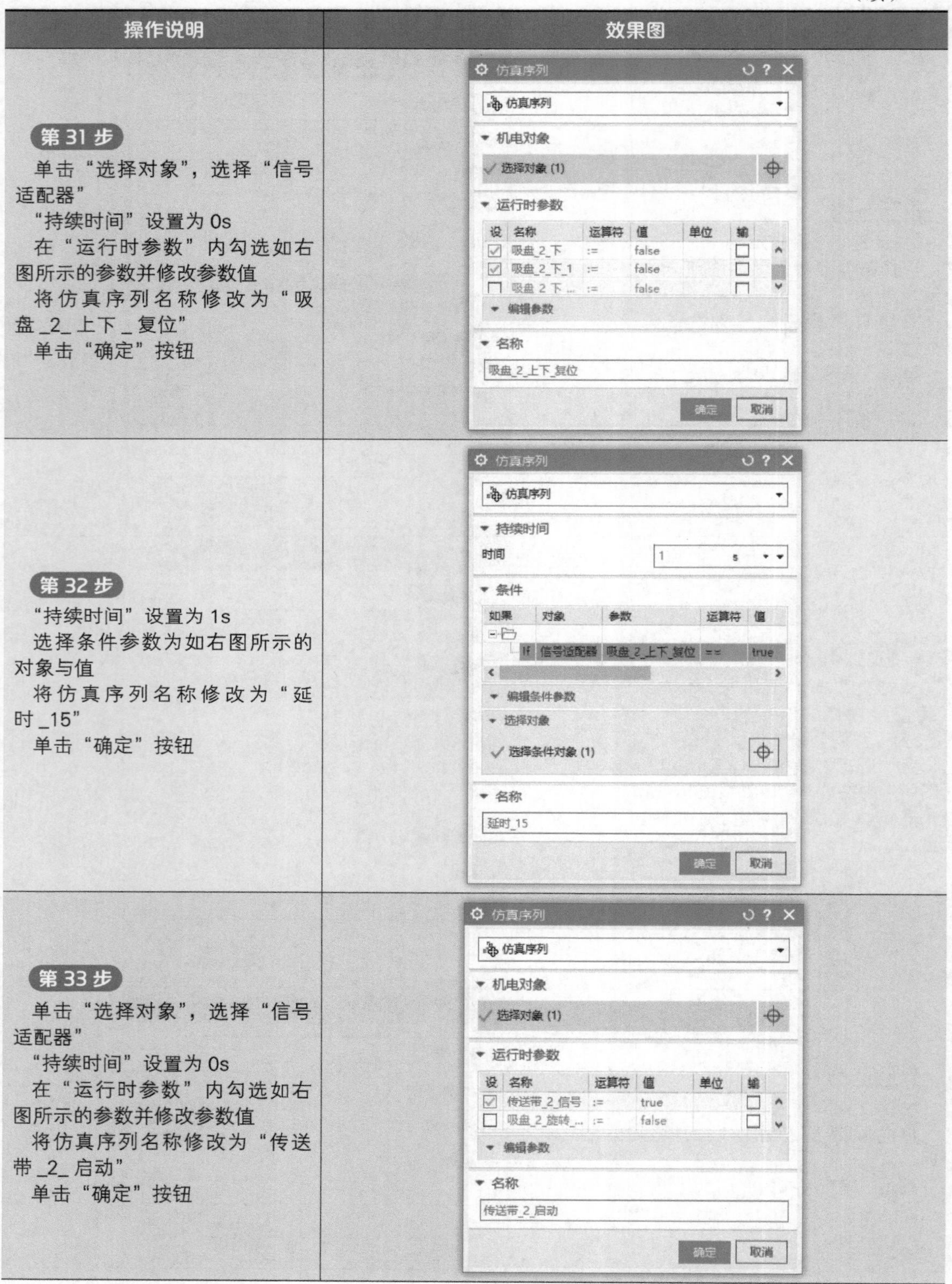

操作说明	效果图
第 31 步 单击“选择对象”，选择“信号适配器” “持续时间”设置为 0s 在“运行时参数”内勾选如右图所示的参数并修改参数值 将仿真序列名称修改为“吸盘_2_上下_复位” 单击“确定”按钮	
第 32 步 “持续时间”设置为 1s 选择条件参数为如右图所示的对象与值 将仿真序列名称修改为“延时_15” 单击“确定”按钮	
第 33 步 单击“选择对象”，选择“信号适配器” “持续时间”设置为 0s 在“运行时参数”内勾选如右图所示的参数并修改参数值 将仿真序列名称修改为“传送带_2_启动” 单击“确定”按钮	

（续）

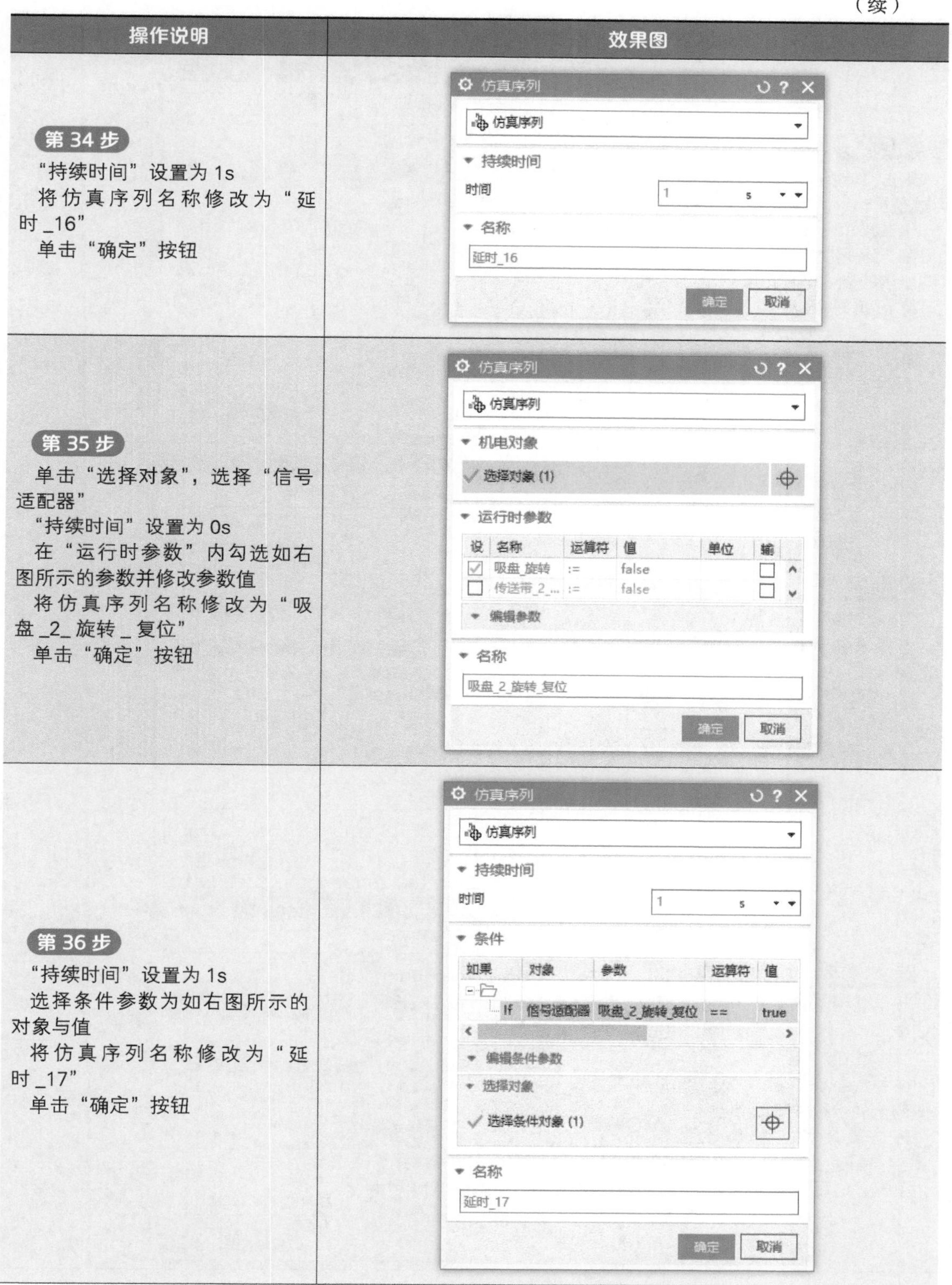

操作说明	效果图
第 34 步 “持续时间”设置为 1s 将仿真序列名称修改为“延时_16” 单击“确定”按钮	
第 35 步 单击“选择对象”，选择“信号适配器” “持续时间”设置为 0s 在“运行时参数”内勾选如右图所示的参数并修改参数值 将仿真序列名称修改为“吸盘_2_旋转_复位” 单击“确定”按钮	
第 36 步 “持续时间”设置为 1s 选择条件参数为如右图所示的对象与值 将仿真序列名称修改为“延时_17” 单击“确定”按钮	

（续）

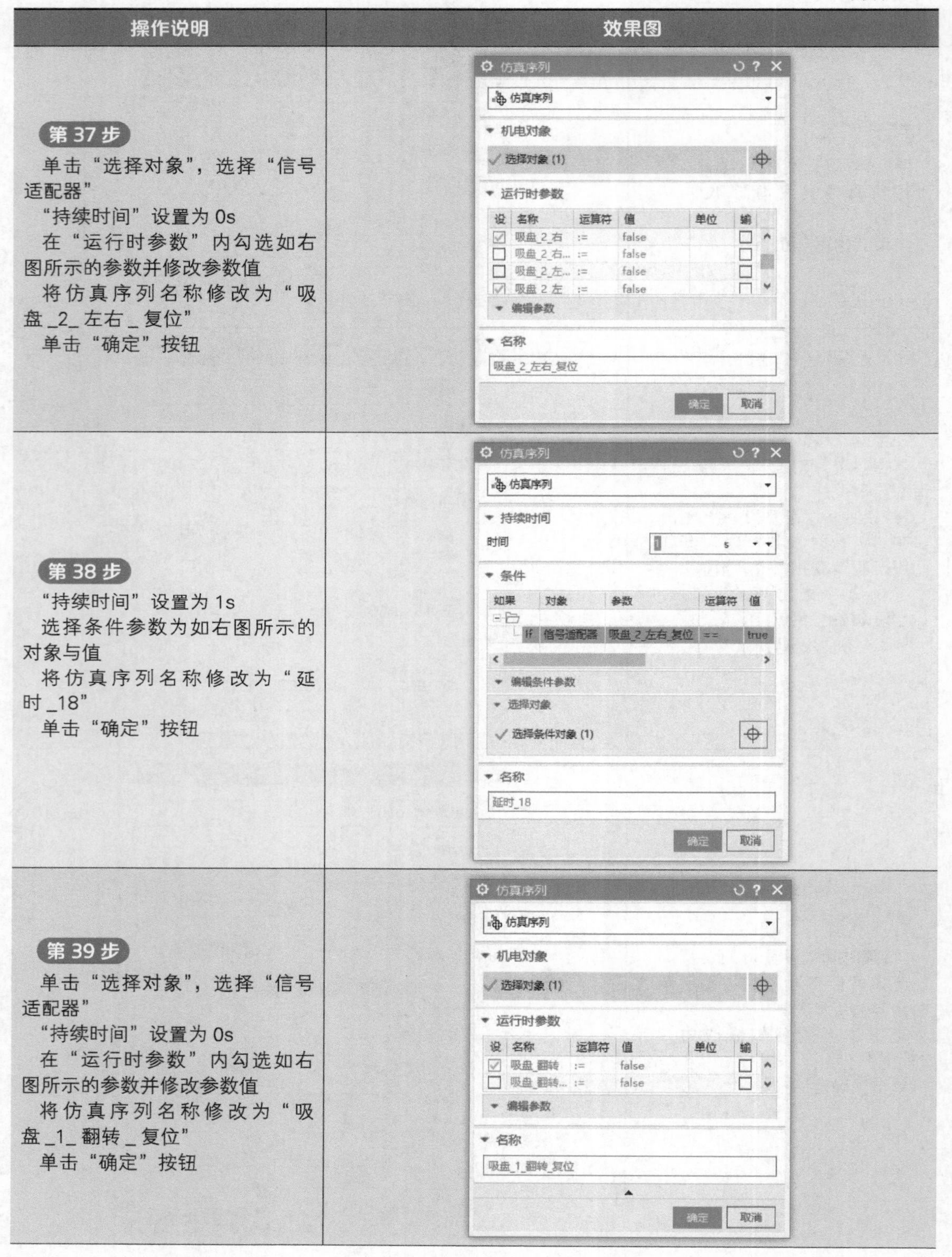

操作说明	效果图
第 37 步 单击“选择对象”，选择“信号适配器” “持续时间”设置为 0s 在“运行时参数”内勾选如右图所示的参数并修改参数值 将仿真序列名称修改为“吸盘_2_左右_复位” 单击“确定”按钮	
第 38 步 “持续时间”设置为 1s 选择条件参数为如右图所示的对象与值 将仿真序列名称修改为“延时_18” 单击“确定”按钮	
第 39 步 单击“选择对象”，选择“信号适配器” “持续时间”设置为 0s 在“运行时参数”内勾选如右图所示的参数并修改参数值 将仿真序列名称修改为“吸盘_1_翻转_复位” 单击“确定”按钮	

（续）

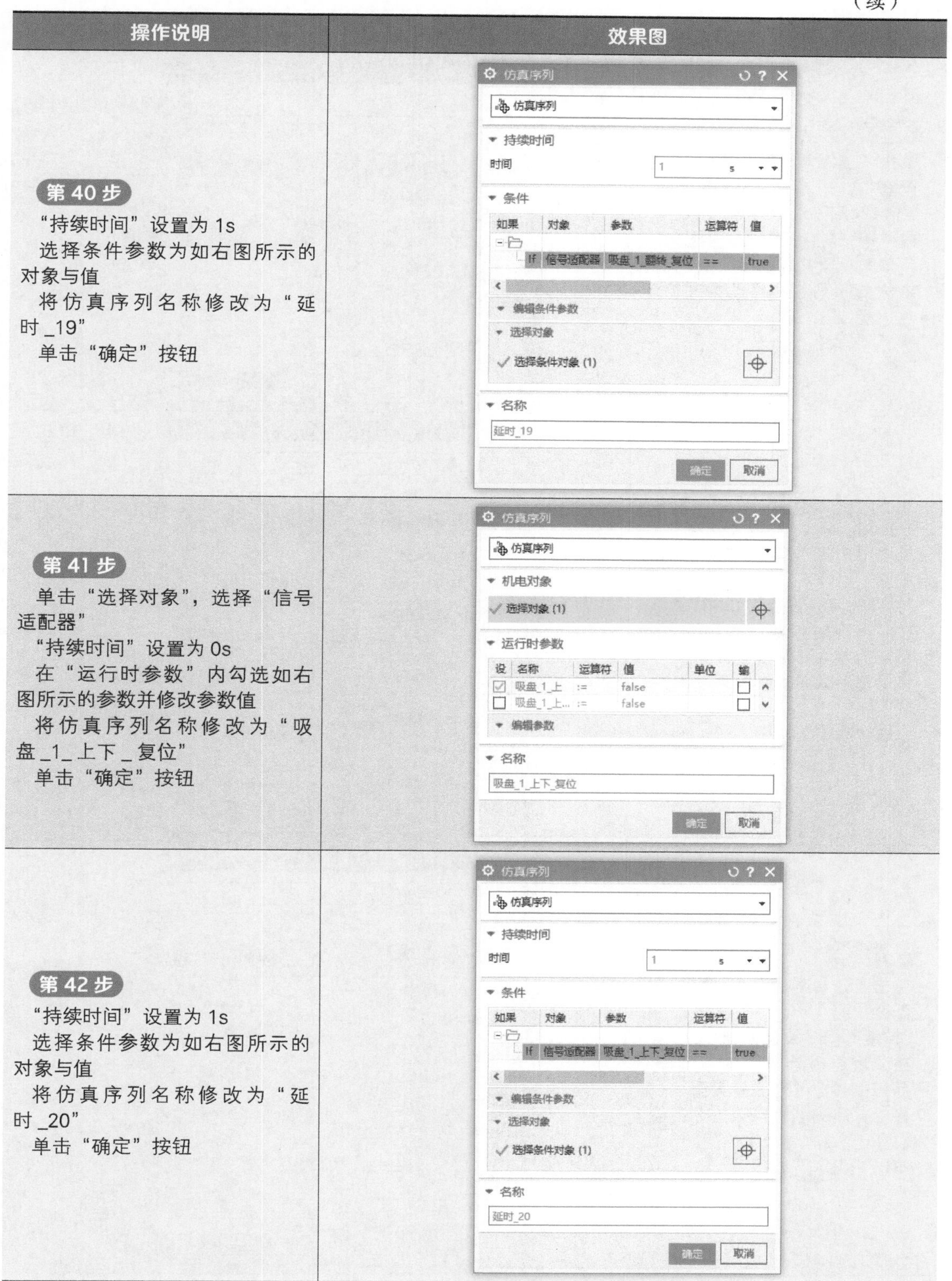

操作说明	效果图
第 40 步 “持续时间”设置为 1s 选择条件参数为如右图所示的对象与值 将仿真序列名称修改为“延时 _19” 单击“确定”按钮	
第 41 步 单击“选择对象”，选择“信号适配器” “持续时间”设置为 0s 在“运行时参数”内勾选如右图所示的参数并修改参数值 将仿真序列名称修改为“吸盘 _1_ 上下 _ 复位” 单击“确定”按钮	
第 42 步 “持续时间”设置为 1s 选择条件参数为如右图所示的对象与值 将仿真序列名称修改为“延时 _20” 单击“确定”按钮	

（续）

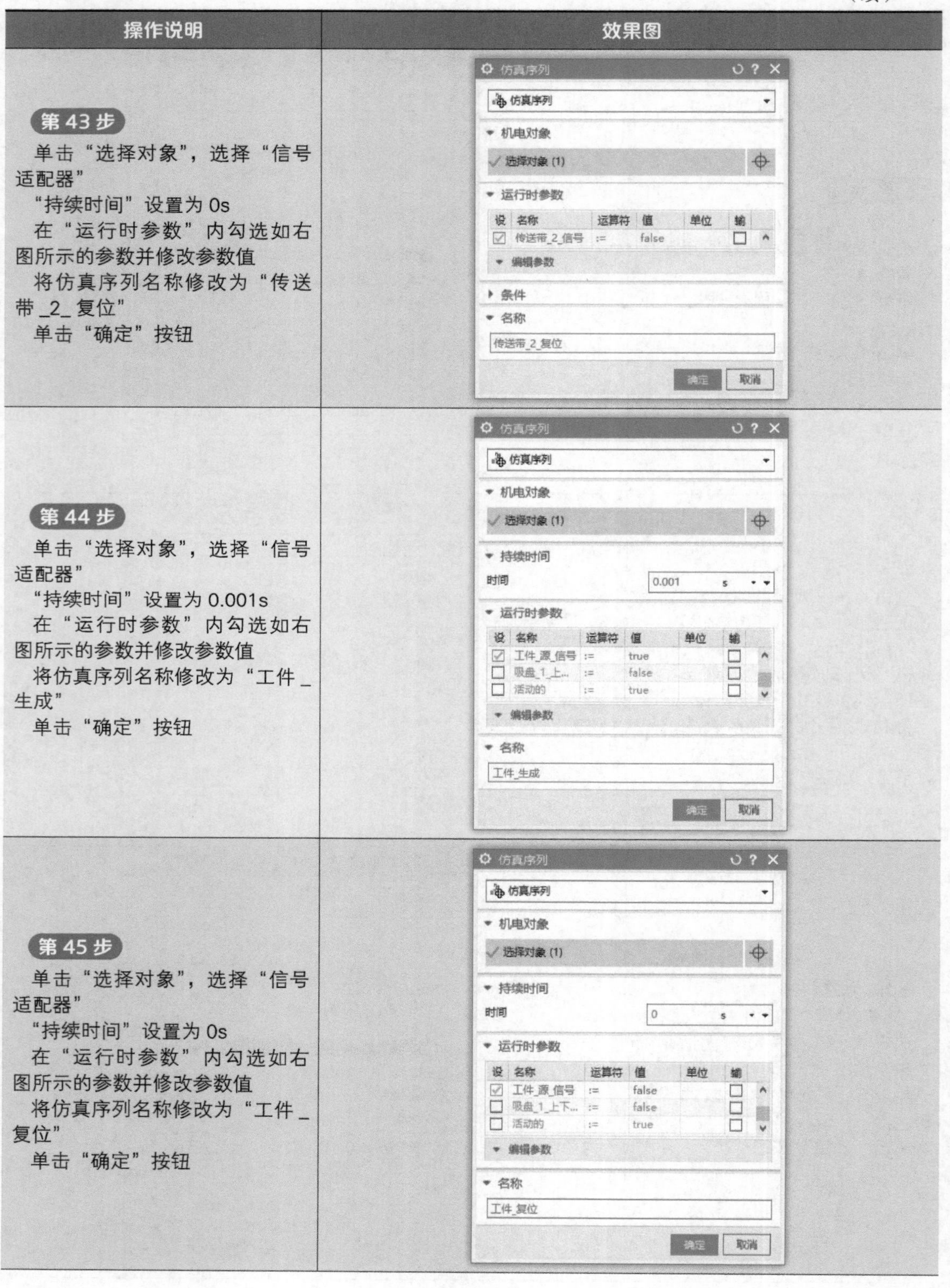

操作说明	效果图
第 43 步 单击“选择对象”，选择“信号适配器” “持续时间”设置为 0s 在“运行时参数”内勾选如右图所示的参数并修改参数值 将仿真序列名称修改为“传送带_2_复位” 单击“确定”按钮	
第 44 步 单击“选择对象”，选择“信号适配器” “持续时间”设置为 0.001s 在“运行时参数”内勾选如右图所示的参数并修改参数值 将仿真序列名称修改为“工件_生成” 单击“确定”按钮	
第 45 步 单击“选择对象”，选择“信号适配器” “持续时间”设置为 0s 在“运行时参数”内勾选如右图所示的参数并修改参数值 将仿真序列名称修改为“工件_复位” 单击“确定”按钮	

（续）

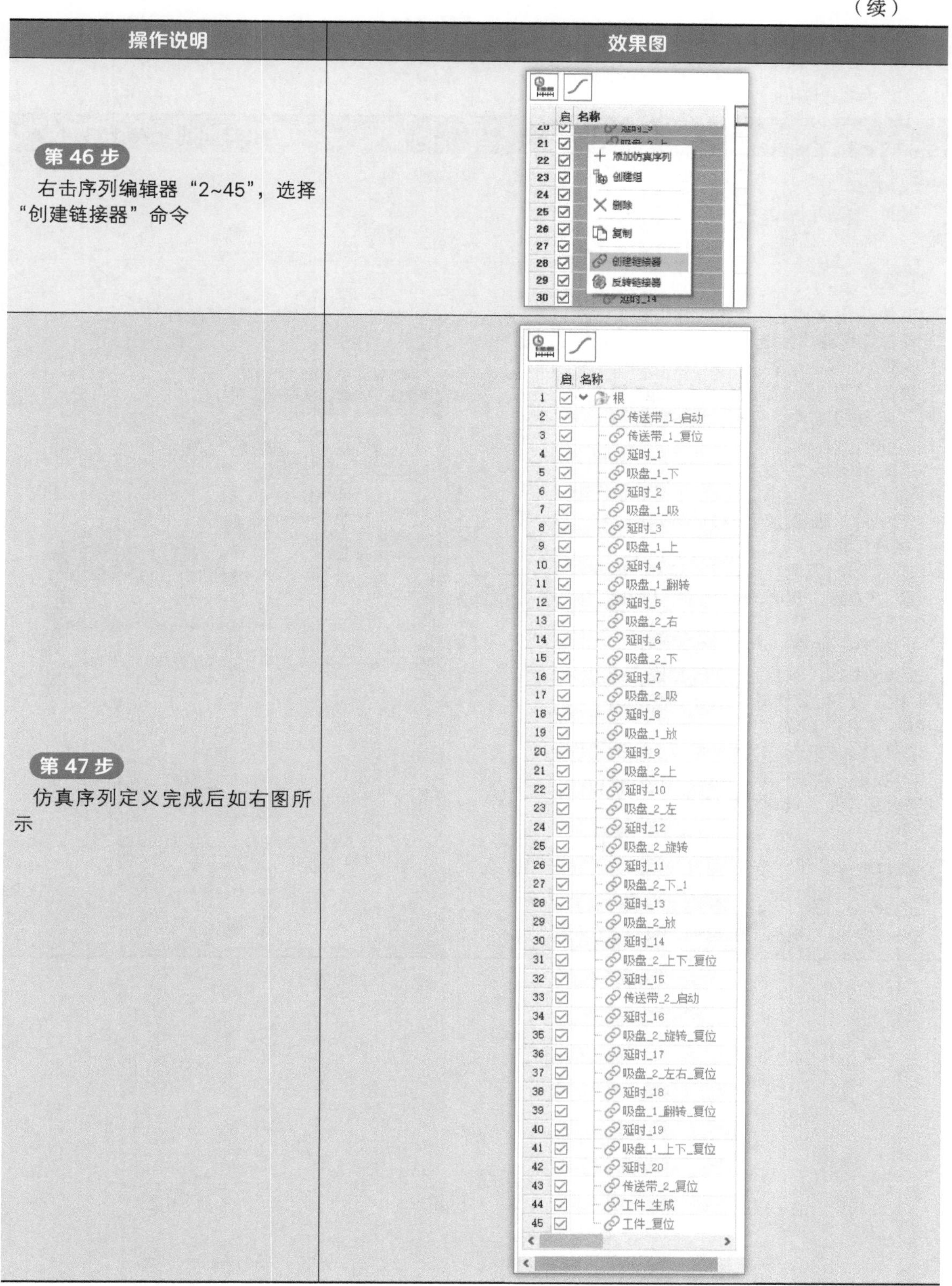

操作说明	效果图
第 46 步 右击序列编辑器“2~45”，选择“创建链接器”命令	
第 47 步 仿真序列定义完成后如右图所示	

（六）仿真运行

仿真运行的操作步骤见表 3-19。

表 3-19　仿真运行的操作步骤

操作说明	效果图
第 1 步 选择“主页”选项卡→“仿真”栏→“播放”按钮	播放　停止
第 2 步 工件从传送带 _1 出发，当工件到达碰撞传感器“传送带 _1_ 检测”时，传送带 _1 停止运动，延时 1s 吸盘 _1 下移到工件表面。延时 1s 后，吸盘吸工件。延时 1s，吸盘 _1 翻转 90° 延时 1s，吸盘 _2 右移到工件中间位置 延时 1s，吸盘 _2 下移到工件表面。1s 后吸工件 延时 1s，吸盘 _2 上移。延时 1s，吸盘 _2 左移。延时 1s，吸盘 _2 旋转 90° 延时 1s，吸盘 _2 下移到传送带 _2 上。延时 1s，吸盘 _2 上移复位。延时 1s，吸盘 _2 旋转复位。延时 1s，吸盘 _2 右移复位 延时 1s，吸盘 _1 翻转复位。延时 1s，吸盘 _1 上下复位。延时 1s，传送带 _2 停止，同时在传送带 _1 上生成新的工件	
第 3 步 选择“主页”选项卡→“仿真”栏→“停止”按钮，结束仿真运行	播放　停止

实战练习

【案例分享】

拜耳作物科学公司已利用数字孪生技术为其在北美地区的九个玉米种子生产基地创建了“虚拟工厂”。从拜耳作物科学公司的田地里收获的种子，经过九个生产基地进行加工和装袋，然后配送给农民。

“现在我们可以重新思考自己的业务流程。我们可以通过应用这些机器学习算法或模拟方法来重新思考自己的决策，”拜耳作物科学公司数据科学卓越中心负责人 Naveen Singla 说。

该公司为九个生产基地都创建了设备、流程和产品流特性、物料清单和操作规则的动态数字表示，从而使公司能够对每个生产基地进行“假设”分析。

当商业团队推出新的种子处理产品或新的定价策略时，企业可以使用虚拟工厂来评估其生产基地是否准备好调整其运营工作以执行这些新策略。虚拟工厂还可用于做出资本收购决策、制订长期业务计划、开启新发明和改进流程。该公司现在可将九个生产基地 10 个月的运营时间压缩为两分钟，从而使其能够回答有关库存单位 (SKU) 组合、设备产能、流程订单设计和网络优化的复杂问题。

Naveen Singla 提出了这样的建议：了解业务领域知识。他表示，拜耳作物科学公司成功的关键，是由决策科学负责人 Shrikant Jarugumilli 领导的决策科学团队负责构建数字孪生——他们将多个虚拟系统连接起来，花大量时间在生产基地，了解他们的运营工作，并且赢得了利益相关者的支持。

“让我们的数据科学家了解业务领域知识非常重要，这就是 Shrikant Jarugumilli 的切入点，”Naveen Singla 说，“他和他的团队在这些种子生产基地花了数周时间，试图了解运营情况，了解细微差别，因此他们在与领导层对话时使用的是领导所说的语言，而不是机器学习方面的技术语言。”

任务 1　物料搬运系统 MCD 应用

一、任务描述

本任务介绍通过 NX 1984 软件进行综合练习，包括对物料搬运系统进行定义，使物料通过传送带到达指定位置，夹爪夹取物料，将其放置到托盘上，夹爪复位，转盘旋转 60°，产生新的物料，当转盘上放置了五个物料时，自动收集一个物料，如图 4-1 所示。

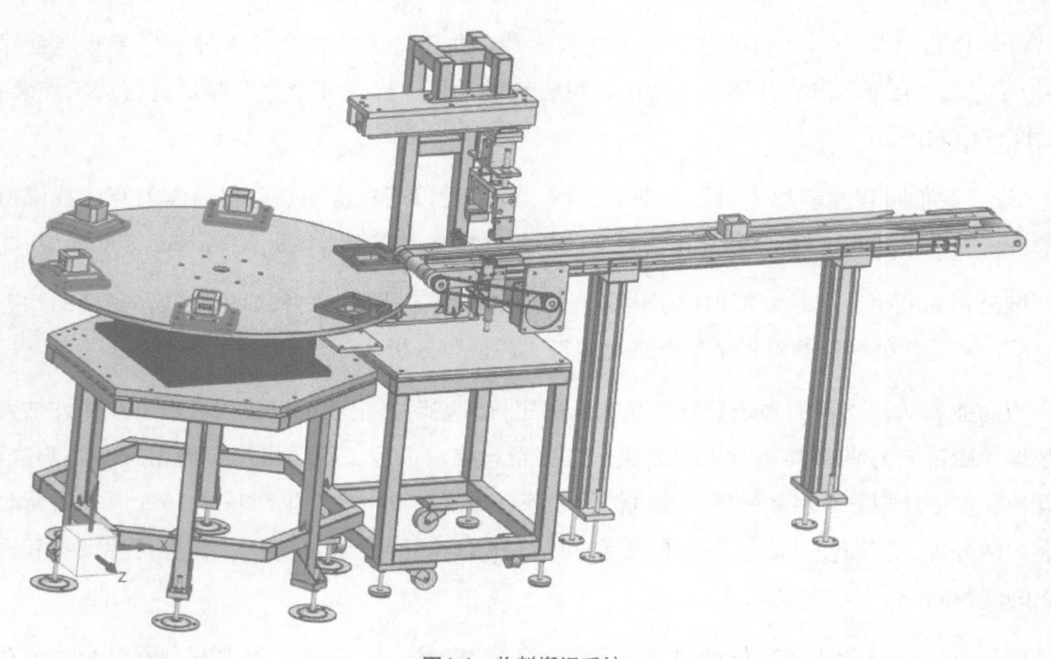

图4-1　物料搬运系统

二、任务目标

技能目标：

1. 完成综合实战练习。

2. 掌握物料搬运系统的定义方法。

素养目标：

1. 端正学生认知态度。

2. 培养独自解决问题的能力，肯于吃苦，严格遵守行业标准。

三、任务实施

（一）基本机电对象的定义

基本机电对象的定义步骤如表 4-1 所示。

表 4-1 基本机电对象的定义步骤

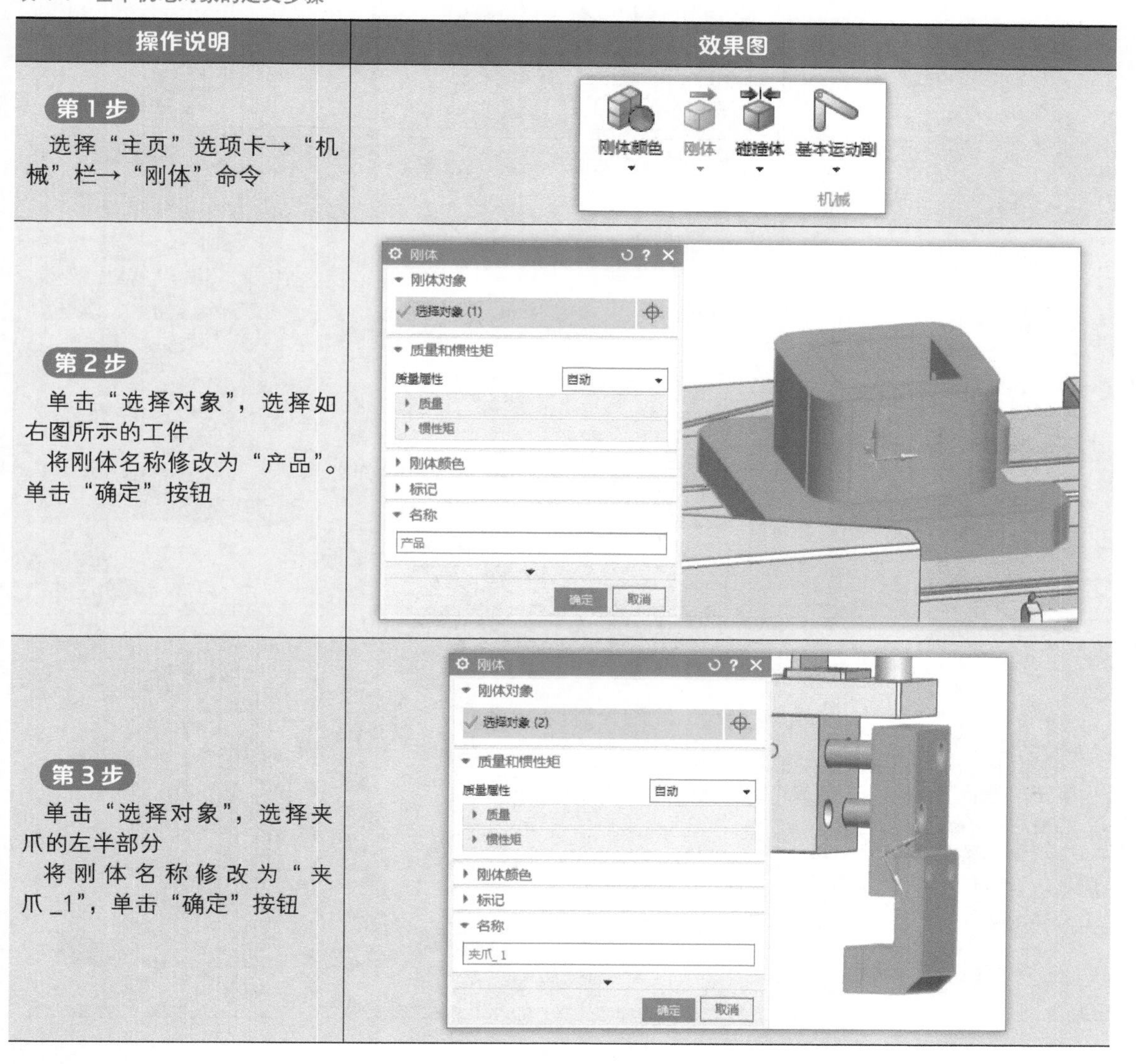

操作说明	效果图
第 1 步 选择“主页”选项卡→“机械”栏→“刚体”命令	刚体颜色 刚体 碰撞体 基本运动副 机械
第 2 步 单击“选择对象”，选择如右图所示的工件 将刚体名称修改为“产品”。单击“确定”按钮	刚体 刚体对象 选择对象 (1) 质量和惯性矩 质量属性 自动 质量 惯性矩 刚体颜色 标记 名称 产品 确定 取消
第 3 步 单击“选择对象”，选择夹爪的左半部分 将刚体名称修改为“夹爪_1”，单击“确定”按钮	刚体 刚体对象 选择对象 (2) 质量和惯性矩 质量属性 自动 质量 惯性矩 刚体颜色 标记 名称 夹爪_1 确定 取消

（续）

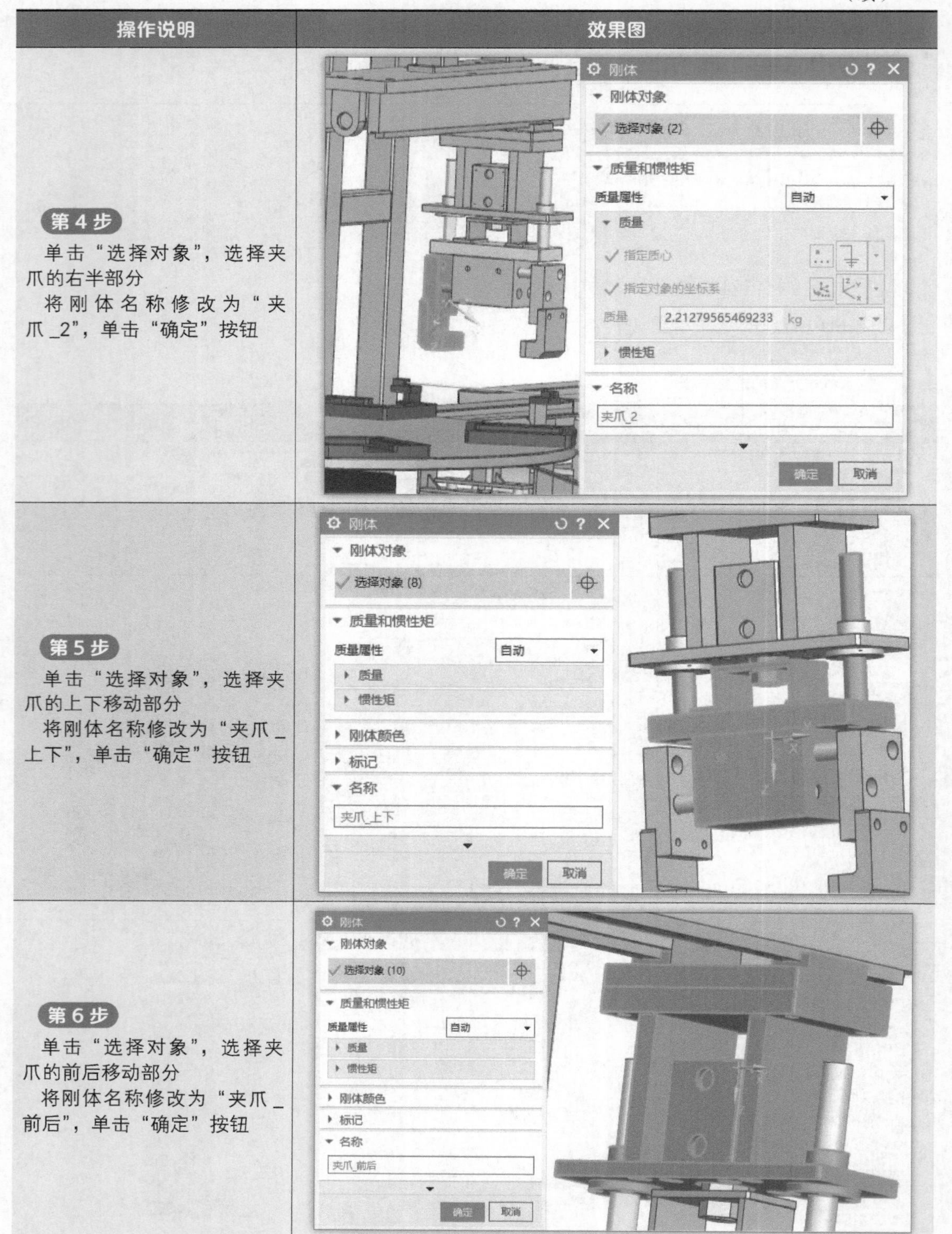

操作说明	效果图
第 4 步 单击“选择对象”，选择夹爪的右半部分 将刚体名称修改为“夹爪 _2”，单击“确定”按钮	
第 5 步 单击“选择对象”，选择夹爪的上下移动部分 将刚体名称修改为“夹爪 _上下”，单击“确定”按钮	
第 6 步 单击“选择对象”，选择夹爪的前后移动部分 将刚体名称修改为“夹爪 _前后”，单击“确定”按钮	

（续）

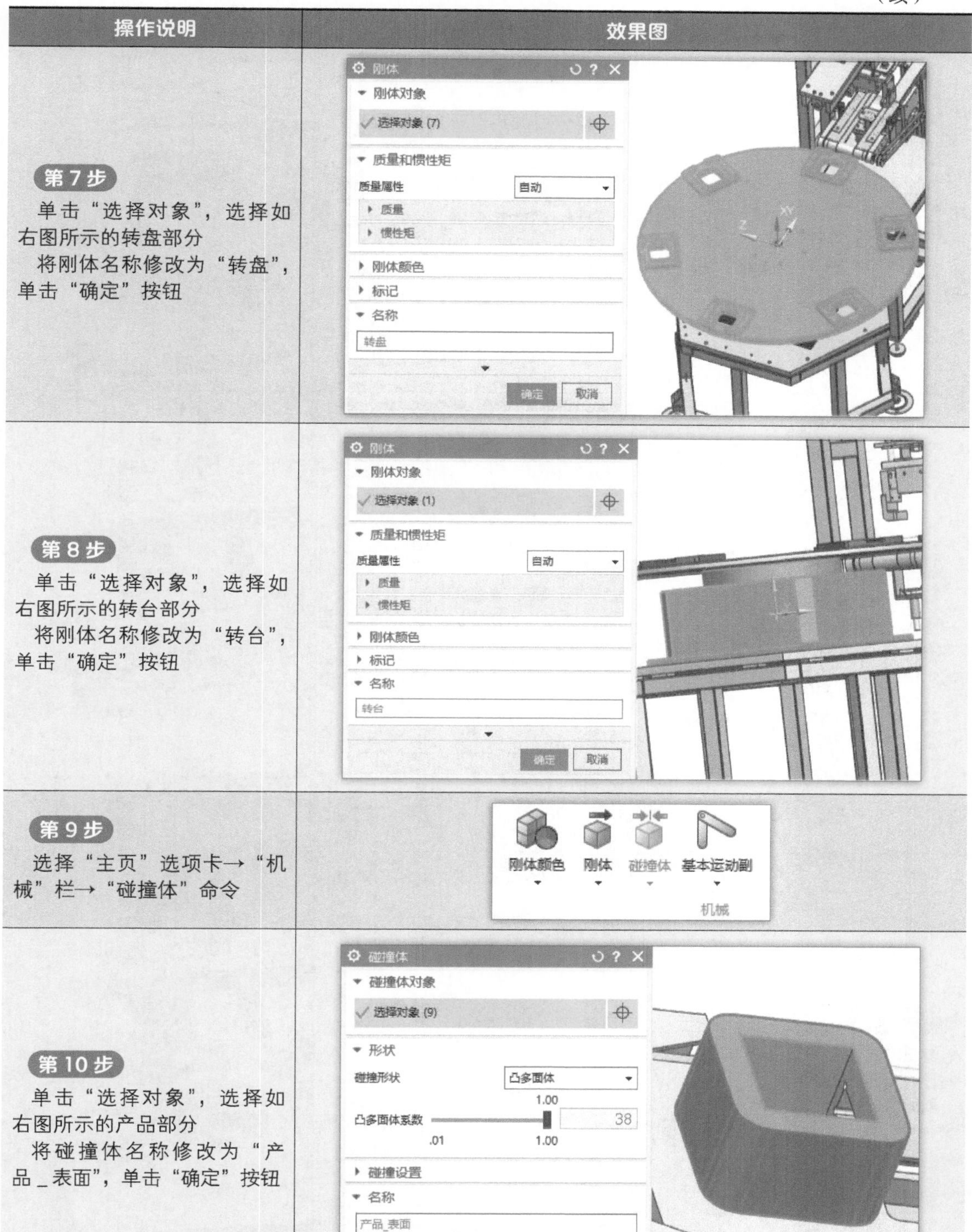

操作说明	效果图
第 7 步 单击“选择对象”，选择如右图所示的转盘部分 将刚体名称修改为“转盘”，单击“确定”按钮	
第 8 步 单击“选择对象”，选择如右图所示的转台部分 将刚体名称修改为“转台”，单击“确定”按钮	
第 9 步 选择“主页”选项卡→“机械”栏→“碰撞体”命令	
第 10 步 单击“选择对象”，选择如右图所示的产品部分 将碰撞体名称修改为“产品_表面”，单击“确定”按钮	

（续）

操作说明	效果图
第 11 步 单击“选择对象”，选择如右图所示的产品部分 将碰撞体名称修改为“产品 _ 底面”，单击“确定”按钮	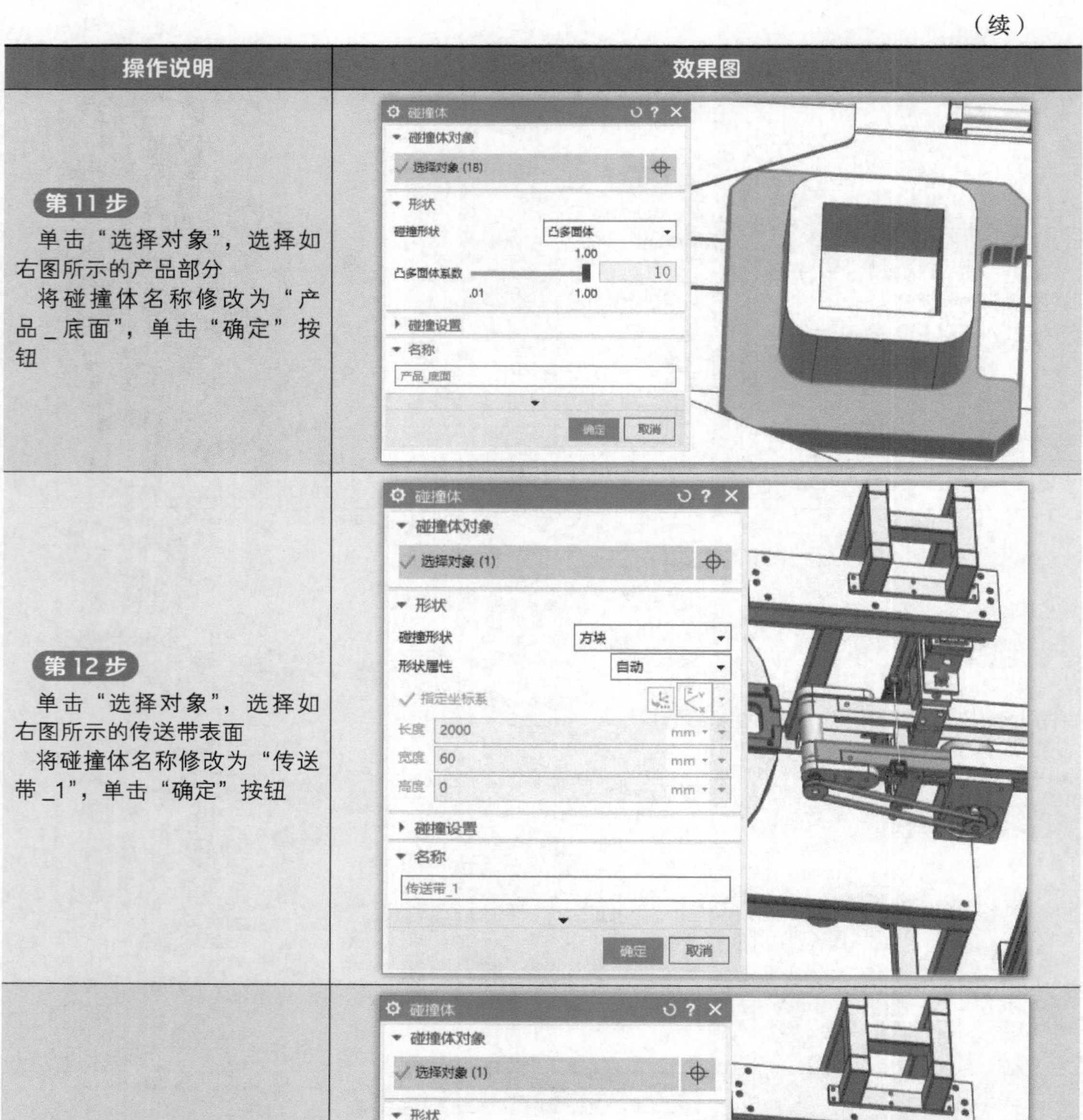
第 12 步 单击“选择对象”，选择如右图所示的传送带表面 将碰撞体名称修改为“传送带 _1”，单击“确定”按钮	
第 13 步 单击“选择对象”，选择如右图所示的传送带表面 将碰撞体名称修改为“传送带 _2”，单击“确定”按钮	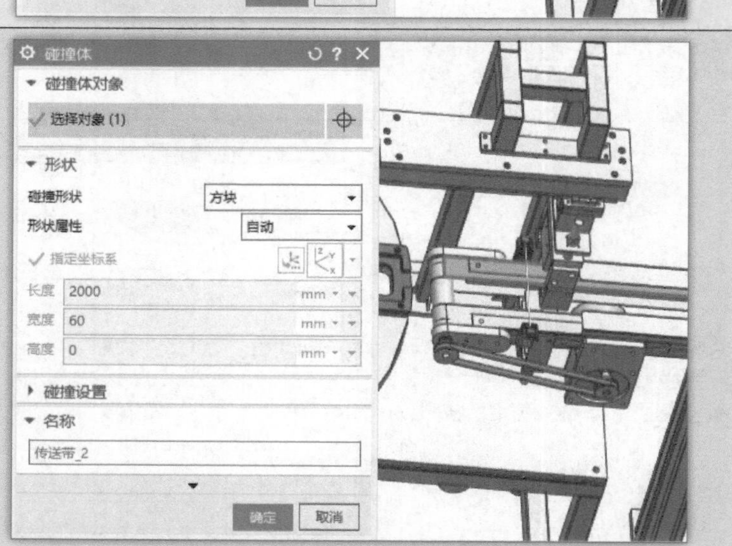

（续）

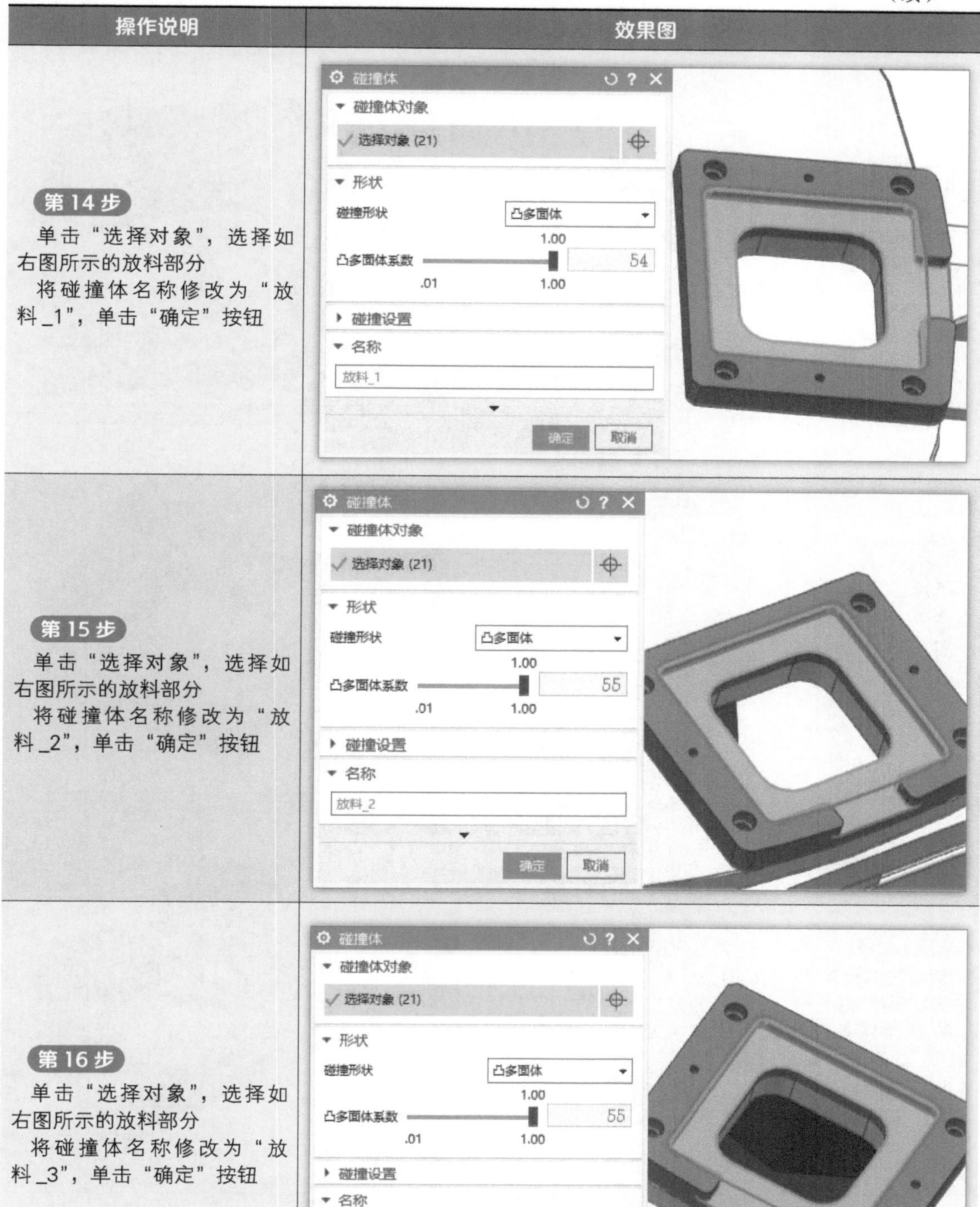

操作说明	效果图
第 14 步 单击“选择对象”，选择如右图所示的放料部分 将碰撞体名称修改为“放料_1”，单击“确定”按钮	
第 15 步 单击“选择对象”，选择如右图所示的放料部分 将碰撞体名称修改为“放料_2”，单击“确定”按钮	
第 16 步 单击“选择对象”，选择如右图所示的放料部分 将碰撞体名称修改为“放料_3”，单击“确定”按钮	

（续）

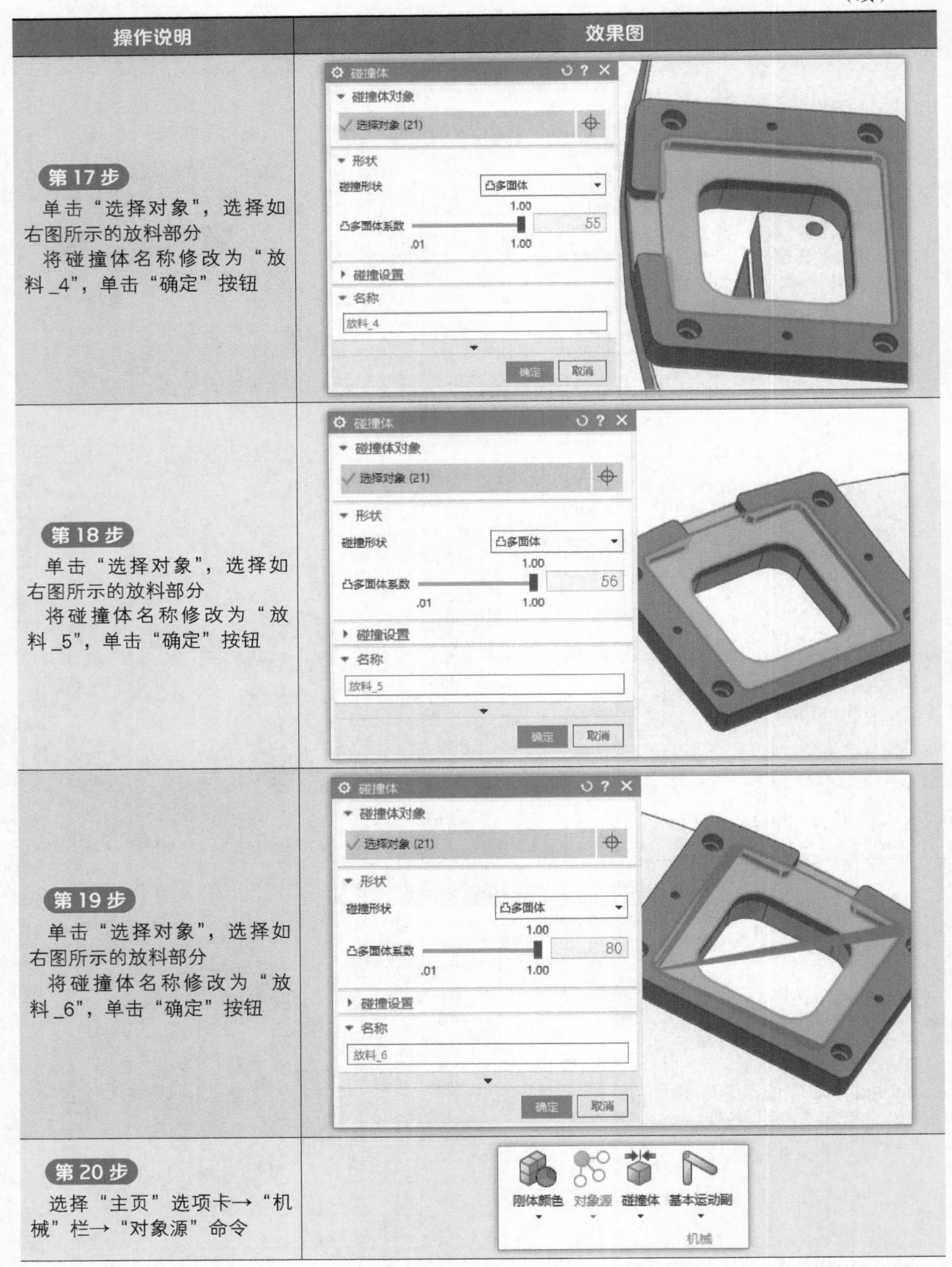

操作说明	效果图
第 17 步 单击“选择对象”，选择如右图所示的放料部分 将碰撞体名称修改为“放料_4”，单击“确定”按钮	
第 18 步 单击“选择对象”，选择如右图所示的放料部分 将碰撞体名称修改为“放料_5”，单击“确定”按钮	
第 19 步 单击“选择对象”，选择如右图所示的放料部分 将碰撞体名称修改为“放料_6”，单击“确定”按钮	
第 20 步 选择“主页”选项卡→“机械”栏→“对象源”命令	

（续）

操作说明	效果图
第 21 步 单击“选择对象”，选择“产品” 将对象源名称修改为“产品 _ 源” 单击“确定”按钮	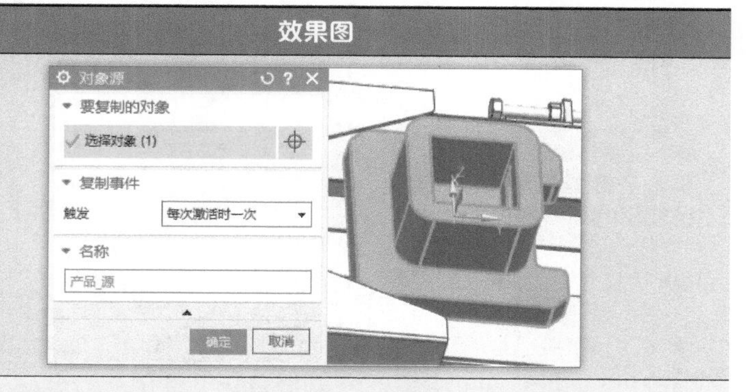
第 22 步 将创建对象收集器所需的碰撞传感器提到前面 选择“主页”选项卡→“电气”栏→“碰撞传感器”命令	
第 23 步 单击“选择对象”，选择如右图所示的放料部分 “碰撞形状”选择“方块” “形状属性”选择“用户定义” 单击“高度”，修改为 20.2mm 碰撞传感器名称修改为“收集 _1” 单击“确定”按钮	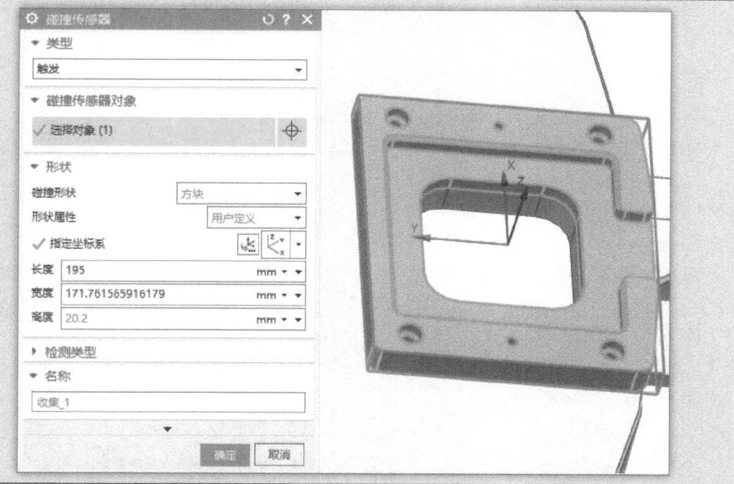
第 24 步 单击“选择对象”，选择如右图所示的放料部分 “碰撞形状”选择“方块” “形状属性”选择“用户定义” 单击“高度”，修改为 20.2mm 碰撞传感器名称修改为“收集 _2” 单击“确定”按钮	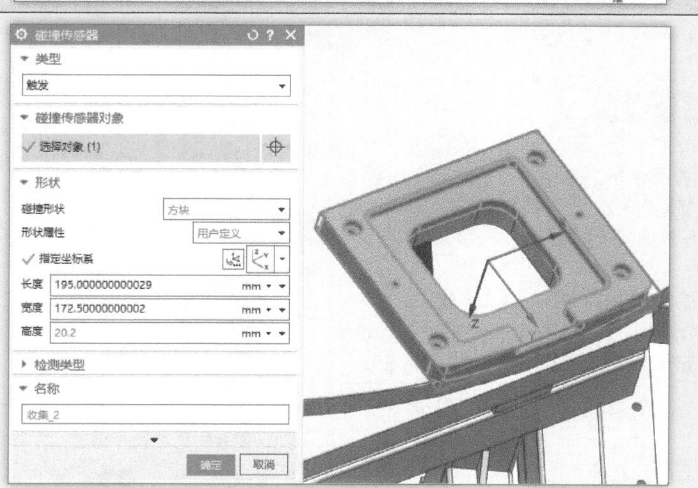

（续）

操作说明	效果图
第 25 步 单击“选择对象”，选择如右图所示的放料部分 “碰撞形状”选择“方块” “形状属性”选择“用户定义” 单击“高度”，修改为20.2mm 碰撞传感器名称修改为“收集_3” 单击“确定”按钮	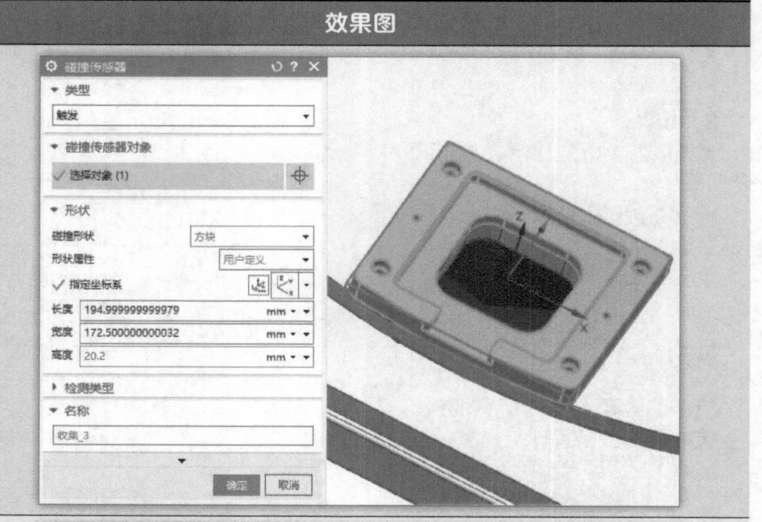
第 26 步 单击“选择对象”，选择如右图所示的放料部分 “碰撞形状”选择“方块” “形状属性”选择“用户定义” 单击“高度”，修改为20.2mm 碰撞传感器名称修改为“收集_4” 单击“确定”按钮	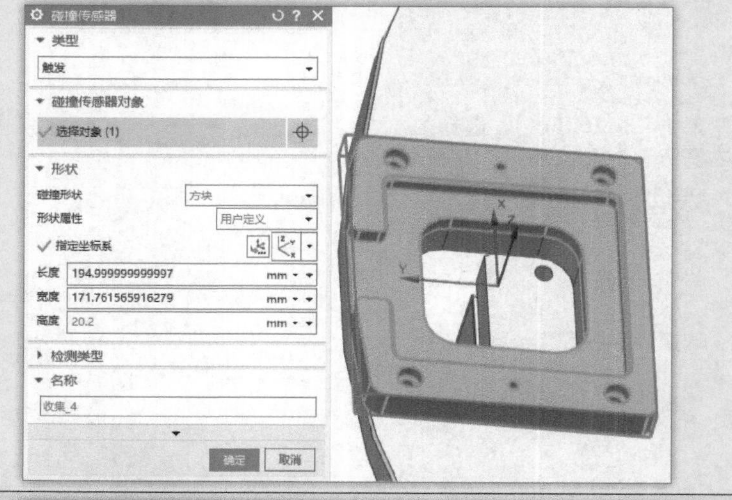
第 27 步 单击“选择对象”，选择如右图所示的放料部分 “碰撞形状”选择“方块” “形状属性”选择“用户定义” 单击“高度”，修改为20.2mm 碰撞传感器名称修改为“收集_5” 单击“确定”按钮	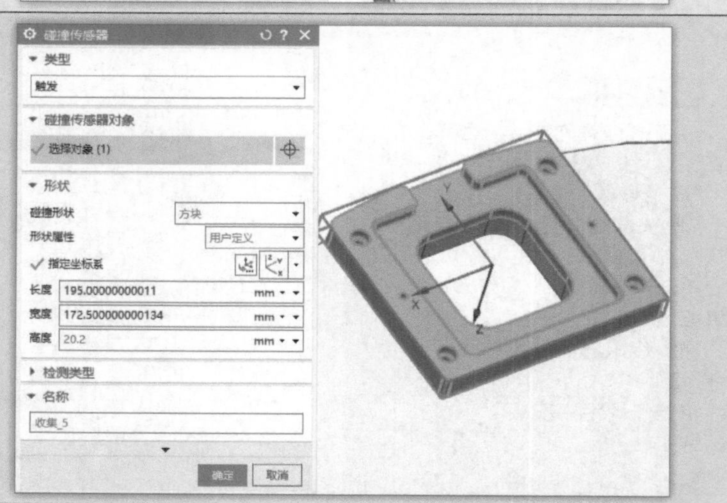

（续）

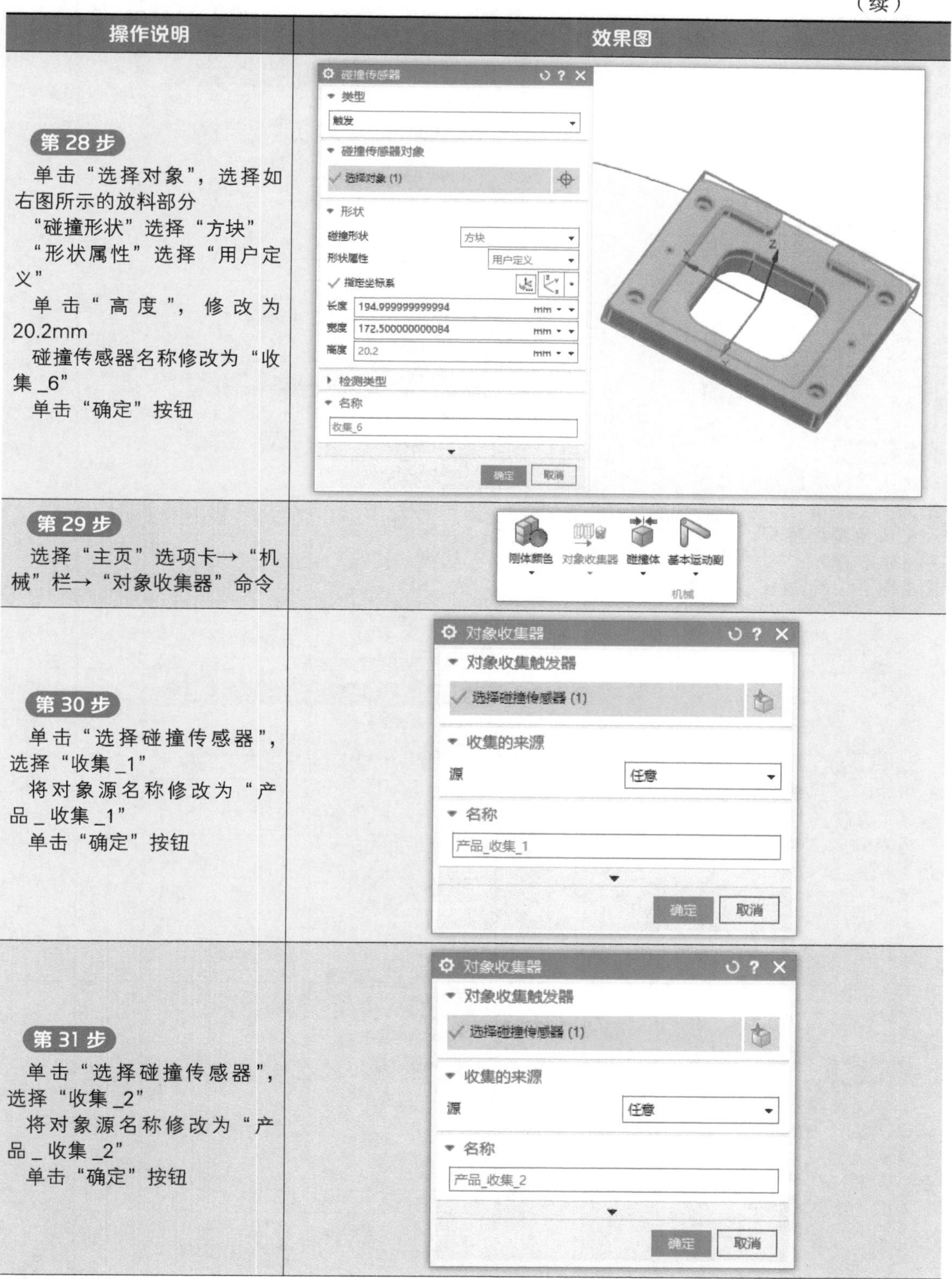

操作说明	效果图
第 28 步 单击“选择对象”，选择如右图所示的放料部分 “碰撞形状”选择“方块” “形状属性”选择“用户定义” 单击“高度”，修改为 20.2mm 碰撞传感器名称修改为“收集 _6” 单击“确定”按钮	
第 29 步 选择“主页”选项卡→“机械”栏→“对象收集器”命令	
第 30 步 单击“选择碰撞传感器”，选择“收集 _1” 将对象源名称修改为“产品 _ 收集 _1” 单击“确定”按钮	
第 31 步 单击“选择碰撞传感器”，选择“收集 _2” 将对象源名称修改为“产品 _ 收集 _2” 单击“确定”按钮	

（续）

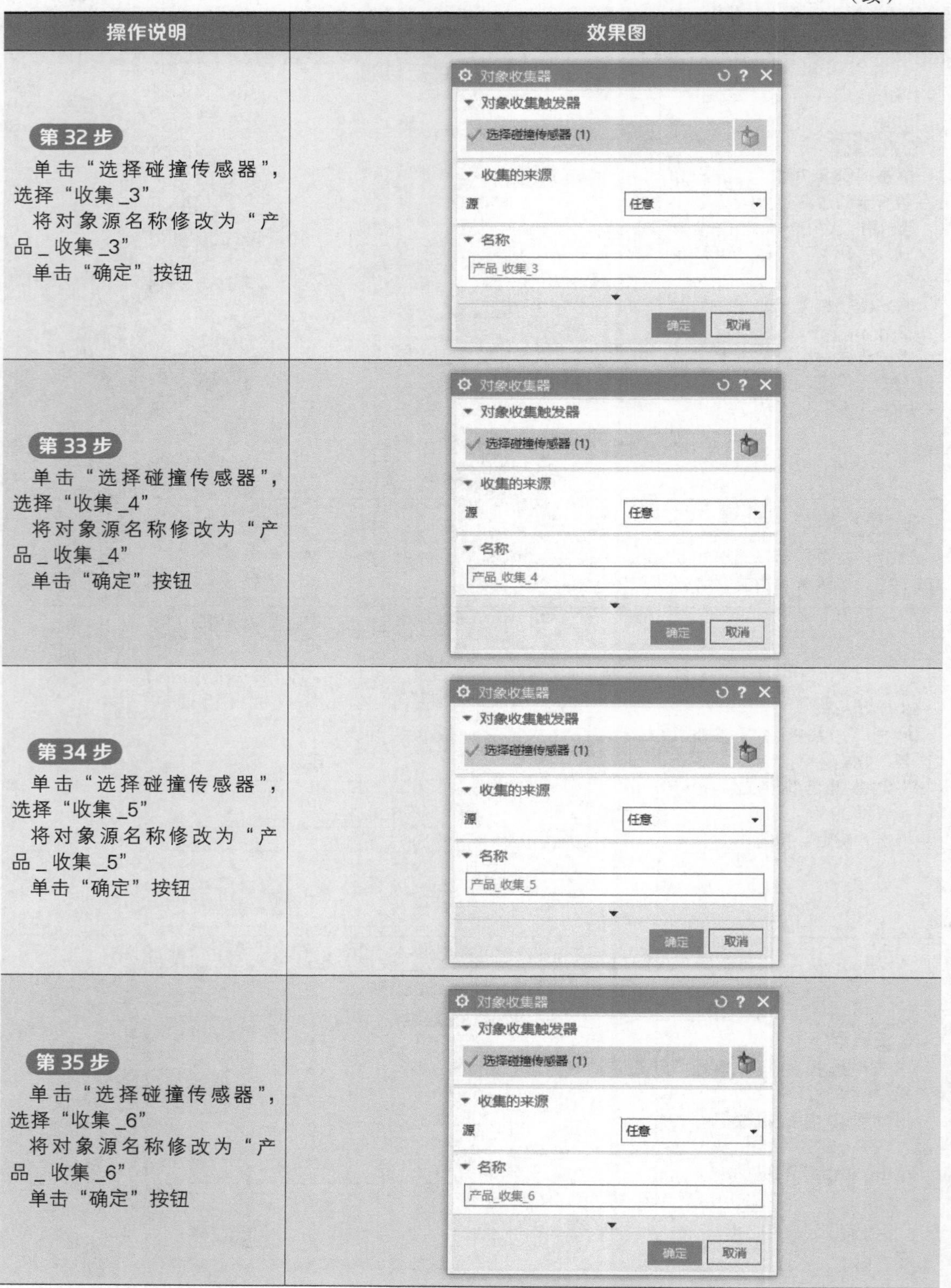

操作说明	效果图
第 32 步 单击“选择碰撞传感器”，选择“收集_3” 将对象源名称修改为“产品_收集_3” 单击“确定”按钮	对象收集器 对象收集触发器 选择碰撞传感器 (1) 收集的来源 源 任意 名称 产品_收集_3 确定 取消
第 33 步 单击“选择碰撞传感器”，选择“收集_4” 将对象源名称修改为“产品_收集_4” 单击“确定”按钮	对象收集器 对象收集触发器 选择碰撞传感器 (1) 收集的来源 源 任意 名称 产品_收集_4 确定 取消
第 34 步 单击“选择碰撞传感器”，选择“收集_5” 将对象源名称修改为“产品_收集_5” 单击“确定”按钮	对象收集器 对象收集触发器 选择碰撞传感器 (1) 收集的来源 源 任意 名称 产品_收集_5 确定 取消
第 35 步 单击“选择碰撞传感器”，选择“收集_6” 将对象源名称修改为“产品_收集_6” 单击“确定”按钮	对象收集器 对象收集触发器 选择碰撞传感器 (1) 收集的来源 源 任意 名称 产品_收集_6 确定 取消

（续）

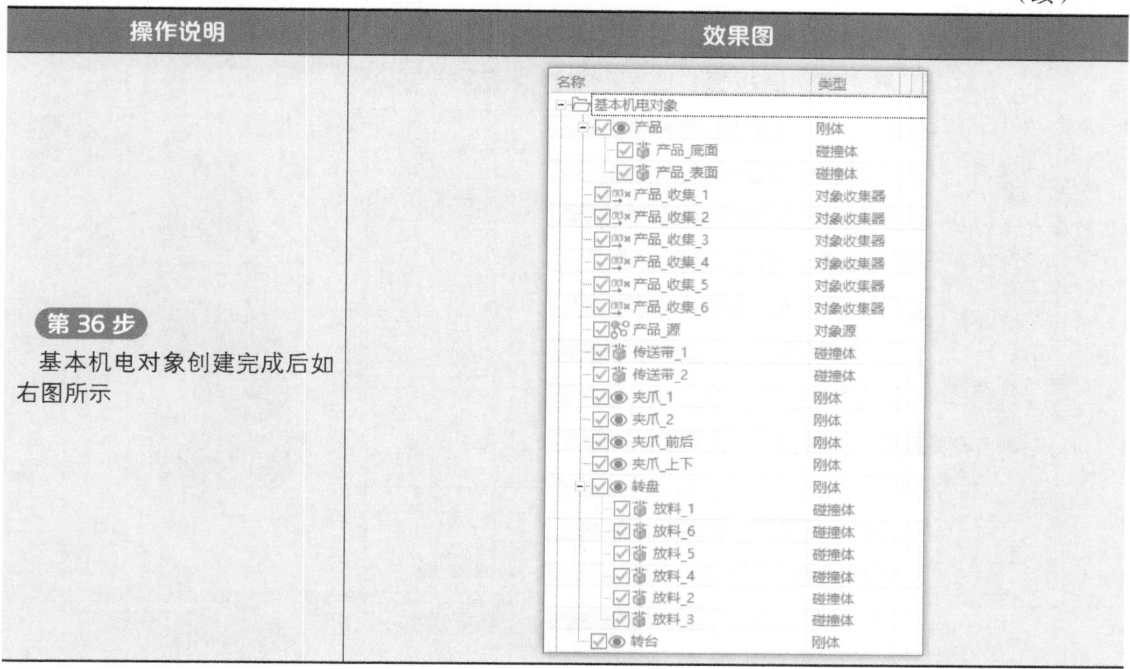

操作说明	效果图
第 36 步 基本机电对象创建完成后如右图所示	

（二）运动副的定义

运动副的定义步骤见表 4-2。

表 4-2　运动副的定义步骤

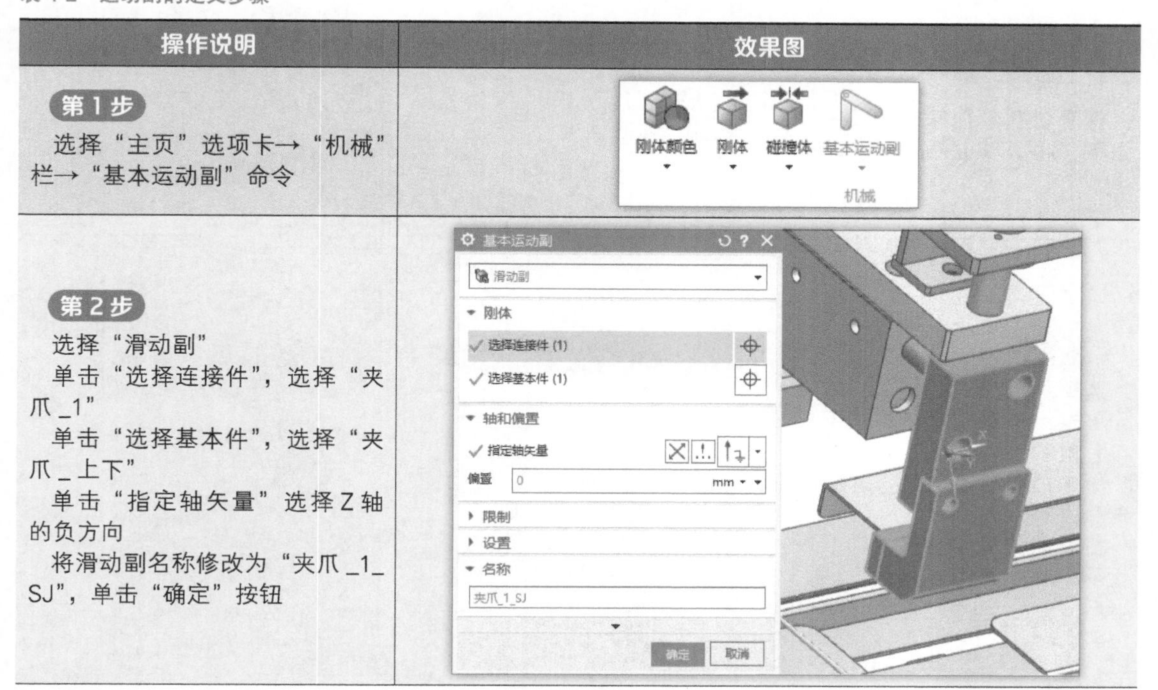

操作说明	效果图
第 1 步 选择“主页”选项卡→“机械”栏→“基本运动副”命令	
第 2 步 选择“滑动副” 单击“选择连接件”，选择“夹爪 _1” 单击“选择基本件”，选择“夹爪 _ 上下” 单击“指定轴矢量”选择 Z 轴的负方向 将滑动副名称修改为“夹爪 _1_SJ”，单击“确定”按钮	

（续）

操作说明	效果图
第3步 选择“滑动副” 单击“选择连接件”，选择“夹爪_2” 单击“选择基本件”，选择“夹爪_上下” 单击“指定轴矢量”选择Z轴的正方向 将滑动副名称修改为“夹爪_2_SJ”，单击“确定”按钮	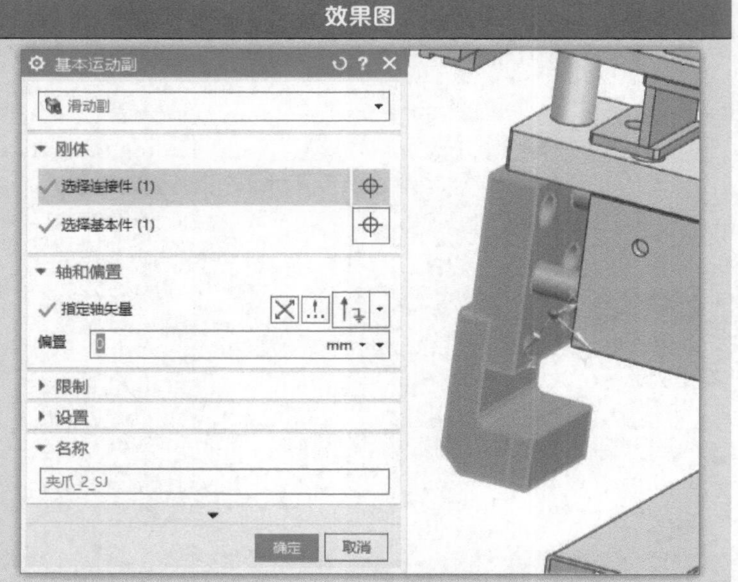
第4步 选择“滑动副” 单击“选择连接件”，选择“夹爪_上下” 单击“选择基本件”，选择“夹爪_前后” 单击“指定轴矢量”选择Y轴的负方向 将滑动副名称修改为“夹爪_上下_SJ”，单击“确定”按钮	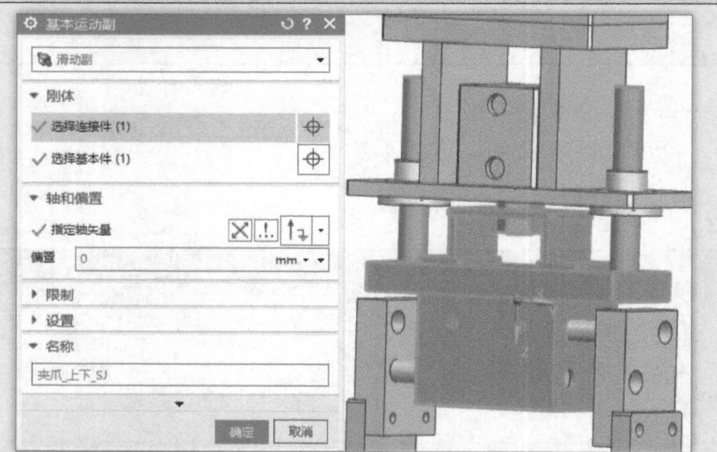
第5步 选择“滑动副” 单击“选择连接件”，选择“夹爪_前后” 单击“指定轴矢量”选择X轴的负方向 将滑动副名称修改为“夹爪_前后_SJ”，单击“确定”按钮	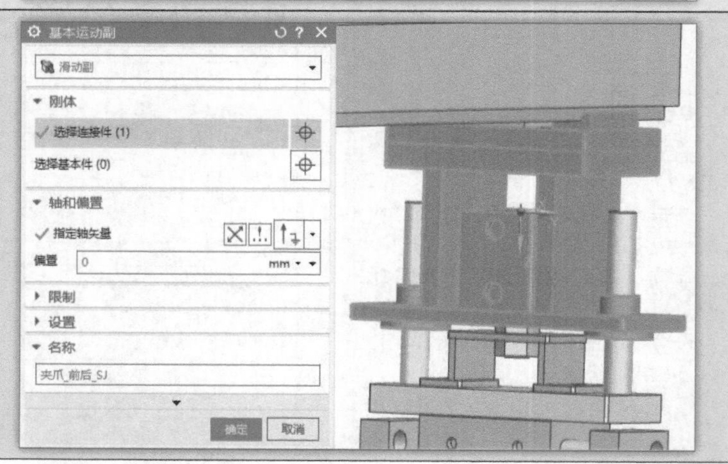

（续）

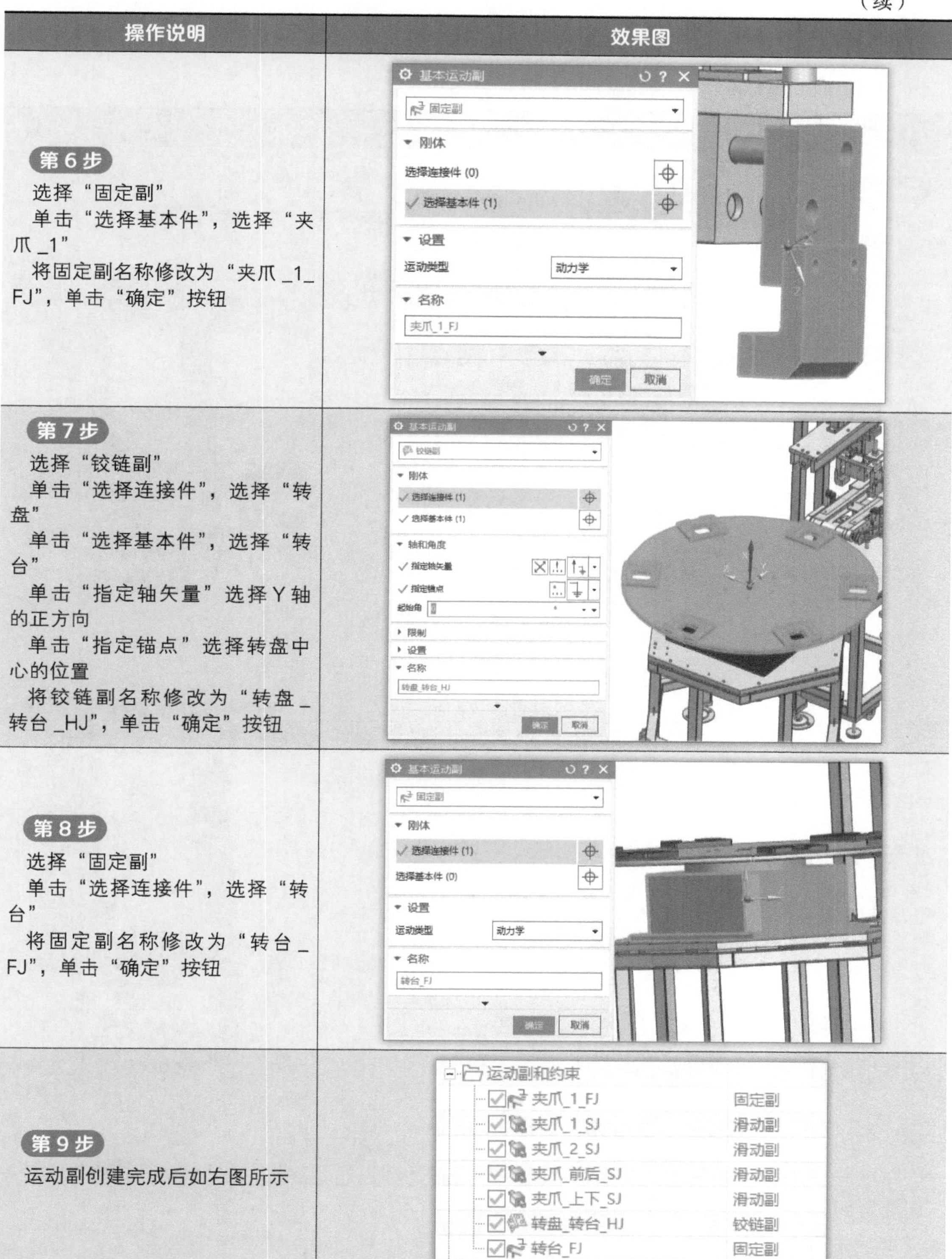

操作说明	效果图
第 6 步 选择“固定副” 单击“选择基本件”，选择“夹爪 _1” 将固定副名称修改为“夹爪 _1_FJ”，单击“确定”按钮	
第 7 步 选择“铰链副” 单击“选择连接件”，选择“转盘” 单击“选择基本件”，选择“转台” 单击“指定轴矢量”选择 Y 轴的正方向 单击“指定锚点”选择转盘中心的位置 将铰链副名称修改为“转盘 _ 转台 _HJ”，单击“确定”按钮	
第 8 步 选择“固定副” 单击“选择连接件”，选择“转台” 将固定副名称修改为“转台 _FJ”，单击“确定”按钮	
第 9 步 运动副创建完成后如右图所示	

（三）传感器与执行器的定义

位置控制的定义步骤见表 4-3。

表 4-3 位置控制的定义步骤

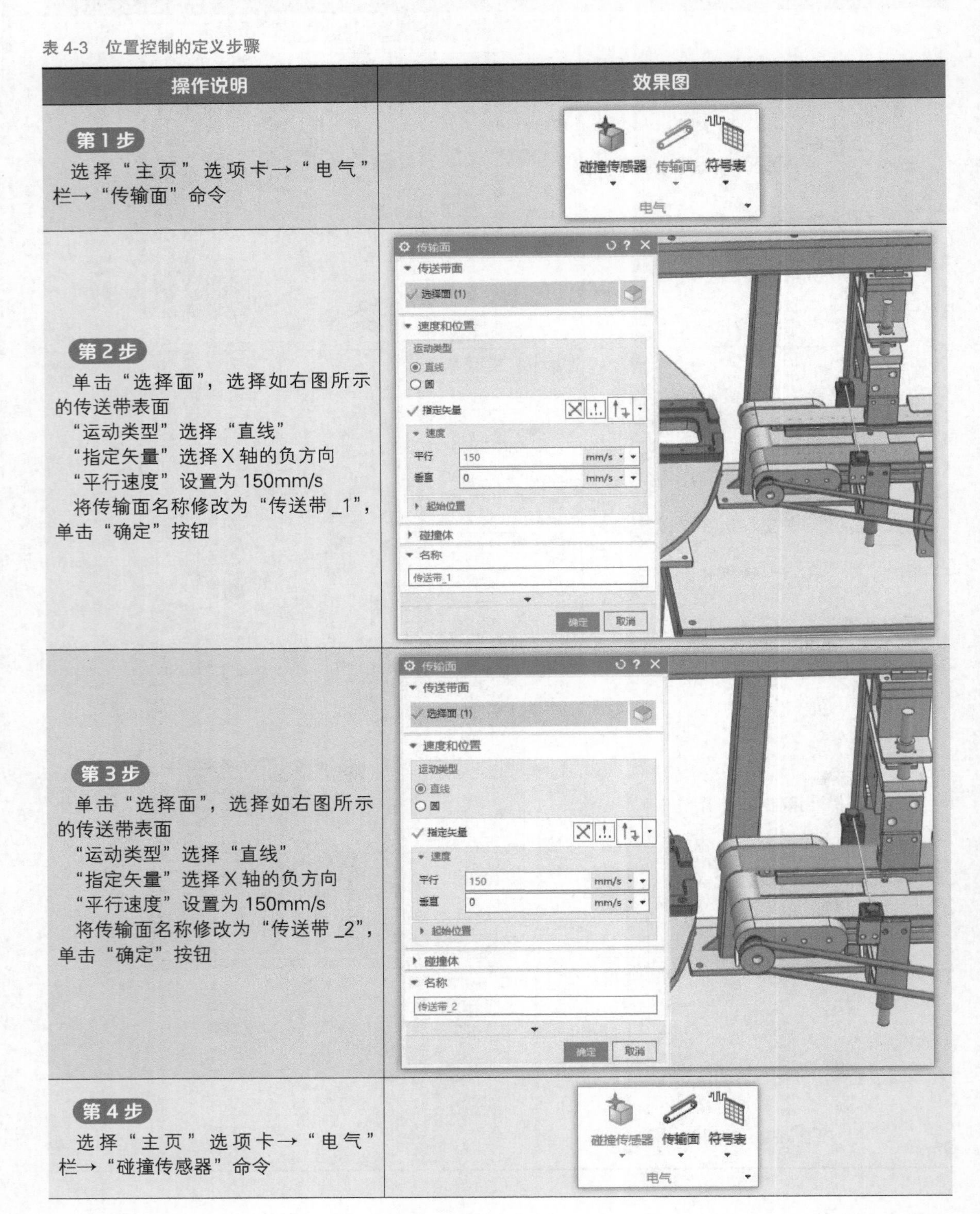

操作说明	效果图
第 1 步 选择“主页”选项卡→“电气”栏→“传输面”命令	碰撞传感器 传输面 符号表 电气
第 2 步 单击“选择面”，选择如右图所示的传送带表面 “运动类型”选择“直线” “指定矢量”选择 X 轴的负方向 “平行速度”设置为 150mm/s 将传输面名称修改为“传送带 _1”，单击“确定”按钮	传输面 传送带面 选择面 (1) 速度和位置 运动类型 直线 圆 指定矢量 速度 平行 150 mm/s 垂直 0 mm/s 起始位置 碰撞体 名称 传送带_1 确定 取消
第 3 步 单击“选择面”，选择如右图所示的传送带表面 “运动类型”选择“直线” “指定矢量”选择 X 轴的负方向 “平行速度”设置为 150mm/s 将传输面名称修改为“传送带 _2”，单击“确定”按钮	传输面 传送带面 选择面 (1) 速度和位置 运动类型 直线 圆 指定矢量 速度 平行 150 mm/s 垂直 0 mm/s 起始位置 碰撞体 名称 传送带_2 确定 取消
第 4 步 选择“主页”选项卡→“电气”栏→“碰撞传感器”命令	碰撞传感器 传输面 符号表 电气

（续）

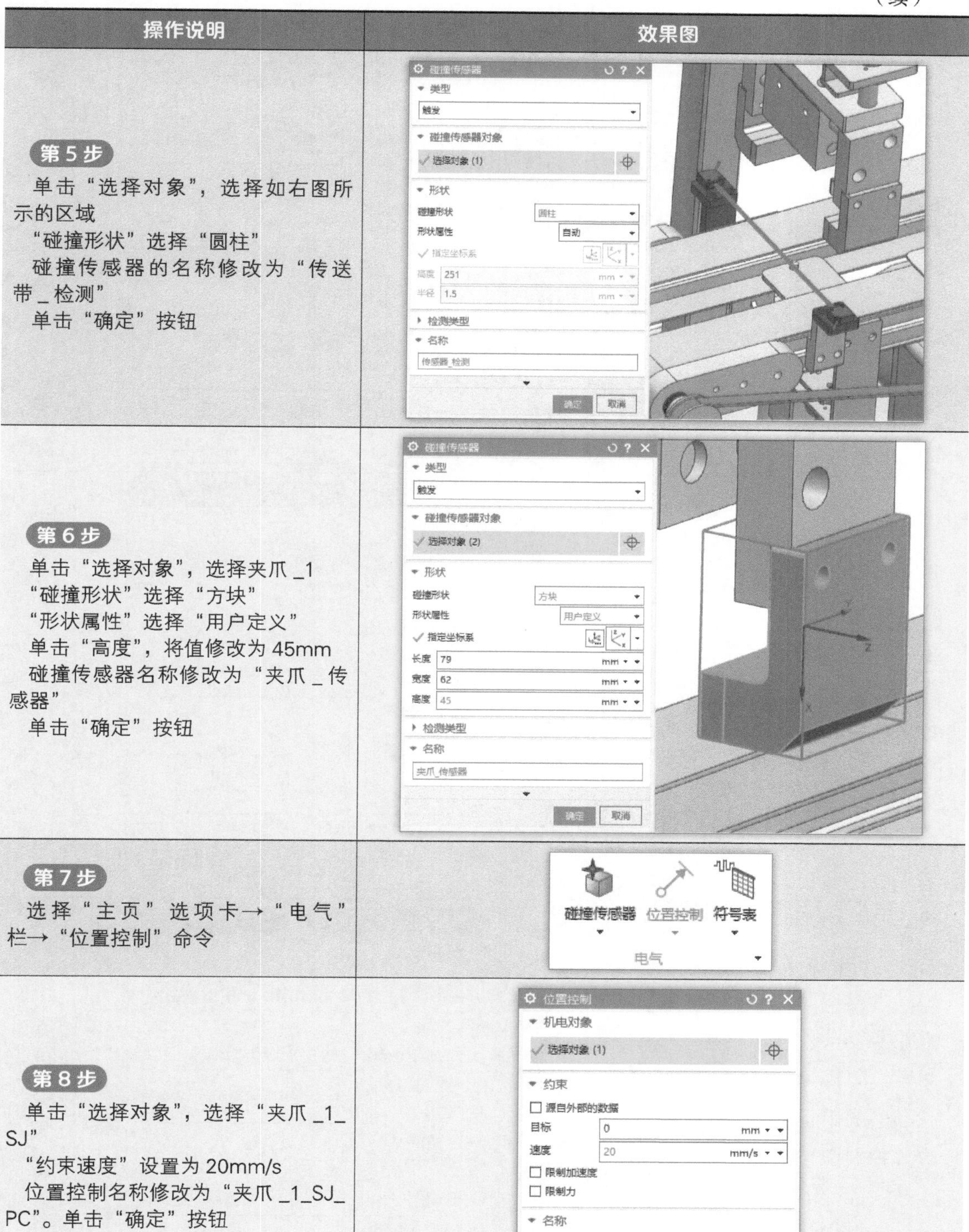

操作说明	效果图
第 5 步 单击“选择对象”，选择如右图所示的区域 “碰撞形状”选择“圆柱” 碰撞传感器的名称修改为“传送带 _ 检测” 单击“确定”按钮	
第 6 步 单击“选择对象”，选择夹爪 _1 “碰撞形状”选择“方块” “形状属性”选择“用户定义” 单击“高度”，将值修改为 45mm 碰撞传感器名称修改为“夹爪 _ 传感器” 单击“确定”按钮	
第 7 步 选择“主页”选项卡→“电气”栏→“位置控制”命令	
第 8 步 单击“选择对象”，选择“夹爪 _1_SJ” “约束速度”设置为 20mm/s 位置控制名称修改为“夹爪 _1_SJ_PC”。单击“确定”按钮	

（续）

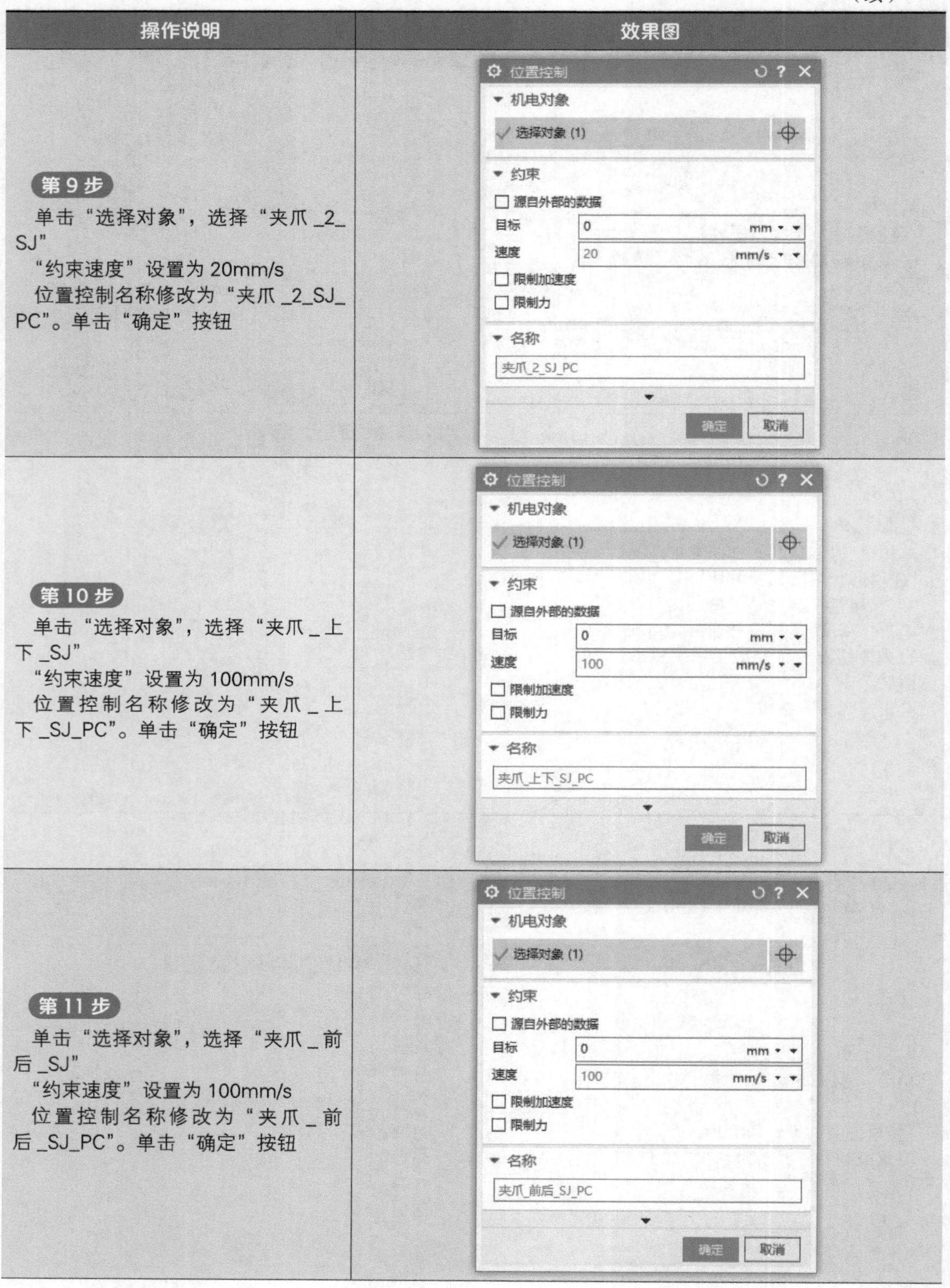

操作说明	效果图
第 9 步 单击“选择对象”，选择“夹爪 _2_SJ” “约束速度”设置为 20mm/s 位置控制名称修改为“夹爪 _2_SJ_PC”。单击“确定”按钮	
第 10 步 单击“选择对象”，选择“夹爪 _ 上下 _SJ” “约束速度”设置为 100mm/s 位置控制名称修改为“夹爪 _ 上下 _SJ_PC”。单击“确定”按钮	
第 11 步 单击“选择对象”，选择“夹爪 _ 前后 _SJ” “约束速度”设置为 100mm/s 位置控制名称修改为“夹爪 _ 前后 _SJ_PC”。单击“确定”按钮	

（续）

操作说明	效果图
第 12 步 单击“选择对象”，选择“转盘_转台_HJ” “约束速度”设置为 100°/s 选择“限制加速度”。“最大加速度”和“最大减速度”均设置为 50°/s² 位置控制名称修改为“转盘_转台_HJ_PC”。单击“确定”按钮	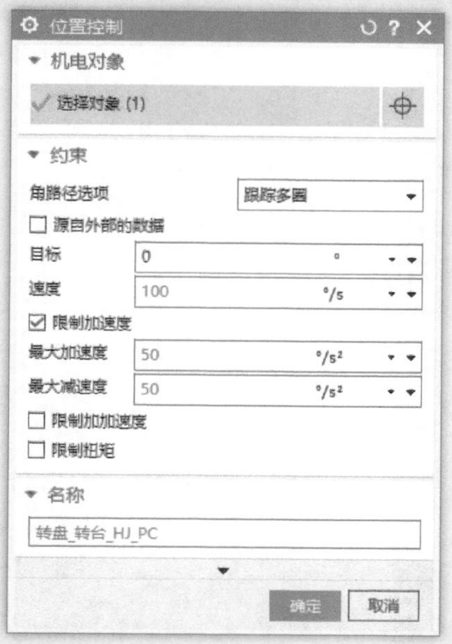 位置控制 机电对象 选择对象 (1) 约束 角路径选项 跟踪多圈 源自外部的数据 目标 0 ° 速度 100 °/s 限制加速度 最大加速度 50 °/s² 最大减速度 50 °/s² 限制加加速度 限制扭矩 名称 转盘_转台_HJ_PC 确定 取消
第 13 步 传感器和执行器定义完成后如右图所示	 传感器和执行器 传感器_检测 碰撞传感器 传送带_1 传输面 传送带_2 传输面 夹爪_1_SJ_PC 位置控制 夹爪_2_SJ_PC 位置控制 夹爪_传感器 碰撞传感器 夹爪_前后_SJ_PC 位置控制 夹爪_上下_SJ_PC 位置控制 收集_1 碰撞传感器 收集_2 碰撞传感器 收集_3 碰撞传感器 收集_4 碰撞传感器 收集_5 碰撞传感器 收集_6 碰撞传感器 转盘_转台_HJ_PC 位置控制

（四）信号适配器的定义

信号适配器的定义步骤见表 4-4。

表 4-4　信号适配器的定义步骤

操作说明	效果图
第 1 步 选择“主页”选项卡→“电气”栏→“信号适配器”命令	 碰撞传感器 位置控制 信号适配器 电气

（续）

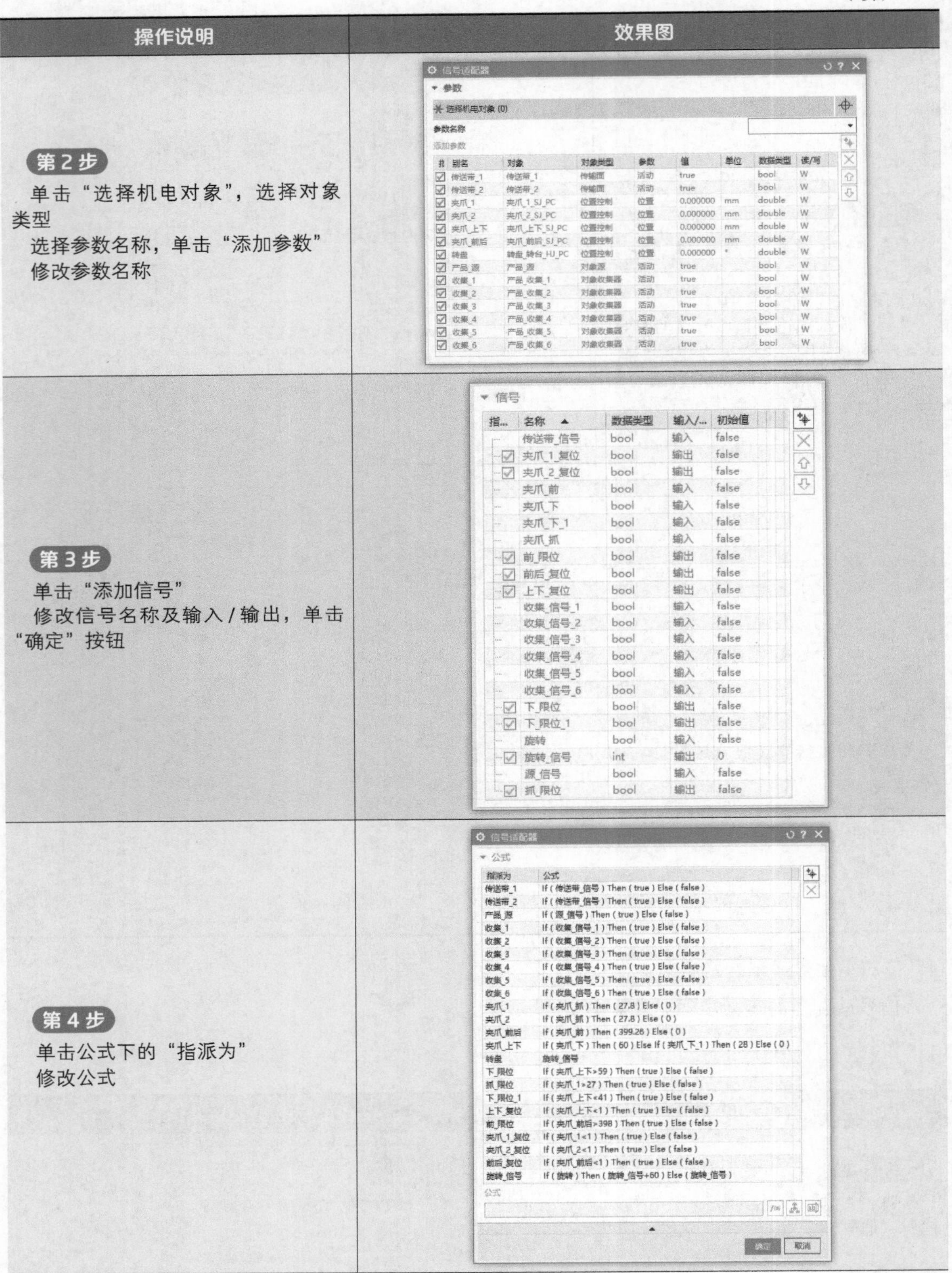

操作说明	效果图
第 2 步 单击“选择机电对象”，选择对象类型 选择参数名称，单击“添加参数” 修改参数名称	
第 3 步 单击“添加信号” 修改信号名称及输入 / 输出，单击“确定”按钮	
第 4 步 单击公式下的“指派为” 修改公式	

（续）

操作说明	效果图
第 5 步 信号适配器名称修改为“夹爪”	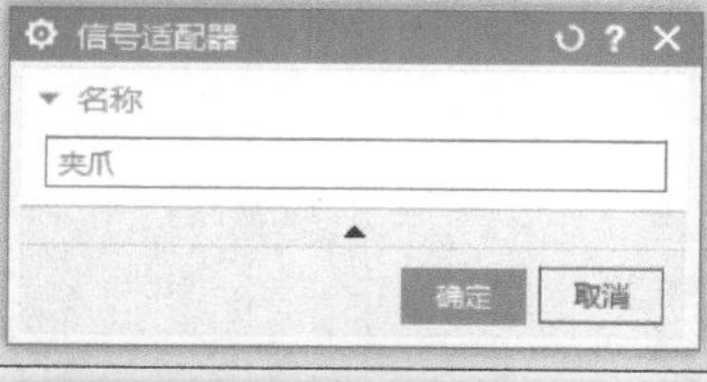 信号适配器 ▼ 名称 夹爪 确定 取消
第 6 步 单击“新建符号表”，进入符号表编辑器 修改“符号表”名称为“SymbolTable” 单击“确定”按钮	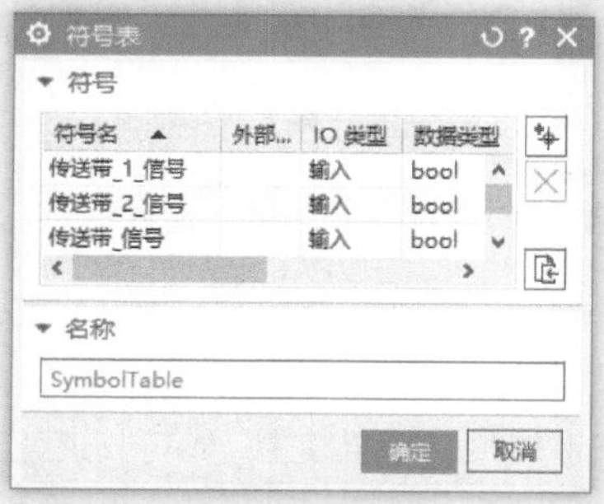 符号表 ▼ 符号 符号名 | 外部... | IO 类型 | 数据类型 传送带_1_信号 | | 输入 | bool 传送带_2_信号 | | 输入 | bool 传送带_信号 | | 输入 | bool ▼ 名称 SymbolTable 确定 取消
第 7 步 信号适配器与符号表定义完成后如右图所示	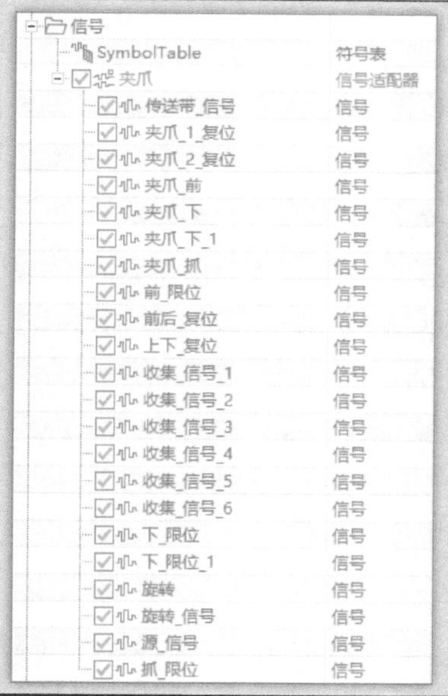 信号 SymbolTable 符号表 夹爪 信号适配器 传送带_信号 信号 夹爪_1_复位 信号 夹爪_2_复位 信号 夹爪_前 信号 夹爪_下 信号 夹爪_下_1 信号 夹爪_抓 信号 前_限位 信号 前后_复位 信号 上下_复位 信号 收集_信号_1 信号 收集_信号_2 信号 收集_信号_3 信号 收集_信号_4 信号 收集_信号_5 信号 收集_信号_6 信号 下_限位 信号 下_限位_1 信号 旋转 信号 旋转_信号 信号 源_信号 信号 抓_限位 信号

（五）仿真序列的定义

仿真序列的定义步骤见表 4-5。

表 4-5　仿真序列的定义步骤

操作说明	效果图
第 1 步 选择“主页”选项卡→“自动化”栏→“仿真序列”命令	 仿真序列 电子凸轮 运行时 NC 符号表 自动化

（续）

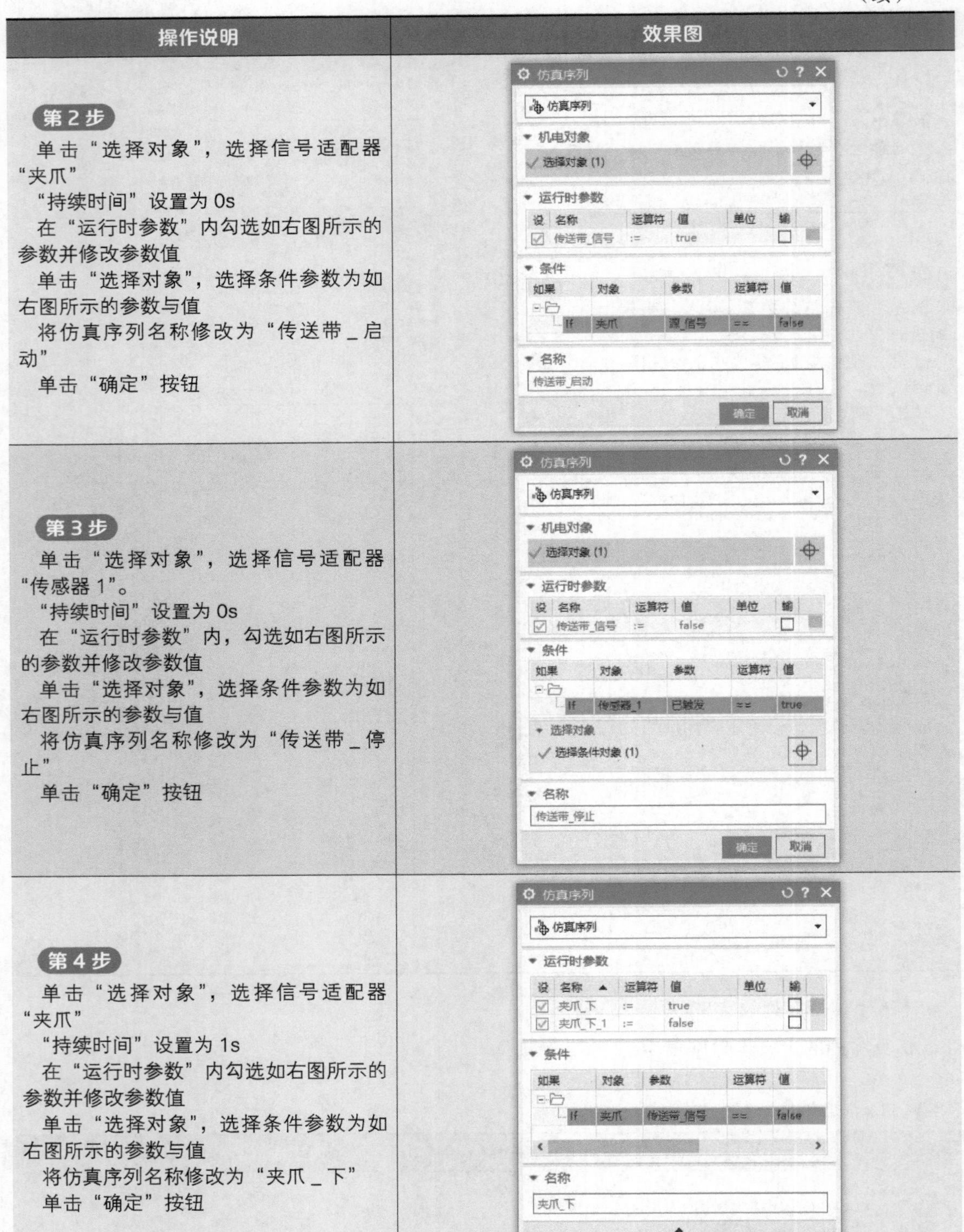

操作说明	效果图
第 2 步 单击“选择对象”，选择信号适配器“夹爪” “持续时间”设置为 0s 在“运行时参数”内勾选如右图所示的参数并修改参数值 单击“选择对象”，选择条件参数为如右图所示的参数与值 将仿真序列名称修改为“传送带 _ 启动” 单击“确定”按钮	
第 3 步 单击“选择对象”，选择信号适配器“传感器 1”。 “持续时间”设置为 0s 在“运行时参数”内，勾选如右图所示的参数并修改参数值 单击“选择对象”，选择条件参数为如右图所示的参数与值 将仿真序列名称修改为“传送带 _ 停止” 单击“确定”按钮	
第 4 步 单击“选择对象”，选择信号适配器“夹爪” “持续时间”设置为 1s 在“运行时参数”内勾选如右图所示的参数并修改参数值 单击“选择对象”，选择条件参数为如右图所示的参数与值 将仿真序列名称修改为“夹爪 _ 下” 单击“确定”按钮	

（续）

操作说明	效果图
第 5 步 单击“选择对象”，选择信号适配器“夹爪” “持续时间”设置为 1s 在“运行时参数”内勾选如右图所示的参数并修改参数值 单击“选择对象”，选择条件参数为如右图所示的参数与值 将仿真序列名称修改为“夹爪 _ 抓” 单击“确定”按钮	仿真序列 仿真序列 运行时参数 设 名称 运算符 值 单位 输 夹爪_抓 := true 前_限位 := false 前后_复位 := false 条件 如果 对象 参数 运算符 值 If 夹爪 下_限位 == true 名称 夹爪_抓 确定 取消
第 6 步 单击“选择对象”，选择“夹爪 _1_FJ” “持续时间”设置为 1s 在“运行时参数”内勾选如右图所示的参数并修改参数值 单击“连接件”选择“触发器中的对象”，选择“夹爪 _ 传感器” 单击“选择对象”，选择条件参数为如图参数与值 将仿真序列名称修改为“固定” 单击“确定”按钮	
第 7 步 单击“选择对象”，选择信号适配器“夹爪” “持续时间”设置为 1s 在“运行时参数”内勾选如右图所示的参数并修改参数值 单击“选择对象”，选择条件参数为如右图所示的参数与值 将仿真序列名称修改为“夹爪 _ 上下 _ 复位” 单击“确定”按钮	

（续）

操作说明	效果图
第 8 步 单击“选择对象”，选择信号适配器“夹爪” “持续时间”设置为 1s 在“运行时参数”内勾选如右图所示的参数并修改参数值 单击“选择对象”选择条件参数为如右图所示的参数与值 将仿真序列名称修改为“夹爪 _ 前” 单击“确定”按钮	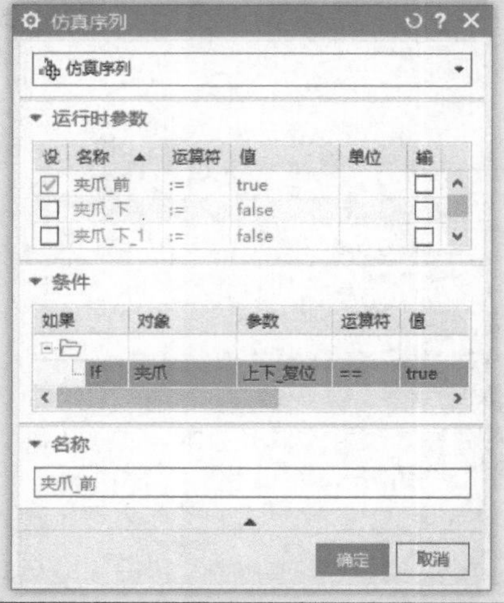
第 9 步 单击“选择对象”，选择信号适配器“夹爪” “持续时间”设置为 1s 在“运行时参数”内勾选如右图所示的参数并修改参数值 单击“选择对象”，选择条件参数为如右图所示的参数与值 将仿真序列名称修改为“夹爪 _ 下 _1” 单击“确定”按钮	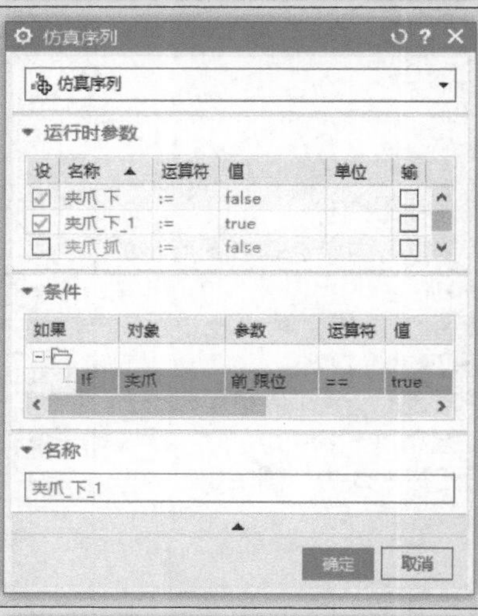
第 10 步 单击“选择对象”，选择“夹爪 _1_FJ” “持续时间”设置为 1s 在“运行时参数”内勾选如右图所示的参数并修改参数值 单击“选择对象”，选择条件参数为如右图所示的参数与值 将仿真序列名称修改为“固定 _ 取消” 单击“确定”按钮	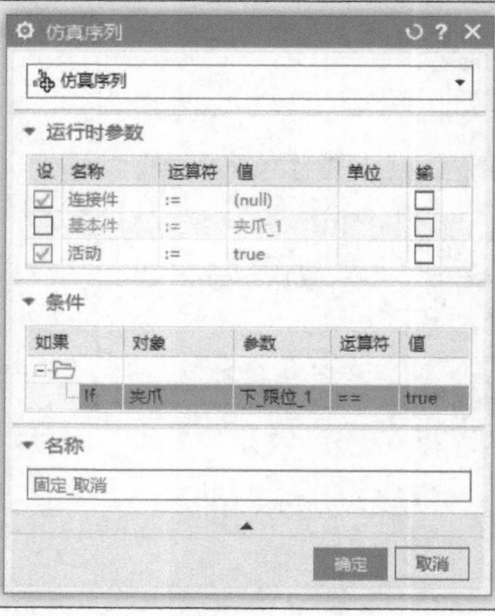

（续）

<table>
<tr><th>操作说明</th><th>效果图</th></tr>
<tr><td>

第 11 步

单击“选择对象”，选择信号适配器“夹爪”

“持续时间”设置为 1s

在“运行时参数”内勾选如右图所示的参数并修改参数值

单击“选择对象”，选择条件参数为如右图所示的参数与值

将仿真序列名称修改为“夹爪 _ 松”

单击“确定”按钮

</td><td>

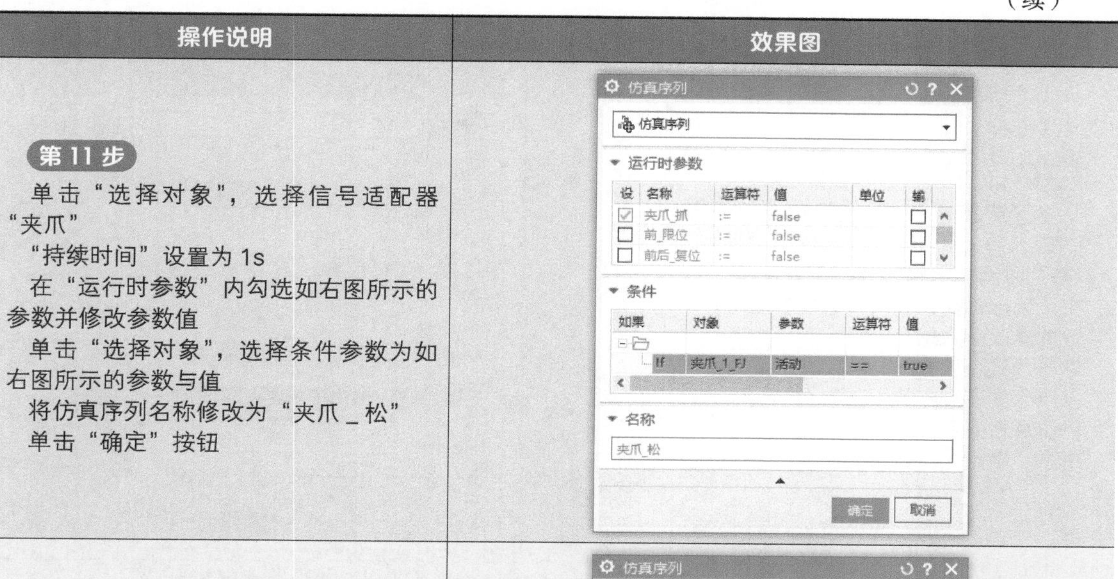

</td></tr>
<tr><td>

第 12 步

单击“选择对象”，选择信号适配器“夹爪”

“持续时间”设置为 1s

在“运行时参数”内勾选如右图所示的参数并修改参数值

单击“选择对象”，选择条件参数为如右图所示的参数与值

将仿真序列名称修改为“夹爪 _ 上下 _ 复位”

单击“确定”按钮

</td><td>

</td></tr>
<tr><td>

第 13 步

单击“选择对象”，选择信号适配器“夹爪”

“持续时间”设置为 1s

在“运行时参数”内勾选如右图所示的参数并修改参数值

单击“选择对象”，选择条件参数为如右图所示的参数与值

将仿真序列名称修改为“夹爪 _ 前后 _ 复位”

单击“确定”按钮

</td><td>

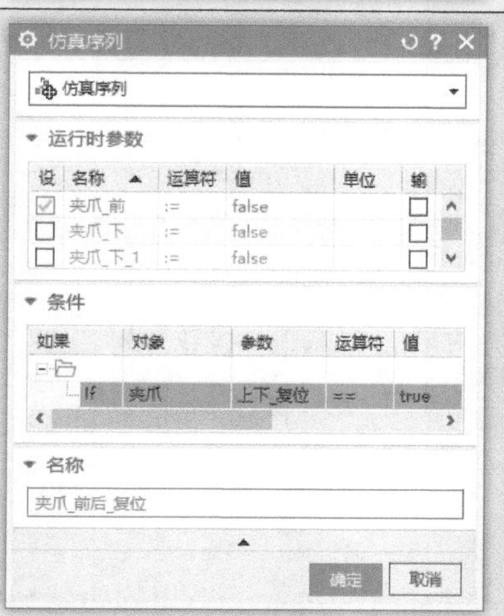

</td></tr>
</table>

（续）

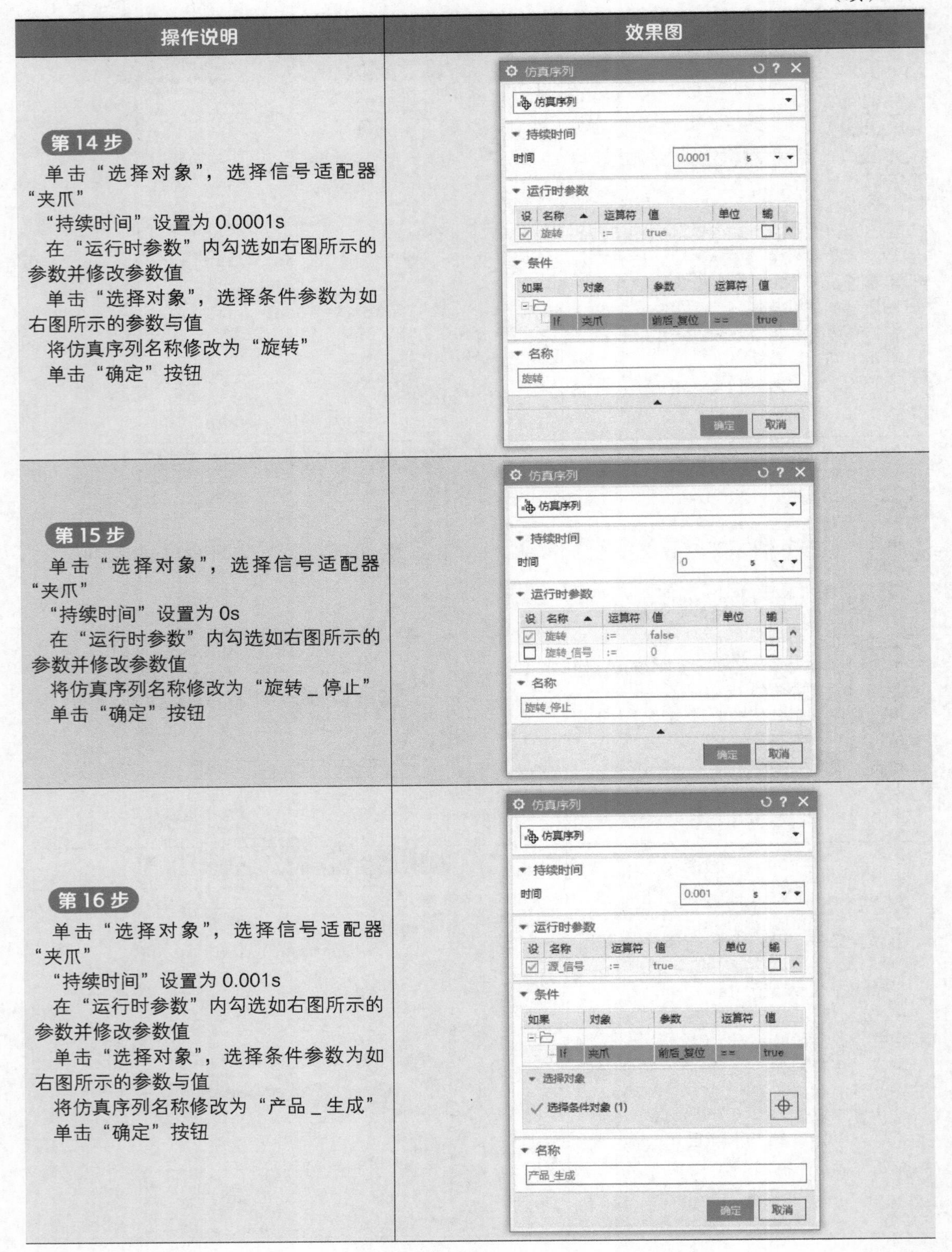

操作说明	效果图
第 14 步 单击“选择对象”，选择信号适配器“夹爪” “持续时间”设置为 0.0001s 在“运行时参数”内勾选如右图所示的参数并修改参数值 单击“选择对象”，选择条件参数为如右图所示的参数与值 将仿真序列名称修改为“旋转” 单击“确定”按钮	
第 15 步 单击“选择对象”，选择信号适配器“夹爪” “持续时间”设置为 0s 在“运行时参数”内勾选如右图所示的参数并修改参数值 将仿真序列名称修改为“旋转 _ 停止” 单击“确定”按钮	
第 16 步 单击“选择对象”，选择信号适配器“夹爪” “持续时间”设置为 0.001s 在“运行时参数”内勾选如右图所示的参数并修改参数值 单击“选择对象”，选择条件参数为如右图所示的参数与值 将仿真序列名称修改为“产品 _ 生成” 单击“确定”按钮	

（续）

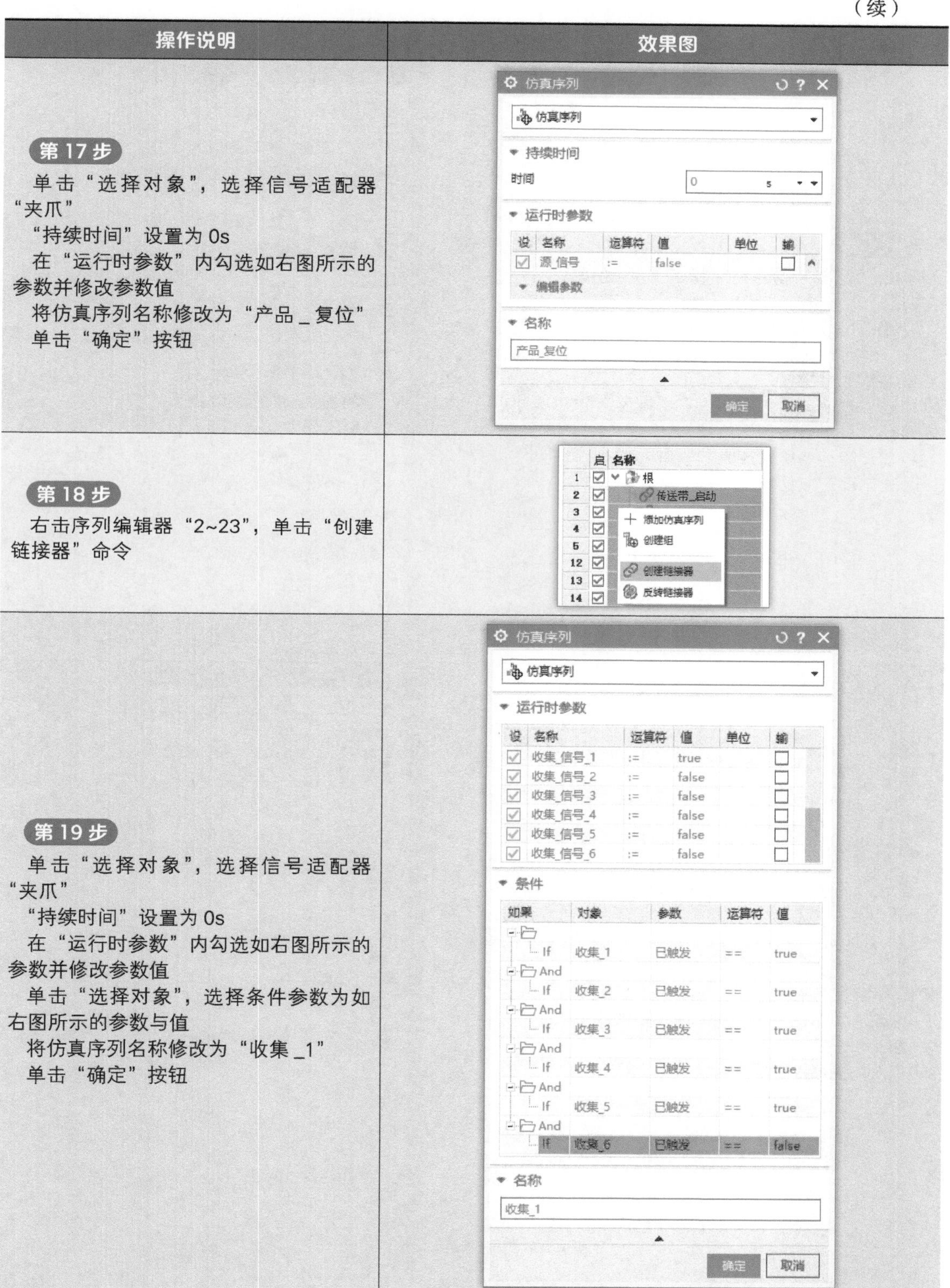

操作说明	效果图
第 17 步 单击“选择对象”，选择信号适配器“夹爪” “持续时间”设置为 0s 在“运行时参数”内勾选如右图所示的参数并修改参数值 将仿真序列名称修改为“产品 _ 复位” 单击“确定”按钮	
第 18 步 右击序列编辑器“2~23”，单击“创建链接器”命令	
第 19 步 单击“选择对象”，选择信号适配器“夹爪” “持续时间”设置为 0s 在“运行时参数”内勾选如右图所示的参数并修改参数值 单击“选择对象”，选择条件参数为如右图所示的参数与值 将仿真序列名称修改为“收集 _1” 单击“确定”按钮	

（续）

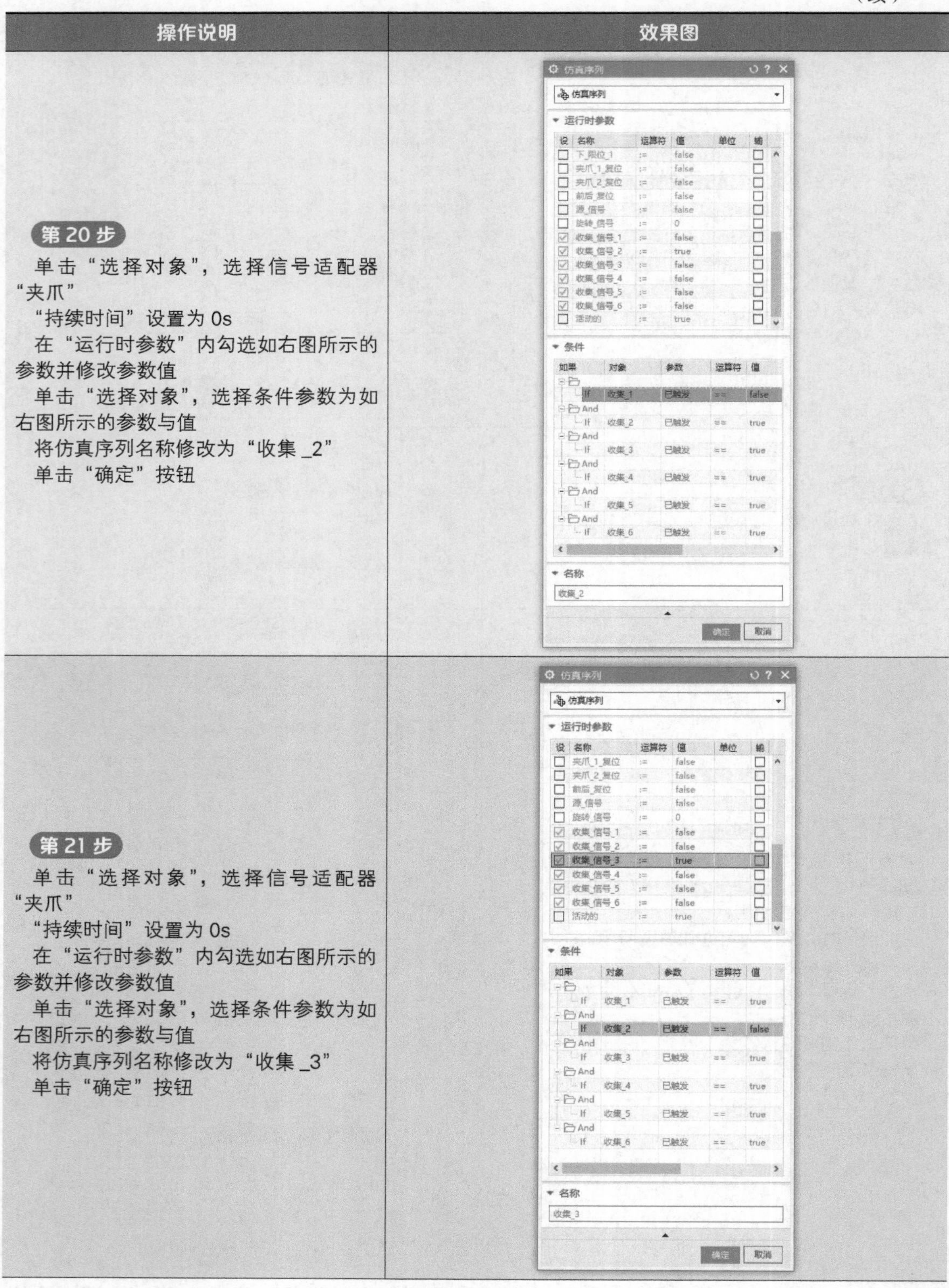

操作说明	效果图
第 20 步 单击“选择对象”，选择信号适配器“夹爪” “持续时间”设置为 0s 在“运行时参数”内勾选如右图所示的参数并修改参数值 单击“选择对象”，选择条件参数为如右图所示的参数与值 将仿真序列名称修改为“收集 _2” 单击“确定”按钮	
第 21 步 单击“选择对象”，选择信号适配器“夹爪” “持续时间”设置为 0s 在“运行时参数”内勾选如右图所示的参数并修改参数值 单击“选择对象”，选择条件参数为如右图所示的参数与值 将仿真序列名称修改为“收集 _3” 单击“确定”按钮	

（续）

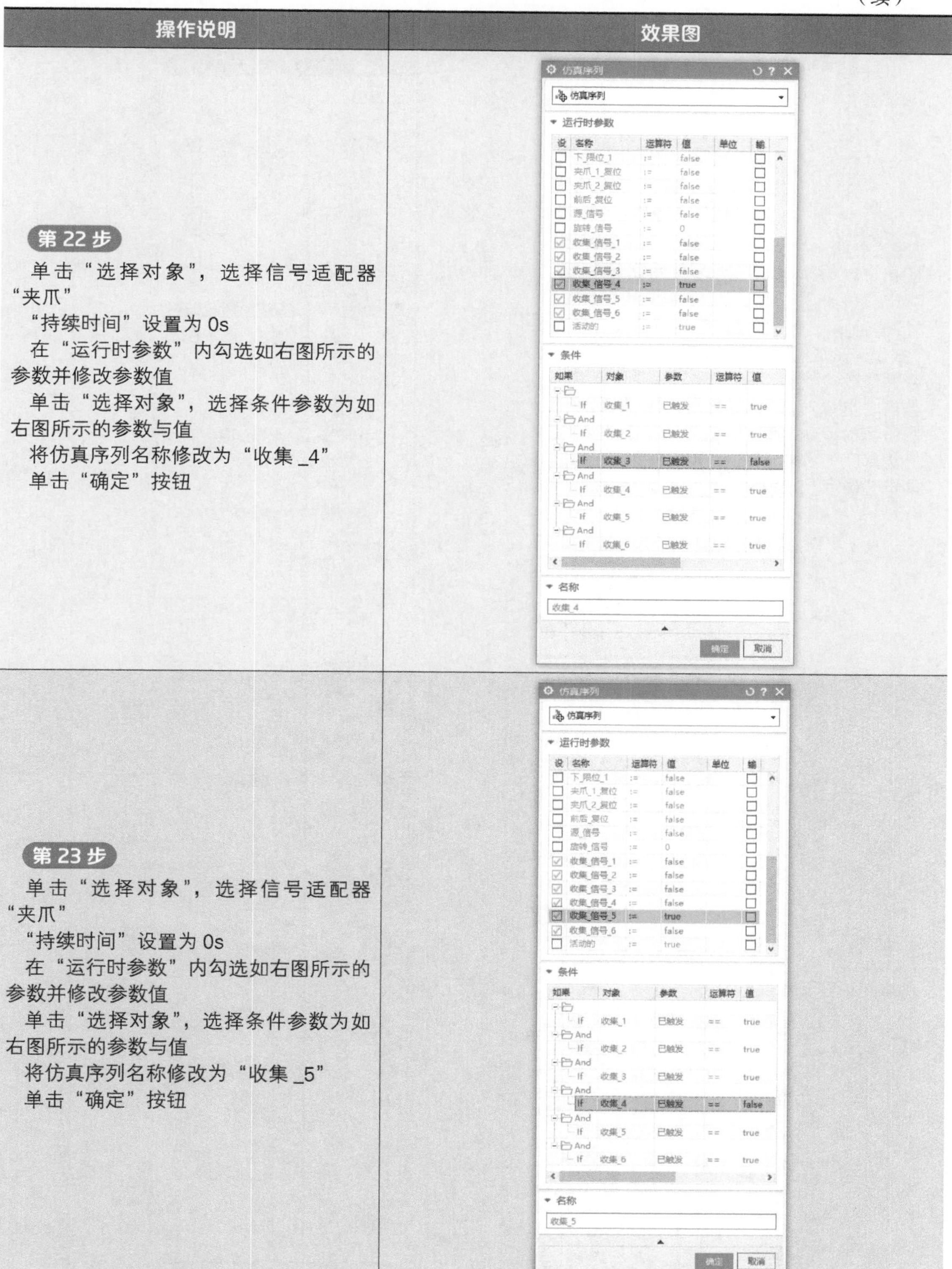

操作说明	效果图
第 22 步 单击“选择对象”，选择信号适配器“夹爪” “持续时间”设置为 0s 在“运行时参数”内勾选如右图所示的参数并修改参数值 单击“选择对象”，选择条件参数为如右图所示的参数与值 将仿真序列名称修改为“收集_4” 单击“确定”按钮	
第 23 步 单击“选择对象”，选择信号适配器“夹爪” “持续时间”设置为 0s 在“运行时参数”内勾选如右图所示的参数并修改参数值 单击“选择对象”，选择条件参数为如右图所示的参数与值 将仿真序列名称修改为“收集_5” 单击“确定”按钮	

（续）

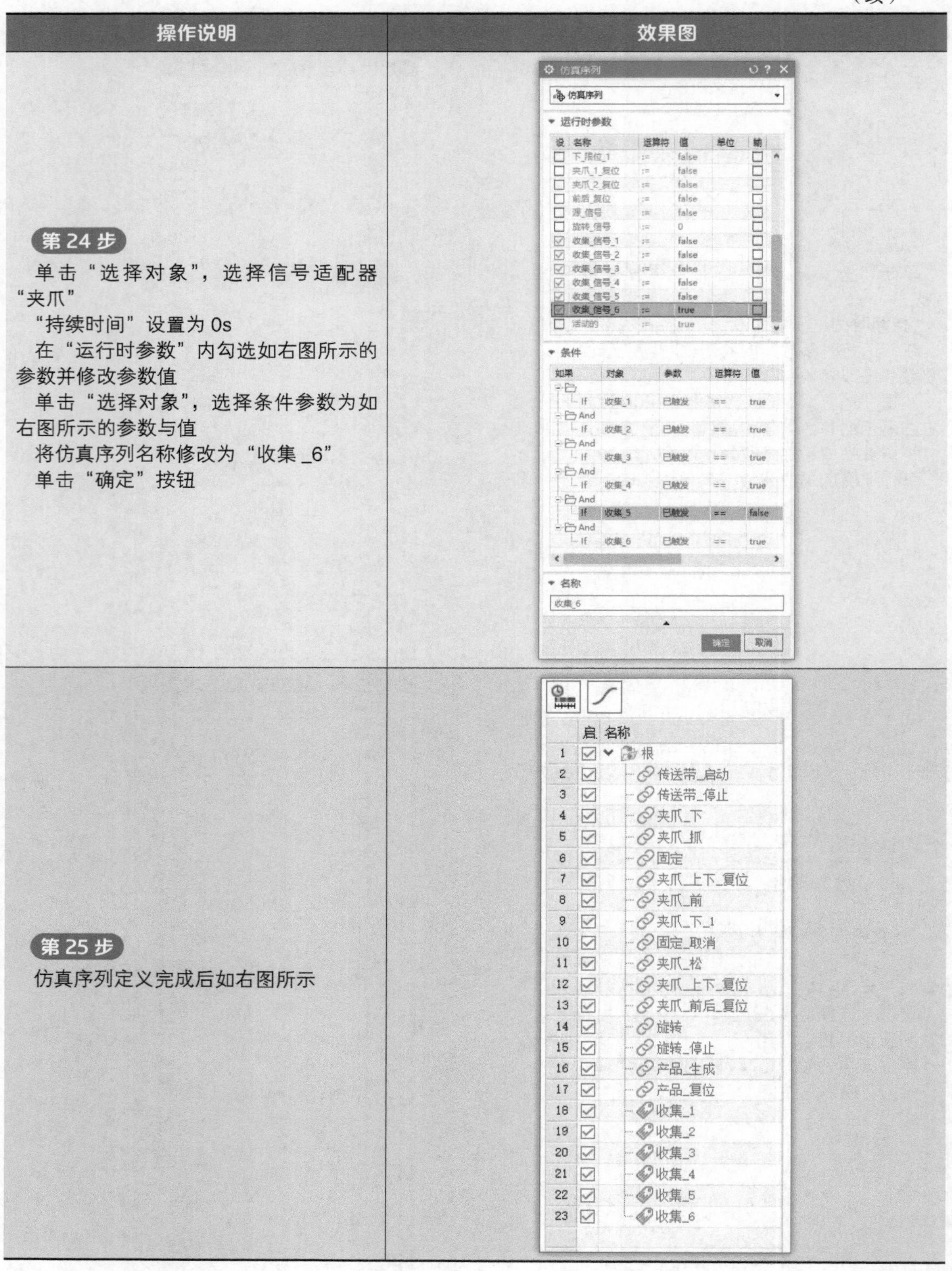

操作说明	效果图
第 24 步 单击“选择对象”，选择信号适配器“夹爪” “持续时间”设置为 0s 在“运行时参数”内勾选如右图所示的参数并修改参数值 单击“选择对象”，选择条件参数为如右图所示的参数与值 将仿真序列名称修改为“收集 _6” 单击“确定”按钮	
第 25 步 仿真序列定义完成后如右图所示	

（六）仿真运行

仿真运行的操作步骤见表 4-6。

表 4-6　仿真运行的操作步骤

操作说明	效果图
第 1 步 选择“主页”选项卡→“仿真”栏→“播放”按钮	播放　停止
第 2 步 产品通过传送带到达指定位置 夹爪夹取物料，将其放置到托盘上 夹爪复位，转盘旋转 60°，新的物料产生 当转盘上放置了五个物料时，自动收集一个物料	
第 3 步 选择“主页”选项卡→“仿真”栏→“停止”按钮，结束仿真运行	播放　停止

任务 2　双工位螺钉机系统 MCD 应用

一、任务描述

本任务介绍通过 NX 1984 软件的综合练习，对双工位螺钉机系统进行定义，使物料通过螺钉批到达指定位置，电批吸放螺钉，将其放置到夹具底盘上，底板复位，开始循环，如图 4-2 所示。

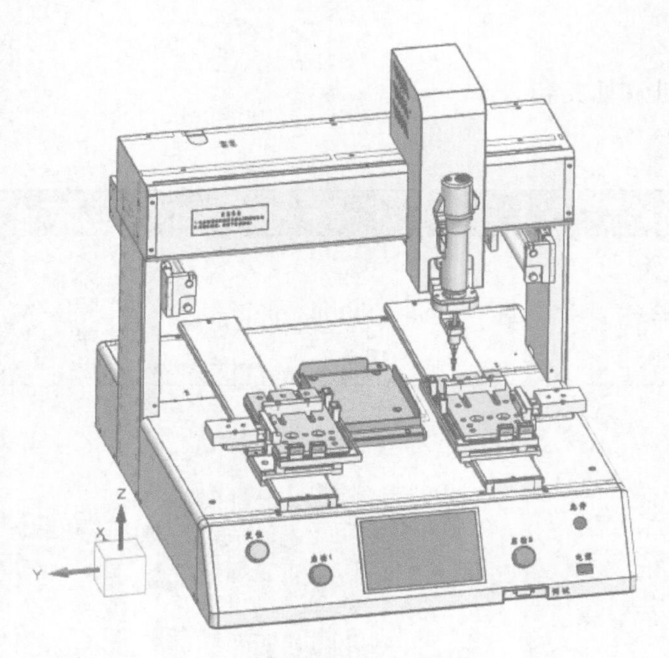

图4-2　双工位螺钉机系统

二、任务目标

技能目标：

1. 完成综合实战练习。

2. 完成双工位螺钉机系统的定义。

素养目标：

1. 正确进行行业定位，形成锲而不舍的钻研精神。

2. 在实训中践行大国工匠精神，技可进乎道，艺可通乎神，对于测量工作要追求“零误差”。

三、任务实施

（一）基本机电对象的定义

基本机电对象的定义步骤见表 4-7。

表 4-7　基本机电对象的定义步骤

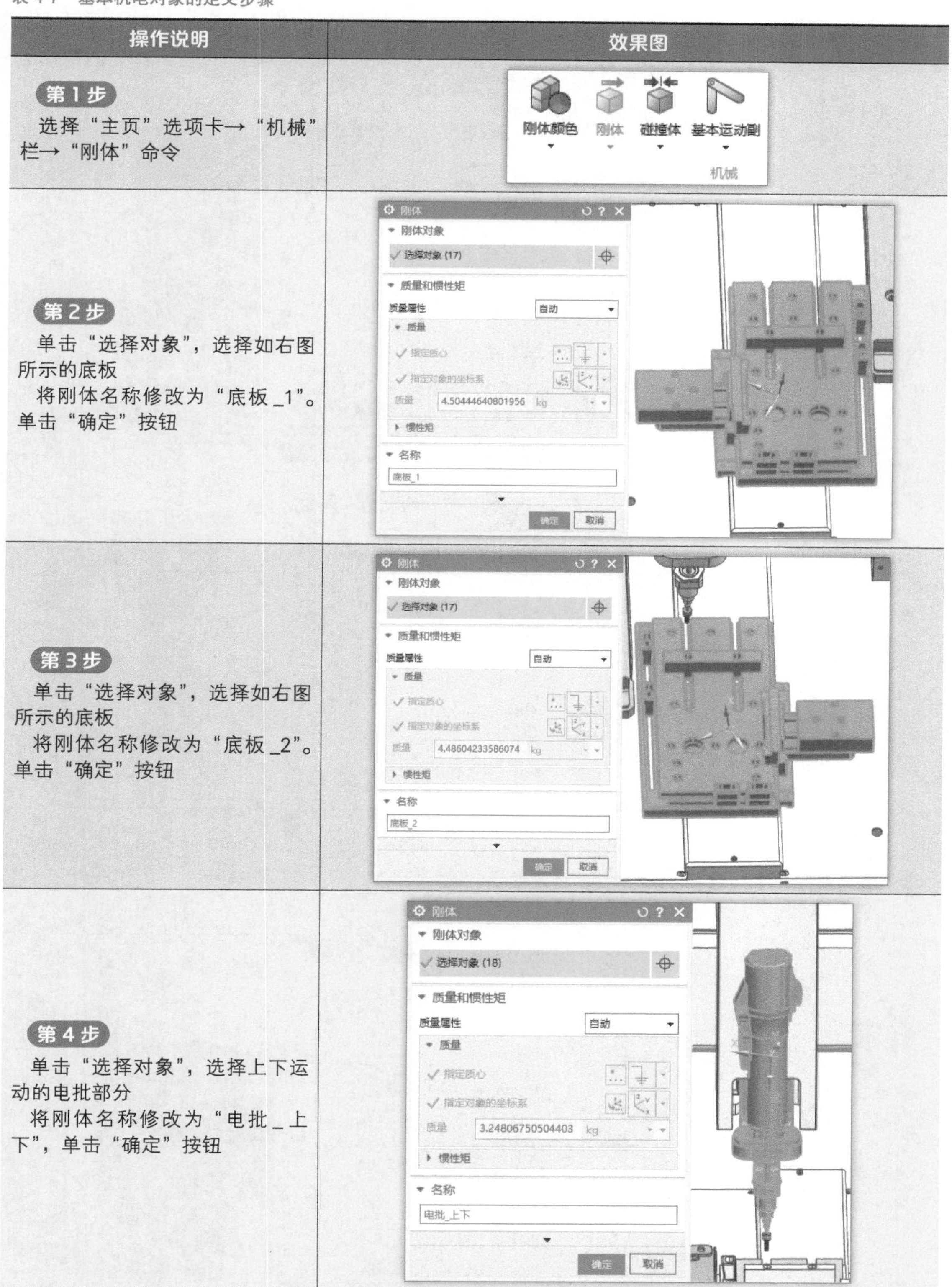

操作说明	效果图
第 1 步 选择“主页”选项卡→“机械”栏→“刚体”命令	
第 2 步 单击“选择对象”，选择如右图所示的底板 将刚体名称修改为“底板 _1”。单击“确定”按钮	
第 3 步 单击“选择对象”，选择如右图所示的底板 将刚体名称修改为“底板 _2”。单击“确定”按钮	
第 4 步 单击“选择对象”，选择上下运动的电批部分 将刚体名称修改为“电批 _ 上下”，单击“确定”按钮	

（续）

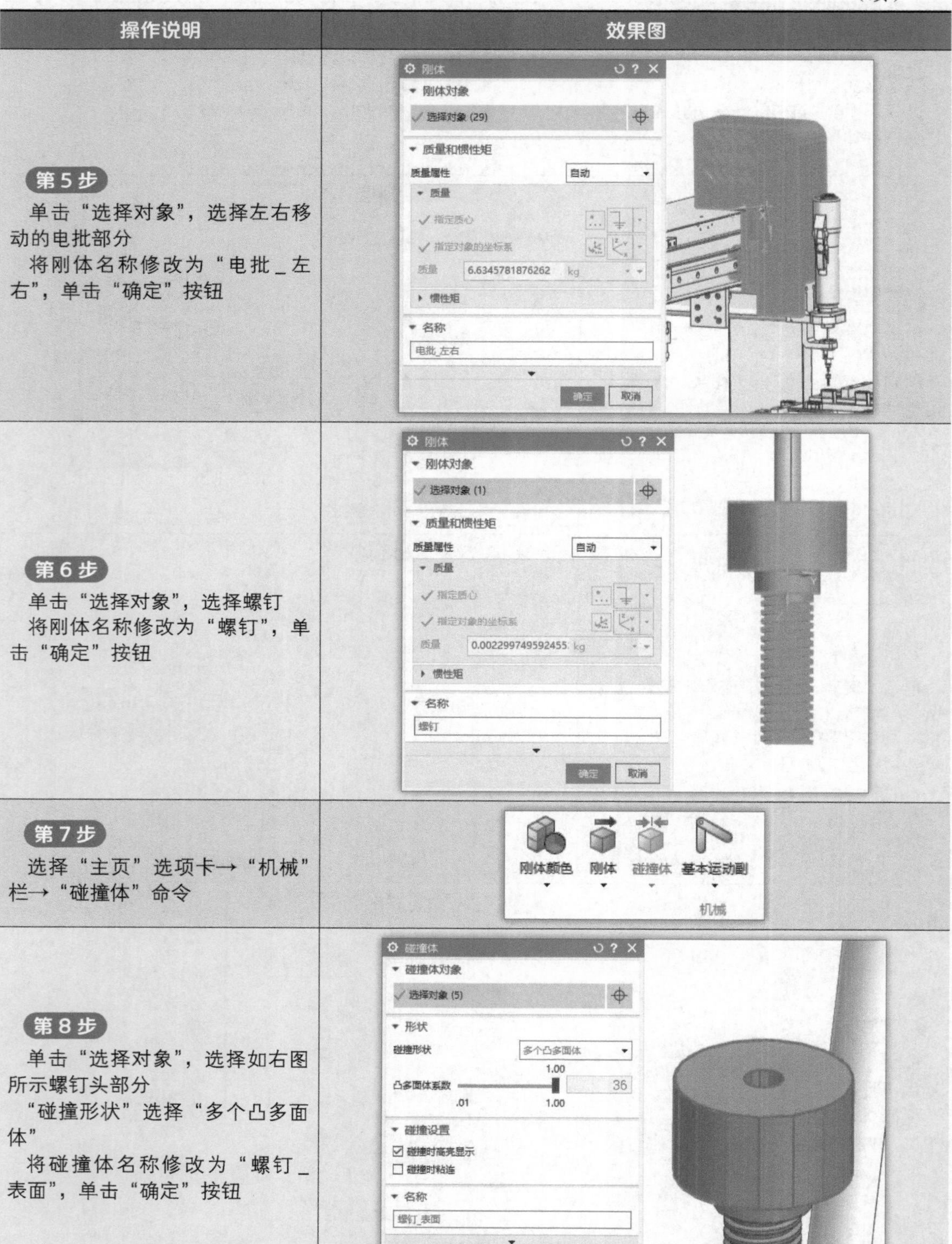

操作说明	效果图
第 5 步 单击“选择对象”，选择左右移动的电批部分 将刚体名称修改为“电批_左右”，单击“确定”按钮	
第 6 步 单击“选择对象”，选择螺钉 将刚体名称修改为“螺钉”，单击“确定”按钮	
第 7 步 选择“主页”选项卡→“机械”栏→“碰撞体”命令	
第 8 步 单击“选择对象”，选择如右图所示螺钉头部分 “碰撞形状”选择“多个凸多面体” 将碰撞体名称修改为“螺钉_表面”，单击“确定”按钮	

（续）

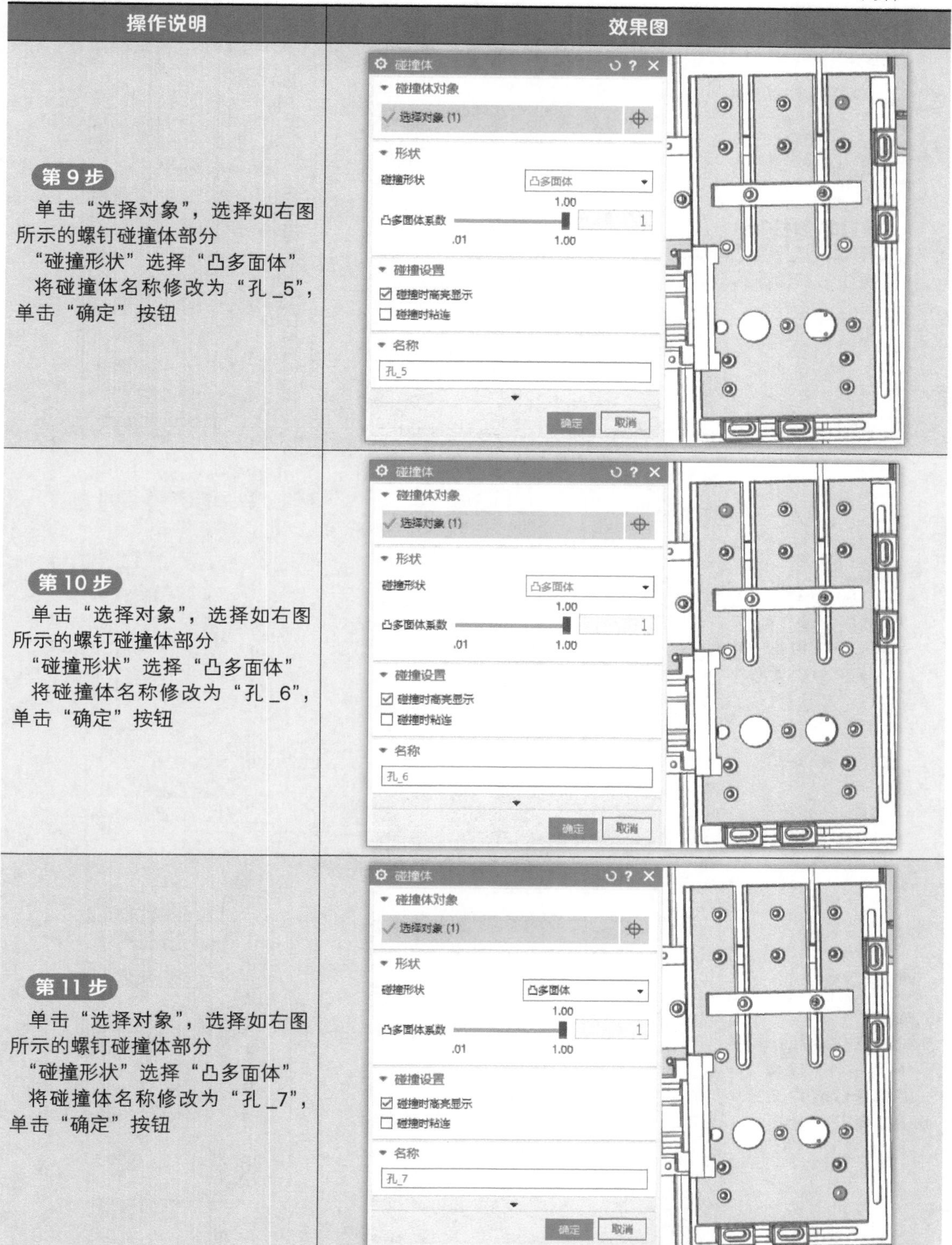

操作说明	效果图
第 9 步 单击“选择对象”，选择如右图所示的螺钉碰撞体部分 “碰撞形状”选择“凸多面体” 将碰撞体名称修改为“孔 _5”，单击“确定”按钮	
第 10 步 单击“选择对象”，选择如右图所示的螺钉碰撞体部分 “碰撞形状”选择“凸多面体” 将碰撞体名称修改为“孔 _6”，单击“确定”按钮	
第 11 步 单击“选择对象”，选择如右图所示的螺钉碰撞体部分 “碰撞形状”选择“凸多面体” 将碰撞体名称修改为“孔 _7”，单击“确定”按钮	

（续）

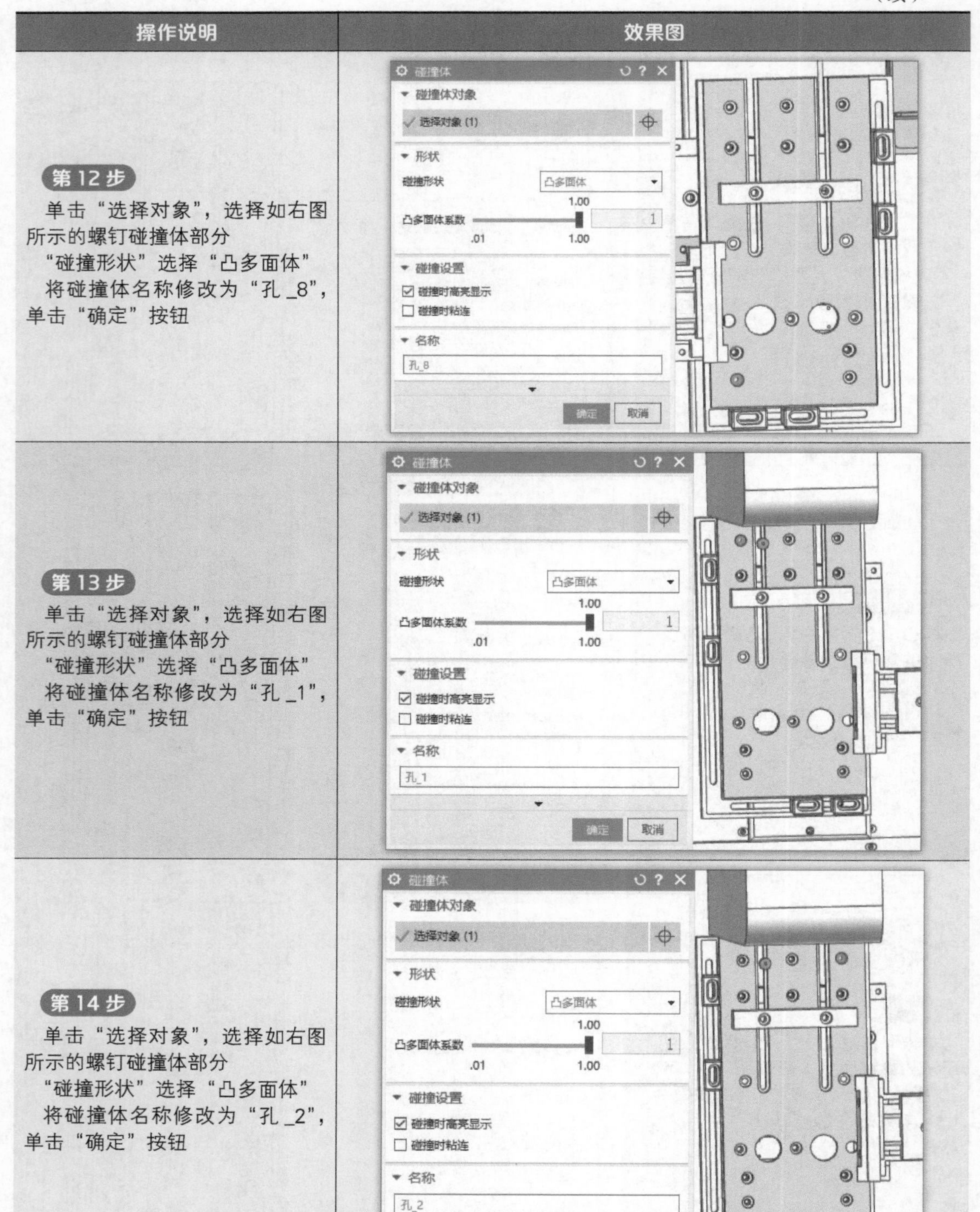

操作说明	效果图
第 12 步 单击“选择对象”，选择如右图所示的螺钉碰撞体部分 “碰撞形状”选择“凸多面体” 将碰撞体名称修改为“孔_8”，单击“确定”按钮	
第 13 步 单击“选择对象”，选择如右图所示的螺钉碰撞体部分 “碰撞形状”选择“凸多面体” 将碰撞体名称修改为“孔_1”，单击“确定”按钮	
第 14 步 单击“选择对象”，选择如右图所示的螺钉碰撞体部分 “碰撞形状”选择“凸多面体” 将碰撞体名称修改为“孔_2”，单击“确定”按钮	

（续）

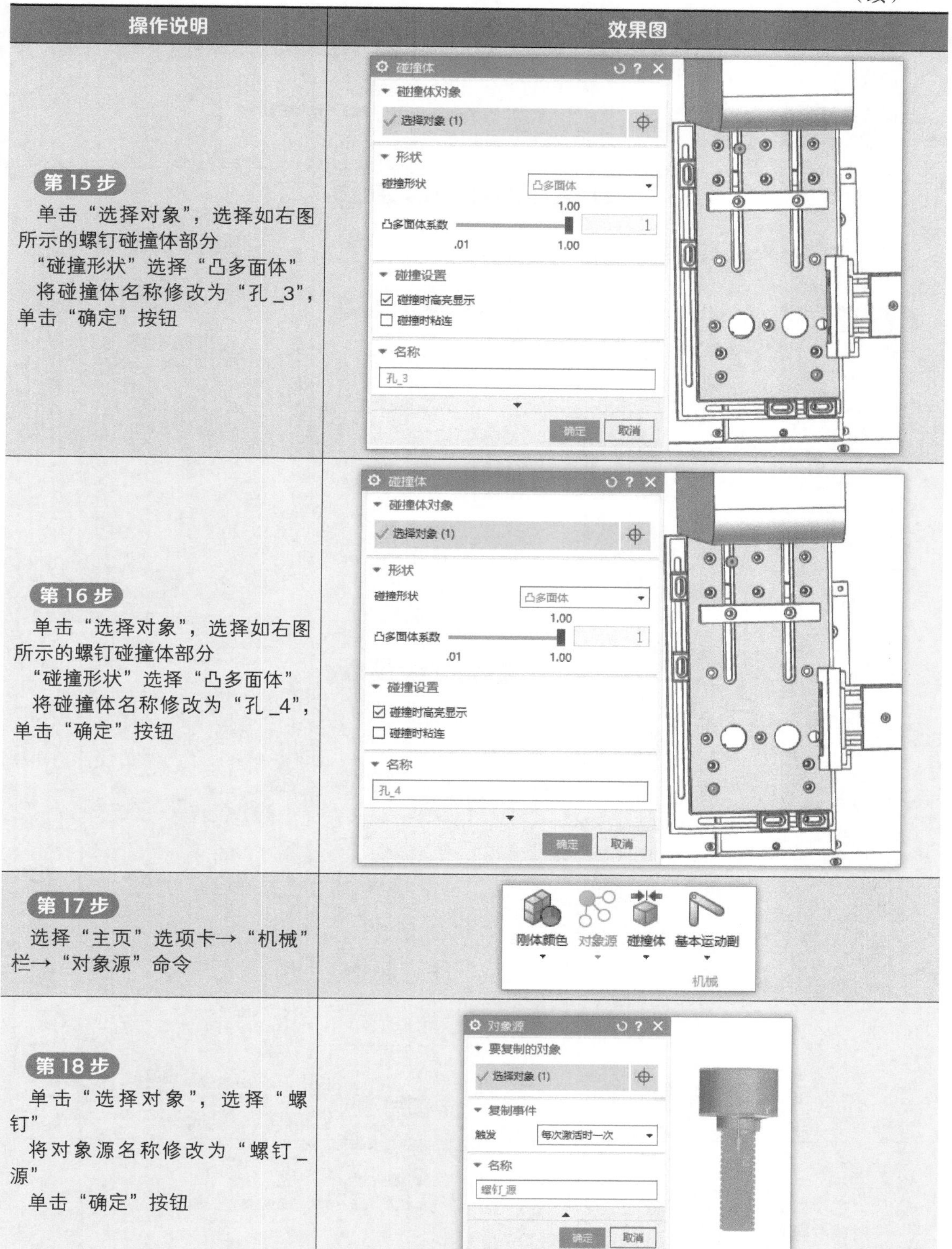

操作说明	效果图
第 15 步 单击“选择对象”，选择如右图所示的螺钉碰撞体部分 “碰撞形状”选择“凸多面体” 将碰撞体名称修改为“孔 _3”，单击“确定”按钮	碰撞体 碰撞体对象 选择对象 (1) 形状 碰撞形状 凸多面体 凸多面体系数 1.00 .01 1.00 1 碰撞设置 碰撞时高亮显示 碰撞时粘连 名称 孔_3 确定 取消
第 16 步 单击“选择对象”，选择如右图所示的螺钉碰撞体部分 “碰撞形状”选择“凸多面体” 将碰撞体名称修改为“孔 _4”，单击“确定”按钮	碰撞体 碰撞体对象 选择对象 (1) 形状 碰撞形状 凸多面体 凸多面体系数 1.00 .01 1.00 1 碰撞设置 碰撞时高亮显示 碰撞时粘连 名称 孔_4 确定 取消
第 17 步 选择“主页”选项卡→“机械”栏→“对象源”命令	刚体颜色 对象源 碰撞体 基本运动副 机械
第 18 步 单击“选择对象”，选择“螺钉” 将对象源名称修改为“螺钉 _源” 单击“确定”按钮	对象源 要复制的对象 选择对象 (1) 复制事件 触发 每次激活时一次 名称 螺钉_源 确定 取消

（续）

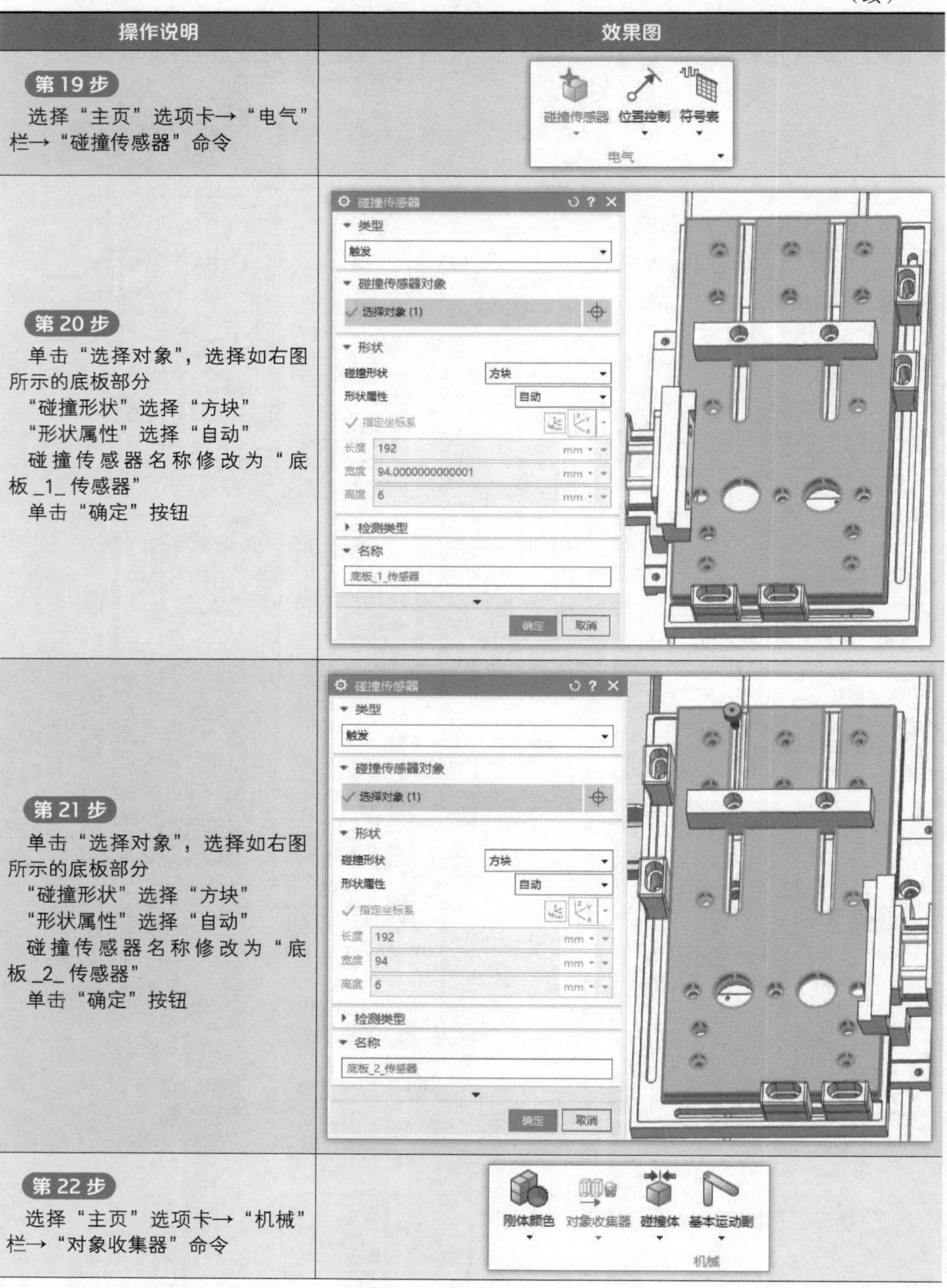

操作说明	效果图
第 19 步 选择“主页”选项卡→“电气”栏→“碰撞传感器”命令	
第 20 步 单击“选择对象”，选择如右图所示的底板部分 “碰撞形状”选择“方块” “形状属性”选择“自动” 碰撞传感器名称修改为“底板_1_传感器” 单击“确定”按钮	
第 21 步 单击“选择对象”，选择如右图所示的底板部分 “碰撞形状”选择“方块” “形状属性”选择“自动” 碰撞传感器名称修改为“底板_2_传感器” 单击“确定”按钮	
第 22 步 选择“主页”选项卡→“机械”栏→“对象收集器”命令	

（续）

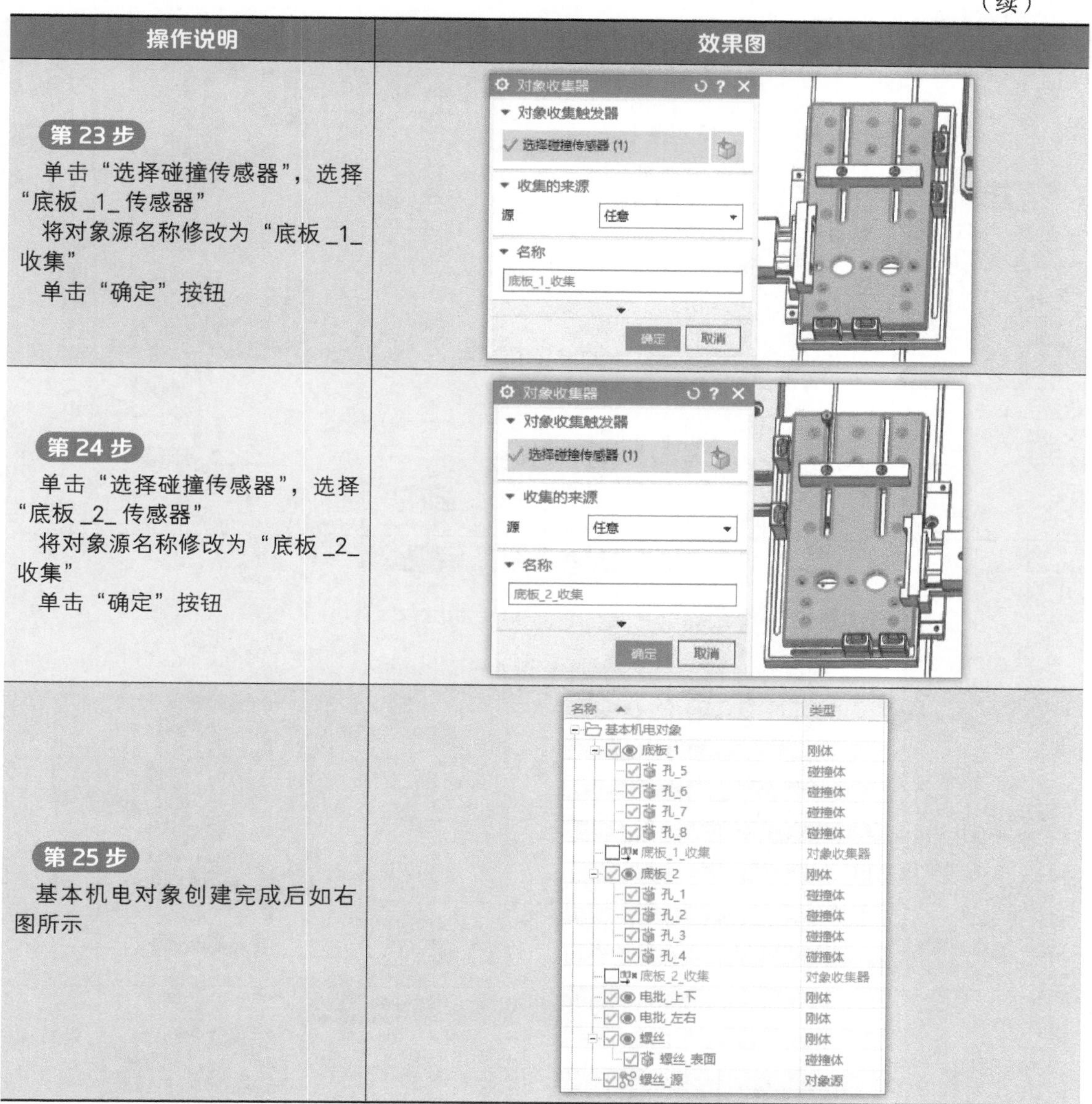

操作说明	效果图
第 23 步 单击“选择碰撞传感器”，选择“底板 _1_ 传感器” 将对象源名称修改为“底板 _1_ 收集” 单击“确定”按钮	
第 24 步 单击“选择碰撞传感器”，选择“底板 _2_ 传感器” 将对象源名称修改为“底板 _2_ 收集” 单击“确定”按钮	
第 25 步 基本机电对象创建完成后如右图所示	

（二）运动副的定义

运动副的定义步骤见表 4-8。

表 4-8　运动副的定义步骤

操作说明	效果图
第 1 步 选择“主页”选项卡→“机械”栏→“基本运动副”命令	刚体颜色　刚体　碰撞体　基本运动副 机械

（续）

操作说明	效果图
第 2 步 选择“滑动副” 单击“选择连接件”，选择“底板_1” 单击“指定轴矢量”，选择 X 轴的正方向 将滑动副名称修改为“底板_1_SJ”，单击“确定”按钮	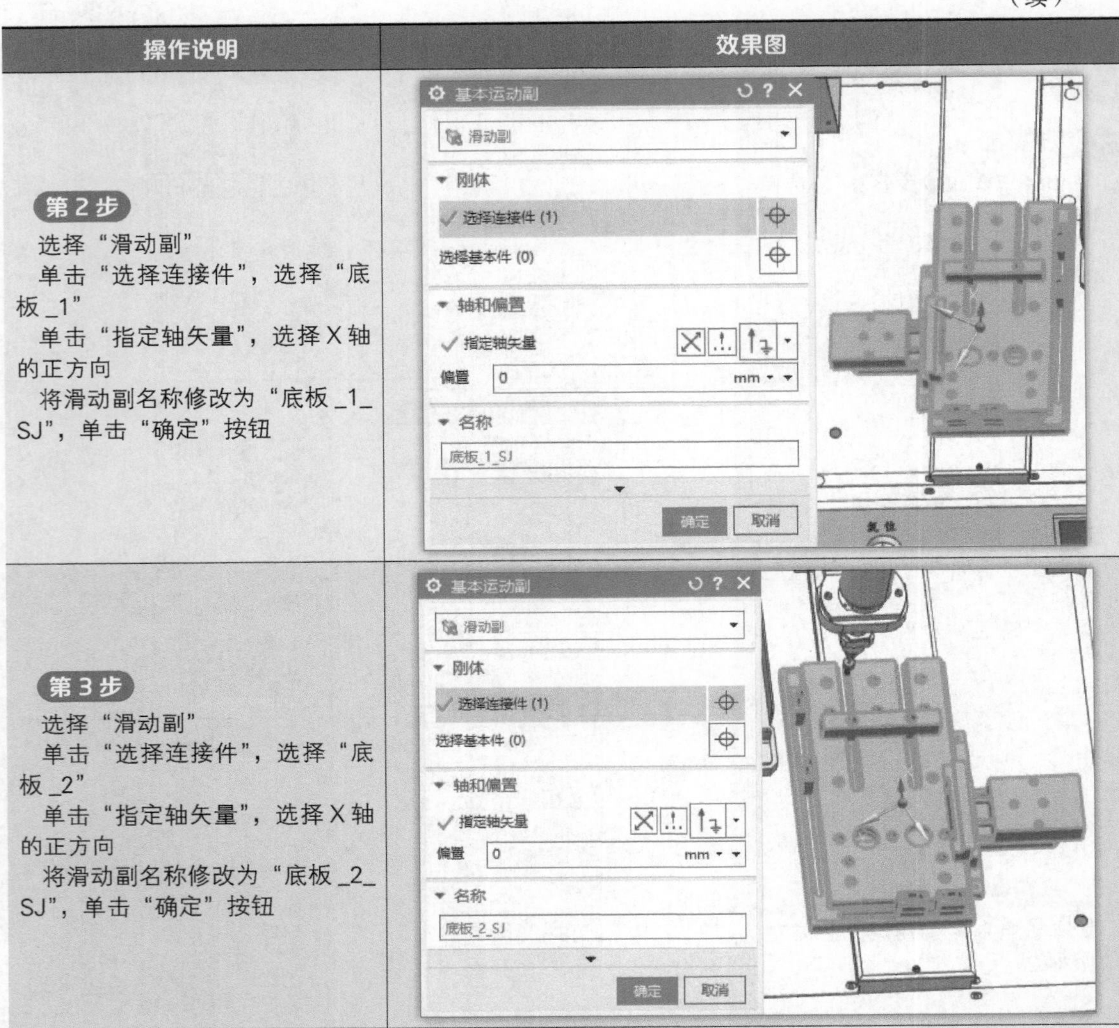
第 3 步 选择“滑动副” 单击“选择连接件”，选择“底板_2” 单击“指定轴矢量”，选择 X 轴的正方向 将滑动副名称修改为“底板_2_SJ”，单击“确定”按钮	
第 4 步 选择“滑动副” 单击“选择连接件”，选择“电批_左右” 单击“指定轴矢量”，选择 Y 轴的正方向 将滑动副名称修改为“电批_左右_SJ”，单击“确定”按钮	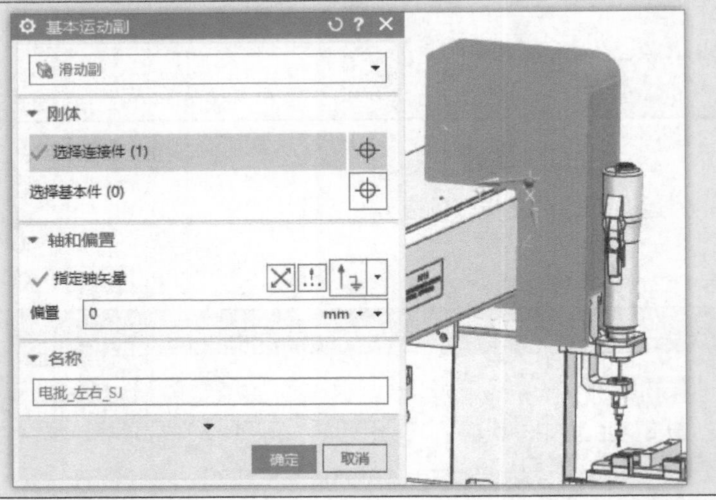

（续）

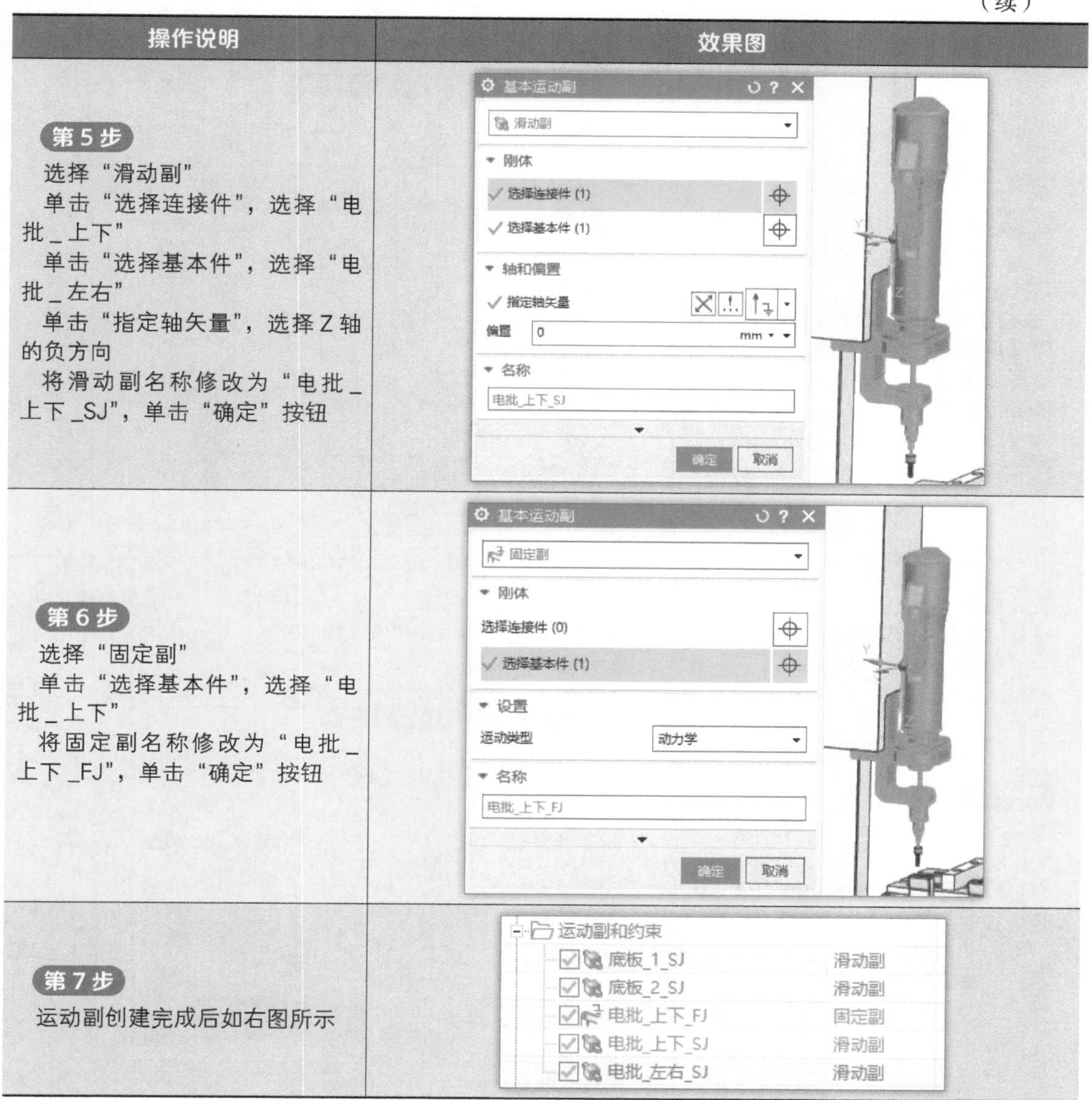

操作说明	效果图
第 5 步 选择“滑动副” 单击“选择连接件”，选择“电批 _ 上下” 单击“选择基本件”，选择“电批 _ 左右” 单击“指定轴矢量”，选择 Z 轴的负方向 将滑动副名称修改为“电批 _ 上下 _SJ”，单击“确定”按钮	
第 6 步 选择“固定副” 单击“选择基本件”，选择“电批 _ 上下” 将固定副名称修改为“电批 _ 上下 _FJ”，单击“确定”按钮	
第 7 步 运动副创建完成后如右图所示	

（三）传感器与执行器的定义

位置控制的定义步骤见表 4-9。

表 4-9　位置控制的定义步骤

操作说明	效果图
第 1 步 选择“主页”选项卡→“电气”栏→“碰撞传感器”命令	碰撞传感器 传输面 符号表 电气

（续）

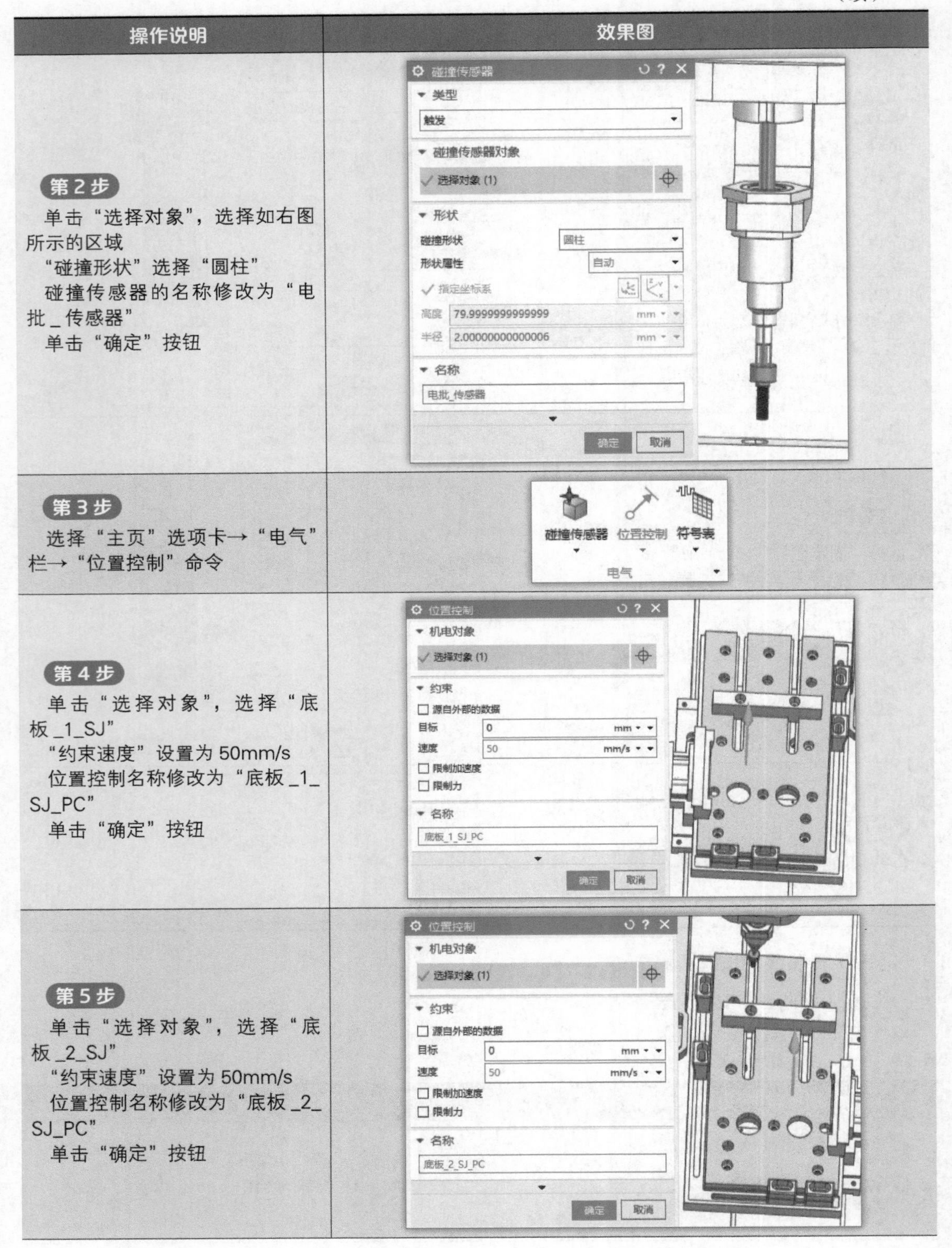

操作说明	效果图
第 2 步 单击“选择对象”，选择如右图所示的区域 “碰撞形状”选择“圆柱” 碰撞传感器的名称修改为“电批_传感器” 单击“确定”按钮	
第 3 步 选择“主页”选项卡→“电气”栏→“位置控制”命令	
第 4 步 单击“选择对象”，选择“底板_1_SJ” “约束速度”设置为 50mm/s 位置控制名称修改为“底板_1_SJ_PC” 单击“确定”按钮	
第 5 步 单击“选择对象”，选择“底板_2_SJ” “约束速度”设置为 50mm/s 位置控制名称修改为“底板_2_SJ_PC” 单击“确定”按钮	

（续）

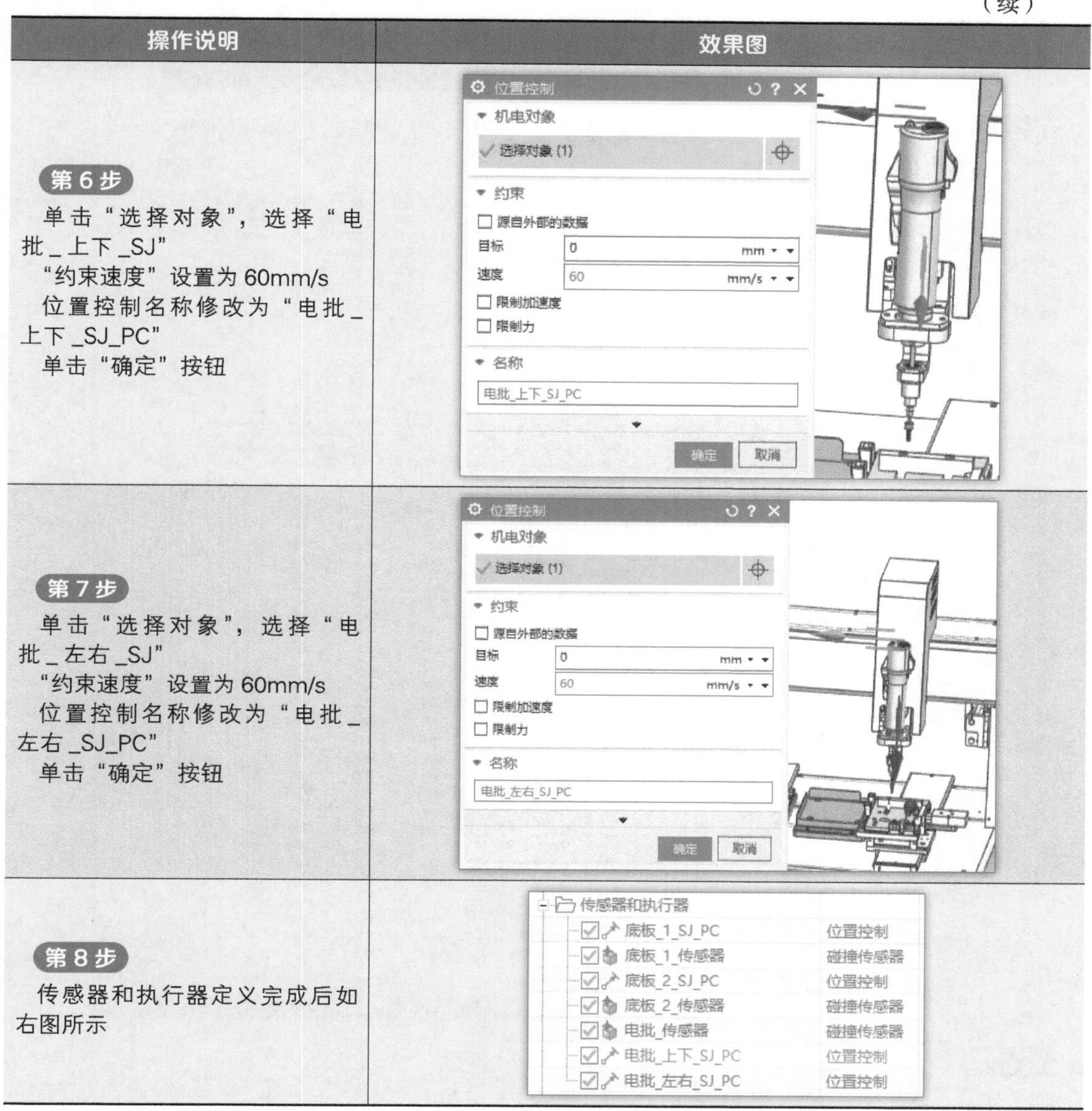

操作说明	效果图
第 6 步 单击“选择对象”，选择“电批 _ 上下 _SJ” “约束速度”设置为 60mm/s 位置控制名称修改为“电批 _ 上下 _SJ_PC” 单击“确定”按钮	
第 7 步 单击“选择对象”，选择“电批 _ 左右 _SJ” “约束速度”设置为 60mm/s 位置控制名称修改为“电批 _ 左右 _SJ_PC” 单击“确定”按钮	
第 8 步 传感器和执行器定义完成后如右图所示	

（四）信号适配器的定义

信号适配器的定义步骤见表 4-10。

表 4-10 信号适配器的定义步骤

操作说明	效果图
第 1 步 选择“主页”选项卡→“电气”栏→“信号适配器”命令	

（续）

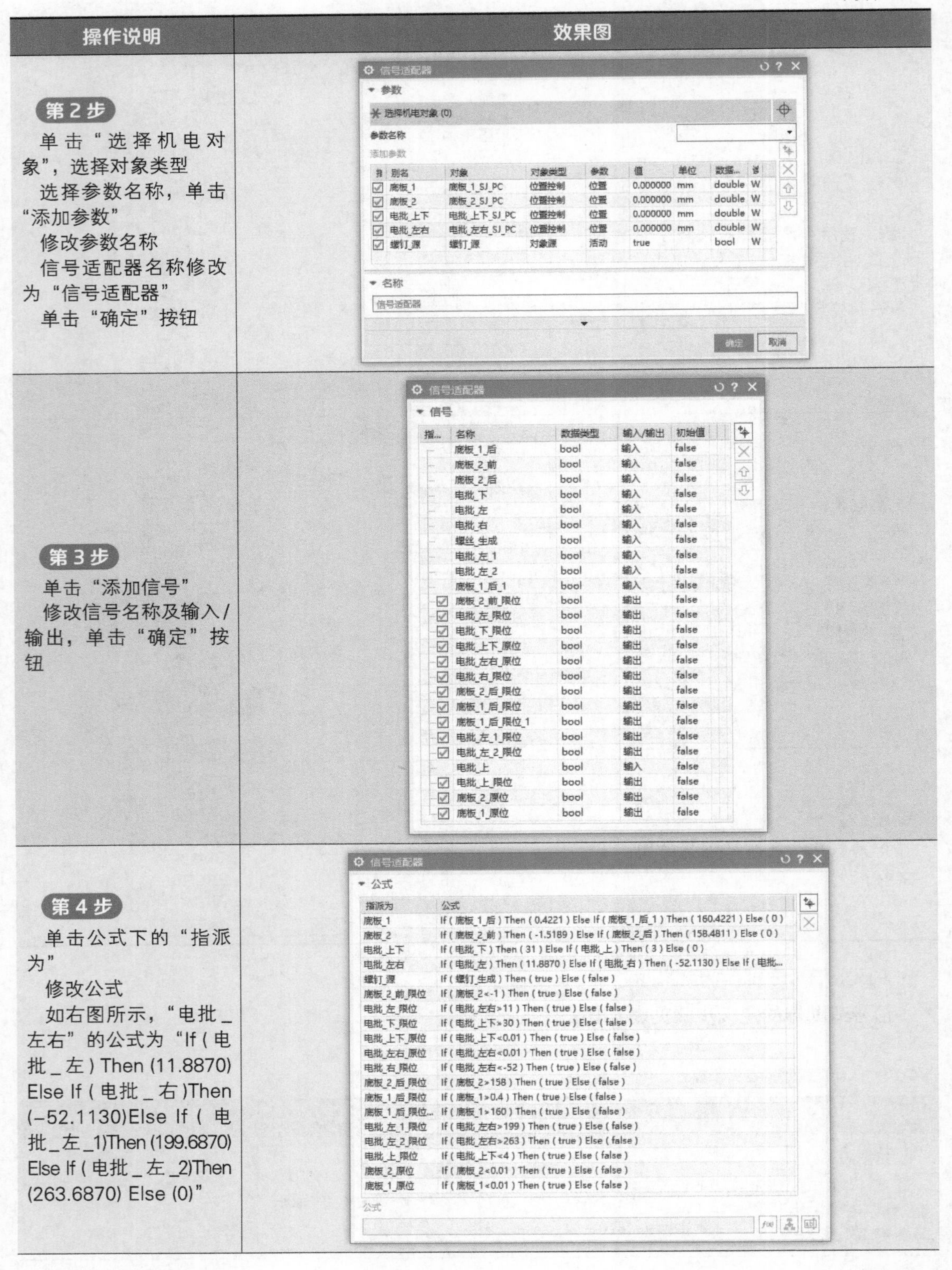

操作说明	效果图
第 2 步 单击“选择机电对象”，选择对象类型 选择参数名称，单击“添加参数” 修改参数名称 信号适配器名称修改为“信号适配器” 单击“确定”按钮	
第 3 步 单击“添加信号” 修改信号名称及输入/输出，单击“确定”按钮	
第 4 步 单击公式下的“指派为” 修改公式 如右图所示，“电批_左右”的公式为“If (电批_左) Then (11.8870) Else If (电批_右)Then (−52.1130)Else If (电批_左_1)Then (199.6870) Else If (电批_左_2)Then (263.6870) Else (0)”	

（续）

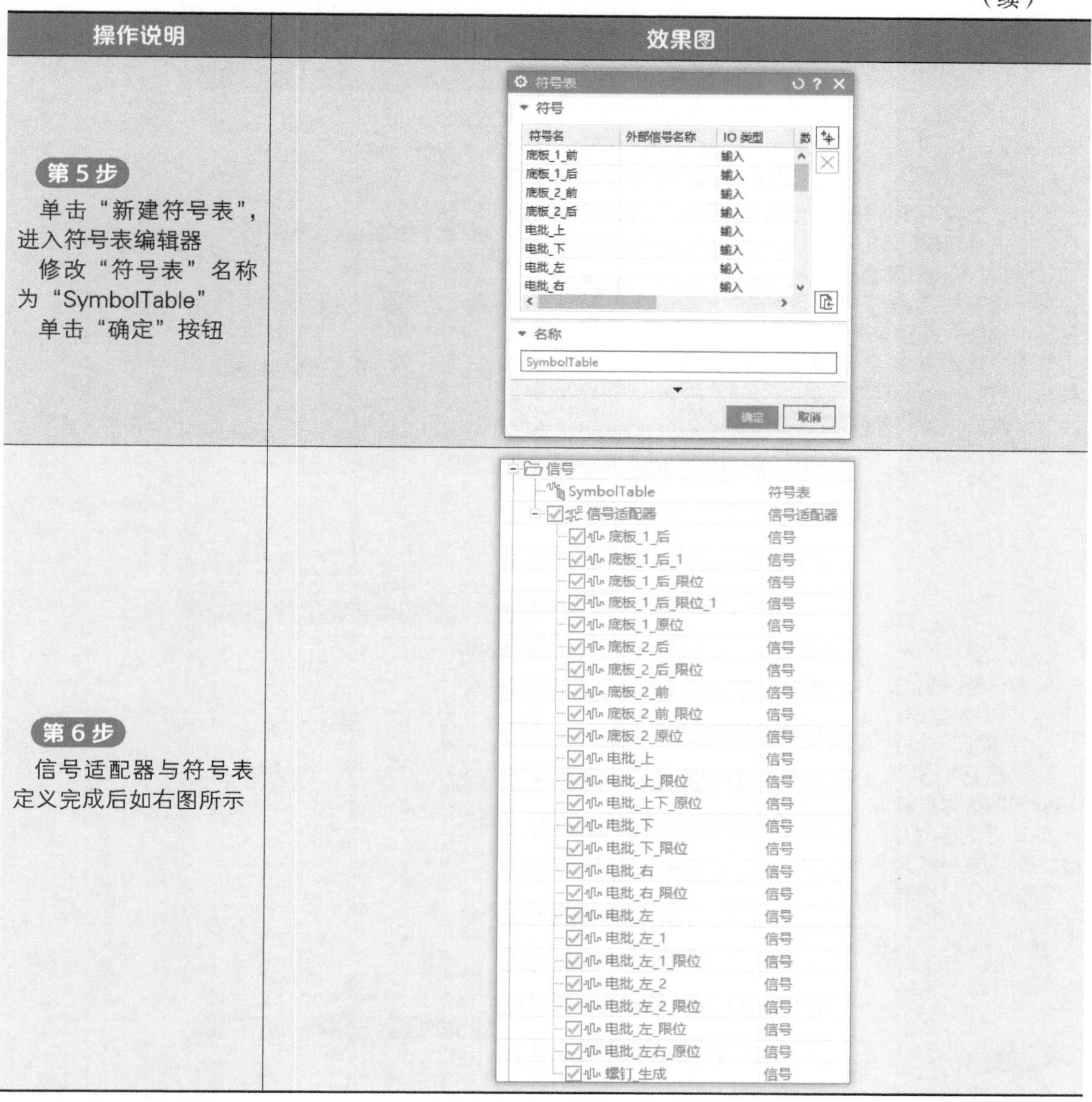

操作说明	效果图
第 5 步 单击“新建符号表”，进入符号表编辑器 修改“符号表”名称为“SymbolTable” 单击“确定”按钮	
第 6 步 信号适配器与符号表定义完成后如右图所示	

（五）仿真序列的定义

仿真序列的定义步骤见表 4-11。

表 4-11　仿真序列的定义步骤

操作说明	效果图
第 1 步 选择“主页”选项卡→“自动化”→“仿真序列”命令	仿真序列 电子凸轮 运行时 NC 符号表 自动化

（续）

操作说明	效果图
第 2 步 单击“选择对象”，选择信号适配器“信号适配器” “持续时间”设置为 0.001s 在“运行时参数”内勾选如右图所示的参数并修改参数值 单击“选择对象”，选择条件参数为如右图所示的参数与值 将仿真序列名称修改为“螺钉_生成” 单击“确定”按钮	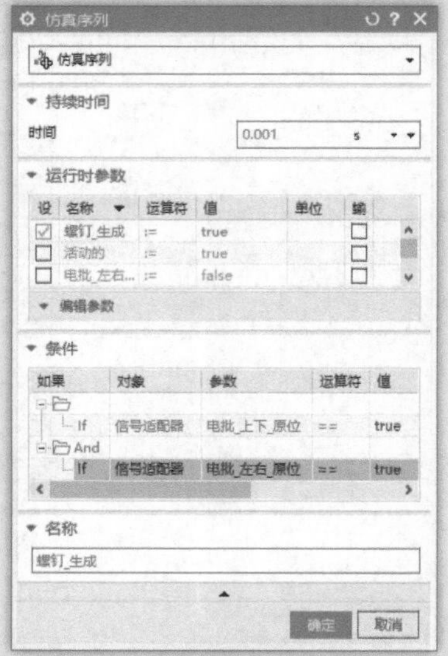
第 3 步 单击“选择对象”，选择信号适配器“信号适配器” “持续时间”设置为 0s 在“运行时参数”内勾选如右图所示的参数并修改参数值 单击“选择对象”，选择条件参数为如右图所示的参数与值 将仿真序列名称修改为“螺钉_复位” 单击“确定”按钮	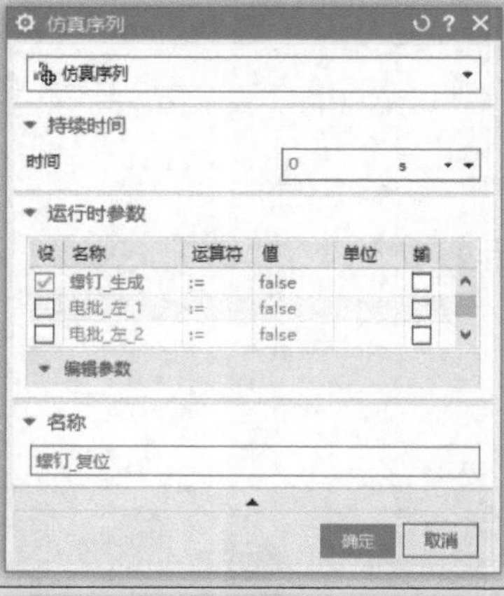
第 4 步 单击“选择对象”，选择固定副“电批_上下_FJ” “持续时间”设置为 1s 在“运行时参数”内勾选如右图所示的参数并修改参数值 单击“连接件”，选择“触发器中的对象”，选择“电批_传感器” 单击“选择对象”，选择条件参数为如右图所示的参数与值 将仿真序列名称修改为“电批_吸” 单击“确定”按钮	

（续）

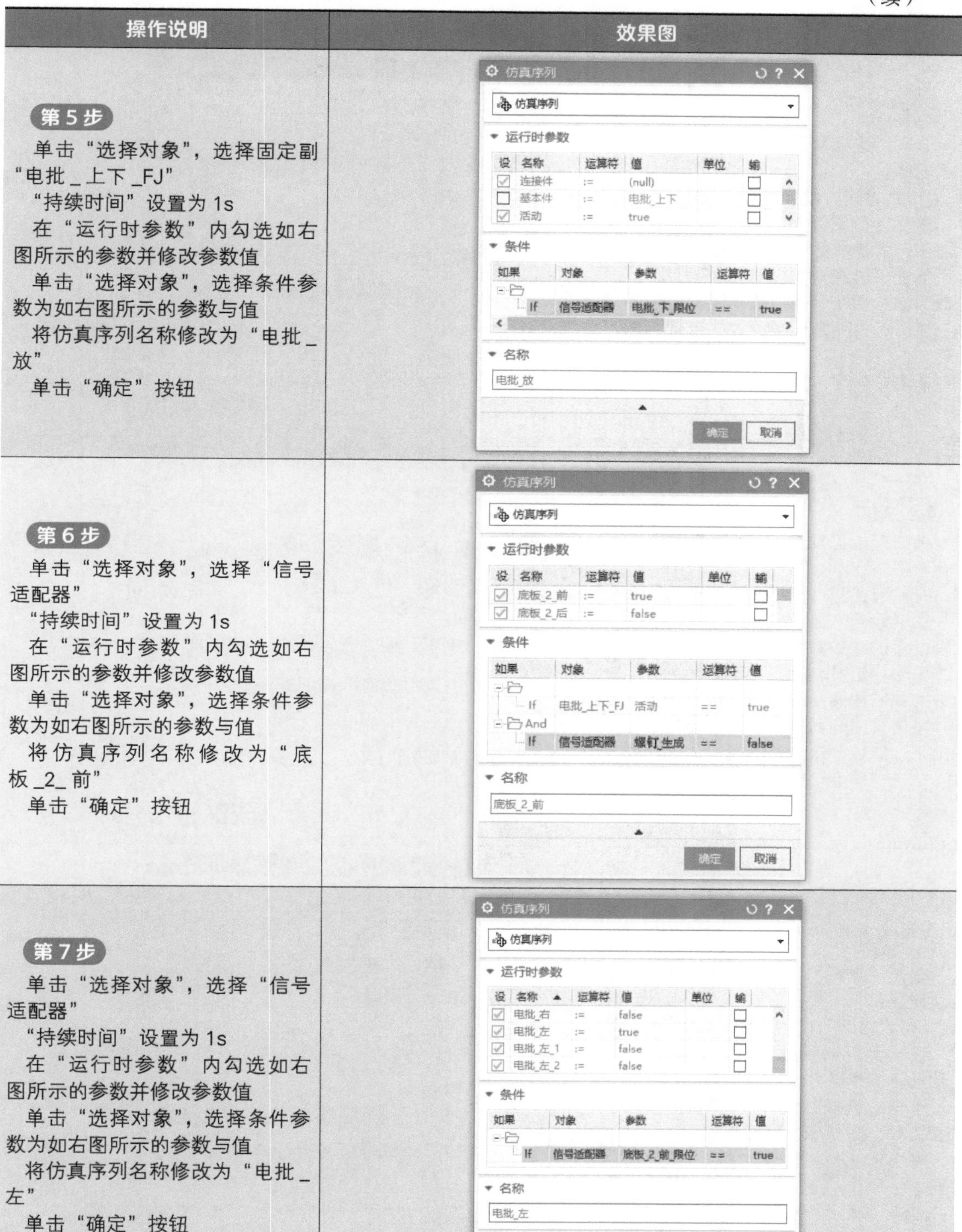

操作说明	效果图
第 5 步 单击“选择对象”，选择固定副“电批 _ 上下 _FJ” “持续时间”设置为 1s 在“运行时参数”内勾选如右图所示的参数并修改参数值 单击“选择对象”，选择条件参数为如右图所示的参数与值 将仿真序列名称修改为“电批 _ 放” 单击“确定”按钮	
第 6 步 单击“选择对象”，选择“信号适配器” “持续时间”设置为 1s 在“运行时参数”内勾选如右图所示的参数并修改参数值 单击“选择对象”，选择条件参数为如右图所示的参数与值 将仿真序列名称修改为“底板 _2_ 前” 单击“确定”按钮	
第 7 步 单击“选择对象”，选择“信号适配器” “持续时间”设置为 1s 在“运行时参数”内勾选如右图所示的参数并修改参数值 单击“选择对象”，选择条件参数为如右图所示的参数与值 将仿真序列名称修改为“电批 _ 左” 单击“确定”按钮	

（续）

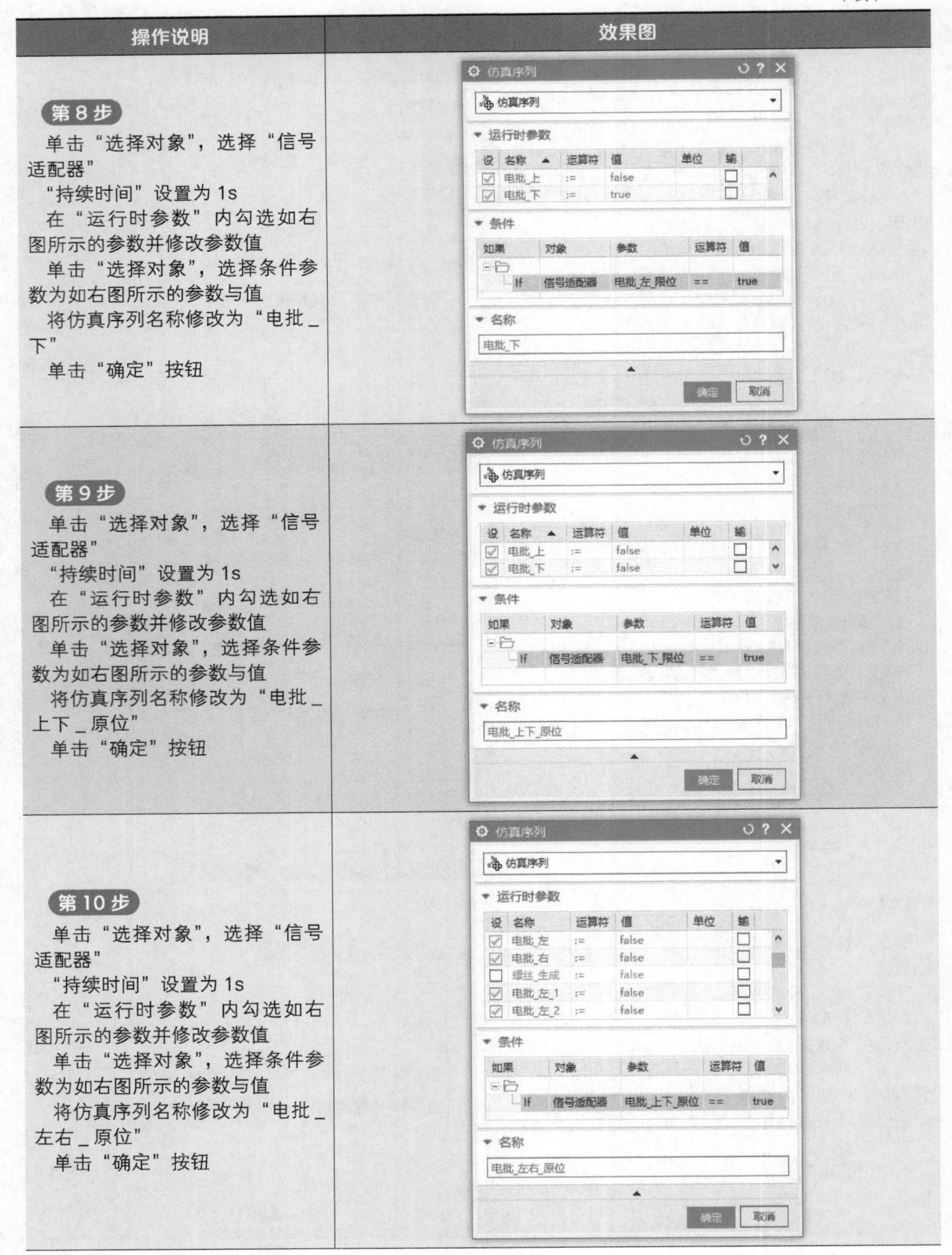

操作说明	效果图
第 8 步 单击“选择对象”，选择“信号适配器” “持续时间”设置为 1s 在“运行时参数”内勾选如右图所示的参数并修改参数值 单击“选择对象”，选择条件参数为如右图所示的参数与值 将仿真序列名称修改为“电批 _ 下” 单击“确定”按钮	
第 9 步 单击“选择对象”，选择“信号适配器” “持续时间”设置为 1s 在“运行时参数”内勾选如右图所示的参数并修改参数值 单击“选择对象”，选择条件参数为如右图所示的参数与值 将仿真序列名称修改为“电批 _ 上下 _ 原位” 单击“确定”按钮	
第 10 步 单击“选择对象”，选择“信号适配器” “持续时间”设置为 1s 在“运行时参数”内勾选如右图所示的参数并修改参数值 单击“选择对象”，选择条件参数为如右图所示的参数与值 将仿真序列名称修改为“电批 _ 左右 _ 原位” 单击“确定”按钮	

（续）

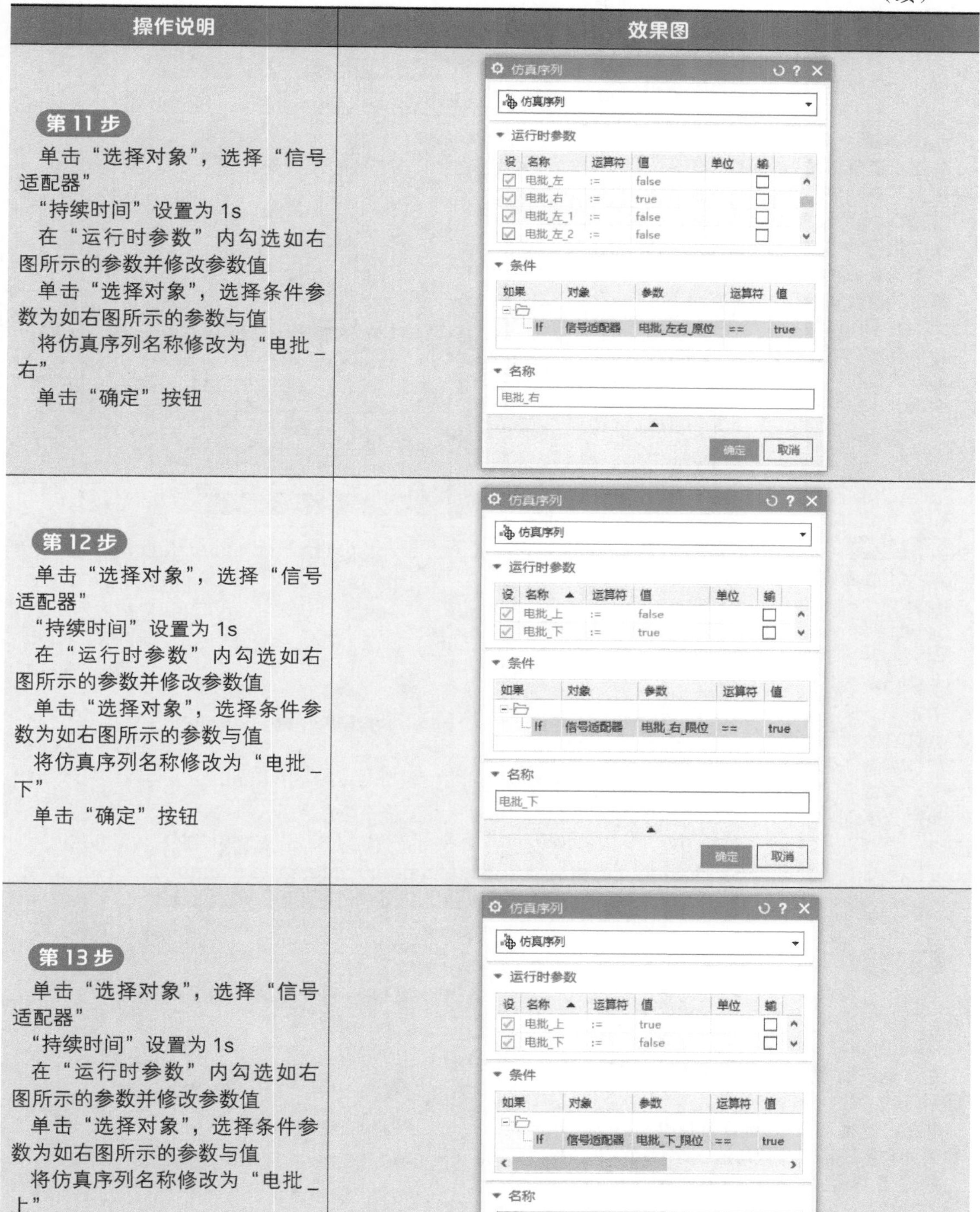

操作说明	效果图
第 11 步 单击“选择对象”，选择“信号适配器” “持续时间”设置为 1s 在“运行时参数”内勾选如右图所示的参数并修改参数值 单击“选择对象”，选择条件参数为如右图所示的参数与值 将仿真序列名称修改为“电批_右” 单击“确定”按钮	
第 12 步 单击“选择对象”，选择“信号适配器” “持续时间”设置为 1s 在“运行时参数”内勾选如右图所示的参数并修改参数值 单击“选择对象”，选择条件参数为如右图所示的参数与值 将仿真序列名称修改为“电批_下” 单击“确定”按钮	
第 13 步 单击“选择对象”，选择“信号适配器” “持续时间”设置为 1s 在“运行时参数”内勾选如右图所示的参数并修改参数值 单击“选择对象”，选择条件参数为如右图所示的参数与值 将仿真序列名称修改为“电批_上” 单击“确定”按钮	

（续）

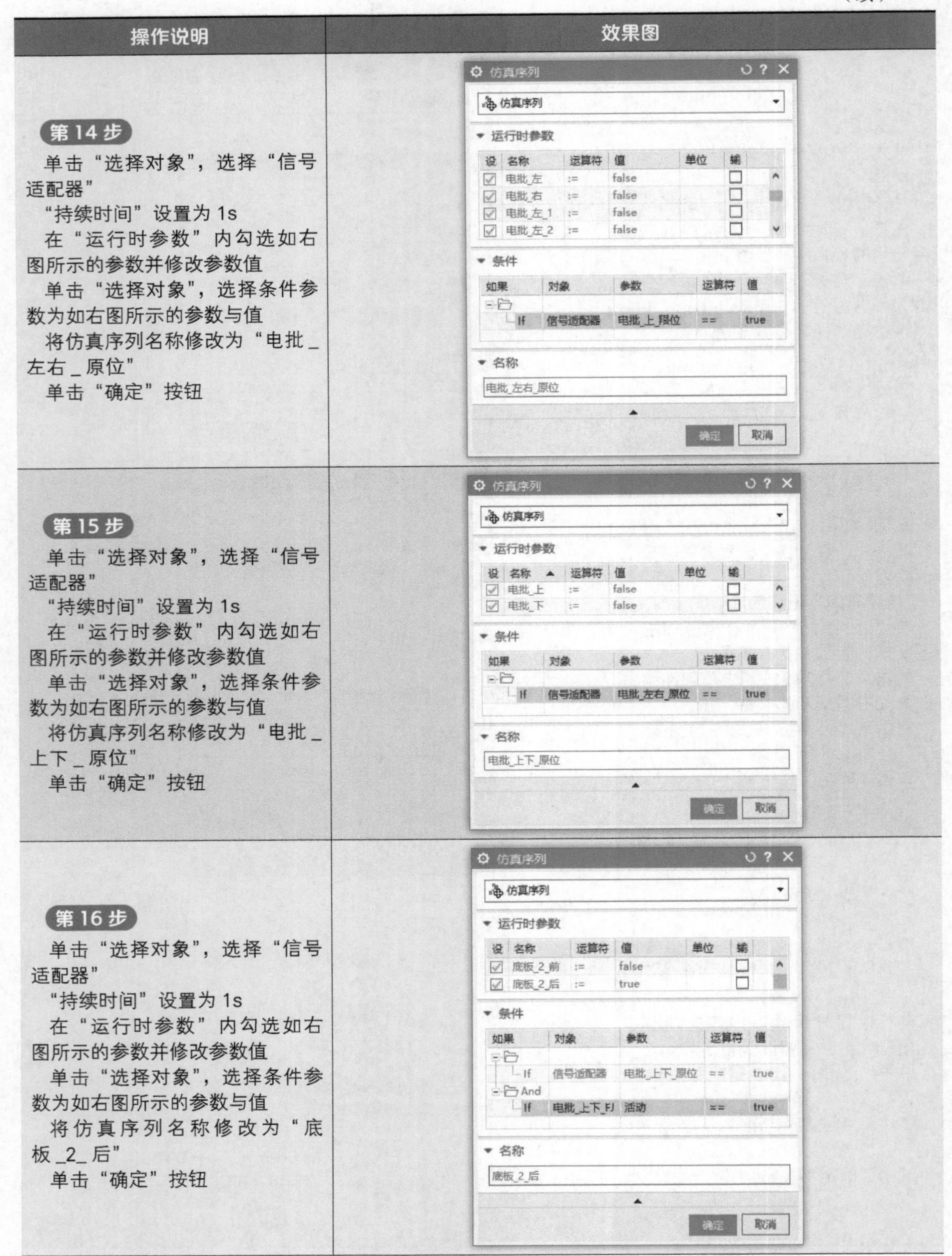

操作说明	效果图
第 14 步 单击“选择对象”，选择“信号适配器” “持续时间”设置为 1s 在“运行时参数”内勾选如右图所示的参数并修改参数值 单击“选择对象”，选择条件参数为如右图所示的参数与值 将仿真序列名称修改为“电批_左右_原位” 单击“确定”按钮	
第 15 步 单击“选择对象”，选择“信号适配器” “持续时间”设置为 1s 在“运行时参数”内勾选如右图所示的参数并修改参数值 单击“选择对象”，选择条件参数为如右图所示的参数与值 将仿真序列名称修改为“电批_上下_原位” 单击“确定”按钮	
第 16 步 单击“选择对象”，选择“信号适配器” “持续时间”设置为 1s 在“运行时参数”内勾选如右图所示的参数并修改参数值 单击“选择对象”，选择条件参数为如右图所示的参数与值 将仿真序列名称修改为“底板_2_后” 单击“确定”按钮	

（续）

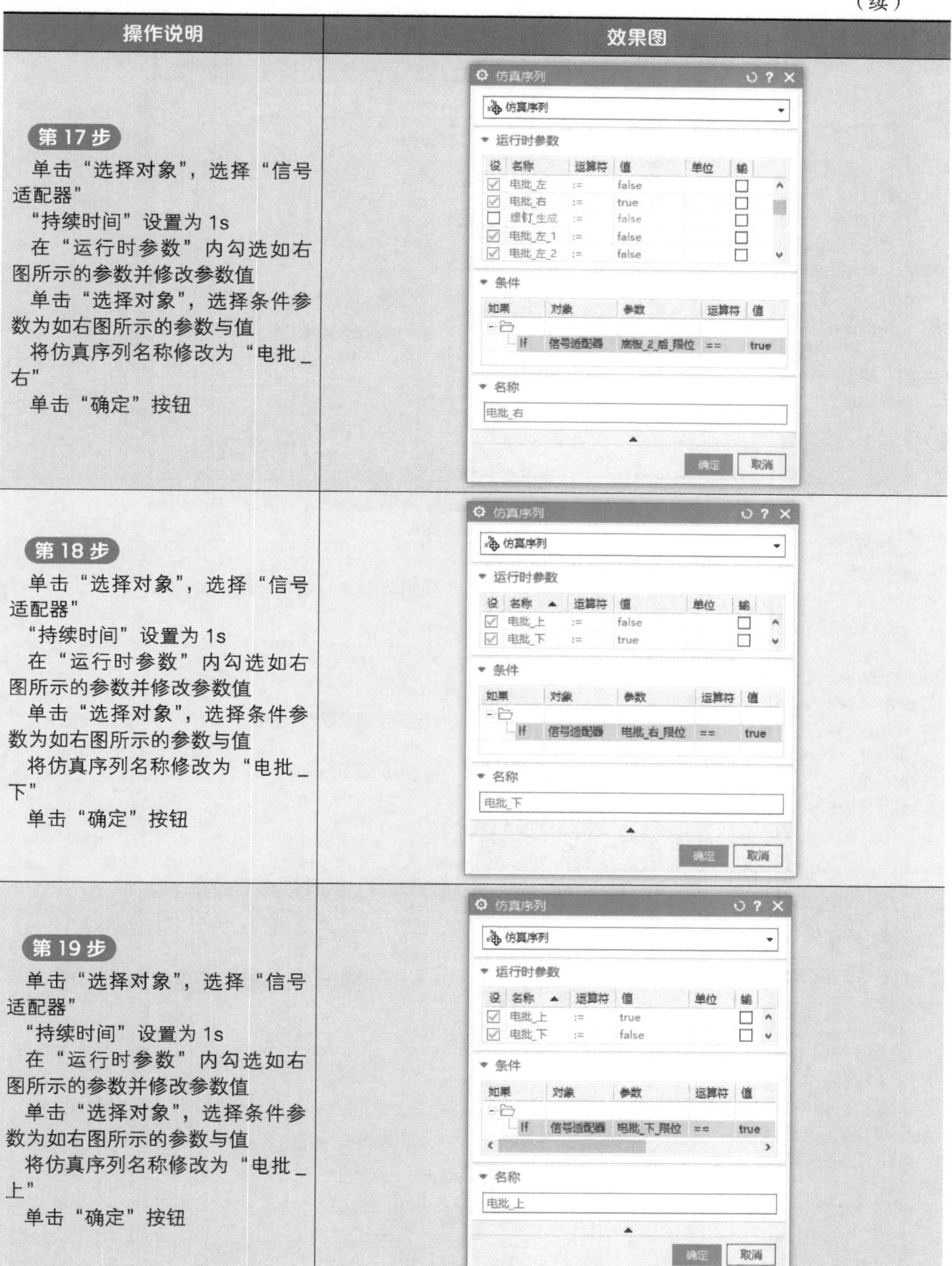

操作说明	效果图
第 17 步 单击“选择对象”，选择“信号适配器” “持续时间”设置为 1s 在“运行时参数”内勾选如右图所示的参数并修改参数值 单击“选择对象”，选择条件参数为如右图所示的参数与值 将仿真序列名称修改为“电批_右” 单击“确定”按钮	
第 18 步 单击“选择对象”，选择“信号适配器” “持续时间”设置为 1s 在“运行时参数”内勾选如右图所示的参数并修改参数值 单击“选择对象”，选择条件参数为如右图所示的参数与值 将仿真序列名称修改为“电批_下” 单击“确定”按钮	
第 19 步 单击“选择对象”，选择“信号适配器” “持续时间”设置为 1s 在“运行时参数”内勾选如右图所示的参数并修改参数值 单击“选择对象”，选择条件参数为如右图所示的参数与值 将仿真序列名称修改为“电批_上” 单击“确定”按钮	

（续）

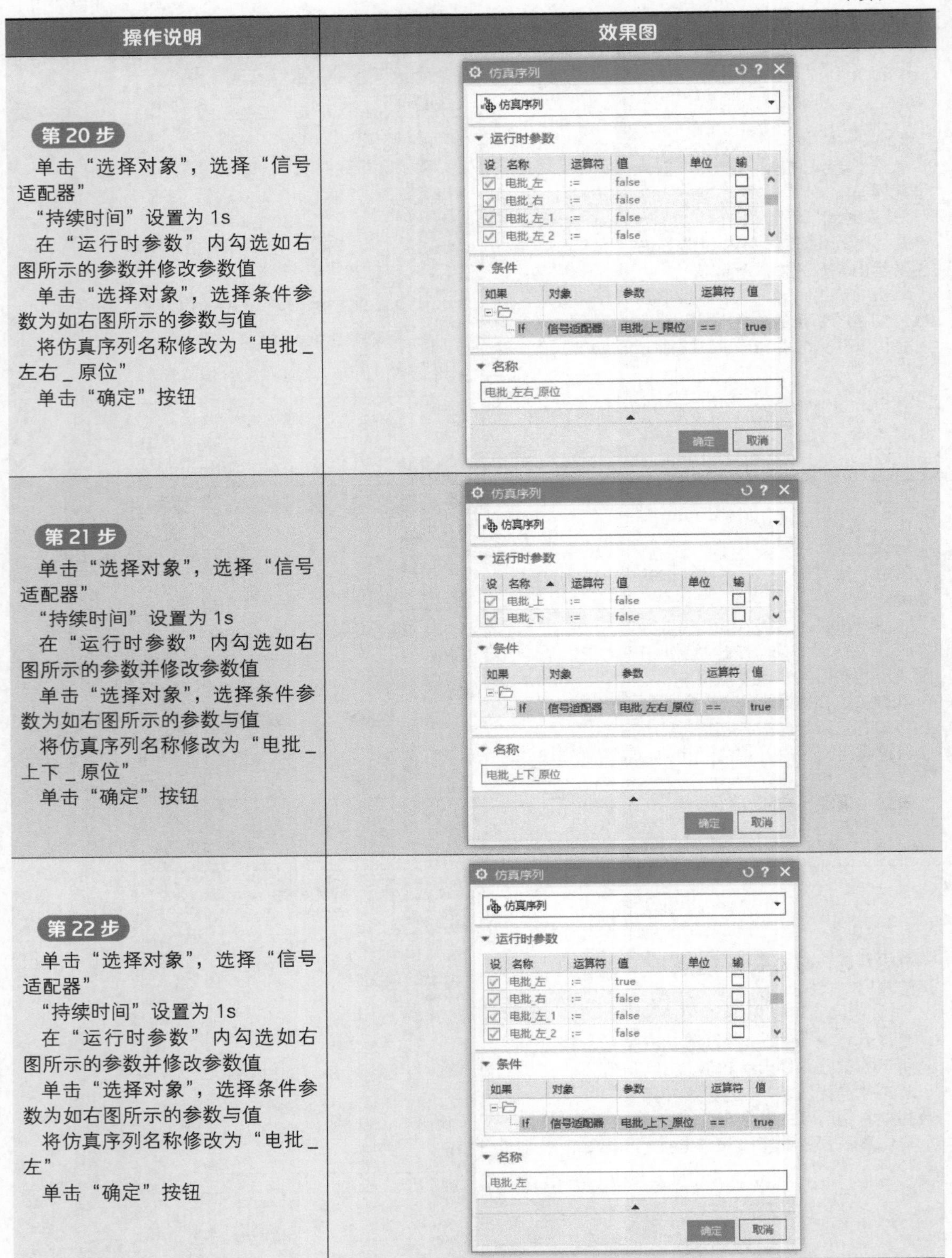

操作说明	效果图
第 20 步 单击“选择对象”，选择“信号适配器” “持续时间”设置为 1s 在“运行时参数”内勾选如右图所示的参数并修改参数值 单击“选择对象”，选择条件参数为如右图所示的参数与值 将仿真序列名称修改为“电批_左右_原位” 单击“确定”按钮	
第 21 步 单击“选择对象”，选择“信号适配器” “持续时间”设置为 1s 在“运行时参数”内勾选如右图所示的参数并修改参数值 单击“选择对象”，选择条件参数为如右图所示的参数与值 将仿真序列名称修改为“电批_上下_原位” 单击“确定”按钮	
第 22 步 单击“选择对象”，选择“信号适配器” “持续时间”设置为 1s 在“运行时参数”内勾选如右图所示的参数并修改参数值 单击“选择对象”，选择条件参数为如右图所示的参数与值 将仿真序列名称修改为“电批_左” 单击“确定”按钮	

（续）

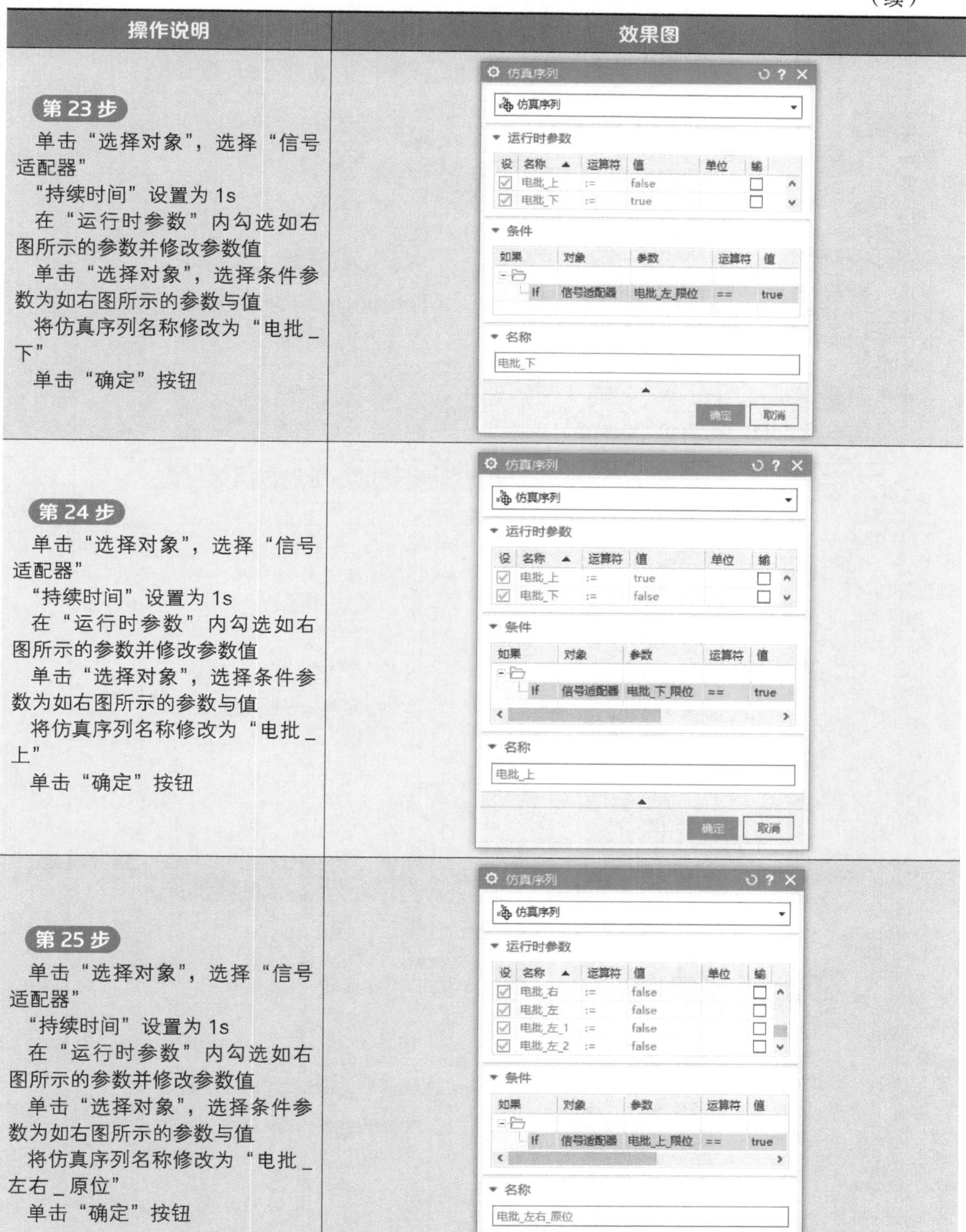

操作说明	效果图
第 23 步 单击“选择对象”，选择“信号适配器” “持续时间”设置为 1s 在“运行时参数”内勾选如右图所示的参数并修改参数值 单击“选择对象”，选择条件参数为如右图所示的参数与值 将仿真序列名称修改为“电批_下” 单击“确定”按钮	
第 24 步 单击“选择对象”，选择“信号适配器” “持续时间”设置为 1s 在“运行时参数”内勾选如右图所示的参数并修改参数值 单击“选择对象”，选择条件参数为如右图所示的参数与值 将仿真序列名称修改为“电批_上” 单击“确定”按钮	
第 25 步 单击“选择对象”，选择“信号适配器” “持续时间”设置为 1s 在“运行时参数”内勾选如右图所示的参数并修改参数值 单击“选择对象”，选择条件参数为如右图所示的参数与值 将仿真序列名称修改为“电批_左右_原位” 单击“确定”按钮	

（续）

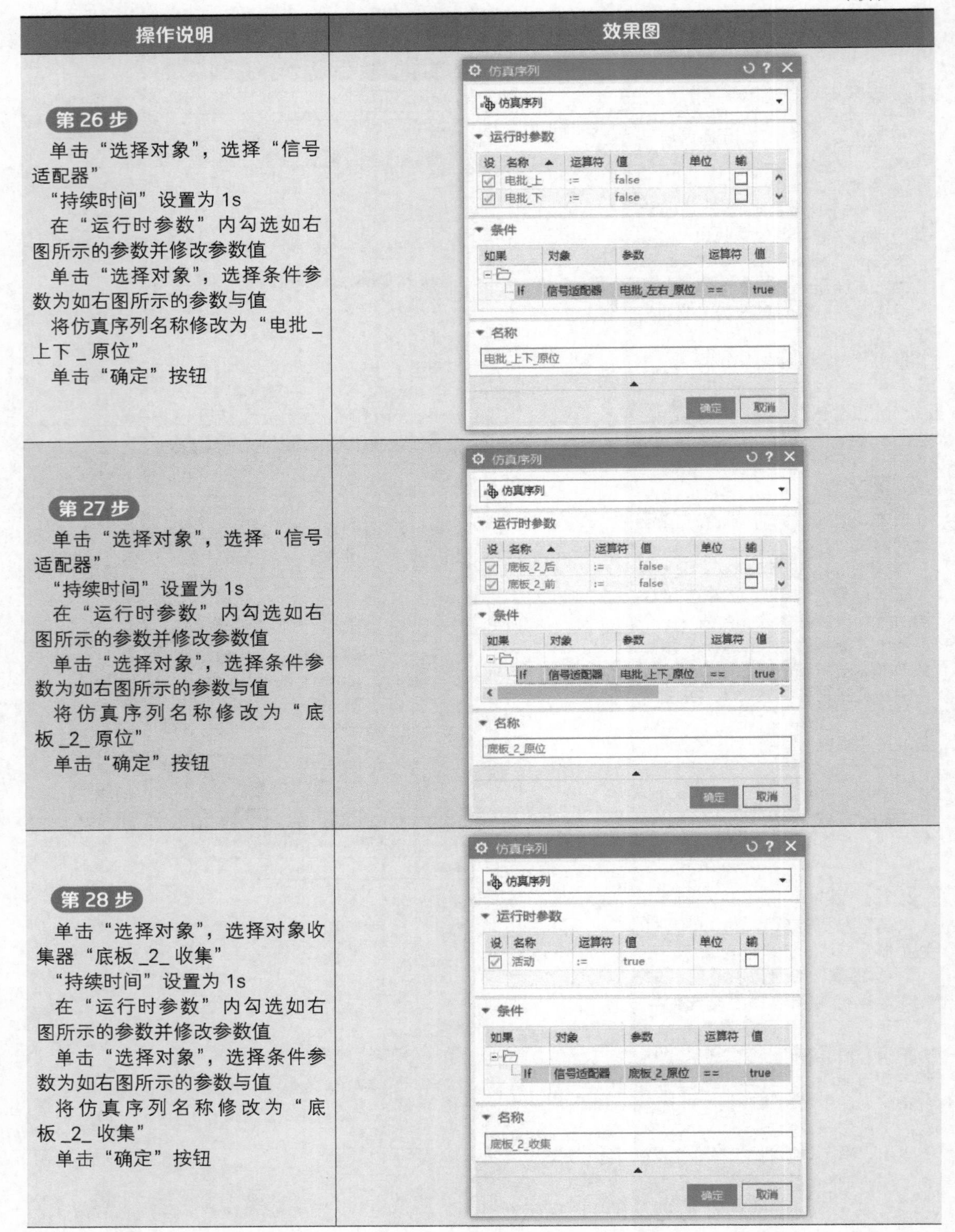

操作说明	效果图
第 26 步 单击“选择对象”，选择“信号适配器” “持续时间”设置为 1s 在“运行时参数”内勾选如右图所示的参数并修改参数值 单击“选择对象”，选择条件参数为如右图所示的参数与值 将仿真序列名称修改为“电批_上下_原位” 单击“确定”按钮	
第 27 步 单击“选择对象”，选择“信号适配器” “持续时间”设置为 1s 在“运行时参数”内勾选如右图所示的参数并修改参数值 单击“选择对象”，选择条件参数为如右图所示的参数与值 将仿真序列名称修改为“底板_2_原位” 单击“确定”按钮	
第 28 步 单击“选择对象”，选择对象收集器“底板_2_收集” “持续时间”设置为 1s 在“运行时参数”内勾选如右图所示的参数并修改参数值 单击“选择对象”，选择条件参数为如右图所示的参数与值 将仿真序列名称修改为“底板_2_收集” 单击“确定”按钮	

（续）

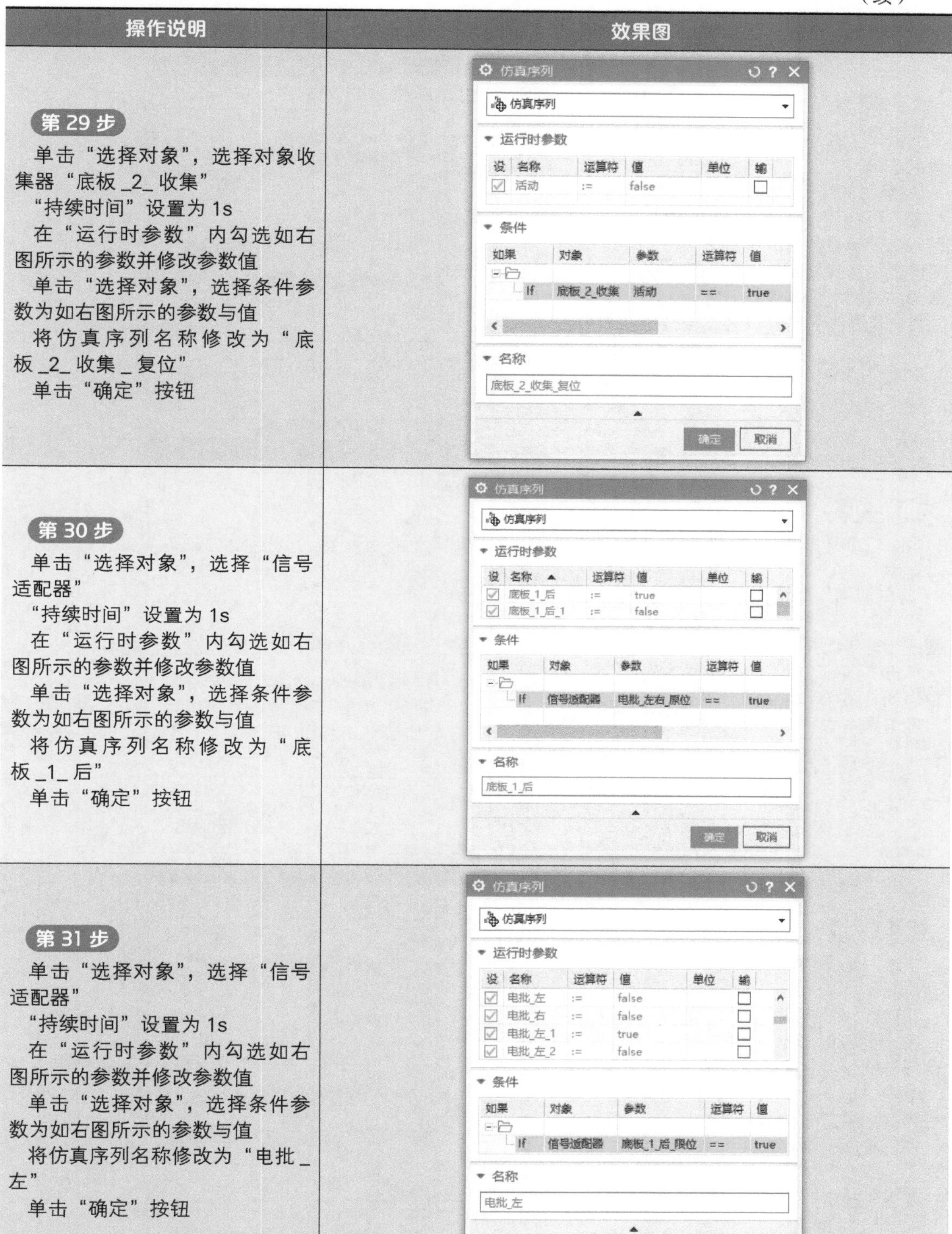

操作说明	效果图
第 29 步 单击“选择对象”，选择对象收集器“底板 _2_ 收集” “持续时间”设置为 1s 在“运行时参数”内勾选如右图所示的参数并修改参数值 单击“选择对象”，选择条件参数为如右图所示的参数与值 将仿真序列名称修改为“底板 _2_ 收集 _ 复位” 单击“确定”按钮	
第 30 步 单击“选择对象”，选择“信号适配器” “持续时间”设置为 1s 在“运行时参数”内勾选如右图所示的参数并修改参数值 单击“选择对象”，选择条件参数为如右图所示的参数与值 将仿真序列名称修改为“底板 _1_ 后” 单击“确定”按钮	
第 31 步 单击“选择对象”，选择“信号适配器” “持续时间”设置为 1s 在“运行时参数”内勾选如右图所示的参数并修改参数值 单击“选择对象”，选择条件参数为如右图所示的参数与值 将仿真序列名称修改为“电批 _ 左” 单击“确定”按钮	

（续）

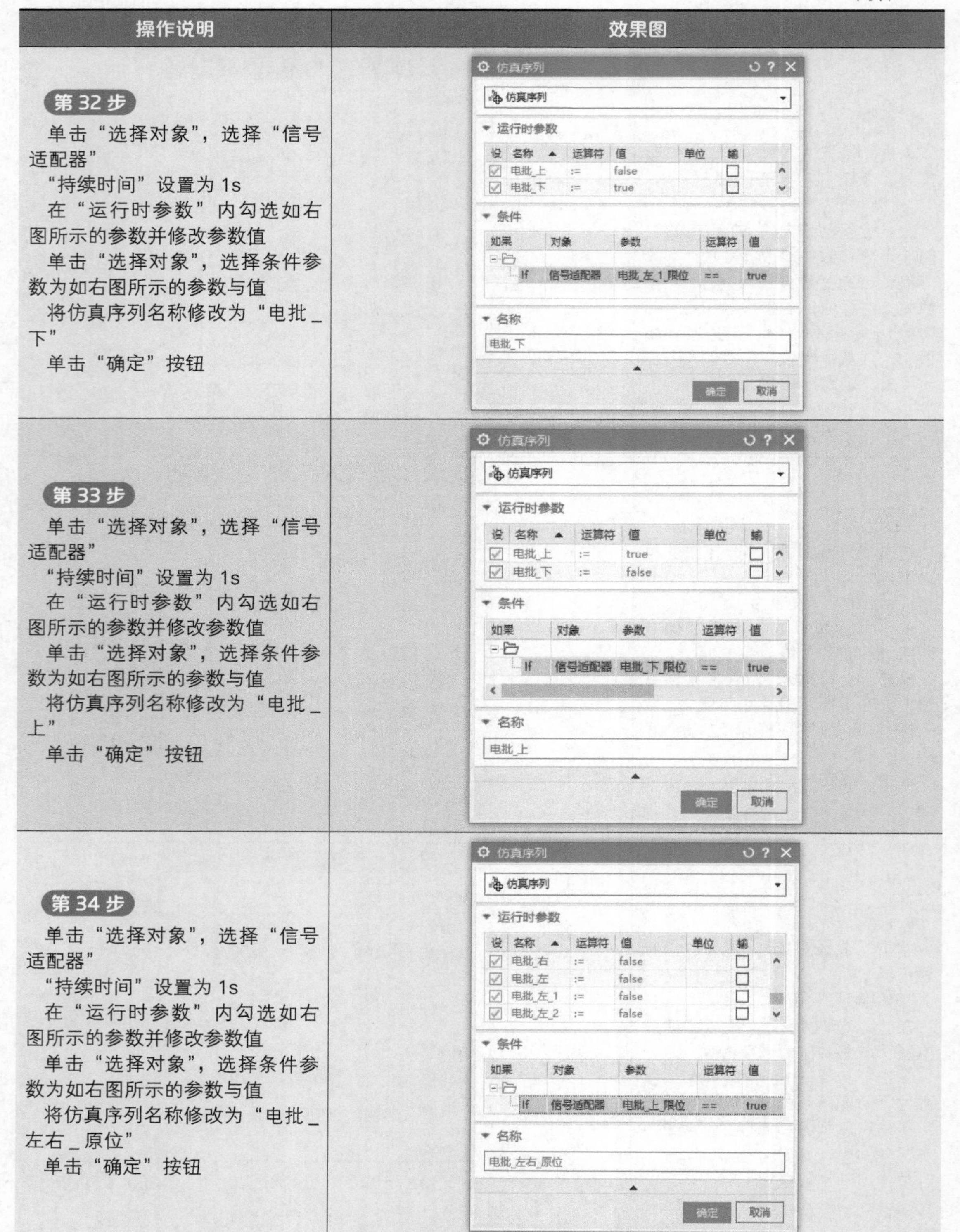

操作说明	效果图
第 32 步 单击“选择对象”，选择“信号适配器” “持续时间”设置为 1s 在“运行时参数”内勾选如右图所示的参数并修改参数值 单击“选择对象”，选择条件参数为如右图所示的参数与值 将仿真序列名称修改为“电批 _ 下” 单击“确定”按钮	
第 33 步 单击“选择对象”，选择“信号适配器” “持续时间”设置为 1s 在“运行时参数”内勾选如右图所示的参数并修改参数值 单击“选择对象”，选择条件参数为如右图所示的参数与值 将仿真序列名称修改为“电批 _ 上” 单击“确定”按钮	
第 34 步 单击“选择对象”，选择“信号适配器” “持续时间”设置为 1s 在“运行时参数”内勾选如右图所示的参数并修改参数值 单击“选择对象”，选择条件参数为如右图所示的参数与值 将仿真序列名称修改为“电批 _ 左右 _ 原位” 单击“确定”按钮	

（续）

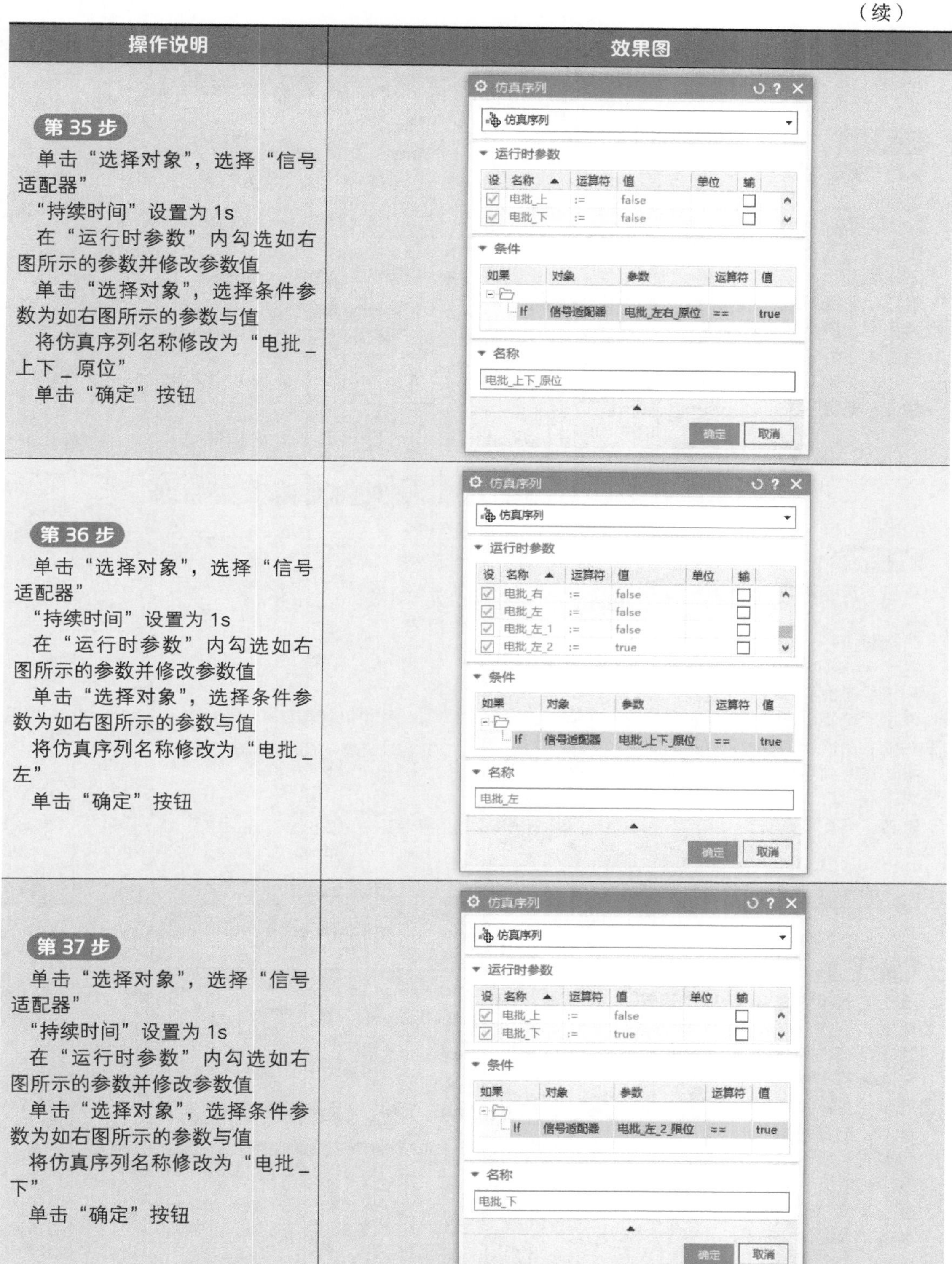

操作说明	效果图
第 35 步 单击“选择对象”，选择“信号适配器” “持续时间”设置为 1s 在“运行时参数”内勾选如右图所示的参数并修改参数值 单击“选择对象”，选择条件参数为如右图所示的参数与值 将仿真序列名称修改为“电批 _ 上下 _ 原位” 单击“确定”按钮	
第 36 步 单击“选择对象”，选择“信号适配器” “持续时间”设置为 1s 在“运行时参数”内勾选如右图所示的参数并修改参数值 单击“选择对象”，选择条件参数为如右图所示的参数与值 将仿真序列名称修改为“电批 _ 左” 单击“确定”按钮	
第 37 步 单击“选择对象”，选择“信号适配器” “持续时间”设置为 1s 在“运行时参数”内勾选如右图所示的参数并修改参数值 单击“选择对象”，选择条件参数为如右图所示的参数与值 将仿真序列名称修改为“电批 _ 下” 单击“确定”按钮	

（续）

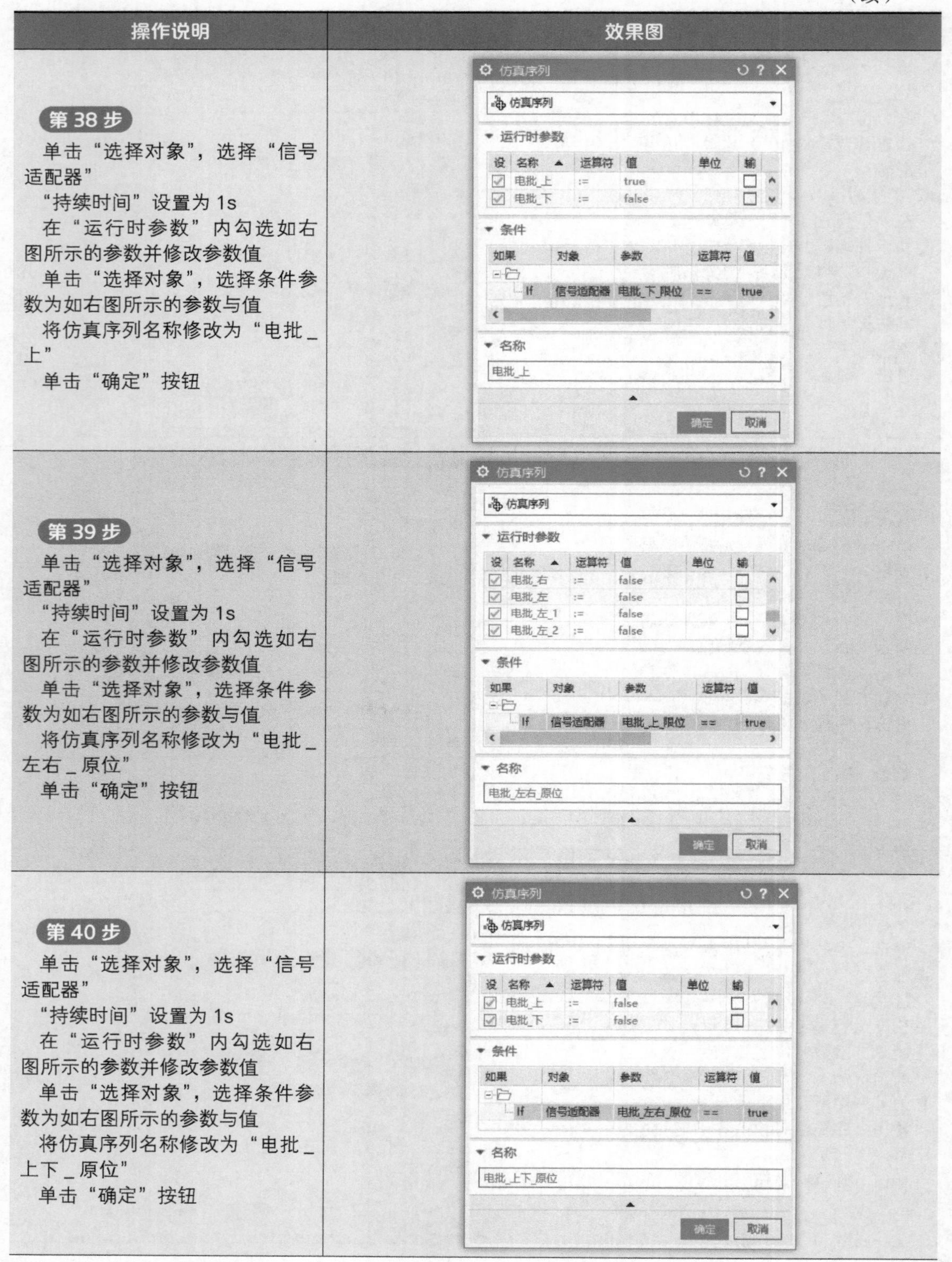

操作说明	效果图
第 38 步 单击“选择对象”，选择“信号适配器” “持续时间”设置为 1s 在“运行时参数”内勾选如右图所示的参数并修改参数值 单击“选择对象”，选择条件参数为如右图所示的参数与值 将仿真序列名称修改为“电批 _ 上” 单击“确定”按钮	
第 39 步 单击“选择对象”，选择“信号适配器” “持续时间”设置为 1s 在“运行时参数”内勾选如右图所示的参数并修改参数值 单击“选择对象”，选择条件参数为如右图所示的参数与值 将仿真序列名称修改为“电批 _ 左右 _ 原位” 单击“确定”按钮	
第 40 步 单击“选择对象”，选择“信号适配器” “持续时间”设置为 1s 在“运行时参数”内勾选如右图所示的参数并修改参数值 单击“选择对象”，选择条件参数为如右图所示的参数与值 将仿真序列名称修改为“电批 _ 上下 _ 原位” 单击“确定”按钮	

（续）

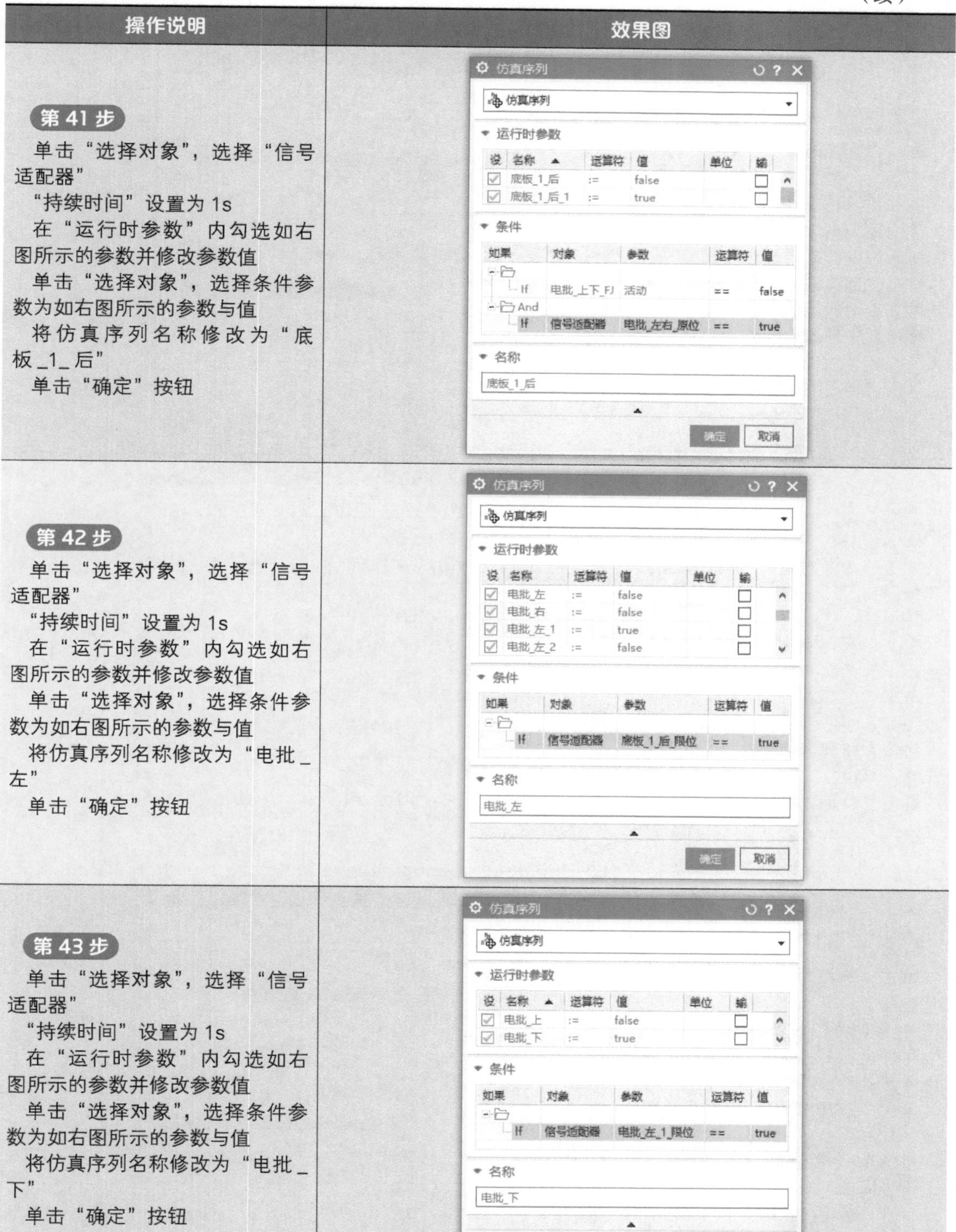

操作说明	效果图
第 41 步 单击“选择对象”，选择“信号适配器” “持续时间”设置为 1s 在“运行时参数”内勾选如右图所示的参数并修改参数值 单击“选择对象”，选择条件参数为如右图所示的参数与值 将仿真序列名称修改为“底板 _1_ 后” 单击“确定”按钮	
第 42 步 单击“选择对象”，选择“信号适配器” “持续时间”设置为 1s 在“运行时参数”内勾选如右图所示的参数并修改参数值 单击“选择对象”，选择条件参数为如右图所示的参数与值 将仿真序列名称修改为“电批 _ 左” 单击“确定”按钮	
第 43 步 单击“选择对象”，选择“信号适配器” “持续时间”设置为 1s 在“运行时参数”内勾选如右图所示的参数并修改参数值 单击“选择对象”，选择条件参数为如右图所示的参数与值 将仿真序列名称修改为“电批 _ 下” 单击“确定”按钮	

（续）

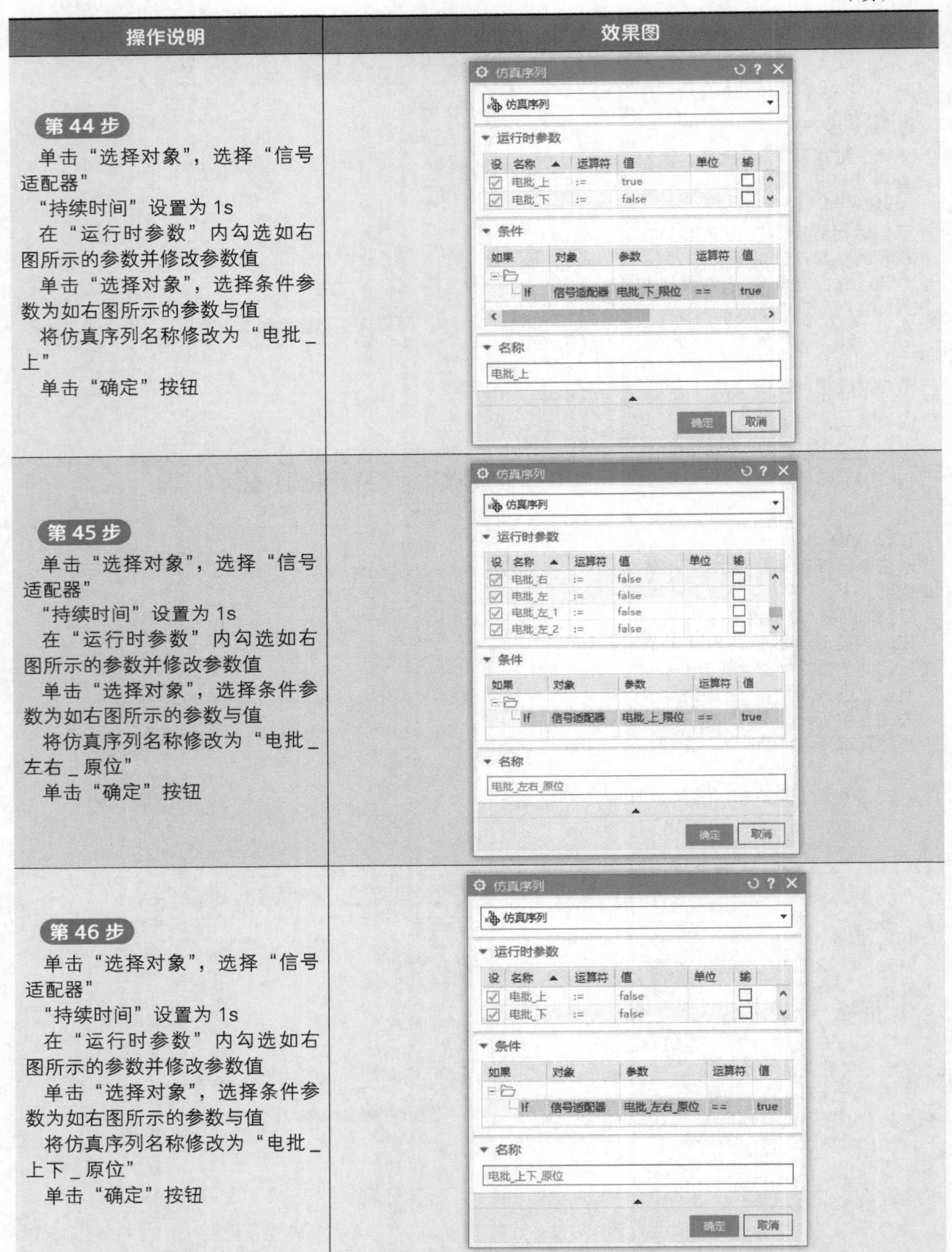

操作说明	效果图
第 44 步 单击“选择对象”，选择“信号适配器” “持续时间”设置为 1s 在“运行时参数”内勾选如右图所示的参数并修改参数值 单击“选择对象”，选择条件参数为如右图所示的参数与值 将仿真序列名称修改为“电批 _ 上” 单击“确定”按钮	
第 45 步 单击“选择对象”，选择“信号适配器” “持续时间”设置为 1s 在“运行时参数”内勾选如右图所示的参数并修改参数值 单击“选择对象”，选择条件参数为如右图所示的参数与值 将仿真序列名称修改为“电批 _ 左右 _ 原位” 单击“确定”按钮	
第 46 步 单击“选择对象”，选择“信号适配器” “持续时间”设置为 1s 在“运行时参数”内勾选如右图所示的参数并修改参数值 单击“选择对象”，选择条件参数为如右图所示的参数与值 将仿真序列名称修改为“电批 _ 上下 _ 原位” 单击“确定”按钮	

（续）

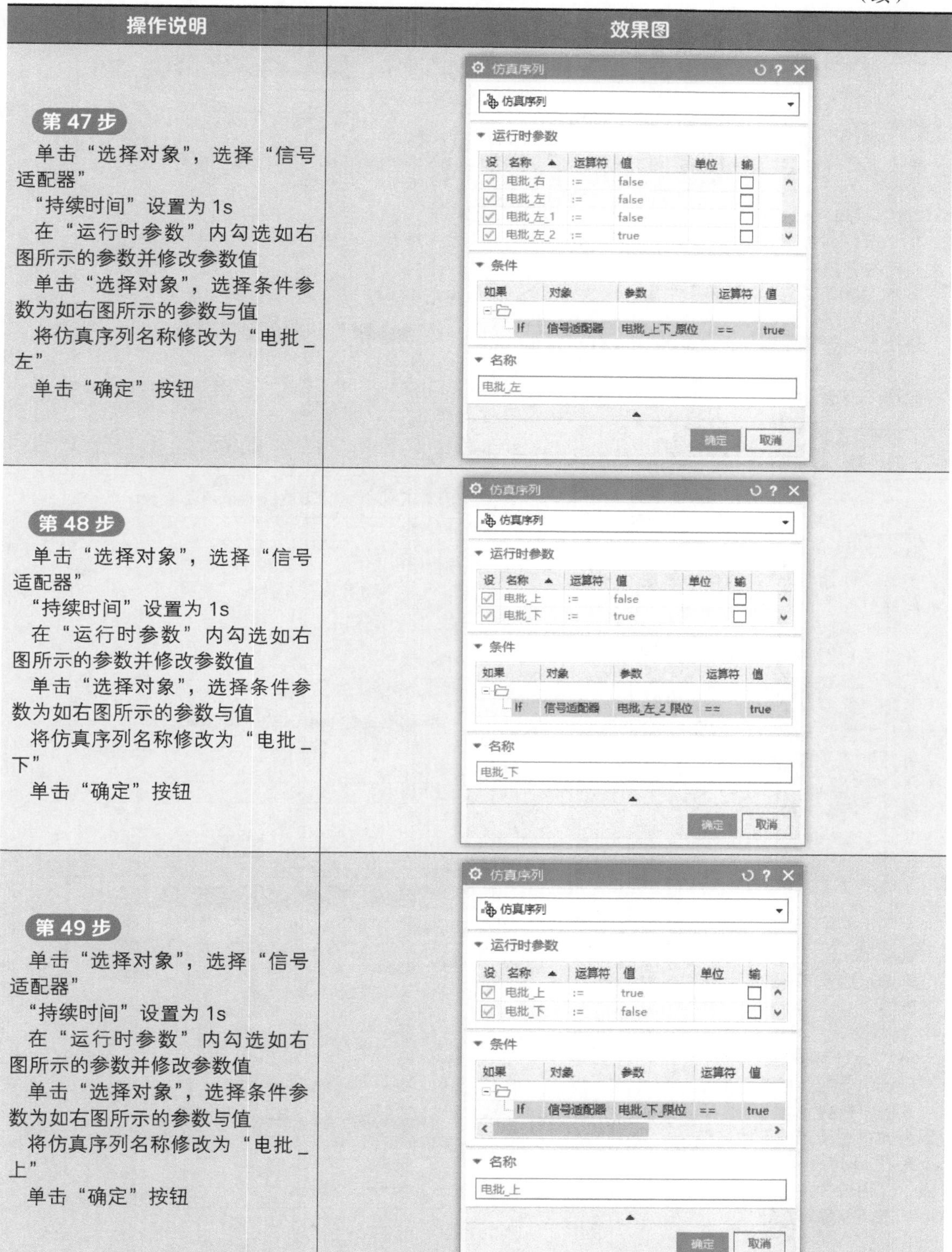

操作说明	效果图
第 47 步 单击“选择对象”，选择“信号适配器” “持续时间”设置为 1s 在“运行时参数”内勾选如右图所示的参数并修改参数值 单击“选择对象”，选择条件参数为如右图所示的参数与值 将仿真序列名称修改为“电批_左” 单击“确定”按钮	
第 48 步 单击“选择对象”，选择“信号适配器” “持续时间”设置为 1s 在“运行时参数”内勾选如右图所示的参数并修改参数值 单击“选择对象”，选择条件参数为如右图所示的参数与值 将仿真序列名称修改为“电批_下” 单击“确定”按钮	
第 49 步 单击“选择对象”，选择“信号适配器” “持续时间”设置为 1s 在“运行时参数”内勾选如右图所示的参数并修改参数值 单击“选择对象”，选择条件参数为如右图所示的参数与值 将仿真序列名称修改为“电批_上” 单击“确定”按钮	

（续）

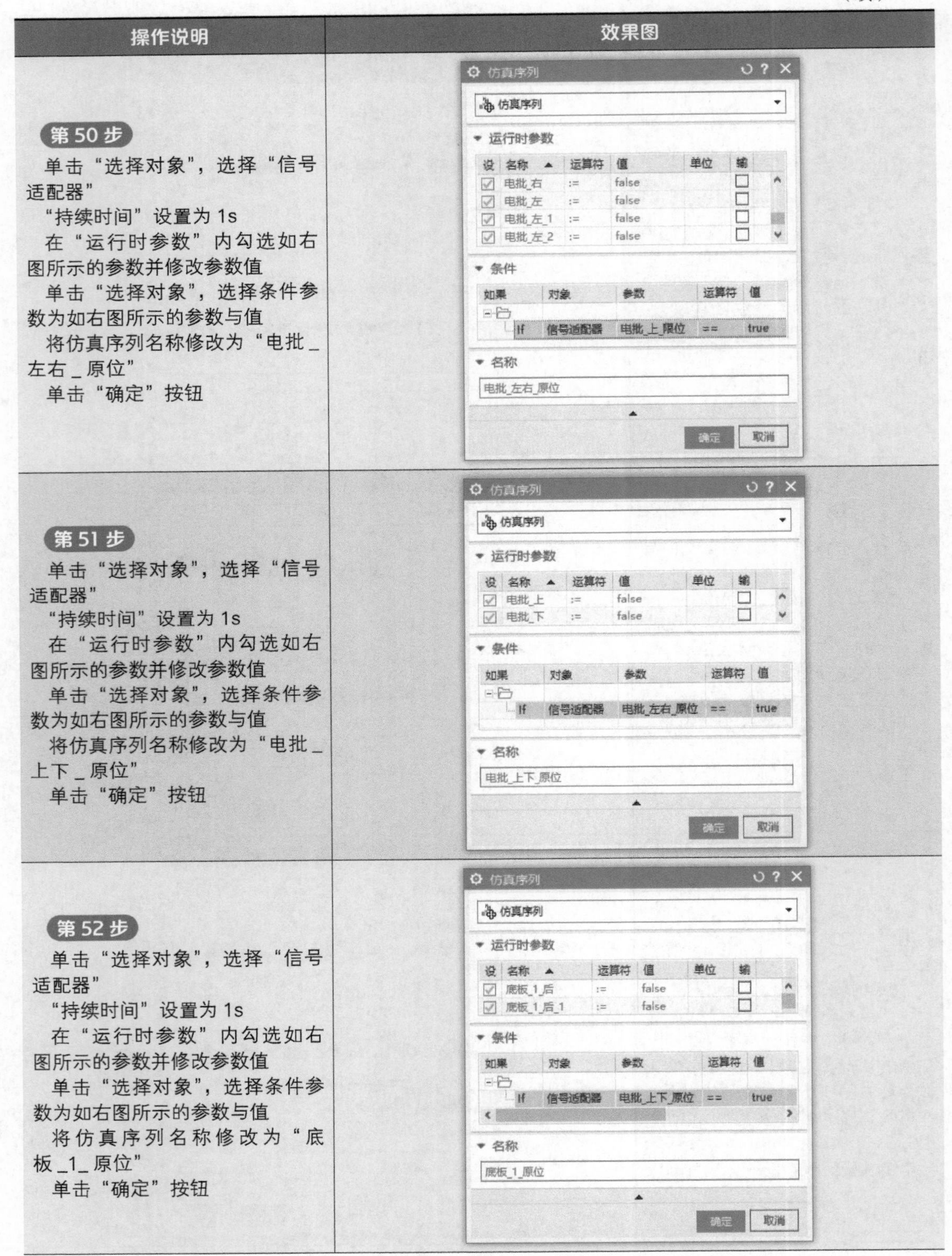

操作说明	效果图
第 50 步 单击“选择对象”，选择“信号适配器” “持续时间”设置为 1s 在“运行时参数”内勾选如右图所示的参数并修改参数值 单击“选择对象”，选择条件参数为如右图所示的参数与值 将仿真序列名称修改为“电批 _ 左右 _ 原位” 单击“确定”按钮	
第 51 步 单击“选择对象”，选择“信号适配器” “持续时间”设置为 1s 在“运行时参数”内勾选如右图所示的参数并修改参数值 单击“选择对象”，选择条件参数为如右图所示的参数与值 将仿真序列名称修改为“电批 _ 上下 _ 原位” 单击“确定”按钮	
第 52 步 单击“选择对象”，选择“信号适配器” “持续时间”设置为 1s 在“运行时参数”内勾选如右图所示的参数并修改参数值 单击“选择对象”，选择条件参数为如右图所示的参数与值 将仿真序列名称修改为“底板 _1_ 原位” 单击“确定”按钮	

（续）

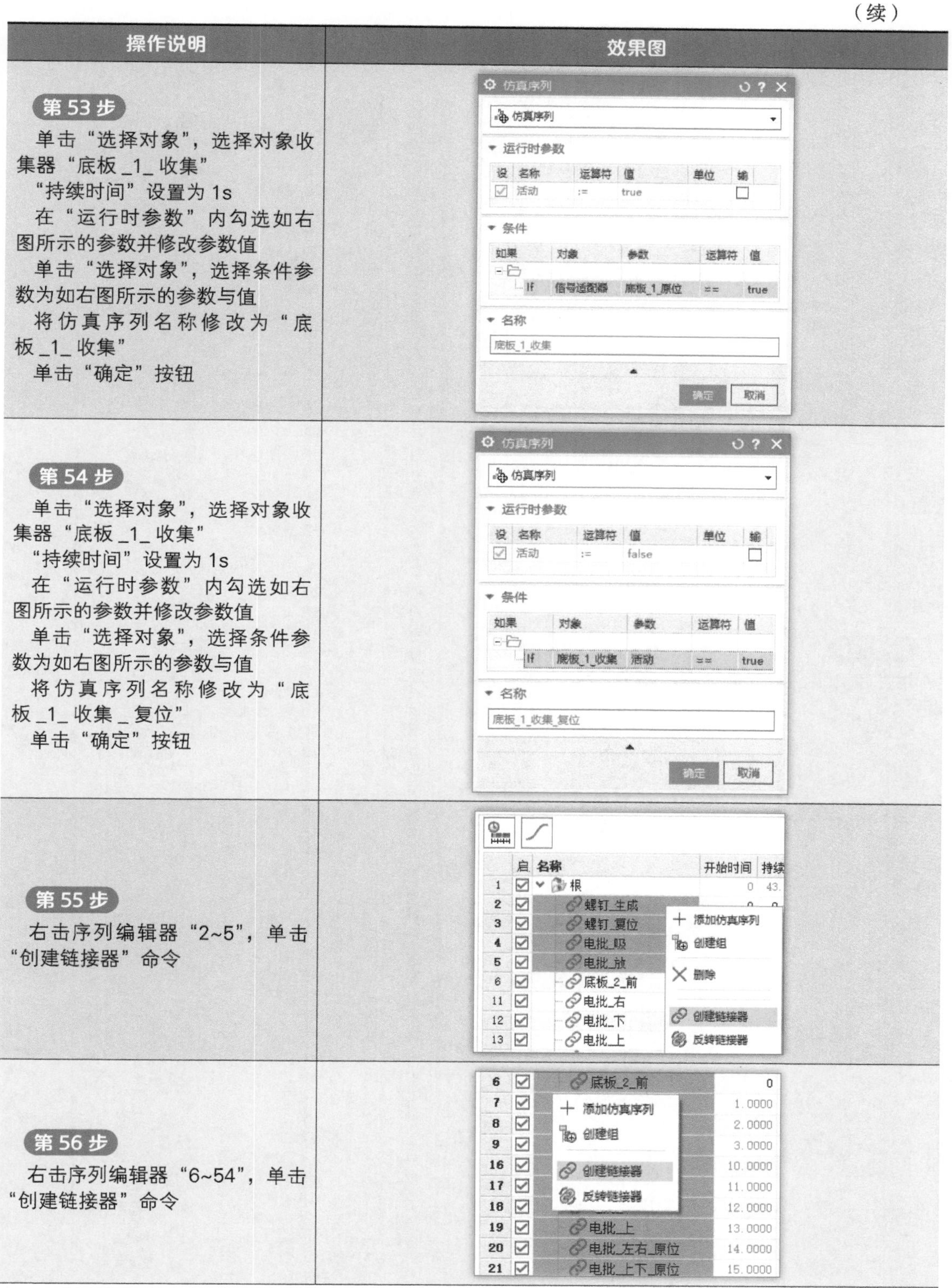

操作说明	效果图
第 53 步 单击“选择对象”，选择对象收集器“底板 _1_ 收集” “持续时间”设置为 1s 在“运行时参数”内勾选如右图所示的参数并修改参数值 单击“选择对象”，选择条件参数为如右图所示的参数与值 将仿真序列名称修改为“底板 _1_ 收集” 单击“确定”按钮	
第 54 步 单击“选择对象”，选择对象收集器“底板 _1_ 收集” “持续时间”设置为 1s 在“运行时参数”内勾选如右图所示的参数并修改参数值 单击“选择对象”，选择条件参数为如右图所示的参数与值 将仿真序列名称修改为“底板 _1_ 收集 _ 复位” 单击“确定”按钮	
第 55 步 右击序列编辑器“2~5”，单击“创建链接器”命令	
第 56 步 右击序列编辑器“6~54”，单击“创建链接器”命令	

（续）

<table>
<tr><th>操作说明</th><th>效果图</th></tr>
<tr><td>第 57 步
仿真序列定义完成后如右图所示</td><td>
<table>
<tr><th></th><th>启</th><th>名称</th></tr>
<tr><td>1</td><td>☑</td><td>根</td></tr>
<tr><td>2</td><td>☑</td><td>螺丝_生成</td></tr>
<tr><td>3</td><td>☑</td><td>螺丝_复位</td></tr>
<tr><td>4</td><td>☑</td><td>电批_吸</td></tr>
<tr><td>5</td><td>☑</td><td>电批_放</td></tr>
<tr><td>6</td><td>☑</td><td>底板_2_前</td></tr>
<tr><td>7</td><td>☑</td><td>电批_左</td></tr>
<tr><td>8</td><td>☑</td><td>电批_下</td></tr>
<tr><td>9</td><td>☑</td><td>电批_上下_原位</td></tr>
<tr><td>10</td><td>☑</td><td>电批_左右_原位</td></tr>
<tr><td>11</td><td>☑</td><td>电批_右</td></tr>
<tr><td>12</td><td>☑</td><td>电批_下</td></tr>
<tr><td>13</td><td>☑</td><td>电批_上</td></tr>
<tr><td>14</td><td>☑</td><td>电批_左右_原位</td></tr>
<tr><td>15</td><td>☑</td><td>电批_上下_原位</td></tr>
<tr><td>16</td><td>☑</td><td>底板_2_后</td></tr>
<tr><td>17</td><td>☑</td><td>电批_右</td></tr>
<tr><td>18</td><td>☑</td><td>电批_下</td></tr>
<tr><td>19</td><td>☑</td><td>电批_上</td></tr>
<tr><td>20</td><td>☑</td><td>电批_左右_原位</td></tr>
<tr><td>21</td><td>☑</td><td>电批_上下_原位</td></tr>
<tr><td>22</td><td>☑</td><td>电批_左</td></tr>
<tr><td>23</td><td>☑</td><td>电批_下</td></tr>
<tr><td>24</td><td>☑</td><td>电批_上</td></tr>
<tr><td>25</td><td>☑</td><td>电批_左右_原位</td></tr>
<tr><td>26</td><td>☑</td><td>电批_上下_原位</td></tr>
<tr><td>27</td><td>☑</td><td>底板_2_原位</td></tr>
<tr><td>28</td><td>☑</td><td>底板_2_收集</td></tr>
<tr><td>29</td><td>☑</td><td>底板_2_收集_复位</td></tr>
<tr><td>30</td><td>☑</td><td>底板_1_后</td></tr>
<tr><td>31</td><td>☑</td><td>电批_左</td></tr>
<tr><td>32</td><td>☑</td><td>电批_下</td></tr>
<tr><td>33</td><td>☑</td><td>电批_上</td></tr>
<tr><td>34</td><td>☑</td><td>电批_左右_原位</td></tr>
<tr><td>35</td><td>☑</td><td>电批_上下_原位</td></tr>
<tr><td>36</td><td>☑</td><td>电批_左</td></tr>
<tr><td>37</td><td>☑</td><td>电批_下</td></tr>
<tr><td>38</td><td>☑</td><td>电批_上</td></tr>
<tr><td>39</td><td>☑</td><td>电批_左右_原位</td></tr>
<tr><td>40</td><td>☑</td><td>电批_上下_原位</td></tr>
<tr><td>41</td><td>☑</td><td>底板_1_后</td></tr>
<tr><td>42</td><td>☑</td><td>电批_左</td></tr>
<tr><td>43</td><td>☑</td><td>电批_下</td></tr>
<tr><td>44</td><td>☑</td><td>电批_上</td></tr>
<tr><td>45</td><td>☑</td><td>电批_左右_原位</td></tr>
<tr><td>46</td><td>☑</td><td>电批_上下_原位</td></tr>
<tr><td>47</td><td>☑</td><td>电批_左</td></tr>
<tr><td>48</td><td>☑</td><td>电批_下</td></tr>
<tr><td>49</td><td>☑</td><td>电批_上</td></tr>
<tr><td>50</td><td>☑</td><td>电批_左右_原位</td></tr>
<tr><td>51</td><td>☑</td><td>电批_上下_原位</td></tr>
<tr><td>52</td><td>☑</td><td>底板_1_原位</td></tr>
<tr><td>53</td><td>☑</td><td>底板_1_收集</td></tr>
<tr><td>54</td><td>☑</td><td>底板_1_收集_复位</td></tr>
</table>
</td></tr>
</table>

（六）仿真运行

仿真运行的操作步骤见表 4-12。

表 4-12 仿真运行的操作步骤

操作说明	效果图
第 1 步 选择“主页”选项卡→单击“仿真”栏→“播放”按钮	播放 停止
第 2 步 底板到达指定位置 电批吸放螺钉，将其放置到底板上 螺钉批复位，新的螺钉产生 当一侧的螺钉底板上放置了四个螺钉时，自动收集螺钉，底板复位	
第 3 步 选择“主页”选项卡→“仿真”栏→“停止”按钮，结束仿真运行	播放 停止

附录

NX MCD软件的安装

NX MCD 软件的安装步骤见附表。

附表　NX MCD 软件的安装步骤

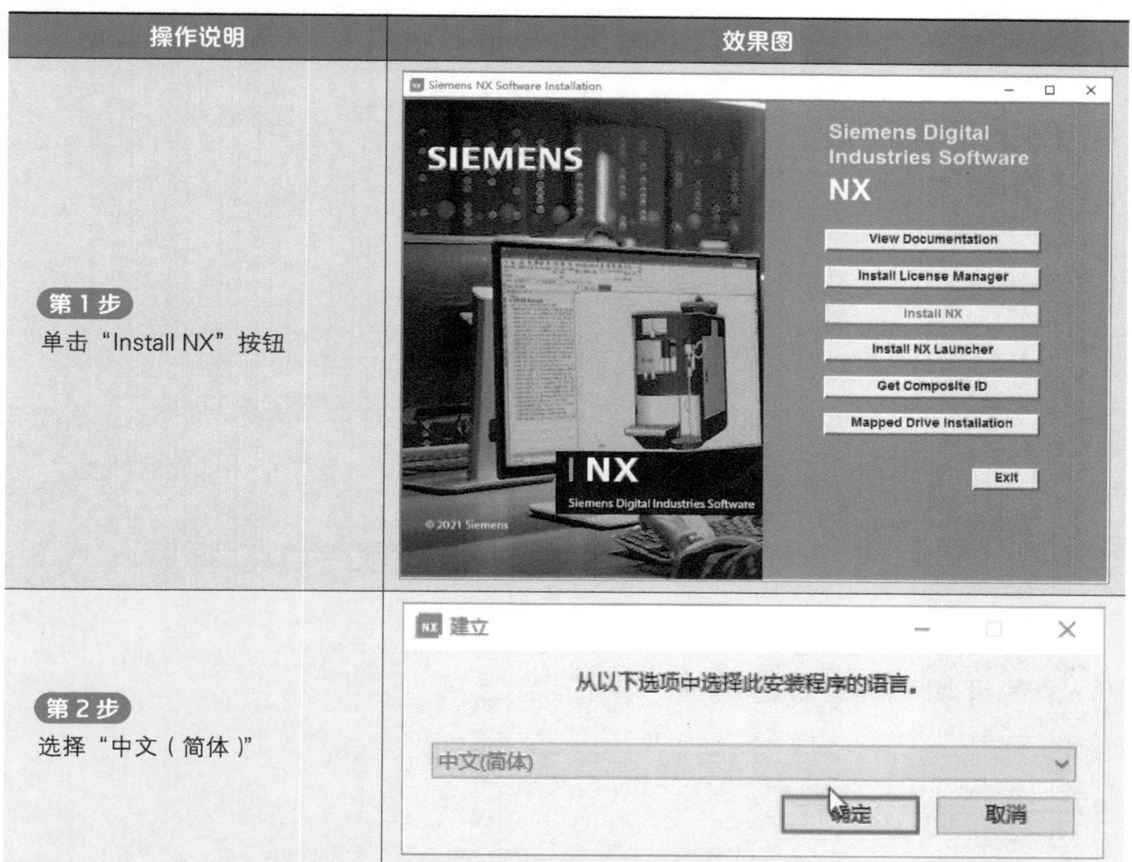

操作说明	效果图
第 1 步 单击“Install NX”按钮	
第 2 步 选择“中文（简体）”	

（续）

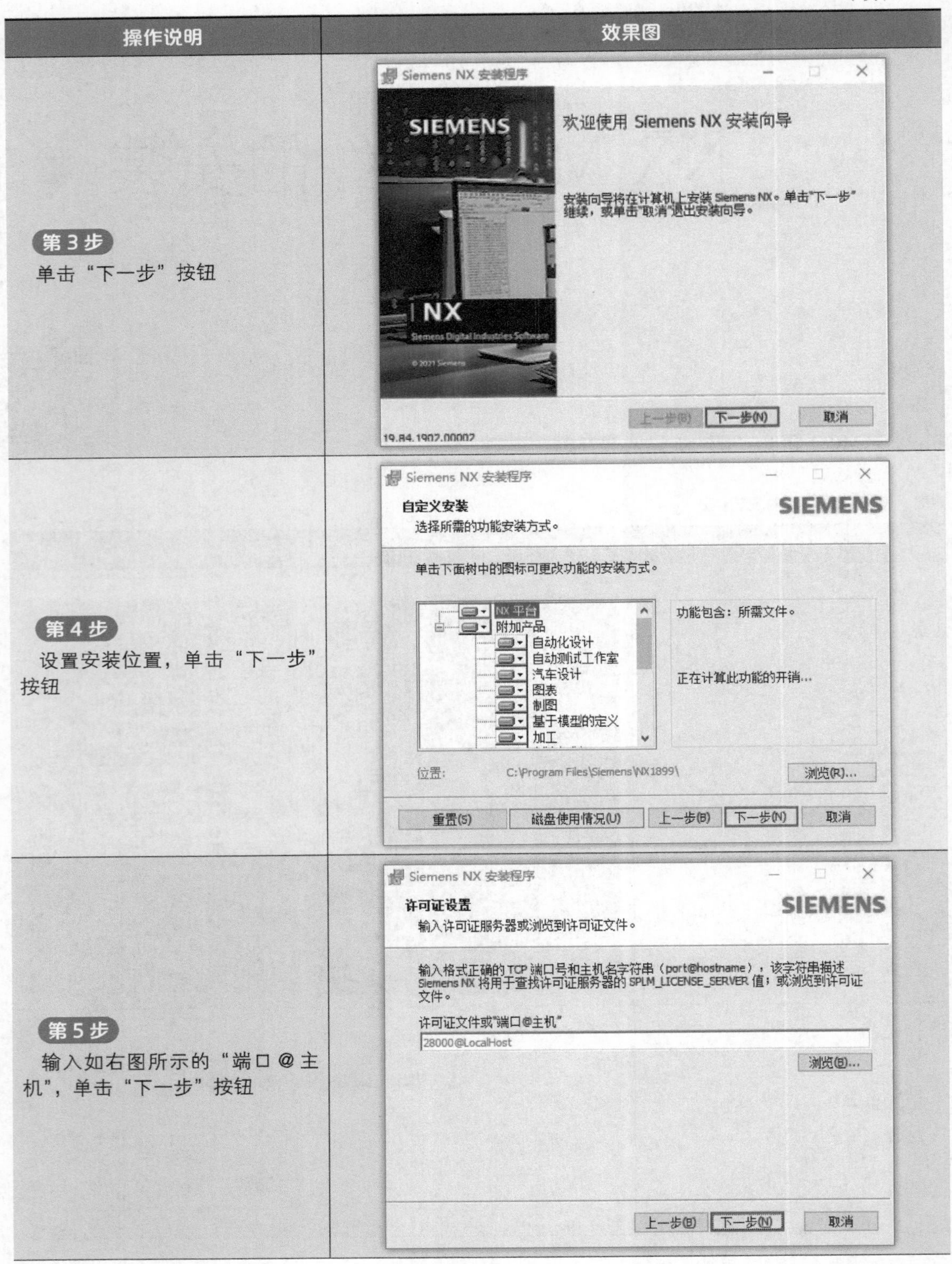

操作说明	效果图
第 3 步 单击“下一步”按钮	
第 4 步 设置安装位置，单击“下一步”按钮	
第 5 步 输入如右图所示的“端口 @ 主机”，单击“下一步”按钮	

（续）

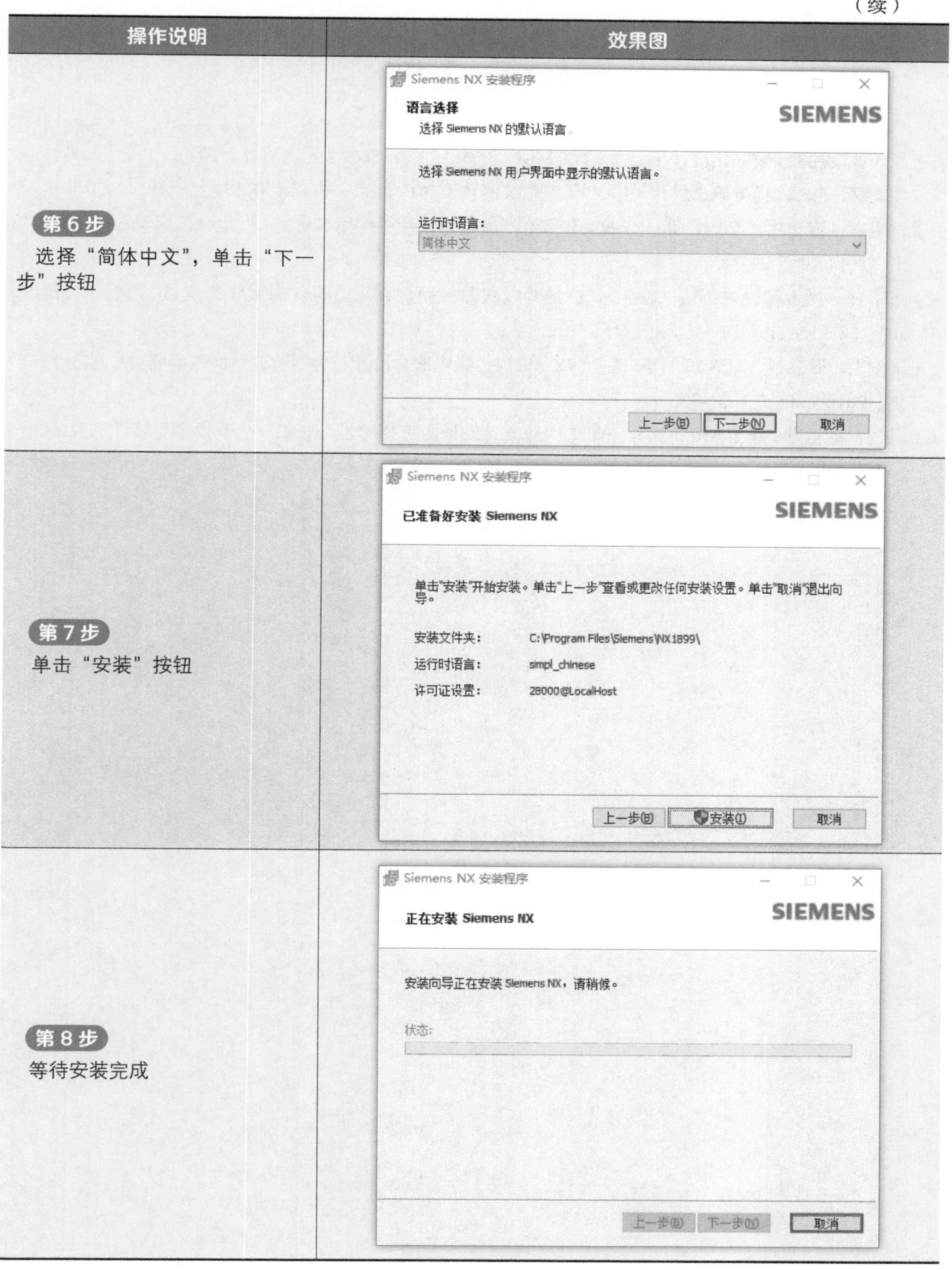

操作说明	效果图
第 6 步 选择“简体中文”，单击“下一步”按钮	
第 7 步 单击“安装”按钮	
第 8 步 等待安装完成	

参考文献

[1] 孟庆波 . 生产线数字化设计与仿真（NX MCD）[M]. 北京：机械工业出版社，2020.

[2] 黄文汉，陈斌 . 机电概念设计（MCD）应用实例教程 [M]. 北京：中国水利水电出版社，2020.

[3] 肖祖东，柳和生，李标，等 .UG NX 在机电产品概念设计中应用与研究 [J]. 组合机床与自动化加工技术，2014（7）:27-30.

[4] 张南轩，周贤德，朱传敏 . 基于 MCD 的开放式数控硬件在环虚拟仿真系统开发 [J]. 内燃机与配件，2018（5）: 9-11.

[5] 王俊杰，戴春祥，秦荣康，等 . 基于 NX MCD 的机电概念设计与虚拟验证协同的研究 [J]. 制造业自动化，2018，40（7）:31-33.

[6] 马进，刘世勋 . 基于 MCD 机电一体化产品概念设计的可操作性分析 [J]. 电子技术与软件工程，2015（12）: 113.